U0195142

李文涛◎著

中国环境变迁史丛书

隋唐五代环境变迁史

『十一五』国家重点图书出版规划项目

中州古籍出版社
· 郑州 ·

图书在版编目（CIP）数据

隋唐五代环境变迁史 / 李文涛著 . —郑州：中州古籍出版社，2021. 12（2023. 6 重印）
（中国环境变迁史丛书）
ISBN 978-7-5348-9719-1

Ⅰ .①隋… Ⅱ .①李… Ⅲ .①生态环境 – 变迁 – 研究 – 中国 – 隋唐时代②生态环境 – 变迁 – 研究 – 中国 – 五代十国时期 Ⅳ .① X321.2

中国版本图书馆 CIP 数据核字（2021）第 143750 号

SUI–TANG WUDAI HUANJING BIANQIAN SHI
隋唐五代环境变迁史

策划编辑	杨天荣
责任编辑	杨天荣
责任校对	牛冰岩
美术编辑	王　歌

出 版 社	中州古籍出版社（地址：郑州市郑东新区祥盛街 27 号 6 层 邮编：450016　电话：0371–65788693）
发行单位	河南省新华书店发行集团有限公司
承印单位	河南瑞之光印刷股份有限公司
开　　本	710 mm × 1000 mm　1/16
印　　张	24
字　　数	419 千字
版　　次	2021 年 12 月第 1 版
印　　次	2023 年 6 月第 3 次印刷
定　　价	90.00 元

《中国环境变迁史丛书》 总序

一部环境通史，有必要开宗明义，先介绍环境的概念、学科属性、学术研究状况等，并交代写作的思路与框架。因此，特作总序于前。

一、何谓环境

何谓环境？《辞海》解释之一为：一般指围绕人类生存和发展的各种外部条件和要素的总体。……分为自然环境和社会环境。[①] 由此可知，环境分为自然环境与社会环境。

本书所述的环境主要指自然环境，指人类社会周围的自然境况。"自然环境是人类赖以生存的自然界，包括作为生产资料和劳动条件的各种自然条件的总和。自然环境处在地球表层大气圈、水圈、陆圈和生物圈的交界面，是有机界和无机界相互转化的场所。"[②]

环境有哪些元素？空气、气候、河流湖泊、大海、土壤、动物、植物、灾害等，都是环境的元素。需要说明的是，这些环境元素不是一成不变的，在不同的时期、不同的学科、不同的语境，人们对环境元素的理解是有差异的。在一些专家看来，环境是一个泛指的名词，是一个相对的概念，是相对于主体而言的客体，因此，不同的学科对环境的含义就有不同的理解，如环境保护法明确指出环境是指"大气、水、土地、矿藏、森林、草原、野生动物、野生植

[①]《辞海》，上海辞书出版社 2020 年版，第 1817 页。

[②] 胡兆量、陈宗兴编：《地理环境概述》，科学出版社 2006 年版，第 1 页。

物、名胜古迹、风景游览区、温泉、疗养区、自然保护区、生活居住区等"①。

二、何谓环境史

国内外学者对环境史的定义做过许多探讨，表述的内容差不多，但没有达成一个共识。如，包茂宏认为："环境史是以建立在环境科学和生态学基础上的当代环境主义为指导，利用跨学科的方法，研究历史上人类及其社会与环境之相互作用的关系。"② 梅雪芹认为："作为一门学科，环境史不同于以往历史研究和历史编纂模式的根本之处在于，它是从人与自然互动的角度来看待人类社会发展历程的。"③

享誉盛名的美国学者唐纳德·休斯在《什么是环境史》一书中，用整整一部著作讨论环境史，他在序中说：环境史是"一门历史，通过研究作为自然一部分的人类如何随着时间的变迁，在与自然其余部分互动的过程中生活、劳作与思考，从而推进对人类的理解"④。显然，休斯笔下的环境史是人类史，是作为自然一部分的人类的历史，是人与自然关系的历史。

根据学术界的观点，结合我们研究的体会，我们认为：环境史是客观存在的历史。从学科属性而言，环境史是自然史与人类史的交叉学科。人类史与环境史是有区别的，在环境史研究中应当更多关注自然，而不是关注人。环境史是从人类社会视角观察自然的历史，研究的是自然与人类的历史。还要说明的是，我们所说的环境史，不包括与人类没有直接关系的纯自然现象，那样一些现象是动物学、植物学、细菌学等自然学科所研究的内容。

进入我们视觉的环境史是古老的。从广义而言，有了人类，就有环境史，就有了环境史的信息，就有了可供环境史研究的资料。人类对环境的关注、记载、研究的历史，可以上溯到很久以前，即可与人类文明史的起点同步。有了

---

① 朱颜明等编著：《环境地理学导论》，科学出版社 2002 年版，第 1 页。

② 包茂宏：《环境史：历史、理论和方法》，《史学理论研究》2000 年第 4 期。

③ 梅雪芹：《马克思主义环境史学论纲》，《史学月刊》2004 年第 3 期。

④ ［美］J. 唐纳德·休斯著，梅雪芹译：《什么是环境史》，北京大学出版社 2008 年版，第 2 页。

人类，就有了对环境的观察、选择、利用、改造。因此，我们说，环境史是古老的，其知识系统是悠久的。环境史是伴随着人类历史的步伐而走到了现在。

如果从更广义而言，环境史还应略早于人类史。有了环境才有人类，人类是环境演迁到一定阶段的产物。因此，环境史可以向上追溯，追溯到环境与人类社会的产生。作为环境史研究，可以从远观、中观、近观三个层次探究环境的历史。环境史的远观比人类史要早，环境史的中观与人类诞生相一致，环境史的近观是在 20 世纪才成为一门独立的学科。

三、环境史学的产生

人类生活在自然环境之中，但环境长期没有作为人类研究的主要内容。直到工业社会以来，环境才逐渐进入人类研究的视野，环境史学才逐渐成为历史学的一部分。为什么会产生环境史学？为什么会产生环境史的研究？环境史学的产生是 20 世纪以来的事情，之所以会产生环境史学，当然是学术多元发展的结果，更重要的是人类社会发展的结果，是环境问题越来越严重的结果。具体说来，有五点原因。

其一，人类社会越来越关注人自身的生存质量。随着物质文明与精神文明的发展，人们的欲望增加，人类的享乐主义盛行。人们都希望不断提高生活质量，要住宽敞的大房子，要吃尽天下的山珍海味，要到环境优美的地方旅游，要过天堂般的舒适生活。因此，人们对环境质量的要求越来越高，对环境的关注度超过了以往任何时候。

其二，人类对自己所处的生活环境越来越不满意。人类生存的环境条件日益恶化，各种污染严重威胁人们的生活与生命，如空气、水、大米、肉、蔬菜、水果等无一不受到污染，各种怪病层出不穷。事实上，生活在工业社会的人们，虽然在科技上得到一些享受，但在衣食方面、空气与水质方面远远不如农耕社会那么纯粹天然。

其三，人类越来越感到资源欠缺。随着工业化的进程，环境资源消耗增大，且正在消耗殆尽，如石油、木材、淡水、土地等，已经供不应求。以汽车工业为例，虽然生产汽车在短时间内拉动了经济，便利了人们的生活，但同时也带来了空气污染、石油消耗、交通拥挤等后患。

其四，人类面临的灾害越来越多。洪水、干旱、地震、海啸、瘟疫等频频发生，这些灾害严酷地摧残着人类，使人类付出了极大的代价。生活在这个地球上的人类，越来越艰难，无不感到自然界越来越可怕了。也许是互联网太发达，人们天天听到的都是环境恶化的坏消息。

其五，人类希望社会可持续发展，希望人与自然更加和谐，希望子孙后代也有好的生活空间。英国学者汤因比主张研究自然环境，用历史的眼光对生物圈进行研究，从人类的长远利益出发进行研究，目的是要让人类能够长期地在地球这个生物圈生活下去。他说："迄今一直是我们唯一栖身之地的生物圈，也将永远是我们唯一的栖身之地，这种认识就会告诫我们，把我们的思想和努力集中在这个生物圈上，考察它的历史，预测它的未来，尽一切努力保证这唯一的生物圈永远作为人类的栖身之处，直到人类所不能控制的宇宙力量使它变成一个不能栖身的地方。"①

人类似乎正处在文明的巅峰，又似乎处在文明的末日。换言之，人类正在创造美好的世界，又正在挖自己的坟墓。人类的环境之所以演变到今天这种情况，有其必然性。随着工业化的进程，随着大科学主义的无限膨胀，随着人类消费欲望的不断增多，随着人类的盲目与自大，随着人类对环境的残酷掠夺与虐待，环境一定会受到破坏，资源一定会减少，生态一定会不断恶化。有人甚至认为环境破坏与资本主义有关，"把人类当前面临的全球生态环境问题放在一个比较长的时段上进行观察，我们发现，这是一个经过了长期累积、在工业化以后日趋严重、到全球化时代已无法回避的问题。在近代以来的每个历史阶段，全球性的生态环境问题都与资本主义有关"②。如果没有资本主义，也许环境不会恶化成现在这个样子。但是，资本主义相对以前的社会形态毕竟是一个进步，环境恶化不能完全怪罪于社会的演进。

要改变环境恶化的这种情况，必须依靠人类的文化自觉。幸好，人类还有良知，人类还有先知先觉的智者。环境史学科的产生，就是人类良知的苏醒，就是学术自觉的表现。为了创造美好的社会，保持现代社会的可持续性发展，各国学者都关注环境，并致力于从环境史中总结经验。正因为人类社会越来越

---

① ［英］汤因比著，徐波等译：《人类与大地母亲》，上海人民出版社 2001 年版，第 8 页。

② 俞金尧：《资本主义与近代以来的全球生态环境》，《学术研究》2009 年 6 期。

关注环境，当然就会产生环境史学，开展环境史的研究。

四、环境史研究的内容

环境史研究可以分为三个方面：

第一，环境的历史。在人类社会的历史长河中，与人类息息相关的环境的历史，是环境史研究最基本的内容。历史上环境的各种元素的状况与变化，是环境史研究的主要板块。环境史不仅要关注环境过去的历史，还要着眼于环境的现状与未来。现在的环境对未来环境是有影响的，决定着未来的环境的状况。当前的环境与未来的环境都是历史上环境的传承，受到历史上环境的影响。

第二，人类社会与环境的关系的历史。历史上，环境是怎样决定或影响着人类社会？人类社会又是怎样反作用于环境？环境与农业、游牧业、商业的关系如何？环境与民族的发展如何？环境与城市的建设、居住的建筑、交通的变化有什么关系？这都是环境史应当关注的。

第三，人类对环境的认识史。人类对环境有一个渐进的认识过程，从简单、糊涂、粗暴的认识，到反思、科学的认识，都值得总结。人类的智者自古就提倡人与自然和谐，提倡保护自然。古希腊斯多葛派的创始人芝诺说过："人生的目的就在于与自然和谐相处。"

由以上三点可知，环境史研究的目的，一是掌握有关环境本身的真实信息、确切的规律，二是了解人类有关环境问题上的经验教训与成就，三是追求人类社会与环境的和谐相处与持续发展。

五、环境史研究的社会背景与学术背景

研究环境史，或者把它当作一门环境史学科，应是 20 世纪以来的事情。环境史学是古老而年轻的学科。在这门年轻学科构建的背景之中，既有社会的酝酿，也有学术的准备。

1. 社会的酝酿

1968 年，在罗马成立了罗马俱乐部，其创建者是菲亚特汽车公司总裁佩

切伊（1908—1984），他联合各国各方面的学者，展开对世界环境的研究。佩切伊与池田大作合著《二十一世纪的警钟》。1972 年，世界上首次以人类与环境为主题的大会在瑞典斯德哥尔摩召开，发表了《联合国人类环境会议宣言》，会议的口号是"只有一个地球"，首次明确提出："保护和改善人类环境已经成为人类一个紧迫的目标。"联合国把每年的 6 月 5 日确定为世界环境日。1992 年在巴西召开了世界环境与发展大会，有 183 个国家和地区的代表团参加了会议，有 102 个国家的元首或政府首脑参加，通过了《里约环境与发展宣言》《21 世纪议程》。这次会议提出全球伦理有三个公平原则：世界范围内当代人之间的公平性、代际公平性、人类与自然之间的公平性。

2. 学术的准备

环境史学有相当长的准备阶段，20 世纪有许多关于研究环境的成果，这些成果构成了环境史学的酝酿阶段。

早在 20 世纪初，德国的斯宾格勒在《西方的没落》中就提出"机械的世界永远是有机的世界的对头"的观点，认为工业化是一种灾难，它使自然资源日益枯竭。[1] 资本主义的初级阶段，造成严重的环境污染，引起劳资双方极大的对立。斯宾格勒正是在这样的背景下写出了他的忧虑。

美国的李奥帕德（又译为莱奥波尔德）撰有《大地伦理学》一文，1933年发表于美国的《林业杂志》，后来又收入他的《沙郡年记》。《大地伦理学》是现代环境主义运动的《圣经》，李奥帕德本人被称为"现代环境伦理学之父"。他超越了狭隘的人类伦理观，提出了人与自然的伙伴关系。其主要观点是要把伦理学扩大到人与自然，人不是征服者的角色，而是自然界共同体的一个公民。

德国的海德格尔在《论人类中心论的信》（1946）中反对以人类为中心，他说："人不是存在者的主宰，人是存在者的看护者。"[2] 另一位德国思想家施韦泽（又译为史韦兹，1875—1965 年在世），著有《敬畏生命》（上海社会科学科学院出版社 2003 年版），主张把道德关怀扩大到生物界。

---

① [德] 斯宾格勒：《西方的没落》，黑龙江教育出版社 1988 年版，第 24 页。

② 宋祖良：《海德格尔与当代西方的环境保护主义》，《哲学研究》1993 年第 2 期。

1962 年，美国生物学家蕾切尔·卡逊著《寂静的春天》（中国环境科学出版社 1993 年版），揭露美国的某些团体、机构等为了追求更多的经济利益而滥用有机农药的情况。此书被译成多种文字出版，学术界称其书标志着生态学时代的到来。

此外，世界自然保护同盟主席施里达斯·拉夫尔在《我们的家园——地球》中提出，不能仅仅告诉人们不要砍伐森林，而应让他们知道把拯救地球与拯救人类联系起来。[①] 英国学者拉塞尔在《觉醒的地球》（东方出版社 1991 年版）中提出地球是活的生命有机体，人类应有高度协同的世界观。

美国学者在 20 世纪先后创办了《环境评论》《环境史评论》《环境史》等刊物。美国学者约瑟夫·M. 佩图拉在 20 世纪 80 年代撰写了《美国环境史》，理查德·怀特在 1985 年发表了《美国环境史：一门新的历史领域的发展》，对环境史学作了概述。以上这些学者从理论、方法上不断构建环境史学科，其学术队伍与成果是世界公认的。

显然，环境史是在社会发展到一定阶段之后，由于一系列环境问题引发出学人的环境情怀、环境批判、环境觉悟而诞生的。限于篇幅，我们不能列举太多的环境史思想与学术成果，正是有这些丰硕的成果，为环境史学科的创立奠定了基础。

六、中国环境史的研究状况与困惑

中国是一个悠久的文明古国，一个以定居为主要生活方式的农耕文明古国，一个还包括游牧文明、工商文明的文明古国，一个地域辽阔的多民族大家庭的文明古国。在这样的国度，环境史的资料毫无疑问是相当丰富的。在世界上，没有哪一个国家的环境史资料比中国多。中国人研究环境史有得天独厚的条件，没有哪个国家可以与中国相提并论。

尽管环境史作为一门学科，学术界公认是外国学者最先构建的，但这并不能说明中国学者研究环境史就滞后。中国史学家一直有研究环境史的传统，先

[①]［英］施里达斯·拉夫尔：《我们的家园——地球》，中国环境科学出版社 1993 年版。

秦时期的《禹贡》《山海经》就是环境史的著作。秦汉以降，中国出现了《水经注》《读史方舆纪要》等许多与环境相关的书籍，涌现出郦道元、徐霞客等这样的环境学家。史学在中国古代是比较发达的学科，而史学与地理学是紧密联系在一起的，任何一个史学家都不能不研究地理环境，因此，中国古代的环境史研究是发达的。

环境史是史学与环境学的交叉学科。历史学家离不开对环境的考察，而对环境的考察也离不开历史的视野。时移势易，生态环境在变化，社会也在变化。社会的变化往往是明显的，而山川的变化非要有历史眼光才看得清楚。早在 20 世纪，中国就有许多历史学家、地理学家、物候学家研究环境史，发表了一些高质量的环境史的著作与论文，如竺可桢在《考古学报》1972 年第 1 期发表的《中国近五千年来气候变迁的初步研究》就是环境史研究的代表作。此外，谭其骧、侯仁之、史念海、石泉、邹逸麟、葛剑雄、李文海、于希贤、曹树基、蓝勇等一批批学者都在研究环境史，并取得了丰硕的成果。国家环保局也很重视环境史的研究，曲格平、潘岳等人也在开展这方面的研究。

显然，环境史学科正在中华大地兴起，一大群跨学科的学者正在环境史田园耕耘。然而，时常听到有人发出疑问，如：

有人问：中国古代不是有地理学史吗？为什么还要换一个新名词环境史学呢？

答：地理史与环境史是有联系的，也是有区别的。环境史的内涵与外延大于地理史。环境史是新兴的前沿学科，是国际性的学科。中国在与世界接轨的过程中，一定要在各个学科方面也与世界接轨。应当看到，中国传统地理学有自身的局限性，它不可能完全承担环境史学的任务。正如有的学者所说：传统地理学的特点在于依附经学，寓于史学，掺有大量堪舆成分，持续发展，文献丰富，擅长沿革考证，习用平面地图。[1] 直到清代乾隆年间编《四库全书总目》，仍然把地理学作为史学的附庸，编到史部中，分为宫殿、总志、都、会、郡、县、河渠、边防、山川、古迹、杂记、游记、外记等子目。这些说明，传统地理学不是一门独立的学科，需要重新构建，但它可以作为环境史学

---

[1] 孙关龙：《试析中国传统地理学的特点》，参见孙关龙、宋正海主编：《自然国学》，学苑出版社 2006 年版，第 326—331 页。

的前身。

有人问：研究环境史有什么现代价值？

答：清代顾祖禹在《读史方舆纪要·序》中说："孙子有言：'不知山林险阻沮泽之形者，不能行军。不用乡导者，不能得地利。'"环境史的现代价值一言难尽。如地震方面：20世纪50年代，中国科学院绘制《中国地震资料年表》，其中有近万次地震的资料，涉及震中、烈度，这对于了解地震的规律性是极有用的。地震有灾害周期、灾异链，许多大型工程都是在经过查阅大量地震史资料之后，从而确定工程抗震系数。又如兴修水利方面：黄河小浪底工程大坝设计参考了黄河历年洪水的数据，特别是1843年的黄河洪水数据。长江三峡工程防洪设计是以1870年长江洪水的数据作为参考。又如矿藏方面：环境史成果有利于我们了解矿藏的分布情况、探矿经验、开采情况。又如，有的学者研究了清代以来三峡地区水旱灾害的情况[1]，意在说明在三峡工程竣工之后，环境保护仍然是三峡地区的重要任务。

说到环境史的现代价值，休斯在《什么是环境史》第一章有一段话讲得好，他说："环境史的一个有价值的贡献是，它使史学家的注意力转移到时下关注的引起全球变化的环境问题上来，譬如，全球变暖，气候类型的变动，大气污染及对臭氧层的破坏，包括森林与矿物燃料在内的自然资源的损耗……"[2] 可见，正因为有环境史，所以人类更加关心环境的过去、现在与未来，而这是其他学科所没有的魅力。毫无疑问，环境史研究既有很大的学术意义，又有很大的社会意义，对中国的现代化建设有重要价值，值得我们投入到其中。

每个国家都有自己的环境史。中华民族有五千多年的文明史，作为中国的学者，应当首先把本国的环境史梳理清楚，这才对得起"俱往矣"的列祖列宗，才对得起当代社会对我们的呼唤，才对得起未来的子子孙孙。如果能够对约占世界四分之一人口的中国环境史有一个基本的陈述，那将是对世界的一个

[1] 华林甫：《清代以来三峡地区水旱灾害的初步研究》，《中国社会科学》1991年第1期。

[2] ［美］J. 唐纳德·休斯著，梅雪芹译：《什么是环境史》，北京大学出版社2008年版，第2页。

贡献。中华民族的学者曾经对世界作出过许多贡献，现在该是在环境史方面也作出贡献的时候了！

王玉德

2020 年 6 月 3 日

序 言

隋唐五代环境史的研究，徐庭云先生有过初步的勾勒，[①] 王建革等学者研究了江南等地区的环境[②]。学术界对此没有整体的研究。但隋唐五代环境史涉及的诸多领域，学术界有比较深入的研究。

对隋唐五代气候史的研究，学术界关注比较早，竺可桢先生认为，自7世纪中期，气候逐渐变得温暖，柑橘能在长安生长挂果，作物生长期也变长，唐末五代，材料比较少，不清楚气候情况。[③] 刘昭民认为，隋初到宋初，气候暖湿，是中国历史上第三个暖期。[④] 而牟重行认为，长安柑橘挂果不普遍，其挂果可能是人工干预的结果，不能作为唐朝气候变暖的标志。[⑤]

随着研究的深入，学术界在竺可桢等先生研究的基础上进行进一步研究。陆巍等通过隋唐帝王九成宫避暑时间的对比，指出隋朝气温高于唐初。[⑥] 满志敏先生认为唐朝长安的柑橘、梅花、驯象，以及作物生长期延长不能视作唐朝气候变暖的物候证据。唐朝气候也有变化，在8世纪中期，唐朝气候变冷；9

① 徐庭云：《隋唐五代时期的生态环境》，《国学研究》（第八卷），北京大学出版社2001年版。

② 王建革：《江南环境史研究》，科学出版社2016年版，第293—576页；郑学檬：《从〈状江南〉组诗看唐代江南的生态环境》，《唐研究》第1卷；王福昌：《唐代南昌的生态环境》，《古今农业》2001年第3期。

③ 竺可桢：《中国近五千年来气候变迁的初步研究》，《考古学报》1972年第1期。

④ 刘昭民：《中国历史上气候之变迁》，台湾商务印书馆1982年版，第99—111页。

⑤ 牟重行：《中国五千年气候变迁的再考证》，气象出版社1996年版，第48—53页。

⑥ 陆巍等：《唐九成宫夏季气温的重建》，《考古》1998年第1期。

世纪前期与 9 世纪末，气候极冷，甚至超过了明清小冰期；到五代，气候逐渐回暖。[①]

　　吴宏岐、党安荣研究指出，隋唐五代气候比较温暖，比现今高 1℃ 左右，气候带向北纬移动 1° 左右，其中也有冷暖变化，550—800 年为温暖期，800—950 年为寒冷期。[②] 蓝勇的研究也表明 8 世纪中期气候变冷，导致了游牧民族南下，加速了唐代的衰亡。[③] 费杰等认为，唐朝黄土高原南部在 620—799 年温暖湿润，气温比较稳定；800—910 年则比较寒冷，气温波动幅度比较大。[④] 葛全胜等人则认为，581—740 年，气候温暖；741—907 年，气候转冷；五代时期，气候逐渐回暖。[⑤] 刘亚辰等依据物候文献研究指出，关中地区 600—800 年冬半年气温比现代高 0.38℃ 左右，而 800—902 年冬半年气温比现代低 0.08℃；总体而言，600—902 年冬半年平均气温比现代高 0.23℃ 左右。[⑥] 不过，该文的史料解读还存在一定问题。

　　2007 年，Yancheva 等人的论文 "Influence of the intertropical convergence zone on the East Asian monsoon"（*Nature*，2007，445：74—77）根据钛含量的变化，指出 750 年前后，中国夏季季风减弱，降水减少，导致农业歉收，最终引发农民起义，加速唐朝的灭亡。张德二等人对此论点在以下几个方面质疑：唐代后期是否是干旱；季风强是否导致夏季风弱，以及东亚夏季风弱是否导致

---

① 满志敏：《关于唐代气候冷暖问题的讨论》，《第四纪研究》1998 年第 1 期；又见《中国历史时期气候变化研究》（山东教育出版社 2009 年版，第 164—206 页）。

② 吴宏岐、党安荣：《隋唐时期气候冷暖特征与气候波动》，《第四纪研究》1998 年第 1 期。

③ 蓝勇：《唐代气候变化与唐代历史兴衰》，《中国历史地理论丛》2001 年第 1 期。

④ 费杰等：《基于黄土高原南部地区历史文献记录的唐代气候冷暖波动特征研究》，《中国历史地理论丛》2001 年第 4 期。

⑤ 葛全胜等：《中国历朝气候变化》，科学出版社 2011 年版，第 298—388 页。

⑥ 刘亚辰等：《基于物候记录的中国中部关中地区公元 600~902 年冬半年温度重建》，《中国科学：地球科学》2016 年第 8 期。

夏季干旱少雨；钛含量值是否能作为冬季风强弱变化的代用指标等。① 此外，张家诚等人也对此提出了不同的看法。②

中国地大物博，气候变化并不是完全一致的，也存在地方的差异。程遂营、马强、唐尚书等研究了隋唐五代时期不同地区的气候变化。③

除了对隋唐五代时期气候变化整体研究之外，费杰等人还研究了这一时期的气候突变事件。④ 马亚玲等人通过杜甫诗歌研究了 768 年左右的寒冷事件。⑤

除了对气候变化研究之外，学术界也对通过物候研究历史时期气候变化的方法进行了更进一步地完善。⑥

---

① 张德二：《关于唐代季风、夏季雨量和唐朝衰亡的一场争论——由中国历史气候记录对 Nature 论文提出的质疑》，《科学文化评论》2008 年第 1 期。

② 张家诚：《Nature 上有关中国唐朝历史气候的讨论及其启示》，《科学文化评论》2008 年第 1 期；闵祥鹏：《钛含量曲线与唐朝年代对应之误》，《中国历史地理论丛》2010 年第 2 期。

③ 程遂营：《唐宋开封的气候和自然灾害》，《中国历史地理论丛》2002 年第 1 期；马强：《唐宋时期西部气候变迁的再考察——基于唐宋地志诗文的分析》，《人文杂志》2007 年第 3 期；唐尚书、郑炳林：《隋唐之际的气候变化与边境战争——兼论突厥社会生态韧性》，《青海民族研究》2017 年第 4 期。

④ 费杰等：《~934 AD 冰岛 Eldgjá 火山喷发气候效应的中国历史文献记录》，《世界地质》2003 年第 3 期；《公元 10 世纪冰岛埃尔加（Eldgjá）火山喷发对中国的古气候效应》，《古地理学报》2004 年第 2 期；《公元 627 年前后气候变冷与东突厥汗国的突然覆灭》，《干旱区资源与环境》2008 年第 9 期。

⑤ 马亚玲等：《杜诗记载的唐代荆湘地区寒冬及其古气候意义》，《古地理学报》2015 年第 1 期。

⑥ 聂顺新：《再论唐代长江上游地区的荔枝分布北界及其与气温波动的关系》，《中国历史地理论丛》2011 年第 1 期；蓝勇：《采用物候学研究历史气候方法问题的讨论——答〈再论唐代长江上游地区的荔枝分布北界及其与气温波动的关系〉一文》，《中国历史地理论丛》2011 年第 2 期。

　　关于隋唐五代时期的植被研究，陈嵘先生比较早就收集了相关森林史的资料。[1] 史念海先生以为，北朝末年，黄土高原的关中平原以及汾涑平原森林已经砍伐殆尽。唐代因为燃料和建筑需要，森林砍伐从终南山一直扩展到天水一带的陇山，此外吕梁山脉的森林也被大量砍伐。隋唐五代青海东南部、甘肃中部和东部，陕西北部、山西西北部地区，由于牧业的发展，使得山地森林受到破坏，但没有达到全面毁坏的程度。[2] 马忠良等编的《中国森林的变迁》指出，隋唐五代华北地区森林虽然受到破坏，但山区森林依然茂盛；东北地区森林受到一定破坏，但恢复很快；华东地区丘陵地区的原始植被破坏严重，但也种植了人工林木；中南地区的河南、湖南、湖北森林破坏严重，两广及海南森林植被较好；西南地区，山区森林受到破坏；西北地区森林破坏比较严重。[3] 龚胜生、夏炎、王天航等学者通过定量分析，研究了唐朝的薪炭、建筑消耗对森林植被的影响。[4] 畜牧业在一定程度上也反映了当时的环境状况，乜小红对隋唐五代畜牧业进行了比较系统的研究。[5] 贾志刚也对隋唐畜牧业兴衰进行了讨论。[6]

　　关于隋唐五代时期的野生动物状况，何业恒与文焕然先生对此都有涉及，

---

[1] 陈嵘：《中国森林史料》，中国林业出版社 1983 年版，第 28—30 页。

[2] 史念海等：《黄土高原森林与草原的变迁》，陕西人民出版社 1985 年版，第 150—161 页。

[3] 马忠良等：《中国森林的变迁》，中国林业出版社 1997 年版。

[4] 龚胜生：《唐长安城薪炭供销的初步研究》，《中国历史地理论丛》1991 年第 3 期；夏炎：《唐代薪炭消费与日常生活》，《天津师范大学学报》（社会科学版）2013 年第 4 期；王天航：《隋唐长安城营建的木材消耗量研究》，《唐都学刊》2019 年第 3 期。

[5] 乜小红：《唐五代畜牧经济研究》，中华书局 2006 年版。

[6] 贾志刚：《隋朝畜牧成毁初探》，《西北农林科技大学学报》（社会科学版）2009 年第 5 期。

他们论述了这一时期的野生动物概况。① 王利华先生通过对华北鹿的研究指出，隋唐五代时期，华北鹿类资源丰富，表明生态环境总体上比较好。② 夏炎认为，隋唐五代时期野生动物在帝王狩猎等活动的影响下大为减少，其中雉资源减少比较厉害。③ 翁俊雄等研究了唐代虎、象的分布。④

　　隋唐五代时期的地貌，在沙漠变迁方面，侯仁之先生比较早就进行了研究。⑤ 景爱先生从考古的角度，也研究了隋唐五代时期的沙漠化。⑥ 王北辰等学者通过文献的方法研究了隋唐五代时期夏州等地的沙漠状况。⑦ 何彤慧等借

---

① 何业恒：《中国珍稀兽类的历史变迁》，湖南科学技术出版社 1993 年版；何业恒：《中国虎和中国熊的历史变迁》，湖南师范大学出版社 1996 年版；文焕然等：《中国历史时期植物与动物变迁研究》，重庆出版社 1995 年版；文榕生：《中国珍稀野生动物分布变迁》，山东科技出版社 2009 年版。

② 王利华：《中古华北的鹿类动物与生态环境》，《中国社会科学》2002 年第 3 期。

③ 夏炎：《中古野生动物资源的破坏——古代环境保护问题再认识》，《中国史研究》2013 年第 3 期。

④ 翁俊雄：《唐代虎、象的行踪——兼论唐代虎、象记载增多的原因》，《唐研究》第 3 卷；孙宜孔：《唐代虎的地理分布》，《运城学院学报》2017 年第 4 期。

⑤ 侯仁之：《从红柳河上的古城废墟看毛乌素沙漠的变迁》，《文物》1973 年第 1 期；《乌兰布和沙漠的考古发现和地理环境的变迁》，《考古》1973 年第 2 期。

⑥ 景爱：《沙漠考古通论》，紫禁城出版社 1999 年版；《胡杨的呼唤：沙漠考古手记》，中国青年出版社 2000 年版。

⑦ 王北辰：《毛乌素沙地南沿的历史演化》，《中国沙漠》1983 年第 4 期；《公元九世纪初鄂尔多斯沙漠图图说——唐夏州、丰州境内沙漠》，《中国沙漠》1986 年第 4 期；《库布齐沙漠历史地理研究》，《中国沙漠》1991 年第 4 期；《唐代河曲的"六胡州"》，《内蒙古社会科学》（文史哲版）1992 年第 5 期。

助自然科学方法，研究了鄂尔多斯等地在各个历史时期沙漠的变迁。[①] 马强利用出土墓志研究了唐代统万城周边沙漠的演变。[②] 水利建设深刻改变了当地的地貌，隋唐五代时期的水利建设情况研究，冀朝鼎先生做了开山之作。[③] 此后的经济史与水利史研究，都涉及这一时期各地水利建设情况。孟万忠的研究涉及了隋唐五代时期汾水流域的水利建设。[④] 陈勇、张剑光等人研究了隋唐五代时期江南地区的水利建设。[⑤] 王利华先生研究指出，隋唐五代时期华北依然存在大量湖泊与沼泽，渔业发达，在当地经济中起着重要的补充作用。华北湖泊众多的原因，并不是降水丰富，而是森林覆盖率较高、水蓄涵养能力较强的结果。[⑥]

　　隋唐五代时期的矿环境，也散见于这一时期的手工业史与经济史之中。杨远比较早就研究了唐代的矿业。[⑦] 黄盛璋先生研究了唐代矿冶的地理分布。[⑧]

[①] 何彤慧等：《毛乌素沙地历史时期环境变化研究》，人民出版社 2010 年版；程弘毅：《河西地区历史时期沙漠化研究》，兰州大学 2007 年博士论文；黄银洲：《鄂尔多斯高原近 2000 年沙漠化过程与成因研究》，兰州大学 2009 年博士论文。

[②] 马强：《出土唐人墓志所见唐代若干环境信息考述》，《历史地理》第三十三辑（2016 年）。

[③] 冀朝鼎：《中国历史上的基本经济区与水利事业的发展》，中国社会科学出版社 1981 年版。

[④] 孟万忠：《汾河流域人水关系的变迁》，科学出版社 2015 年版。

[⑤] 陈勇：《论唐代长江下游农田水利的修治及其特点》，《上海大学学报》（社会科学版）2006 年第 2 期；张剑光：《关于唐代水利建设重心的一些思考——以浙东、浙西和河南、河东四道为核心》，《山西大学学报》（哲学社会科学版）2012 年第 4 期。

[⑥] 王利华：《中古时期北方地区的水环境和渔业生产》，《中国历史地理论丛》1999 年第 4 期；王利华：《中古华北水资源状况的初步考察》，《南开学报》（哲学社会科学版）2007 年第 3 期。

[⑦] 杨远：《唐代的矿产》，台湾学生书局 1982 年版。

[⑧] 黄盛璋：《唐代矿冶分布与发展》，《历史地理》第七辑（1990 年）。

王承文研究了岭南的金银生产与流通。①

　　隋唐五代时期的环境灾害，邓拓先生的研究比较早就涉及了此领域。② 该书从荒政的角度涉及了隋唐五代的环境灾害，在资料的收集与分析上还存在不足。闵祥鹏等人从灾害史的角度出发，对这一时期的环境灾害进行了比较系统的研究。③ 就具体灾害而言，阎守诚等学者研究了唐代的蝗灾。④ 童圣江等学者研究了隋唐五代时期的地震。⑤ 龚胜生等学者研究了隋唐五代时期的疫病灾害。⑥ 至于旱灾与水灾等，学术界的研究比较多，这里不再重复。

　　对隋唐五代时期环境保护方面的研究有了一定进展。乜小红认为唐代以时令来保护动植物的生态平衡；隋唐五代以天人合一为出发点，追求优良的居住与生活环境，更好地养生，对自然资源也是有限索取。佛道的戒杀思想也逐渐

① 王承文：《晋唐时代岭南地区金银的生产和流通——以敦煌所藏唐天宝初年地志残卷为中心》，《唐研究》第 13 卷。

② 邓拓：《中国救荒史》，北京出版社 1998 年版。（此书最早为商务印书馆 1937 年出版）

③ 闵祥鹏：《中国灾害通史》（隋唐五代卷），郑州大学出版社 2008 年版；阎守诚主编：《危机与应对：自然灾害与唐代社会》，人民出版社 2008 年版；么振华：《唐代自然灾害及其社会应对》，上海古籍出版社 2014 年版。

④ 阎守诚：《唐代的蝗灾》，《首都师范大学学报》（社会科学版）2003 年第 2 期；勾利军、彭展：《唐代黄河中下游地区蝗灾分布研究》，《中州学刊》2006 年第 3 期。

⑤ 童圣江：《唐代地震灾害时空分布初探》，《中国历史地理论丛》2002 年第 4 期；靳强：《唐代地震灾害初探——以两〈唐书〉为例》，《江汉论坛》2012 年第 3 期；卢华语：《唐代破坏性地震的时空分布及危害性初探》，《江苏社会科学》2013 年第 3 期。

⑥ 龚胜生：《隋唐五代时期疫灾地理研究》，《暨南史学》2004 年第 1 期；陈昊：《汉唐之间墓葬文书中的注（疰）病书写》，《唐研究》第 12 卷；陈昊：《石之低语——墓志所见晚唐洛阳豫西的疾疫、饥荒与伤痛叙述》，《唐研究》第 19 卷，北京大学出版社 2014 年版。

渗透到民间。① 王子今等人也指出唐代士大夫中形成了保护生态环境的意识。②
隋唐五代也重视植树，翁俊雄比较早就研究了唐代的植树造林活动。③ 贾志刚
研究了隋唐时期长安城薪材供应与绿化等问题。④ 刘锡涛也有多篇论文涉及唐
代的植树造林。⑤

　　总的说来，隋唐五代时期关于环境史诸方面的研究取得了比较丰硕的成
果，但是以环境史为视野的成果并不多见，环境史的理论框架也未完全建立，
可研究的空间依然很大。

---

① 乜小红：《唐五代对野生动物的保护与对生态平衡的认识》，《魏晋南北朝隋唐史
　资料》2005 年。

② 王子今：《中国古代的生态保护意识》，《求是》2010 年第 2 期；刘洋：《从唐代
　诗文看唐人的环保意识》，《沈阳师范大学学报》（社会科学版）2010 年第 5 期。

③ 翁俊雄：《唐代植树造林述略》，《北京师院学报》（社会科学版）1984 年第 3 期。

④ 贾志刚：《唐代长安木材供给模式刍议》，《陕西师范大学学报》（哲学社会科学
　版）2013 年第 1 期；《隋唐长安城的绿化灾厄及其应对》，《长安大学学报》（社
　会科学版）2016 年第 4 期。

⑤ 刘锡涛：《浅谈唐人的用林活动》，《唐史论丛》2006 年（第八辑）；《唐人植树
　略述》，《农业考古》2007 年第 1 期；《从森林分布看唐代环境质量状况》，《人
　文杂志》2006 年第 6 期。

目录

第一章

隋唐五代时期气候的变化

第一节　相关问题的讨论

一、冬无雪与气候问题

隋唐五代时期，冬无雪的资料记载比较多。唐朝时期，有十六年记载了"冬无雪"，被认为是气候温暖的标志。[①] 但联系其他材料，有些年份"冬无雪"是寒冷原因造成的，冷空气长期控制该地区，而暖空气不足，水汽缺乏，也会导致长期无雪记载。据《新唐书》《旧唐书》等文献记载，唐朝长安一带无雪记载的时间为贞观二十三年（649年）、永徽二年（651年）、麟德元年（664年）、总章二年（669年）、仪凤二年（677年）、垂拱二年（686年）、开元三年（715年）、开元九年（721年）、开元十七年（729年）、天宝元年（742年）、天宝二年（743年）、大历八年（773年）、大历十二年（777年）、建中元年（780年）、贞元七年（791年）、开成元年（836年）、乾符三年（876年）。

永徽二年气温比较低，"十一月甲申，雨木冰"[②]。"十一月甲申，阴雾凝冻，封树木，数日不解。"[③]"绥、延等州霜杀稼。"[④] 麟德元年，"十二月癸酉，氛雾终日不解。甲戌，雨木冰"[⑤]。麟德元年，"游终南山，石壁而止。时

[①] 朱士光等：《历史时期关中地区气候变化的初步研究》，《第四纪研究》1998年第1期。

[②]《新唐书·高宗纪》。

[③]《新唐书·五行志一》。

[④]《新唐书·五行志三》。

[⑤]《新唐书·五行志一》。

所居原谷之间，早霜伤苗稼，安居处独无"①。此外，这些无雪基本上是断续的，不能作为某一个时段气候温暖的标志，只能用于判断该年气候状况。

二、长安柑橘结果问题

唐朝时期，长安皇宫中的橘树，有两次结果。一次是在天宝十载，《酉阳杂俎·广动植物三》记载："天宝十年，上谓宰臣曰：'近日于宫内种甘子数株，今秋结实一百五十颗，与江南、蜀道所进不异。'宰臣贺表曰：'雨露所均，混天区而齐被；草木有性，凭地气而潜通。故得资江外之珍果，为禁中之华实。'"另一次是会昌年间，《全唐文·李德裕·瑞橘赋》中写有："清霜始降，上命中使赐宰臣等朱橘各三枚，盖灵囿之所植也。臣伏以度淮而枳，由地气而不迁，吹谷生黍，信阳和之所感……思六合之同风，采孤根而移植。播元气之茂育，谅英灵之不测。"长安皇宫中的橘树结果，其橘树都不是本地的，都是从南方移植过来的。其次，长安皇宫中本来就有温泉，在唐代已经利用温泉地热生产反季节瓜果蔬菜。《旧唐书·百官志三》记载："温泉监掌汤池宫禁之事。丞为之贰。凡王公已下至于庶人，汤泉馆有差，别其贵贱，而禁其逾越。凡近汤之地，润泽所及，瓜果之属先时而毓者，必苞甄而进之，以荐陵庙。"可见温泉监利用温泉余温，能生产反季节的蔬菜与水果，故而若有将橘树栽种在温泉附近，加以特殊的保护，是能够出产柑橘的。因此，长安皇宫中橘树结果，不能作为判断气候是否温暖的标志。

三、物候问题

物候是判断气候重要的标志。隋唐五代气候的研究中，学者也用物候来判断气候状况。播种时间是重要的物候标志，隋唐五代时期播种时间有明确记载的比较少。有研究者利用籍田时间来作为播种时间。② 实际上，皇帝籍田肯定

①《宋高僧传·唐嵩岳少林寺慧安传》。

② 刘亚辰等：《基于物候记录的中国中部关中地区公元 600～902 年冬半年温度重建》，《中国科学：地球科学》2016 年第 8 期。

是要比普通老百姓耕地早，否则失去了示范效应和仪式感。而且，籍田只是耕地，至于播种，时间并不确定。

农作物收获时间也是重要的物候标志。隋唐五代时期农作物的收获时间记载比较少。《册府元龟·帝王部·务农》记载，武德五年四月戊辰（622 年 6 月 3 日）谓群臣曰："今兹麦既大熟，宜停庶务。每司别留一二人守曹局。余皆宜休假，亲事务农。流罪以下因罪名定者，亦放收获。"武德五年四月戊辰的诏书只是说小麦收获期要到了，收获时间应该在 6 月 5 日左右。《册府元龟·帝王部·务农》记载："（开元）二十二年五月，帝于苑中种麦，率皇太子已下躬自收获。"开元二十二年五月朔日为公历 6 月 6 日。白居易《观刈麦》中写道："田家少闲月，五月人倍忙。夜来南风起，小麦覆陇黄。妇姑荷箪食，童稚携壶浆。相随饷田去，丁壮在南冈。足蒸暑土气，背灼炎天光。力尽不知热，但惜夏日长。"此诗为元和二年（807 年）白居易任陕西盩厔县尉时所作，这一年五月朔日为阳历 6 月 10 日。

现代西安一带冬小麦收获期在 6 月 11 日左右，武汉一带在 6 月 1 日左右。① 可见那些年的气候与现在差不多。可如果以小麦收获时间来判断气候变化，由于资料相对较少，还是存在一定问题的。

---

① 张福春等：《中国农业物候图集》，科学出版社 1987 年版，第 24 页。

第二节　节气顺序反映气候的变化

　　农作物从生长到成熟，需要有效积温。气候变化对有效积温有极大影响，在气候温暖时期，光照充足，作物生长期短；在气候寒冷时期，光照不足，作物生长期延长。传统中原农业以二十四节气来指导农事活动，二十四节气顺序以及所在月份，往往反映了气候的变化。

　　隋朝初年沿用北周的《大象历》，584 年采用张宾制定的《开皇历》，到 608 年采用《大业历》。唐朝初年主要用《戊寅历》，基本上是在《大业历》基础上制定的。后采用李淳风等人制作的《麟德历》。唐玄宗时期，又采用《大衍历》，此后还有《正元历》《观象历》《宣明历》《崇玄历》。据《新唐书·律历志六上》记载："他亦皆准《大衍历》法。其分秒不同，则各据本历母法云。起长庆二年，用《宣明历》。自敬宗至于僖宗，皆遵用之。虽朝廷多故，不暇讨论，然《大衍历》后，法制简易，合望密近，无能出其右者。讫景福元年。"自景福二年开始使用《崇玄历》，"起二年颁用，至唐终"。五代时期，虽然有些朝代采用了新的历法，但没有《崇玄历》精准，《崇玄历》使用了近 60 年，直到后周时期用《钦天历》取代。另外还有一些其他的历法。这些律历中，不同之处在于二十四节气的顺序以及七十二候前后不同。

《旧唐书·律历志二》记载的《麟德历》

节气	初候	次候	末候
冬至	虎始交	芒始生	荔挺生
小寒	丘蚓结	麋角解	水泉动
大寒	雁北乡	鹊始巢	雉始雊
立春	鸡始乳	东风解冻	蛰虫始振

续表

节气	初候	次候	末候
惊蛰	鱼上冰	獭祭鱼	鸿雁来
雨水	始雨水	桃始花	仓庚鸣
春分	鹰化为鸠	玄鸟至	雷始发声
清明	始电	蛰虫咸动	
谷雨	桐始华	田鼠化为駕	虹始见
立夏	萍始生	戴胜降于桑	蝼蝈鸣
小满	蚯蚓出	王瓜生	苦菜秀
芒种	靡草死	小暑至	螳螂生
夏至	鵙始鸣	反舌无声	鹿角解
小暑	蝉始鸣	半夏生	木槿荣
大暑	温风至	蟋蟀居壁	鹰乃学习
立秋	腐草为萤	土润溽暑	凉风至
处暑	白露降	寒蝉鸣	鹰祭鸟
白露	天地始肃	盲风至	鸿雁来
秋分	玄鸟归	群鸟养羞	雷乃收声
寒露	蛰虫坏户	阴气方盛	阳气始衰
霜降	水始涸	鸿雁来宾	雀入大水为蛤
立冬	菊有黄花	豺祭兽	水始冰
小雪	地始冻	野鸡入水为蜃	虹藏不见
大雪	冰益壮	地始坼	鹖鸟不鸣

《新唐书·律历志四上》记载的《大衍历》

节气	初候	次候	末候
冬至十一月中	丘蚓结	麋角解	水泉动
小寒十二月节	雁北乡	鹊始巢	野鸡始雏
大寒十二月中	鸡始乳	鸷鸟厉疾	水泽腹坚

节气	初候	次候	末候
立春正月节	东风解冻	蛰虫始振	鱼上冰
雨水正月中	獭祭鱼	鸿雁来	草木萌动
惊蛰二月节	桃始华	仓庚鸣	鹰化为鸠
春分二月中	玄鸟至	雷乃发声	始电
清明三月节	桐始华	田鼠化为鴽	虹始见
谷雨三月中	萍始生	鸣鸠拂其羽	戴胜降于桑
立夏四月节	蝼蝈鸣	丘蚓出	王瓜生
小满四月中	苦菜秀	靡草死	小暑至
芒种五月节	螳螂生	鵙始鸣	反舌无声
夏至五月中	鹿角解	蜩始鸣	半夏生
小暑六月节	温风至	蟋蟀居壁	鹰乃学习
大暑六月中	腐草为萤	土润溽暑	大雨时行
立秋七月节	凉风至	白露降	寒蝉鸣
处暑七月中	鹰祭鸟	天地始肃	禾乃登
白露八月节	鸿雁来	玄鸟归	群鸟养羞
秋分八月中	雷乃收声	蛰虫培户	水始涸
寒露九月节	鸿雁来宾	雀入大水为蛤	菊有黄花
霜降九月中	豺乃祭兽	草木黄落	蛰虫咸俯
立冬十月节	水始冰	地始冻	野鸡入水为蜃
小雪十月中	虹藏不见	天气上腾，地气下降	闭塞而成冬
大雪十一月节	鹖鸟不鸣	虎始交	荔挺生

《麟德历》和《大衍历》有多处不同，《麟德历》的二十四节气顺序是"惊蛰—雨水—春分—清明—谷雨"，而《大衍历》则是"雨水—惊蛰—春分—清明—谷雨"。惊蛰先于雨水的阶段，一般认为是气候比较温暖的阶段；雨

水先于惊蛰的阶段属于气候比较寒冷的阶段。①《麟德历》的物候也比《大衍历》的物候早二个候，也就是 10 天左右，气温大致要偏高 1.5℃ 左右。②

德宗时期，由于历法出现了偏差，德宗又要求重新修订历法，《新唐书·律历志五》载："建中四年历成，名曰《正元》。……《麟德历》之启蛰，《正元历》之雨水；《麟德历》之雨水，《正元历》之惊蛰也。"也就是说，《麟德历》是"先启蛰，后雨水"，《正元历》是"先雨水，后惊蛰"。虽然有这个变化，但基本上和《大衍历》相近。此后还有《宣明历》，《宣明历》在《高丽史·历一》中完整保存，其二十四节气、七十二候节气顺序与《大衍历》一致。

《高丽史·历一》记载《宣明历》

节气	初候	次候	末候
冬至十一月中	丘蚓结	麋角解	水泉动
小寒十二月节	雁北	鹊始巢	野鸡始雊
大寒十二月中	鸡始乳	鸷鸟厉疾	水泽腹坚
立春正月节	东风解冻	蛰虫始振	鱼上冰
雨水正月中	獭祭鱼	鸿雁来	草木萌动
惊蛰二月节	桃始华	仓庚鸣	鹰化为鸠
春分二月中	玄鸟至	雷乃发声	始电
清明三月节	桐始华	田鼠化为鴽	虹始见
谷雨三月中	萍始生	鸣鸠拂其羽	戴胜降于桑
立夏四月节	蝼蝈鸣	丘蚓出	王瓜生
小满四月中	苦菜秀	靡草死	小暑至
芒种五月节	螳螂生	鵙始鸣	反舌无声
夏至五月中	鹿角解	蜩始鸣	半夏生
小暑六月节	温风至	蟋蟀居壁	鹰乃学习

---

① 王鹏飞：《节气顺序和我国古代气候变化》，《南京气象学院学报》1980 年第 1 期。

② 张春福：《气候变化对中国木本植物物候的可能影响》，《地理学报》1995 年第 5 期。

节气	初候	次候	末候
大暑六月中	腐草为萤	土润溽暑	大雨时行
立秋七月节	凉风至	白露降	寒蝉鸣
处暑七月中	鹰祭鸟	天地始肃	禾乃登
白露八月节	鸿雁来	玄鸟归	群鸟养羞
秋分八月中	雷乃收声	蛰虫培户	水始涸
寒露九月节	鸿雁来宾	雀入大水为蛤	菊有黄花
霜降九月中	豺乃祭兽	草木黄落	蛰虫咸俯
立冬十月节	水始冰	地始冻	野鸡入水为蜃
小雪十月中	虹藏不见	天气上腾，地气下降	闭塞而成冬
大雪十一月节	鹖鸟不鸣	虎始交	荔挺生

《入唐求法巡礼行记》也记载了840年所见的历法："正月十五日，得当年历日抄本，写著如左：开成五年历日干金，支金，纳音木。凡三百五十五日。合在乙巳上取土修造。大岁申大将军在午大阴在午岁德在申酉岁刑在寅岁破在寅岁杀在未黄幡在辰豹尾在戌蚕宫在巽。正月大，一日：戊寅，土建。四日：得辛。十一日：雨水。廿六日：惊蛰。二月小，一日：戊申，土破。十一日：社，春分。廿六日：清明。三月大，一日：丁丑，水闭。二日：天赦。十二日：谷雨。廿八日：立夏。四月小，一日：丁未，水平。十三日：小满。廿八日：芒种。五月〔小〕，一日：丙子，水破。十四日：夏至。十九日：天赦。六月大，一日：乙巳，火开。十一日：初伏。十五日：大暑。廿日：立秋。七月小，一日：乙亥，土平。二日：后伏，十五日：处暑。八月大，一日：甲辰，火成，白露。五日：天赦，十五日：社。十六日：秋分。九月小，一日：甲戌，火除。二日：寒露。十七日：霜降。十月大，一日：癸卯，金执。二日：立冬。十八日：小雪。廿〔二〕日：天赦。十一月大，一日：癸酉，金收。三日：大雪。廿日：冬至。十二月〔大〕，一日：癸卯，金平。三日：小寒。十八日：大寒。廿六日：腊。"开成五年的历法一个重要的特征是二十四节气顺序与《大衍历》相比没有变化，但二十四节气所在的时间有变化。惊蛰在一月廿六日，而《大衍历》则说惊蛰"二月节"。惊蛰的时间提前了4天左右，大致是一个物候。可见当时气温有回暖趋势。

第三节　隋唐五代时期气候的阶段特征

隋唐五代时期，根据相关文献记载，其气候具有阶段性特征。

一、581—693 年，　属于气候温暖阶段。

581—626 年冻灾只有 1 次，属于气候温暖阶段。626—629 年，由于火山爆发，导致气候寒冷。[①]《贞观政要·政体》记载："太宗自即位之始，霜旱为灾，米谷踊贵，突厥侵扰，州县骚然。帝志在忧人，锐精为政。崇尚节俭，大布恩德。是时，自京师及河东、河南、陇右，饥馑尤甚，一匹绢才得一斗米。"贞观年间，除 635 年、644 年、647 年比较寒冷，总体来说，贞观年间气候比较温暖，收成比较稳定。《全唐诗》卷七七二《王瓒·冬日与群公泛舟焦山》中写有："江外水不冻，今年寒复迟。众芳且未歇，近腊仍袷衣。"表明当年气候温暖。王瓒生卒年不可考，但其活动在贞观年间。《旧唐书·后妃传上·太宗妃徐氏传》记载："自贞观已来，二十有二载，风调雨顺，年登岁稔，人无水旱之弊，国无饥馑之灾。"

唐高宗到武则天统治初年，气候比较温暖，唐高宗时期推行《麟德历》，将惊蛰放在雨水之前，反映出气候温暖导致历法变化。

不过，这段时期气温也有波动，隋朝气温比唐初要略高。隋唐皇帝夏季都要去九成宫避暑，九成宫营建于隋文帝时期，初名仁寿宫，唐太宗时期改名为九成宫，唐高宗时期一度改名为万年宫，后又恢复名称为九成宫。

[①] 费杰：《公元 627 年前后气候变冷与东突厥汗国的突然覆灭》，《干旱区资源与环境》2008 年第 9 期。

皇　帝	到达时间	离开时间	资料来源
隋文帝	开皇十五年，三月丁亥，幸仁寿宫。（595年4月7日）	七月戊寅，至自仁寿宫。（9月1日）	《隋书·高祖纪下》
隋文帝	开皇十七年，二月庚寅，幸仁寿宫。（597年3月6日）	九月甲申，至自仁寿宫。（10月26日）	《隋书·高祖纪下》
隋文帝	开皇十八年，二月甲辰，幸仁寿宫。（598年3月15日）	九月辛卯，至自仁寿宫。（10月28日）	《隋书·高祖纪下》
隋文帝	开皇十九年，二月甲寅，幸仁寿宫。（599年3月20日）		《隋书·高祖纪下》
隋文帝	开皇二十年，正月辛酉朔，上在仁寿宫。（600年1月21日）	九月丁未，至自仁寿宫。（11月2日）	《隋书·高祖纪下》
隋文帝	仁寿二年，三月己亥，幸仁寿宫。（602年4月18日）	九月丙戌，至自仁寿宫。（10月2日）	《隋书·高祖纪下》
隋文帝	仁寿四年，正月甲子，幸仁寿宫。（604年3月3日）		《隋书·高祖纪下》
唐太宗	贞观六年，三月戊辰，幸九成宫。（632年4月9日）	冬十月乙卯，至自九成宫。（11月22日）	《旧唐书·太宗纪下》

续表

皇　帝	到达时间	离开时间	资料来源
唐太宗	贞观七年，夏五月癸未，幸九成宫。（633年6月18日）	冬十月庚申，至自九成宫。（11月22日）	《旧唐书·太宗纪下》
唐太宗	贞观八年，三月庚辰，幸九成宫。（634年4月11日）	冬十月甲子，至自九成宫。（11月21日）	《旧唐书·太宗纪下》
唐太宗	贞观十三年，夏四月戊寅，幸九成宫。（639年5月13日）	冬十月甲申，至自九成宫。（11月15日）	《旧唐书·太宗纪下》
唐太宗	贞观十八年，夏四月辛亥，幸九成宫。（644年5月19日）	秋八月甲子，至自九成宫。（9月29日）	《旧唐书·太宗纪下》
唐高宗	永徽五年，春三月戊午，幸万年宫。（654年4月4日）	九月丁酉，至自万年宫。（11月9日）	《旧唐书·高宗纪上》
唐高宗	麟德元年，二月戊子，幸万年宫。（664年3月12日）	秋八月丙子朔，至自万年宫，便幸旧宅。（8月27日）	《旧唐书·高宗纪上》
唐高宗	总章元年，二月戊寅，幸九成宫。（668年4月10日）	秋八月癸酉，至自九成宫。（9月21日）	《旧唐书·高宗纪下》
唐高宗	总章二年，夏四月乙酉，幸九成宫。（669年5月6日）	冬十月丁巳，至自九成宫。（11月10日）	《旧唐书·高宗纪下》

续表

皇　帝	到达时间	离开时间	资料来源
唐高宗	总章三年，四月庚午，幸九成宫。（670年5月22日）	八月丁巳，至自九成宫。①（9月6日）	《新唐书·高宗纪》
唐高宗	咸亨四年，夏四月丙子，幸九成宫。（673年5月12日）	十月乙巳，至自九成宫。（12月7日）	《旧唐书·高宗纪下》
唐高宗	上元三年，四月戊午，幸九成宫。（676年6月7日）	十月乙未，至自九成宫。（11月11日）	《新唐书·高宗纪》
唐高宗	仪凤三年，五月壬戌，幸九成宫。（678年6月1日）	九月辛酉，至自九成宫。（9月28日）	《旧唐书·高宗纪下》

隋唐皇帝在九成宫避暑的时间有比较大的差别，隋文帝多在三月，唐太宗与唐高宗多在四五月份之间，表明隋文帝时期气候比唐太宗、唐高宗时期要温暖。②

不过在678—782年间，气候比较寒冷。早霜比较多。仪凤三年（678年），《新唐书·五行志三》记载："五月丙寅，高宗在九成宫，霖雨，大寒，兵卫有冻死者。"《新唐书·高宗纪》记载："闰十一月丙申，雨木冰。"表明当年气候比较寒冷。

调露元年（679年），《新唐书·五行志三》记载："八月，邠、泾、宁、庆、原五州霜。"

永隆二年（681年），《新唐书·五行志三》记载："关中旱，霜，大饥。

---

① 《旧唐书·高宗纪下》中为"八月甲子"，此年八月无甲子日，以《新唐书》为准。

② 陆巍等：《唐九成宫夏季气温的重建》，《考古》1998年第1期。

冬，大寒。"

《全唐文》卷二一八《崔融·代皇太子请家令寺地给贫人表》中记载："顷以咸城近县，鄜市傍州，颇积风霜，或侵苗稼。"此文写于682年，[①]可知此年前后，霜灾比较常见。

二、694—755年，气候逐渐变冷。

从公元694年开始，气候转冷，寒冷事件记载比较多。延载元年（694年），《新唐书·则天武皇后纪》记载："十月癸酉，雨木冰。"

证圣元年（695年），《文献通考·物异考一一·恒寒》记载："六月，睦州陨霜，杀草。吴、越地燠而盛夏陨霜，昔所未有。"

圣历元年（698年），《文献通考·物异考一一·恒寒》记载："四月，延州霜，杀草。四月纯阳用事，象人君当布惠于天下，而反陨霜，是无阳也。"

久视元年（700年），《新唐书·五行志三》记载："三月，大雪。"

长安元年（701年），《资治通鉴·唐纪二十三》记载："是月（三月），大雪，苏味道以为瑞，帅百官入贺。殿中侍御史王求礼止之曰：'三月雪为瑞雪，腊月雷为瑞雷乎？'味道不从。既入，求礼独不贺，进言曰：'今阳和布气，草木发荣，而寒雪为灾，岂得诬以为瑞！贺者皆谄谀之士也。'太后为之罢朝。"

长安四年（704年），《旧唐书·五行志》记载："长安四年九月后，霖雨并雪，凡阴一百五十余日，至神龙元年正月五日，诛二张，孝和反正，方晴霁。"《旧唐书·五行志》记载："四年，自九月至十月，昼夜阴晦，大雨雪。都中人畜，有饿冻死者。令开仓赈恤。"《朝野金载》卷一也记有："唐长安四年十月，阴雨雪，一百余日不见星。"

神龙元年（705年），《新唐书·五行志三》中记有："三月乙酉，睦州暴寒且冰。"

景龙四年（710年），《旧唐书·中宗纪》中记载："三月庚申，京师雨木

---

① 陈冠民：《崔融年谱》（删略稿），《唐代文学研究》（第十辑），广西师范大学出版社2004年版。

冰，井溢。"

景云二年（711 年），《全唐文》卷二七二《辛替否·谏造金仙玉真雨观疏》中记载："顷自夏已来，霪雨不解，谷荒于陇，麦烂于场；入秋已来，亢旱成灾，苗而不实，霜损虫暴，草莱枯黄。"

《全唐文》卷九二三《叶法善·乞归乡修祖茔表》中写有："比及乡里，时迫严寒，属数年失稔，百姓逃散，亲族馁馑，未辩情理。"此事发生在开元三年（715 年）之前，表明气候一度比较寒冷，导致作物有效积温不足，庄稼不能成熟。

开元十一年（723 年），《旧唐书·玄宗纪上》记载："十一月，是月，自京师至于山东、淮南大雪，平地三尺余。"

开元十二年（724 年），《文献通考·物异考一一·恒寒》中记载："八月，潞、绥等州霜杀稼。"

开元十四年（726 年），《旧唐书·玄宗纪上》记载："是秋，十五州言旱及霜。"

开元十五年（727 年），《旧唐书·玄宗纪上》记载："是秋，十七州霜旱；河北饥，转江淮之南租米百万石以赈给之。"《全唐诗》卷一六〇《孟浩然·赴京途中遇雪》也记载："迢递秦京道，苍茫岁暮天。穷阴连晦朔，积雪满山川。落雁迷沙渚，饥鸟集野田。客愁空伫立，不见有人烟。"表明当年秋季早霜，冬季气温又比较低。

开元十八年（730 年），"二月丙寅，大雨雪，俄而雷震，左飞龙厩灾"。（《旧唐书·玄宗纪上》）

开元二十九年（741 年），《旧唐书·玄宗纪下》记载："九月，大雨雪，稻禾偃折……十一月己巳，雨木冰，凝寒冻冽，数日不解。"表明当年初雪比较早，冬季气温又比较低。

此阶段，由于气温下降，谷子的收获时间，比唐朝初年晚十天左右。贞观十四年（640 年），"冬，十月，甲戌（10 月 30 日），荆王元景等复表请封禅，上不许。……上将幸同州校猎，仁轨上言：'今秋大稔，民收获什才一二，使之供承猎事，治道葺桥，动费一二万功，实妨农事。愿少停銮舆旬日，俟其毕务，则公私俱济。'上赐玺书嘉纳之，寻迁新安令。闰月，乙未（11 月 20

日），行幸同州；庚戌，还宫"①。上述材料表明，当时谷子收获期在 11 月 1 日左右。《册府元龟·帝王部·务农》记载："玄宗开元四年九月壬寅（10 月 20 日），诏曰：'关中田苗，今正成熟，若不收刈，便恐飘零。缘顿差科，时日尚远，宜令并功收拾，不得妄有科唤，致妨农业。'"表明当年的谷子收获时间在 10 月 20 日左右，比贞观十四年晚近一个星期。

《旧唐书·食货志上》记载，天宝三载二月二十五日赦文："每载庸调八月征，以农功未毕，恐难济办。自今已后，延至九月三十日为限。"表明唐朝初年的庸调征收时间在唐玄宗时期已经不能适用。气候变化，以至于唐玄宗采用了《大衍历》。

唐玄宗时期的气温虽然比唐初的平均温度低，但仍高于现在的平均气温。现在西安一带谷子成熟收割时间为 10 月 1 日左右。

三、755—779 年，气候寒冷。

755 年后，气候逐渐寒冷。《高力士外传》记载："至德元载（756 年）九月十九日，霜风振厉，朝见之时，皆有寒色。诏即令着袍。至二十一日，百官尽衣袍立朝，不依旧式。"此时唐玄宗在成都，可见在当年成都比较寒冷。这个气温下降也影响到南方，南方荔枝因为气温下降而没有成熟。《中朝故事》卷上记载："旧说，海中有派水贯于新罗国邑，清而甘。或彼国怠于进奉中华，则彼水浊而无味。又岭南荔枝，明皇幸蜀后，江南之人使罕及此果下，彼中不稔。"《唐国史补》卷下也记载："罗浮甘子，开元中方有，山僧种于南楼寺，其后常资进贡。幸蜀、奉天之岁，皆不结实。"表明 756 年气候寒冷，岭南水果有效积温不足，不能正常成熟。

757 年左右，杭州一带的江水结冰。《全唐诗》卷八〇九《灵一·於潜道中呈元八处士》记载："冻涧冰难释，秋山日易阴。不知天目下，何处是云林。"《全唐诗》卷二九四《崔峒·扬州选蒙相公赏判雪后呈上》中写有："穷巷殷忧日，芜城雨雪天。此时瞻相府，心事比旌悬。""相公"即崔涣，757 年任余杭太守兼江东采访使，此时表明在 757 年左右，扬州一带冬季下雪比

①《资治通鉴·唐纪十一》。

较大。

《全唐诗》卷二二六《杜甫·寄杨五桂州谭（因州参军段子之任）》写有："五岭皆炎热，宜人独桂林。梅花万里外，雪片一冬深。"此诗为上元元年（760年）杜甫在成都所作，表明当时桂林气候转冷，出现下雪现象。

《全唐诗》卷二二六《杜甫·重简王明府》写有："甲子西南异，冬来只薄寒。江云何夜尽，蜀雨几时干。"此诗写于上元二年，即公元761年，这表明成都一带，当年冬季气温稍高，而前几年冬季气温寒冷。

《全唐诗》卷二四一《元结·雪中怀孟武昌》中写有："冬来三度雪，农者欢岁稔。我麦根已濡，各得在仓廪。天寒未能起，孺子惊人寝。……所嗟山路闲，时节寒又甚。"此诗写于宝应元年，即762年，[1] 表明当年冬季寒冷。

《全唐诗》卷一九六《孟彦深·元次山居武昌之樊山，新春大雪，以诗问之》中写有："江山十日雪，雪深江雾浓。起来望樊山，但见群玉峰。林莺却不语，野兽翻有踪。山中应大寒，短褐何以完。"又《全唐诗》卷二四一《元结·酬孟武昌苦雪》中写有："山禽饥不飞，山木冻皆折。悬泉化为冰，寒水近不热。出门望天地，天地皆昏昏。时见双峰下，雪中生白云。"此诗写于宝应二年，即763年，此时元结在湖北鄂州一带，[2] 表明当年冬季也比较寒冷。

《全唐诗》卷二五〇《皇甫冉·奉和对雪（一本作奉和王相公喜雪）》中写有："春雪偏当夜，暄风却变寒。庭深不复扫，城晓更宜看。"王相公即王缙，此诗应为皇甫冉于广德二年（764年）在王缙幕府中所作，表明当年春季出现冷空气南下的现象。

《全唐诗》卷二七八《卢纶·江北忆崔汶》中写有："望岭家何处，登山泪几行。闽中传有雪，应且住南康。"此诗写于760—764年间[3]，表明闽中一带出现降雪，是气候寒冷的表现。

永泰元年（765年），《旧唐书·代宗纪》记载："正月癸巳朔，是日雪盈尺。三月庚子夜，降霜，木有冰。六月……自春无雷，至此月甲申，大风而雷。"《新唐书·代宗纪》记载："三月庚子，雨木冰。"《新唐书·五行志一》

---

[1] 孙望：《元次山年谱》，古典文学出版社1957年版，第57页。

[2] 孙望：《元次山年谱》，古典文学出版社1957年版，第59页。

[3] 王达津：《卢纶、戎昱生平系诗》，《南开学报》（哲学社会科学版）1979年第4期。

记载："三月庚子，夜霜，木有冰。"这一年三月还有霜、木冰，六月才打雷，说明该年气温较低。

大历二年（767 年），《新唐书·五行志一》记载："十一月，纷雾如雪，草木冰。"《旧唐书·代宗纪》记载："十一月辛未，雨木冰。"767 年，杜甫在夔州，《全唐诗》卷二〇《杜甫·相和歌辞·前苦寒行二首》中写有："去年白帝雪在山，今年白帝雪在地。冻埋蛟龙南浦缩，寒刮肌肤北风利。楚人四时皆麻衣，楚天万里无晶辉。三足之乌足恐断，羲和送将安所归。"同卷《相和歌辞·后苦寒行二首》中写有："南纪巫庐瘴不绝，太古已来无尺雪。蛮夷长老怨苦寒，昆仑天关冻应折。玄猿口噤不能啸，白鹄翅垂眼流血，安得春泥补地裂。""晚来江门失大木，猛风中夜吹白屋。天兵断斩青海戎，杀气南行动坤轴，不尔苦寒何太酷。巴东之峡生凌澌，彼苍回轩人得知。"表明当年冬天气温较低，天气寒冷。

大历三年（768 年），杜甫在荆州公安一带，《全唐诗》卷二三二《远怀舍弟颖、观等》一诗中记载："阳翟空知处，荆南近得书。积年仍远别，多难不安居。江汉春风起，冰霜昨夜除。云天犹错莫，花萼尚萧疏。"《人日两篇》中有："元日到人日，未有不阴时。冰雪莺难至，春寒花较迟。"表明当年春季公安一带末霜结束时间比较晚，春季比较寒冷，花开得比较晚。

大历四年（769 年），《旧唐书·代宗纪》记载："春正月庚午朔。甲戌，大风。乙亥，大雪，平地盈尺。"《新唐书·五行志三》记载："六月伏日，寒。"《全唐诗》卷二三三《杜甫·舟中夜雪，有怀卢十四侍御弟》中写有："朔风吹桂水，朔雪夜纷纷。暗度南楼月，寒深北渚云。"同卷《对雪》中也有："北雪犯长沙，胡云冷万家。随风且间叶，带雨不成花。"同卷《宿青草湖（重湖，南青草，北洞庭）》中写有："寒冰争倚薄，云月递微明。湖雁双双起，人来故北征。"《全唐诗》卷二七〇《戎昱·湖南雪中留别》中写有："草草还草草，湖东别离早。何处愁杀人，归鞍雪中道。出门迷辙迹，云水白浩浩。明日武陵西，相思鬓堪老。"此处杜甫系列诗为 769 年在长沙游岳麓山时，表明当年五月长沙一带气温比较低。综合其他记载也表明当年全年气温相对比较低。

《全唐诗》卷二四九《皇甫冉·和樊润州秋日登城楼》中写有："露冕临

平楚，寒城带早霜。"樊润州即樊晃，大历五年（770年）任润州刺史。[1] 表明当年寒冷来临比较早，秋天出现早霜。

769—770年冬春，杜甫的诗歌记载洞庭湖也出现结冰现象，表明当年的冬季平均气温是−0.5℃，这种气温的出现，往往伴随着全国性的苦寒和大范围内霜冻现象的出现。[2]

《全唐诗》卷二五〇《皇甫冉·和朝郎中扬子玩雪寄山阴严维》中写有："凝阴晦长箔，积雪满通川。征客寒犹去，愁人昼更眠。""朝郎中"当为韩郎中韩赏，大历六年（771年）任润州刺史，表明这年冬润州一带出现大雪，气温比较低。《全唐诗》卷一五一《刘长卿·奉酬辛大夫喜湖南腊月连日降雪见示之作》记载："长沙耆旧拜旌麾，喜见江潭积雪时。柳絮三冬先北地，梅花一夜遍南枝。"也表明该年冬季长沙一带气温比较低。

大历七年（772年），《全唐诗》卷一四八《刘长卿·长沙早春雪后临湘水，呈同游诸子》中记有："汀洲暖渐渌，烟景淡相和。举目方如此，归心岂奈何？日华浮野雪，春色染湘波。北渚生芳草，东风变旧柯。"此诗写于大历七年（772年）刘长卿出使湖南期间，表明当年长沙一带春季气温比较寒冷。《旧唐书·代宗纪》记载："十二月，癸酉，大雪。"这也表明该年冬季气温并不高。

《全唐诗》卷一九〇《韦应物·酬韩质舟行阻冻》中写有："晨坐枉嘉藻，持此慰寝兴。中获辛苦奏，长河结阴冰。皓曜群玉发，凄清孤景凝。至柔反成坚，造化安可恒。方舟未得行，凿饮空兢兢。寒苦弥时节，待泮岂所能。何必涉广川，荒衢且升腾。殷勤宣中意，庶用达吾朋。"表明当年的寒冷超过了平常时节，"寒苦弥时节"，是当时寒冷的标志。此诗写作时间在764—772年间韦应物任洛阳丞之时，[3] 表明这期间有一年冬季是比较寒冷的。

大历九年（774年），《旧唐书·代宗纪》记载："十一月戊戌，大雪。平地盈尺。"这一年，桂林一带冬天都要穿厚衣过冬。《全唐诗》卷二七〇《戎昱·

① 傅璇琮：《皇甫冉皇甫曾考》，《唐代诗人丛考》，中华书局1980年版，第421页。

② 马亚玲等：《杜诗记载的唐代荆湘地区寒冬及其古气候意义》，《古地理学报》2015年第1期。

③ 孙望编著：《韦应物诗集系年校笺》，中华书局2002年版，第25页。

桂州口号》记载："画角三声动客愁，晓霜如雪覆江楼。谁道桂林风景暖，到来重著皂貂裘。"该卷《桂州腊夜》中也写有："坐到三更尽，归仍万里赊。雪声偏傍竹，寒梦不离家。晓角分残漏，孤灯落碎花。二年随骠骑，辛苦向天涯。"① 大历十年（775年）左右，浙江建德江一带江水结冰。《全唐诗》卷一四七《刘长卿·酬张夏雪夜赴州访别途中苦寒作》记载："扁舟乘兴客，不惮苦寒行。晚暮相依分，江潮欲别情。水声冰下咽，砂路雪中平。旧剑锋芒尽，应嫌赠脱轻。"这些记载都反映当年气温比较低。

四、779—793 年，气温回暖。

大历十四年（779年）春，气候比较温暖，《全唐诗》卷二八一《王表·赋得花发上林（大历十四年侍郎潘炎试）》中写有："御苑春何早，繁花已绣林。笑迎明主仗，香拂美人簪。地接楼台近，天垂雨露深。晴光来戏蝶，夕景动栖禽。"不过这一年冬天气候寒冷，福建出现下雪，《全唐诗》卷七七〇《张起·早过梨岭，喜雪书情呈崔判官》中写有："度岭逢朝雪，行看马迹深。轻标南国瑞，寒慰北人心。"梨岭，在今福建浦城县西北一带。张起到福建，在大历十四年左右。② 这一年冬天，河南南部霜冻严重，《全唐诗》卷二七三《戴叔伦·屯田词》中写有："十月移屯来向城，官教去伐南山木。驱牛驾车入山去，霜重草枯牛冻死。"向城，在今南阳南召一带；此时作者任转运府河南留后。

777 年和 780 年冬季无雪，根据其他记载，这是暖冬的标志。

782 年，气温极冷，《唐国史补》卷下也记载："罗浮甘子，开元中方有，山僧种于南楼寺，其后常资进贡。幸蜀、奉天之岁，皆不结实。"表明 782 年气候寒冷，岭南水果有效积温不足，不能正常成熟。

---

① 据何旭《中唐诗人戎昱研究》（四川师范大学 2005 年硕士论文，第 16 页）研究，戎昱在桂州的时间为公元 773—775 年和公元 776—781 年。桂州即今桂林一带，在桂林腊夜（即十二月初八夜）还出现下雪的情况，是极寒冷之年出现。据正史记载，此年份则可能是 774 年。

② 熊飞：《戴叔伦交游——房由、崔载华考》，《固原师专学报》1992 年第 1 期。

贞元元年（785年），《旧唐书·德宗纪上》记载："正月，戊戌，大风雪，寒。去秋螟蝗，冬旱，至是雪，寒甚，民饥冻死者踣于路。"《新唐书·五行志一》记载："十二月，雨木冰。"《新唐书·德宗纪》记载："是秋，雨木冰。"

贞元二年（786年），《旧唐书·德宗纪上》记载："正月，庚子，大雪，平地尺余。"《旧唐书·五行志》中也记载："贞元二年正月，大雨雪，平地深尺余。雪上有黄色，状如浮埃。"

这一阶段，除了782年、785年、786年气温比较低外，其他时段气候比较温暖。建中元年（780年），要求："夏税六月内纳毕，秋税十一月内纳毕。"[1] 租税的时间重新回到唐朝初年，反映了气候回暖。气候比较温暖，收成比较好。《资治通鉴》卷二三三《唐纪四十九》记载："自兴元（784年）以来，是岁最为丰稔，米斗直钱百五十、粟八十，诏所在和籴。"

五、794—849年，气候寒冷。

794年后，气候又逐渐转冷，寒冷年份记载比较多。贞元十年（794年），《全唐诗》卷三三六《韩愈·重云李观疾赠之》中写有："天行失其度，阴气来干阳。重云闭白日，炎燠成寒凉。"表明当年气温比较低。

贞元十二年（796年），《旧唐书·德宗纪下》中记载："十二月己未，大雪平地二尺，竹柏多死。环王国所献犀牛，甚珍爱之，是冬亦死。"《新唐书·五行志三》中也记载："十二月，大雪甚寒，竹柏柿树多死。"《全唐诗》卷二八三《李益·扬州早雁》中写有："江上三千雁，年年过故宫。可怜江上月，偏照断根蓬。"此诗写在796年。[2] 表明当年秋季寒冷，大雁提前南下。

贞元十三年（797年），《旧唐书·德宗纪下》记载："四月乙丑，大雪。"《全唐诗》卷四二六《白居易·驯犀　感为政之难终也》（自注：十三年冬大寒，驯犀死矣。）中写有："一入上林三四年，又逢今岁苦寒月。饮冰卧霫苦

①《唐会要》卷八三《租税上》。

② 王军：《李益生平及诗歌系年诸问题考辨》，《北京师院学报》（社会科学版）1984年第2期。

蜷跼，角骨冻伤鳞甲踚。"表明当年春季与冬季都比较寒冷。

贞元十四年（798年），《新唐书·德宗纪》记载："五月己酉，始雷。"这说明当年冷空气长期控制北方，是气候寒冷的体现。

贞元十七年（801年），《旧唐书·德宗纪下》记载："二月己亥，雨霜。"《新唐书·德宗纪》记载："二月丁酉，大雨雹。己亥，霜。庚戌，大雪，雨雹。七月，陨霜杀菽。"

贞元十九年（803年），《新唐书·五行志三》记载："三月，大雪。"《全唐诗》卷三三九《韩愈·苦寒》中写有："四时各平分，一气不可兼。隆寒夺春序，颛顼固不廉。"《全唐文》卷五四九《韩愈·御史台上论天旱人饥状》中也说："臣伏以今年以来，京畿诸县，夏逢亢旱，秋又早霜，田种所收，十不存一。"表明当年春秋气温低，气候寒冷。

贞元二十年（804年），《新唐书·五行志三》记载："二月庚戌，始雷，大雨雹，震电，大雨雪。既雷则不当雪，阴胁阳也，如鲁隐公之九年。"《新唐书·五行志一》记载："冬，雨木冰。"《太平广记》卷一五四《定数·李顾言》引《续定命录》中说："明年，京师自冬雨雪甚，畿内不稔，停举。贞元二十一年春，德宗皇帝晏驾，果三月下旬放进士榜。"表明当年冬季气候寒冷。

《全唐诗》卷三七三《孟郊·寒江吟》中写有："冬至日光白，始知阴气凝。寒江波浪冻，千里无平冰。飞鸟绝高羽，行人皆晏兴。荻洲素浩渺，碕岸渐崚嶒。"此诗写于贞元十七至二十年间，即801—804年之间。① 江水结冰，说明该年冬季气温寒冷。

元和二年（807年），《全唐文》卷五七五《柳宗元·答韦中立论师道书》中写有："前六七年，仆来南，二年冬，幸大雪逾岭，被南越中数州，数州之犬，皆苍黄吠噬，狂走者累日。至无雪乃已，然后始信前所闻者。"当年岭南也出现雪，是当时气候寒冷的表现。

元和六年（811年），《全唐文》卷七五五《杜牧·唐故宣州观察使御史大夫韦公（温）墓志铭（并序）》中写有："时宰相百吏，愿条帝功德，撰号上献，公独再疏曰：'今蜀之东川川溢杀万家，京师雪积五尺，老幼多冻死，

---

① 按照华忱之《唐孟郊年谱》记载的孟郊活动经历来看，此诗可能写于801—804年。

岂崇虚名报上帝时耶。帝乃止。'"① 《全唐诗》卷四二四《白居易·春雪》中有："元和岁在卯，六年春二月。月晦寒食天，天阴夜飞雪。连宵复竟日，浩浩殊未歇。大似落鹅毛，密如飘玉屑。寒销春茫苍，气变风凛冽。上林草尽没，曲江水复结。红乾杏花死，绿冻杨枝折。所怜物性伤，非惜年芳绝。上天有时令，四序平分别。寒燠苟反常，物生皆夭阏。我观圣人意，鲁史有其说。或记水不冰，或书霜不杀。上将儆政教，下以防灾孽。兹雪今如何，信美非时节。"《全唐诗》卷三八九《卢仝·苦雪寄退之》中说："天王二月行时令，白银作雪漫天涯。山人门前遍受赐，平地一尺白玉沙。"《全唐诗》卷三八九《卢仝·酬愿公雪中见寄》也记有："积雪三十日，车马路不通。贫病交亲绝，想忆唯愿公。"《全唐诗》卷三四〇《韩愈·辛卯年雪》中写道："元和六年春，寒气不肯归。河南二月末，雪花一尺围。"《新唐书·五行志三》中记载："十二月，大寒。"这些记载都说明该年春冬都极为寒冷。

元和八年（813 年），《新唐书·五行志三》记载："十月，东都大寒，霜厚数寸，雀鼠多死。"《旧唐书·宪宗纪下》中记载："十一月……京畿水、旱、霜，损田三万八千顷。"《全唐诗》卷四二四《白居易·村居苦寒》中写有："八年十二月，五日雪纷纷。竹柏皆冻死，况彼无衣民。回观村闾间，十室八九贫。北风利如剑，布絮不蔽身。唯烧蒿棘火，愁坐夜待晨。乃知大寒岁，农者尤苦辛。顾我当此日，草堂深掩门。褐裘覆纻被，坐卧有余温。幸免饥冻苦，又无垄亩勤。念彼深可愧，自问是何人。"《全唐诗》卷四二四《白居易·采地黄者》中也写有："麦死春不雨，禾损秋早霜。岁晏无口食，田中采地黄。"《全唐诗》卷三四二《韩愈·雪后寄崔二十六丞公（斯立）》中写道："蓝田十月雪塞关，我兴南望愁群山。攒天崽崽冻相映，君乃寄命于其间。"《全唐诗》卷三四五《韩愈·酬蓝田崔丞立之咏雪见寄》中说："京城数尺雪，寒气倍常年。泯泯都无地，茫茫岂是天。"这说明当年冬季气温低。

《全唐诗》卷二七一《窦巩·早春送宇文十归吴》中写有："春迟不省似今年，二月无花雪满天。村店闭门何处宿，夜深遥唤渡江船。"此诗大约写于元和九年，表明当年春季寒冷。

元和九年（814 年），《文献通考·物异考一一·恒寒》记载："三月丁

---

① 《资治通鉴》卷二四四《唐纪六十》记载韦温上奏时间为元和六年。

卯，陨霜，杀桑。"《全唐文》卷五五四《韩愈·答魏博田仆射书》中说："季冬极寒，伏惟仆射尊体动止万福。"

元和十年（815年），《全唐诗》卷四三五《白居易·放旅雁》记载："九江十年冬大雪，江水生冰树枝折。百鸟无食东西飞，中有旅雁声最饥。雪中啄草冰上宿，翅冷腾空飞动迟。"表明当年冬季气温较低，九江一带的江水出现结冰现象。

元和十一年（816年），《全唐诗》卷四三三《白居易·夜雪》中写有："已讶衾枕冷，复见窗户明。夜深知雪重，时闻折竹声。"《全唐诗》卷四三九《白居易·南浦岁暮对酒，送王十五归京》中也说："腊后冰生覆溢水，夜来云暗失庐山。风飘细雪落如米，索索萧萧芦苇间。此地二年留我住，今朝一酌送君还。相看渐老无过醉，聚散穷通总是闲。"这一年，白居易生活在九江一带，表明气温比较低。

元和十二年（817年），《文献通考·物异考一一·恒寒》记载："九月乙丑，雨雪，人有冻死者。"

元和十四年（819年），《文献通考·物异考一一·恒寒》记载："四月，淄、青陨霜，杀恶草及荆棘，而不害嘉谷。"

元和十五年（820年），《新唐书·五行志三》记载："八月己卯，同州雨雪，害稼。"《旧唐书·穆宗纪》记载："八月，己卯，月掩牵牛。同州雨雪，害秋稼。九月己酉，大酺三日，至是雨雪，树木无风而摧仆者十五六。"《旧唐书·五行志》也记载："十五年九月十一日至十四日，大雨兼雪，街衢禁苑树无风而摧折、连根而拔者不知其数。仍令闭坊市北门以禳之。"表明当年初雪时间早，是气候寒冷的表现。

长庆元年（821年），《新唐书·五行志三》记载："二月，海州海水冰，南北二百里，东望无际。"

长庆二年（822年），《旧唐书·穆宗纪》记载："正月，青州奏海冻二百里。是冬十月频雪，其后恒燠，水不冰冻，草木萌发，如正二月之后。"《全唐诗》卷四四三《白居易·花楼望雪命宴赋诗》中写有："连天际海白皑皑，好上高楼望一回。何处更能分道路，此时兼不认池台。万重云树山头翠，百尺花楼江畔开。素壁联题分韵句，红炉巡饮暖寒杯。冰铺湖水银为面，风卷汀沙玉作堆。"821年至822年，海州、青州出现海水结冰，表明这两年气候极为寒冷。

长庆三年（823 年），《新唐书·五行志一》记载："十一月丁丑，雨木冰。"

长庆四年（824 年），《旧唐书·敬宗纪》记载："八月壬辰，江王府长史段钊上言，称前任龙州刺史，近郭有牛心山，山上有仙人李龙迁祠，颇灵应，玄宗幸蜀时，特立祠庙。上遣高品张士谦往龙州检行，回奏牛心山有掘断处。群臣言宜须修筑。时方恒寒，役民数万计，东川节度使李绛表诉之。"

宝历元年（825 年），《新唐书·五行志一》记载："十一月丙申，雨木冰。"

大和二年（828 年），《全唐诗》卷四四九《白居易·和刘郎中望终南山秋雪》："遍览古今集，都无秋雪诗。阳春先唱后，阴岭未消时。草讶霜凝重，松疑鹤散迟。清光莫独占，亦对白云司。"表明当年长安一带初雪较早，气温比较低。《全唐诗》卷五二九《许浑·送无梦道人先归甘露寺》中有："飘飘随晚浪，杯影入鸥群。岸冻千船雪，岩阴一寺云。夜灯江北见，寒磬水西闻。鹤岭烟霞在，归期不羡君。"此诗表明许浑在江南，但要西归，考许浑活动的轨迹，当在 828 年左右。① 表明这一年，镇江附近的长江水域出现冰冻现象，当为气候寒冷的表现。

大和三年（829 年），《文献通考·物异考一一·恒寒》记载："秋，京畿奉先等八县早霜，杀稼。"

大和四年（830 年），《旧唐书·文宗纪下》记载："十一月，淮南大水及虫霜，并伤稼。"

大和五年（831 年），《旧唐书·文宗纪下》记载："正月庚子朔，以积阴浃旬，罢元会……十二月，京师大雨雪。"《新唐书·韦贯之传附韦温传》中也说："京师雪积五尺，老稚冻仆。"

大和六年（832 年），《旧唐书·文宗纪下》记载："正月乙未朔，以久雪废元会。……壬子，诏：'朕闻："天听自我人听，天视自我人视。"朕之菲德，涉道未明，不能调序四时，导迎和气。自去冬已来，逾月雨雪，寒风尤甚，颇伤于和。'"《新唐书·五行志三》记载："正月，雨雪逾月，寒甚。"《全唐诗》卷四八〇《李绅·肥河维舟阻冻祗待敕命》（虽然自注为大和七年

---

① 罗时进：《唐诗演进论》，江苏古籍出版社 2001 年版，第 239 页。

十二月，实际为大和六年十二月）中写有：“罢分符竹作闲官，舟冻肥河拟棹难。食蘗苦心甘处困，饮冰持操敢辞寒。”

大和七年（833 年），《新唐书·五行志一》记载：“十二月丙戌，夜雾，木冰。”

大和八年（834 年），《全唐文》卷七五《文宗·曲赦京畿德音》中说：“当霜雪之候，滞囹圄之中，馈饷为劳，逮捕斯扰，沍寒所迫，愁叹必多。”《全唐诗》卷四五三《白居易·雪中晏起偶咏所怀兼呈张常侍、韦庶子、皇甫郎中》写有：“穷阴苍苍雪雰雰，雪深没胫泥埋轮。东家典钱归碃夜，南家贳米出凌晨。”《全唐诗》卷四五四《白居易·玩半开花赠皇甫郎中（八年寒食日池东小楼上作）》中写有：“勿讶春来晚，无嫌花发迟。人怜全盛日，我爱半开时。”表明该年春季气候寒冷，冬季大雪，全年气温较低。

大和九年（835 年），《旧唐书·文宗纪下》记载：“十二月，庚辰，上御紫宸，谓宰相曰：‘坊市之间，人渐安未？’李石奏曰：‘人情虽安，然刑杀过多，致此阴沴。又闻郑注在凤翔招致兵募不少，今皆被刑戮，臣恐乘此生事，切宜原赦以安之。’”《新唐书·五行志三》记载：“十二月，京师苦寒。”表明当年冬季寒冷。

开成三年（838 年），《全唐诗》卷四五九《白居易·新沐浴》中写有：“是月岁阴暮，惨洌天地愁。白日冷无光，黄河冻不流。”《入唐求法巡礼记》中记载：“（长江下游）十月六日，始寒；七日，有薄冰。扬州，十一月廿八日，零雪。十二月廿日夜头下雪；廿一日，雪止，天阴。”表明冬季寒冷，长江流域下游出现结冰。

开成四年（839 年），《全唐文》卷七二《文宗·令御史疏理冤结诏》记载：“方春用事，寒气稍侵，京城见禁囚徒，虑有冤结。”《新唐书·五行志一》中也记载：“九月辛丑，雨雪，木冰。十月己巳，亦如之。”《入唐求法巡礼记》中也写有：“九月廿七日，下雪。自九月中旬已来，寒风渐起，山野无青草，涧泉有冻气。十月一日，始霜下。五日，泉冰。”表明当年春季寒冷，初雪时间也比较早，是气候寒冷的表现。

开成五年（840 年），《全唐诗》卷五七九《温庭筠·三月十八日雪中作》中写有：“芍药蔷薇语早梅，不知谁是艳阳才。今朝领得春风意，不复饶君雪里开。”《全唐诗》卷五八三《温庭筠·嘲三月十八日雪》中也写有：“三月雪连夜，未应伤物华。只缘春欲尽，留著伴梨花。”关中一带，农历三月十八日还有雪，终雪时间比较晚，气温比较寒冷。

会昌元年（841年），《新唐书·五行志一》记载："十二月丁丑，雨木冰。"

会昌二年（842年），《全唐诗》卷四五九《白居易·酬南洛阳早春见赠》中写有："物华春意尚迟回，赖有东风昼夜催。寒缲柳腰收未得，暖熏花口噤初开。"《全唐诗》卷五二〇《杜牧·雪中书怀》中记有："腊雪一尺厚，云冻寒顽痴。孤城大泽畔，人疏烟火微。"此诗写于会昌二年（842年）冬杜牧任黄州刺史。表明该年春季比较冷，冬季大雪寒冷。

会昌三年（843年），《新唐书·五行志三》中记载："春，寒，大雪，江左尤甚，民有冻死者。"《全唐诗》卷五三三《许浑·冬日登越王台怀归》中写有："月沉高岫宿云开，万里归心独上来。河畔雪飞扬子宅，海边花盛越王台。泷分桂岭鱼难过，瘴近衡峰雁却回。乡信渐稀人渐老，只应频看一枝梅。"① 该年春天寒冷，冬天气温也低。

会昌四年（844年），《新唐书·五行志一》记载："正月己酉，雨木冰。庚戌，亦如之。"

《全唐诗》卷五三〇《许浑·与裴三十秀才自越西归望亭阻冻登虎丘山寺精舍》记载："春草越吴间，心期旦夕还……倚棹冰生浦，登楼雪满山。东风不可待，归鬓坐斑斑。"此诗写于会昌六年（846年）②，表明该年寒冷。

大中二年（848年），《全唐诗》卷五四一《李商隐·九月於东逢雪》中也记载："举家忻共报，秋雪堕前峰。岭外他年忆，於东此日逢。"於东，商於之东，今陕西商南一带。《全唐诗》卷五二三《杜牧·汴河阻冻》中写有："千里长河初冻时，玉珂瑶珮响参差。浮生却似冰底水，日夜东流人不知。"说明当年初雪时间比较早，冬季气候比较冷。

大中三年（849年），《文献通考·物异考——·恒寒》记载："大中三年春，陨霜，杀桑。"

唐德宗时期，因为气候变冷，唐德宗将赐给大臣冬衣的时间提前。《新唐

---

① 时许浑在广州，河畔指今珠江南岸一带。

② 许浑在846年冬春之际，游越中（今苏州）回润州时所作（罗时进：《唐诗演进论》，江苏古籍出版社2001年版，第257页）。

书·宗室宰相·李程传》记载："召为翰林学士，再迁司勋员外郎，爵渭源县男。德宗季秋出畋，有寒色，顾左右曰：'九月犹衫，二月而袍，不为顺时。朕欲改月，谓何？'左右称善，程独曰：'玄宗著《月令》，十月始裘，不可改。'帝矍然止。"李程任翰林学士是在贞元二十一年（805 年）至元和三年（808 年）之间，而 805 年底德宗去世，可知此事发生在 805 年秋。可见唐德宗末年，气候要比玄宗时期冷。

随着气候下降，降水减少，关中地区卤池盐水浓度增高，产盐有利可图。《唐会要》卷八八《盐铁使》记载："大和二年（828 年）三月度支奏，京兆府奉先县界卤池侧近百姓，取水柏柴烧灰煎盐，每石灰得一十二斤盐。乱法甚于咸土，请行禁绝。今后犯者，据灰计盐，一如两池盐法条例科断。从之。"《新唐书·食货志四》记载："是时奉天卤池生水柏，以灰一斛得盐十二斤，利倍碱卤。文帝时，采灰一斗，比盐一斤论罪。开成末（839 年左右），诏私盐月再犯者，易县令，罚刺史俸；十犯，则罚观察、判官课料。"《新唐书·地理志一》也记载："（奉天）有卤池二，大中二年（848 年），其一生盐。"

气温下降也导致作物收获时间延迟。《新唐书·韦贯之传附韦温传》记载："帝素重温，出为陕虢观察使。民当输租而麦未熟，吏白督之，温曰：'使民货田中穗以供赋，可乎？'为缓期而赋办。"《唐刺史考全编》考订韦温开成五年至会昌三年（840—843 年）为陕虢观察使，说明此期间农作物收获期延迟，而且持续时间比较长。

六、850—878 年，气候转暖。

这一时段寒冷事件记载比较少。《全唐诗》卷五一六《厉玄·寄婺州温郎中（时刺睦州）》中写有："积雪没兰溪，邻州望不迷。波中分雁宿，树杪接猿啼。"厉玄大中六年（852 年）九月任睦州刺史，十一月离任。[1] 可知当年十一月，浙东一带气候比较冷。咸通五年（864 年），"冬，隰、石、汾等州大雨雪，平地深三尺"。咸通七年（866 年）左右，卢肇贬官连州（今广东连州

市一带）。①《全唐诗》卷五五一《卢肇·谪连州书春牛榜子》中写有："阳和未解逐民忧，雪满群山对白头。不得职田饥欲死，儿侬何事打春牛。"可知在冬春之际粤北连州一带下雪比较大，表明当年比较寒冷。但这一时期寒冷的年份有限。

这一时期，出现了冬雷，《新唐书·五行志三》记载："咸通四年（863年）十二月，震雷。"咸通十四年（873年），"十二月，雷震"。乾符二年（875年），十一月，"是月，雷震电②。联系前后的气候状况，这些年的冬雷应该是气候变暖的表现。

由于气候比较温暖，河北一带的野生水稻生长良好。乾符元年（874年），"乾符，上。本鲁城，乾符元年生野稻水谷二千余顷，燕、魏饥民就食之，因更名"③。乾符三年（876年），"是冬，无雪"④。"广明元年十一月，暖如仲春。"⑤ "广明元年冬，桃李华，山华皆发。"⑥ 表明气温比较高。

七、879—905 年，气候寒冷。

879 年后，气候逐渐变冷。乾符六年（879年），《旧五代史·唐书·武皇纪上》记载："是冬大雪，弓弩弦折，南军苦寒，临战大败，奔归代州，李钧中流矢而卒。"《资治通鉴》卷二五三《唐纪六十九》中也记载："（王）铎既去，（刘）汉宏大掠江陵，焚荡殆尽，士民逃窜山谷。会大雪，僵尸满野。后旬余，贼乃至。"《全唐诗》卷七一四《崔道融·镜湖雪霁贻方干》记载："天外晓岚和雪望，月中归棹带冰行。相逢半醉吟诗苦，应抵寒猿袅树声。"此诗写于乾符六年（879年）前后，表明绍兴一带水域结冰；而现代冬季结冰区域在长江以北。《全唐诗》卷七一七《曹松·江外除夜》中有："宁无好鸟思花

---

① 牛庆国：《晚唐作家卢肇行迹仕履摭考》，《古籍整理研究学刊》2018 年第 6 期。

②《旧唐书·僖宗纪》。

③《新唐书·地理志三》。

④《新唐书·僖宗纪》。

⑤《新唐书·五行志一》。

⑥《新唐书·五行志二》。

发，应有游鱼待冻开。"此诗是曹松隐居洪州一带时所作，时间也在 879 年左右，表明南昌一带江水中有冰冻现象。

《中朝故事》卷上记载："乾符中，僖皇在蜀。洞庭柑橘、东都嘉庆李，睦仁柿，亦味醋而涩。"僖宗到达蜀地的时间是 880 年，表明当年气候寒冷，影响果实的成熟。此外，《全唐诗》卷六九六《韦庄·雨霁晚眺（庚子年冬大驾幸蜀后作）》中写有："入谷路萦纡，岩巅日欲晡。岭云寒扫盖，溪雪冻黏须。卧草踪如兔，听冰怯似狐。仍闻关外火，昨夜彻皇都。"庚子年为公元 880 年，表明蜀地当年冬季比较寒冷。

中和元年（881 年），《文献通考·物异考一一·恒寒》记载："春，霜。秋，河东早霜，杀稼。"表明当年春季晚霜与秋季早霜，是当年气候寒冷的体现。

中和二年（882 年），《旧唐书·僖宗纪》记载："七月辛丑朔。丙午夜，西北方赤气，如绛虹竟天。贼将尚让攻宜君寨，雨雪盈尺，甚寒，贼兵冻死者十二三。"七月关中一带大雪，是当时气候寒冷的标志。《资治通鉴》卷二五五《唐纪七十一》记载："八月……浙东观察使刘汉宏遣弟汉宥及马步军都虞候辛约，将兵二万营于西陵，谋兼并浙西，杭州刺史董昌遣都知兵马使钱镠拒之。壬子，镠乘雾夜济江，袭其营，大破之，所杀殆尽，汉宥、辛约皆走。"八月钱塘江有雾，是气候变冷因素造成的。又《新唐书·僖宗纪》记载："九月，是月，太原桃李实。"表明当年气候寒冷，有效积温不足，以至于桃李在九月份才成熟。

《全唐诗》卷六六二《罗隐·甘露寺看雪上周相公》中写有："筛寒洒白乱溟蒙，祷请功兼造化功。"此诗写作时间为公元 884 年，①甘露寺在今镇江，表明当年镇江一带下雪比较大。

光启二年（886 年），《旧唐书·僖宗纪》记载："是冬苦寒，九衢积雪，兵入之夜，寒冽尤剧，民吏剽剥之后，僵冻而死蔽地。"《旧唐书·高骈传》中也记载："（扬州）自二年十一月雨雪阴晦，至三年二月不解。比岁不稔，食物踊贵，道殣相望，饥骸蔽地。"表明当时气候寒冷。

《全唐诗》卷六八六《吴融·金桥感事》中写有："太行和雪叠晴空，二

① 陈鹏：《罗隐年谱及作品系年》，《古籍整理研究学刊》2011 年第 2 期。

月春郊尚朔风。"此诗作于 890 年,[①] 表明当年春季依然寒冷。

景福元年（892 年），《全唐文》卷八三〇《徐寅·寒赋》中写有："（长安一带）壬子岁，大雪蒙蒙，繁云锁空；白日光没，樵蹊脉穷。地洞冱而履不得，天飔飔而飞不通。庭兰落翠，禁树催红。"[②] 可见当年长安一带冬季寒冷。

景福二年（893 年），《新唐书·五行志三》记载："二月辛巳，曹州大雪，平地二尺。"

乾宁二年（895 年），《新唐书·昭宗纪》记载："四月，苏州大雨雪。"《吴越备史·武肃王上》中也记载："夏四月辛卯，苏州雨雪。"

《全唐诗》卷六八二《韩偓·乾宁三年丙辰在奉天重围作》中写有："仗剑夜巡城，衣襟满霜霰。贼火遍郊坰，飞焰侵星汉。积雪似空江，长林如断岸。独凭女墙头，思家起长叹。"乾宁三年为 896 年，表明奉天（今陕西乾县一带）冬季寒冷。

乾宁四年（897 年），《旧唐书·昭宗纪》中记载："十一月……癸酉，淮南大将朱瑾潜出舟师袭汴军于清口……比至颍州，大雪寒冻，死者十五六。自古丧师之甚，无如此也。由是行密据有江、淮之间。"又《旧五代史·梁书·王敬荛传》中记载："四年冬……时雨雪连旬，军士冻馁，敬荛自淮燎薪，相属于道，郡中设糜糗饼饵以待之，全活者甚众。"足见当年气候比较寒冷。

天复元年（901 年）后，气温急剧转冷。901 年左右，长安暮春时节也下雪，《全唐诗》卷七一七《曹松·曲江暮春雪霁》中写有："霁动江池色，春残一去游。菰风生马足，槐雪滴人头。"曹松长期在地方活动，但在 901 年左右他来长安参加了科举考试，故而此诗反映了 901 年前后长安一带终雪时间也晚，当年比较寒冷。

《新五代史·李茂贞传》记载："梁军至同州，全海等惧，与继筠劫昭宗幸凤翔。梁军围之逾年，茂贞每战辄败，闭壁不敢出。城中薪食俱尽，自冬涉春，雨雪不止，民冻饿死者日以千数。……天子于宫中设小磨，遣宫人自屑豆

---

① 柏俊才：《吴融年谱》，《文献》1998 年第 4 期。

② 徐寅在 894 年中举之前生活在长安一带，《全唐文》将《寒赋》归于徐寅名下，但未注明出处。

麦以供御,自后宫、诸王十六宅,冻馁而死者日三四。"也表明 901 年冬至 902 年春,气温比较低。

天复二年(902 年),《新唐书·昭宗纪》记载:"三月乙卯,浙西大雨 雪。"《吴越备史·武肃王上》中也记载:"三月朔,日有蚀之。是月,癸丑至 乙卯三日,浙右大雪盈丈,雪气如烟而味苦。"

天复三年(903 年),《新唐书·五行志三》记载:"三月,浙西大雪,平 地三尺余,其气如烟,其味苦。十二月,又大雪,江海冰。"《吴越备史·武 肃王上》中也记载:"是月(三月)癸丑至乙卯三日,浙右大雪盈丈,雪气如 烟而味苦。"

天祐元年(904 年),《新唐书·五行志三》中记载:"九月壬戌朔,大 风,寒如仲冬。是冬,浙东、浙西大雪。吴、越地气常燠而积雪,近常寒 也。"《吴越备史·武肃王上》中也记载:"是月(十月)癸酉,大雪,平地 丈余。"

《全唐诗》卷六八○《韩偓·雪中过重湖信笔偶题》中写有:"道方时险 拟如何,谪去甘心隐薜萝。青草湖将天暗合,白头浪与雪相和。旗亭腊酎逾年 熟,水国春寒向晚多。处困不忙仍不怨,醉来唯是欲傞傞。"同卷中《早玩雪 梅有怀亲属》写有:"北陆候才变,南枝花已开。无人同怅望,把酒独裴回。 冻白雪为伴,寒香风是媒。何因逢越使,肠断谪仙才。"又有《湖南梅花一冬 再发偶题于花援》:"湘浦梅花两度开,直应天意别栽培。玉为通体依稀见, 香号返魂容易回。寒气与君霜里退,阳和为尔腊前来。夭桃莫倚东风势,调鼎 何曾用不材。"此诗写于 904 年,此年二月韩偓来到湖南,[1] 重湖,即洞庭湖, 表明当年春天湖南一带春季依然寒冷;后二首诗为 904 年冬,韩偓居醴陵时所 作,当年醴陵一带梅花两次开花,是因气温较低开花期延长的结果,表明这一 年冬天也比较寒冷。

901—904 年之间,出现江海结冰现象,湖南花开异常,表明气候异常 寒冷。

---

① 霍松林、邓小军:《韩偓年谱(中)》,《陕西师范大学学报》(哲学社会科学 版)1988 年第 4 期。

八、905—960 年，气候转暖。

905 年后，极端寒冷事件记载逐渐减少，表明气候逐渐回暖。

乾化二年（912 年），《旧五代史·梁书·太祖纪七》记载："正月甲申，以时雪久愆，命丞相及三省官群望祈祷。……二月癸丑，敕曰：'今载春寒颇甚，雨泽仍愆，司天监占以夏秋必多霖潦，宜令所在郡县告喻百姓，备淫雨之患。'"只是表明当年春季比较寒冷。

贞明三年（917 年），《资治通鉴》卷二七〇《后梁纪五》记载："十一月，丙子朔，日南至，蜀主祀圜丘。晋王闻河冰合，曰：'用兵数岁，限一水不得渡，今冰自合，天赞我也。'亟如魏州。……（十二月）戊辰，晋王畋于朝城。是日，大寒，晋王视河冰已坚，引步骑稍度。"

天祐十九年（922 年），《旧五代史·唐书·庄宗纪三》记载："正月时岁且北至，大雪平地五尺，敌乏刍粮，人马毙踣道路，累累不绝，帝乘胜追袭至幽州。"《资治通鉴》卷二七一《后梁纪六》也记载："会大雪弥旬，平地数尺，契丹人马无食，死者相属于道。"

同光三年（925 年），《旧五代史·唐书·庄宗纪六》记载："二月，符习奏，修堤役夫遇雪寒逃散。枢密使郭崇韬上表辞兼镇。"《旧五代史·唐书·庄宗纪七》中还记载："十二月癸未，还宫。是时大雪苦寒，吏士有冻踣于路者。"

以上寒冷记载，只表明当年气温比较冷，与前期相比，异常低温现象并不存在。

《太平广记》卷一四〇《征应·秦城芭蕉》记载："天水之地，迩于边陲，土寒，不产芭蕉。戎师使人于兴元求之，植二本于亭台间。每至入冬，即连土掘取之，埋藏于地窟。候春暖，即再植之。庚午、辛未之间，有童谣曰：'花开来裹，花谢来裹。'而又节气变而不寒，冬即和煦。夏即暑毒，甚于南中，芭蕉于是花开。秦人不识，远近士女来看者，填咽衢路。寻则蜀人犯我封疆，自尔年年一来，不失芭蕉开谢之候。乙亥岁，歧陇援师不至，自陇之西，竟为蜀人所有。暑湿之候，一如巴邛者。盖剑外节气，先布于秦城。童谣之言，不可不察。"乙亥岁，指公元 915 年。这说明在五代初期，西北地区气候回暖，以至在今四川一带才盛开的芭蕉在五代初期能在天水一带盛开。

　　天成元年（926年），"冬十月甲申朔，诏赐文武百僚冬服绵帛有差。近例，十月初寒之始，天子赐近侍执政大臣冬服"①。这比德宗时期九月授衣的时间要推迟。开封与西安纬度几乎相同，冬季气温差别不大，这大致反映出气候逐渐回暖。

　　天成四年（929年），户部上奏说："户部奏：'三京、邺都、诸道州府，逐年所征夏秋税租，兼盐曲折征，诸般钱谷等起征，条流如后：四十七处节候常早，大小麦、矿麦、豌豆五月十五日起征，八月一日纳足。正税、匹帛钱、鞋、地头、榷曲、蚕盐及诸色折科，六月五日起征，至八月二十日纳足。河南府、华州、耀、陕、绛、郑、孟、怀、陈、齐、棣、延、兖、沂、徐、宿、汝、申、安、滑、濮、澶、襄、均、房、雍、许、邢、洺、磁、唐、隋、郢、蔡、同、郓、魏、汴、颍、复、郦、宋、亳、蒲等州。二十三处节候差晚，随本处与立两等期限。一十六处较晚，大小麦、矿麦、豌豆六月一日起征，至八月十五日纳足。正税、匹帛钱、鞋、地头、榷曲、蚕盐及诸色折科，六月十日起征，至八月二十五日纳足。幽、定、镇、沧、晋、隰、慈、密、青、邓、淄、莱、邠、宁、庆、衍。七处节候尤晚，大小麦、豌豆六月十日起征，至九月纳足。正税、匹帛钱、鞋、榷曲钱等六月二十日起征，至九月纳足。并、潞、泽、应、威塞军、大同军、振武军。'"②可知在河南、山东等地的冬小麦成熟时间在农历五月十五日之前，西北地区在农历六月十日之前，与现在冬小麦成熟时间大致一致。

　　《册府元龟·帝王部·务农》记载，长兴三年（932年）"九月壬午（10月5日）帝幸南庄，翌日谓侍臣曰：'朕见西郊种麦，生民之辛苦深可悯念，帝忧民之旨无日暂忘。'"现在开封一带种麦的时间为10月1日至10日之间。反映了五代中期，气候逐渐恢复到现在水准。

　　不过932年开始，气温开始下降。长兴三年（932年），《吴越备史·文穆王》记载："三月己酉，大雪二十八日。夏四月己未……自今年孟春洎是月，阴晦弥时，至是澄霁，中外咸悦。"

　　长兴四年（933年），《旧五代史·唐书·明宗纪十》记载："帝御明堂殿

---

①《旧五代史·唐书·明宗纪三》。

②《文献通考·田赋考三》。

受朝贺，仗卫如式。是日雪盈尺。"

应顺元年（934 年），《吴越备史·文穆王》记载："春正月……是月大雪，平地五尺。"

晋天福二年（937 年），《全唐文》卷八三九《于峤·请蠲减租税疏》中写有："今年不更通括苗亩。宜从特旨，颁作溥恩。……且属夏秋已来，霜雨频降。"①

天福四年（939 年），《辽史·太宗纪下》记载："六月丁丑，雨雪。"《旧五代史·晋书·高祖纪四》记载："十二月丁酉朔，百官不入阁，大雪故也。"《册府元龟·帝王部·惠民》记载："十二月，帝以雨雪弥月，出金粟薪炭与犬羊皮以赈穷乏。"《册府元龟·帝王部·弭灾》中记有："十二月丁巳，帝御便殿，谓冯道曰：'大雪害民，五旬不止。'"

天福五年（940 年），《资治通鉴》卷二八二《后晋纪三》记载："唐主欲遂居江都，以水冻，漕运不给，乃还；十二月，丙申，至金陵。"

天福六年（941 年），《旧五代史·晋书·高祖纪五》记载："正月，乙丑，青州奏，海冻百余里。"

天福六年（941 年），《新五代史·安重荣传》记载："是冬大寒，溃兵饥冻及见杀无孑遗，重荣独与十余骑奔还，以牛马革为甲，驱州人守城以待。"

937 年后开始的气温变化，与 934 年左右冰岛埃尔加火山喷发有关，该火山喷发一直持续到 938 年左右，火山喷发带来了全球性的气候降温，939—942年气温出现下降，其中 939 年到 940 年，中国北方气温比之前至少下降 5℃，气候极其寒冷。②

942 年后，气候逐渐回暖，到 955 年后，寒冷气候记载逐渐减少。

开运三年（946 年），《旧五代史·五行志》记载："十二月己丑，雨木冰。是月戊戌，霜雾大降，草木皆如冰。"

---

① 《旧五代史·晋书·高祖纪二》记载，天福二年四月，"天福元年已前，诸道州府应系残欠租税，并特除免。诸道系征诸色人欠负省司钱物，宜令自伪清泰元年终已前所欠者，据所通纳到物业外，并与除放。"
② 费杰等：《公元 10 世纪冰岛埃尔加（Eldgiá）火山喷发对中国的古气候效应》，《古地理学报》2004 年第 2 期。

天福十二年（947年），《旧五代史·晋书·高祖纪下》记载："十一月壬子，雨木冰。辛酉，雨木冰。癸酉，雨木冰。"

乾祐元年（948年），《旧五代史·汉书·隐帝纪上》记载："九月乙丑，雪，书不时也。"

广顺元年（951年），《旧五代史·僭伪列传·刘崇传》记载："是岁，晋、绛大雪。"

广顺三年（953年），《旧五代史·周书·太祖纪四》记载："十二月，戊申，雨木冰。"

显德二年（955年），《册府元龟·王部·谦德》记载："九月甲子……两日以来至甚寒沍。"

946—955年间，虽然有气候寒冷的记载，可看作气候回暖时的波动。北方气温回暖比较慢，南方气温回暖比较快。这一阶段，未见南方寒冷事件记载，足见南方已经回暖。

第四节　隋唐五代时期收成所反映的气候状况

气候变化与收成之间关系密切，气候升高 1℃，谷物的熟级可以增加一级，即产量增加 15% 左右。[①] 也有研究表明，气候温暖时期，农业处于偏丰阶段；气候干冷时期，农业处于偏歉阶段。[②] 此外，好的天时往往是盛世时期，也与好的天时粮食生产稳定有关。[③] 因此，研究隋唐五代时期的收成，对研究隋唐五代时期气候变化有重要的参考价值。

开皇四年（584 年）十月，甲戌，驾幸洛阳，关内饥也。（《隋书·高祖纪上》）

开皇六年（586 年）二月，山南荆浙七州饥，遣前工部尚书长孙毗赈恤之。（《册府元龟·帝王部·惠民》）

开皇八年（588 年）秋八月丁未，河北诸州饥，遣吏部尚书苏威赈恤之。（《隋书·高祖纪下》）

开皇十四年（594 年）八月辛未，关中大旱，人饥。上率户口就食于洛阳。（《隋书·高祖纪下》）

开皇十八年（598 年），自是频有年矣。（《册府元龟·帝王部·惠民》）

大业五年（609 年），燕、代、齐、鲁诸郡饥。（《隋书·五行志上》）会兴辽东之役，百姓失业，又属岁饥，谷米踊贵，须陀将开仓赈给。（《隋书·张须陀传》）俄而山东饥馑，百姓相聚为盗，善会以左右数百人逐捕之，往

---

① 张家诚：《气候与人类》，河南科学技术出版社 1988 年版，第 123—125 页。

② 苏筠等：《气候变化对中国西汉至五代（206BC~960AD）粮食丰歉的影响》，《中国科学：地球科学》2014 第 1 期。

③ 汤懋苍、汤池：《天时、气候与中国历史（Ⅱ）："好（坏）天时"与历史上的"顺（乱）世"》，《高原气象》2002 年第 1 期。

皆克捷。(《隋书·杨善会传》)

隋朝末年,于时天下大乱,百姓饥馁,道路隔绝,仁恭颇改旧节,受纳货贿,又不敢辄开仓廪,赈恤百姓。(《隋书·王仁恭传》)隋末荒乱,狂贼朱粲起于襄、邓间。岁饥,米斛万钱,亦无得处,人民相食。(《朝野佥载》卷二)

武德二年(619年),年谷不登,市肆腾踊。(《册府元龟·帝王部·弭灾》)

武德三年(620年),国家承丧乱之后,百姓流离,未蒙安养,频年不熟,关内阻饥。(《全唐文》卷一三〇《韦云起·谏征王世充表》)

武德五年(622年),今兹麦既大熟,宜停庶务。(《册府元龟·帝王部·务农》)

武德六年(623年),今既风雨顺节,苗稼实繁,普天之下,咸通茂盛。五十年来未尝有此,仓廪之积,指日可期。(《册府元龟·帝王部·务农》)

贞观元年(627年)十月丁酉,以岁饥减膳。(《新唐书·太宗纪》)

贞观二年(628年)是月(八月),河南、河北大霜,人饥。(《旧唐书·太宗纪》)贞观二年,关中旱,大饥。(《贞观政要·仁恻》)

贞观三年(629年),关中丰熟,咸自归乡,竟无一人逃散,其得人心如此……又频致丰稔,米斗三四钱,行旅自京师至于岭表,自山东至于沧海,皆不赍粮,取给于路。(《贞观政要·政体》)

贞观四年(630年),关辅之地,连年不稔。(《全唐文》卷五《唐太宗·祈雨求直言诏》)突厥种落,往逢灾厉,病疫饥馑,殒丧者多。(《全唐文》卷五《唐太宗·收埋突厥暴骸诏》)四月,夏麦大稔。(《册府元龟·帝王部·务农》)贞观初,户不及三百万,绢一匹易米一斗。至四年,米斗四五钱,外户不闭者数月,马牛被野,人行数千里不赍粮,民物蕃息,四夷降附者百二十万人。(《新唐书·食货志一》)

贞观五年(631年),自五六年来,频岁丰稔,一匹绢得粟十余石,而百姓皆以为陛下不忧怜之,咸有怨言。(《旧唐书·马周传》)

贞观六年(632年),卿辈皆以封禅为帝王盛事,朕意不然。若天下乂安,家给人足,虽不封禅,庸何伤乎?(《全唐文》卷九《唐太宗·答群臣封禅表敕》)贞观六年诏曰:"比年丰稔,闾里无事。乃有惰业之人,不顾家产,朋游无度,酣宴是耽,危身败德。"(《唐会要·乡饮酒》)贞观六年,匈奴克

平，远夷入贡，符瑞日至，年谷频登。(《贞观政要·纳谏》)

贞观八年(634年)以后，米斗至四五钱，俗阜化行，人知义让，行旅万里，或不赍粮。(《全唐文》卷四六五《陆贽·请两税以布帛为额不计钱数》)

贞观九年(635年)，东山之地，频年不稔，水雨为灾，饥馑相属。(《册府元龟·帝王部·赦宥》)

贞观十一年(637年)，侍御史马周上疏陈时政曰："……自五六年来，频岁丰稔，一匹绢得十余石粟，而百姓皆以陛下不忧怜之，咸有怨言。又今所营为者，颇多不急之务故也。"(《贞观政要·奢纵》)

贞观十六年(642年)，太宗以天下粟价率计斗直五钱，其尤贱处，计斗直三钱。(《贞观政要·务农》)

贞观十八年(644年)，严霜早降，秋实不登，静言寡薄，无忘惭惕。(《全唐文》卷九《唐太宗·令诸州寺观转经行道诏》)

贞观二十一年(647年)，方今六合之表，击壤传声；四海之隅，畜畜岁稔。(《全唐文》卷八《唐太宗·封禅诏》)

贞观二十二年(648年)，充容徐氏上疏谏曰："贞观已来，二十有余载，风调雨顺，年登岁稔，人无水旱之弊，国无饥馑之灾。"(《贞观政要·征伐》)

永徽元年(650年)，当今天下无虞，年谷丰稔，薄赋敛，少征役，此乃合于古道。(《旧唐书·令狐德棻传》)

永徽二年(651年)，今国家四表无虞，人和岁稔，作范垂训，今也其时。(《旧唐书·礼仪志二》)

永徽五年(654年)，是岁大稔，洛州粟米斗两钱半，粳米斗十一钱。(《资治通鉴》卷一九九《唐纪十五》)

永徽五年(654年)，是岁大稔，洛州米斛至两钱半，粳米斗至十一文。(《册府元龟·符瑞三》)

永徽六年(655年)，上封人奏称：去岁粟麦不登，百姓有食糟糠者。(《册府元龟·帝王部·弭灾二》)

麟德二年(665年)，大有年。(《新唐书·高宗纪》)是岁大稔，米斗五钱，麰麦不列市。(《旧唐书·高宗纪上》)时比岁丰稔，米斗至五钱，麦、豆不列于市。(《资治通鉴》卷二〇一《唐纪十七》)

总章元年(668年)，是岁，京师及山东、江淮旱、饥。(《资治通鉴》卷

二〇一《唐纪十七》）

总章二年（669 年），咸亨元年十一月壬戌……曰："自从去岁，关中旱俭，禾稼不收，多有乏绝，百姓不足，责在朕躬。"（《册府元龟·帝王部·宴享二》）

咸亨元年（670 年）八月庚戌，以谷贵禁酒。是岁，大饥。（《新唐书·高宗纪》）是岁，天下四十余州旱及霜虫，百姓饥乏，关中尤甚。（《旧唐书·高宗纪上》）

仪凤三年（678 年）四月，以同州饥，沙苑及长春宫并许百姓樵采渔猎。（《册府元龟·帝王部·恤下二》）秋七月丁巳，宴近臣诸亲于咸亨殿。上谓霍王元轨曰："去冬无雪，今春少雨，自避暑此宫，甘雨频降，夏麦丰熟，秋稼滋荣。"（《旧唐书·高宗纪下》）

仪凤四年（679 年）二月乙丑，东都饥，官出糙米以救饥人。（《旧唐书·高宗纪下》）仪凤四年五月……承庆上书谏曰："自顷年已来，频有水旱，菽粟不能丰稔，黎庶自致煎穷。今夏亢阳，米价腾踊，贫窭之室，无以自资，朝夕遑遑，唯忧馁馑。"（《旧唐书·韦思谦子承庆传》）

永隆元年（680 年），洛州饥，减价官粜，以救饥人。（《旧唐书·高宗纪下》）

永隆二年（681 年）闰七月丙寅，雍州大风害稼，米价腾踊。（《旧唐书·高宗纪下》）顷以岁储微耗，年谷未登，睿旨忧劳，宸情戒惕。（《全唐文》卷二一七《崔融·代皇太子请复膳表》）

永淳元年（682 年）正月乙未朔，以年饥，罢朝会。关内诸府兵，令于邓、绥等州就谷。四月，上以谷贵，减扈从兵，士庶从者多殍踣于路。是秋，山东大水，民饥。（《旧唐书·高宗纪下》）永淳大饥，关辅尤甚。（《全唐文》卷三一三《孙逖·沧州刺史郑公墓志铭》）

永淳二年（683 年），今兹丰稔，方有事于嵩邱，崇累圣之丕绩，祈兆人之嘉佑。（《全唐文》卷一三《唐高宗·停封中岳诏》）顷遭荒馑，人被荐饥。自河已西，莫非赤地；循陇已北，罕逢青草。……去岁薄稔，前秋稍登，使羸饿之余，得保性命。（《旧唐书·文苑传·陈子昂传》

光宅元年（684 年），幸赖陛下以至圣之德。抚宁兆人，边境获安，中国无事，阴阳大顺，年谷累登，天下父子始得相养矣。故扬州构祸，殆有五旬，而海内晏然，纤尘不动，岂非天下蒸庶厌凶乱哉？（《全唐文》卷二一三《陈

子昂·谏用刑书》)

垂拱三年(687年),是岁,大饥。(《新唐书·则天武皇后纪》)是岁,天下大饥,山东、关内尤甚。(《资治通鉴》卷二〇四《唐纪二十》)

垂拱四年(688年),山东、河南甚饥乏,诏司属卿王及善、司府卿欧阳通、冬官侍郎狄仁杰巡抚赈给。(《旧唐书·则天武皇后纪》)

万岁通天元年(696年)制加中大夫,二年加大中大夫,其年检校永州刺史。……公之在永州也,属时(阙一字)不登,土人多馁。[《全唐文》卷二三四《刘宪·大唐故右武卫将军上柱国乙速孤府君碑铭(并序)》]

大足元年(701年),迁凉州都督、陇右诸军州大使。……元振又令甘州刺史李汉通开置屯田,尽其水陆之利,旧凉州粟麦斛售至数千,及汉通收率之后,数年丰稔,乃至一匹绢籴数十斛,积军粮支数十年。(《旧唐书·郭元振传》)

长安二年(702年),且顷岁已来,虽年谷颇登,而百姓未有储蓄。(《全唐文》卷二三八《卢藏用·谏营兴泰宫疏》)

长安三年(703年),今三秋告稔,万宝已成,阴阳所和,稼穑遍茂。却连泽潞汾曲叙庙(疑)荆扬海隅,万庾同殷,千箱并咏。禾萌九穗,未曰休祥;谷石五钱,讵名丰穰?加以舟车并凑,水陆交冲,物产尤多,观听胥悦:众庶有来苏之冀,神灵翘望幸之心。(《全唐文》卷二四五《李峤·请车驾还洛表》)

神龙二年(706年)十二月河北水,大饥,命侍中苏瑰存抚赈给。(《旧唐书·中宗纪》)去岁(指706年)亢阳,天下不稔,利在保境,不可穷兵。(《旧唐书·突厥传上》)

神龙三年(707年)是夏,山东、河北二十余州旱,饥馑疾疫死者数千计,遣使赈恤之。(《旧唐书·中宗纪》)

景云二年(711年),今岁前水后旱,五谷不熟,若至来春,必甚饥馑,陛下为人父母,欲何方以赈恤?(《全唐文》卷二三七《魏知古·又谏营道观疏》)

开元二年(714年)闰二月十八日敕,年岁不稔,有无须通,所在州县,不得闭籴,各令当处长吏检校。(《册府元龟·邦计部·平籴》)春正月,关中自去秋至于是月不雨,人多饥乏,遣使赈给。(《旧唐书·玄宗纪上》)其岁大饥,其竹并枯死。岭南亦然。人取而食之,醴泉雨面,如米颗,人可食之。(《朝野佥载》卷一)五月,己丑,以岁饥,悉罢员外、试、检校官,自今非战功及别敕，毋得注拟。……九月，敕以岁稔伤农，令诸州修常平仓法；江、岭、淮、浙、剑南地下湿，不堪贮积，不在此例。(《资治通鉴》卷二一一《唐纪二十七》) 况比岁阻饥，甫田不稔。(《全唐文》卷二五四《苏颋·居大明官德音》)

开元三年 (715 年) 六月，山东诸州大蝗，飞则蔽景，下则食苗稼，声如风雨。紫微令姚崇奏请差御史下诸道，促官吏遣人驱扑焚瘗，以救秋稼，从之。是岁，田收有获，人不甚饥。(《旧唐书·玄宗纪上》) 七月，诏曰："山东邑郡，历年不稔。"(《册府元龟·帝王部·恤下二》)

开元三年 (715 年) 之前，比及乡里，时迫严寒，属数年失稔，百姓逃散，亲族馁馑，未辩情理。(《全唐文》卷九二三《叶法善·乞归乡修祖茔表》)

开元四年 (716 年)，河南、河北，去年 (指 716 年) 不熟。(《全唐文》卷二六《唐玄宗·再赈河南、河北诏》)

开元初，入为礼部侍郎。时久旱，关中饥俭，下制求直谏昌言、弘益政理者。(《旧唐书·张廷珪传》)

开元五年 (717 年)，且四海为家，两京相接，陛下以关中不甚丰熟，转运又有劳费，所以为人行幸，岂是无事烦劳？(《全唐文》卷二〇六《姚崇·对太庙屋坏奏》)

开元七年 (719 年)，但河北不登，或须给贷，贵在用遍，省于差科，共遵程式。(《册府元龟·宰辅部·谋猷三》)

开元八年 (720 年)，顷岁未登，水旱不节。(《册府元龟·帝王部·崇祭祀二》)

开元九年 (721 年)，怀州不熟。(《册府元龟·帝王部·惠民》)

开元十年 (722 年)，往岁河南失稔，时属荐饥，州将贪名，不为检覆，致令贫弱，萍流外境，责在致理，有从贬黜。[《全唐文》卷二五四《苏颋·处分朝集使敕 (七)》]

开元十一年 (723 年)，(二月) 壬子，祭后土于汾阴。(《资治通鉴》卷二一二《唐纪二十八》)

开元十二年 (724 年)，河南、河北去岁虽熟，百姓之间，颇闻辛苦。(《册府元龟·帝王部·恤下二》) 以理化升平，时谷屡稔，上书请修封禅之礼并献赋颂者，前后千有余篇。(《旧唐书·礼仪志三》) 往十二年，春夏大旱，六月

下旬，方始降雨。其岁河朔大熟，粟斗五钱。(《全唐文》卷三三〇《李嵩·祭北岳报雨状》)

开元十三年（725 年），时累岁丰稔，东都米斗十钱，青、齐米斗五钱。(《旧唐书·玄宗纪上》)

开元十四年（726 年），顷者按以阴阳，求之推步，至于今岁，不合有年。朕乃斋心妙闻，恳祈元德，灵征不远，丕应用彰，果获西成，颇为善熟。(《全唐文》卷三一〇《孙逖·令嗣郑王希言分祭五岳敕》)

开元十五年（727 年），是秋十七州霜旱；河北饥，转江淮之南租米百万石以赈给之。(《旧唐书·玄宗纪上》)

开元十六年（728 年），诏曰："如闻天下诸州，今岁普熟，谷价至贱，必恐伤农。"(《册府元龟·邦计部·平籴》)

开元十八年（730 年），皇帝御天下之十有九载……百揆时序，年屡丰而多庆，物由庚而自乐。(《全唐文》卷三一二《孙逖·宰相及百官定昆明池旬宴序》)

开元十九年（731 年），况河汴频稔，江淮屡登。(《全唐文》卷二三《唐玄宗·幸东都制》)

开元二十年（732 年）秋，七月，萧嵩奏："自祠后土以来，屡获丰年，宜因还京赛祠。"上从之。(《资治通鉴》卷二一三《唐纪二十九》)

开元二十一年（733 年）是岁，关中久雨害稼，京师饥，诏出太仓米二百万石给之。(《旧唐书·玄宗纪上》)

开元二十二年（734 年）正月乙酉，怀、卫、邢、相等五州乏粮，遣中书舍人裴敦复巡问，量给种子。(《旧唐书·玄宗纪上》)百姓屡空，朕孰与足？言及于此，良所疚怀。如闻京畿及关辅有损田，百姓等属频年不稔，久乏粮储。虽今岁薄收，未免辛苦，宜从蠲省，勿用虚弊。至于州县不急之务，差科徭役并积年欠负等，一切并停。其今年租八等以下，特宜放免。(《全唐文》卷三五《玄宗·给复京畿关辅敕》)

开元二十三年（735 年），如闻关辅蚕麦虽稍胜常年，百姓所收，才得自给。(《册府元龟·帝王部·恤下二》)宁彼华、嵩，皆列近甸，复兹丰稔，又倍他年，岁熟则余粮，地近则易给。(《全唐文》卷二七九《萧嵩·请封嵩华二岳表》)

开元二十四年（736 年），今兹节日，谷稼有成，顷年以来，不及今岁。百姓既足，朕实多欢。故于此时，与父老同宴，自朝及野，福庆同之。(《册府元龟·帝王部·宴享二》）朕初闻三辅之间，今岁善熟，朕缘陵寝，诚欲西幸。然积累虚年，乍得小稔，即又聚食，心所重难。倘夏麦不登，未免匮乏，百姓不足，君孰与安？所以再三痛怀，欲去不忍。（《全唐文》卷二三七《魏知古·答张九龄贺西幸延期表》）

开元二十五年（737年），今岁秋苗，远近丰熟，时谷既贱，则甚伤农。事资均籴，以利百姓。（《册府元龟·邦计部·平籴》）先是，西北边数十州多宿重兵，地租营田皆不能赡，始用和籴之法。有彭果者，因牛仙客献策，请行籴法于关中。戊子，敕以岁稔谷贱伤农，命增时价什二三，和籴东、西畿粟各数百万斛，停今年江、淮所运租。自是关中蓄积羡溢，车驾不复幸东都矣。（《资治通鉴》卷二一四《唐纪三十》）今岁属和平，时遇丰稔。（《全唐文》卷三一《玄宗·谕河南、河北租米折留本州诏》）

开元二十六年（738年），宁、庆两州，小麦甚贱。（《册府元龟·邦计部·平籴》）

开元二十七年（739年），今岁物已秋成，农郊大稔。（《册府元龟·邦计部·平籴》）

开元二十八年（740年），其时频岁丰稔，京师米斛不满二百，天下乂安，虽行万里不持兵刃。（《旧唐书·玄宗纪下》）

天宝四载（745年），如闻今载收麦，倍胜常岁，稍至丰贱。即虑伤农，处置之间，事资通济。（《册府元龟·邦计部·平籴》）

天宝五载（746年），是时，海内富实，米斗之价钱十三，青、齐间斗才三钱，绢一匹钱二百。道路列肆，具酒食以待行人，店有驿驴，行千里不持尺兵。（《新唐书·食货志》）

天宝八载（749年）春，二月，戊申，引百官观左藏，赐帛有差。是时州县殷富，仓库积粟帛，动以万计。（《资治通鉴》卷二一六《唐纪三十二》）顷蛮夷款附，万里廓清，稼穑丰穰，群方乐业。（《全唐文》卷三二《玄宗·遣使祭岳渎四海诏》）

天宝十四载（755年），正月，以岁饥乏故，下诏。（《册府元龟·帝王部·惠民二》）八月，今秋稼穑，颇胜常年，实赖灵祇，福臻稔岁。（《册府元龟·帝王部·崇祭祀二》）

天宝十五载（756年）岁次丙申，正月乙卯，朔十八日壬申，（渝州）半江砥石出见于外表，时和而年丰也。（《全唐文》卷四〇三《张萱·灵石碑》）

至德三年（758年）二月辛卯，以岁饥，禁酤酒，麦熟之后，任依常式。（《旧唐书·肃宗纪》）陛下圣慈怜愍，煮公粥施之。顷年已来，多有全济。至仁之德，感动上天。故得年谷颇登，逆贼皆灭。（《全唐文》卷三二四《王维·请回前任司职田粟施贫人粥状》）

乾元二年（759年），时天下饥馑，转饷者南自江、淮，西自并、汾，舟车相继。（《资治通鉴》卷二二一《唐纪三十七》）乾元元年，京师酒贵，肃宗以禀食方屈，乃禁京城酤酒，期以麦熟如初。二年，饥，复禁酤，非光禄祭祀、燕蕃客，不御酒。（《新唐书·食货志四》）是岁年谷不登，长安饿死相属，公飏言于上，请出禁卫之米以颁饿者。上多之，乃俾公司出纳之吝。（《全唐文》卷四四四《卢虔·御史中丞晋州刺史高公神道碑》）

乾元三年（760年）四月，是岁饥，米斗至一千五百文。……自四月雨至闰月末不止。米价翔贵，人相食，饿死者委骸于路。（《旧唐书·肃宗纪》）

上元二年（761年）九月，江、淮大饥，人相食。（《资治通鉴》卷二二二《唐纪三十八》）

去年（指广德二年，即764年）江湖不登，兹境稍穰，故浙右流离，多就遗秉，凡增万余室而不为众。（《全唐文》卷三一六《李华·衢州刺史厅壁记》）广德中，连岁不稔，谷价翔贵，家贫，将鬻昭应别业。（《旧唐书·萧复传》）

永泰元年（765年）五月，京兆麦大稔，京兆尹第五琦奏请每十亩官税一亩，效古什一之税。（《旧唐书·食货志上》，又见《册府元龟·邦计部·赋税》）（三月）岁饥，米斗千钱，诸谷皆贵。……是春大旱，京师米贵，斛至万钱。……（五月）是月麦稔。判度支第五琦奏请十亩税一亩，效古什一而征，从之。……（七月）时久旱，京师米斗一千四百，他谷食称是。（《旧唐书·代宗纪》）

大历元年（766年），实赖宗社降福，寰宇小康，用兴淳朴之风，庶洽雍熙之化。（《全唐文》卷四九《代宗·改元大历赦文》）

大历二年（767年），去年米贵阙军食，今年米贱大伤农。高马达官厌酒肉，此辈杼轴茅茨空。（《全唐诗》卷二二三《杜甫·岁晏行》）（此诗作于768年，可知767年收成不好。）

大历四年（769年），急赋暴征，日益烦重，加以水旱相乘，岁非丰熟，方冬之首，谷已翔贵。又宿豪大猾，横恣侵渔，致有半价倍称，分田劫假。

（《全唐文》卷四一四《常衮·放京畿丁役及免税制》）

大历五年（770年），侯甸之闲，征求耗竭，百谷翔贵，关中小歉。（《全唐文》卷四一五《常衮·大赦京畿三辅制》）

大历六年（771年），是岁，以尚书右丞韩滉为户部侍郎、判度支。自兵兴以来，所在赋敛无度，仓库出入无法，国用虚耗。滉为人廉勤，精于簿领，作赋敛出入之法，御下严急，吏不敢欺；亦值连岁丰穰，边境无寇，自是仓库蓄积始充。（《资治通鉴》卷二二四《唐纪四十》）又属大历五年已后，蕃戎罕侵，连岁丰稔，故滉能储积谷帛，帑藏稍实。（《旧唐书·韩滉传》）

大历七年（772年），是秋稔。（《旧唐书·代宗纪》）

大历八年（773年），是岁大有年。（《旧唐书·代宗纪》）时京师大稔，谷价骤贱，大麦斗至八钱，粟斗至二十钱。（《册府元龟·邦计部·平籴》）而天地幽赞，阴阳化育：关辅之内，农祥荐臻，嘉谷丰衍，宿麦滋殖。间阎之间，仓廪皆实，百价低贱，实曰小康。（《全唐文》卷四九《代宗·大历八年夏至大赦文》）

大历九年（774年）五月庚申，诏度支使支七十万贯、转运使五十万贯和籴，岁丰谷贱也。乙丑，诏：“……上玄储休，仍岁大稔，益用多愧，不知其然。虽属此人和，近于家给，而边谷未实，戎备犹虚。因其天时，思致丰积，将设平籴，以之馈军。”（《旧唐书·代宗纪》）垦田之数，渐复平时，神降嘉生，岁乃大熟。（《全唐文》卷四一四《常衮·减征京畿丁役等制》）

大历十二年（777年），今颖实未登，粢盛乖望，是君积忧之日，是臣获戾之时。（《全唐文》卷四一八《常衮·谢社日赐羊酒等表》）

兴元元年（784年），江淮之间，连岁丰稔，迫于供赋，颇亦伤农。（《册府元龟·帝王部·惠民二》）是岁蝗遍远近，草木无遗，惟不食稻，大饥，道殣相望。（《资治通鉴》卷二三一《唐纪四十七》）近者缘边诸州，频岁大稔，谷籴丰贱，殊异往时，此乃天赞国家，永固封略之时也。……近岁关辅之地，年谷屡登。……关辅以谷贱伤农，宜加价籴谷，以劝稼穑。……今岁关中之地，百谷丰成，京尹及诸县令，频以此事为言，忧在京米粟太贱，请广和籴，以救农人。（《全唐文》卷四七三《陆贽·请减京东水运收脚价于缘边州镇储蓄军粮事宜状》）

贞元元年（785年）二月，河南、河北饥，米斗千钱。四月，时关东大饥，赋调不入，由是国用益窘。关中饥民蒸蝗虫而食之。十一月丁丑，诏文武常参官共赐钱七百万贯，以岁凶谷贵，衣冠窘乏故也。（《旧唐书·德宗纪上》）关畿之内，连岁兴戎，荐属天灾，稼穑不稔，谷籴翔贵。[《全唐文》卷四六一《陆贽·冬至大礼大赦制（贞元元年十一月）》]

贞元二年（786年）春正月壬辰朔，以岁饥罢元会，礼也。丙申，诏以民饥，御膳之费减半，官人月共粮米都一千五百石，飞龙马减半料。五月丙申，自癸巳大雨至于兹日，饥民俟夏麦将登，又此霖潦，人心甚恐，米斗复千钱。……己亥，百僚请上复常膳；是时民久饥困，食新麦过多，死者甚众。（《旧唐书·德宗纪上》）时比岁饥馑，兵民率皆瘦黑，至是麦始熟，市有醉人，当时以为嘉瑞。人乍饱食，死者复伍之一。数月，有肤色乃复故。（《资治通鉴》卷二三二《唐纪四十八》）江淮之间，连岁丰稔，迫于贡赋，颇亦伤农。（《全唐文》卷四六三《陆贽·赈恤诸道将吏百姓等诏》）

贞元初，蝗且俭，我先太君白府君货女奴以足食。（《全唐文》卷六五五《元稹·唐故朝议郎侍御史内供奉盐铁转运河阴留后河南元君墓志铭》）贞元三年（787年），自兴元（784年）以来，是岁最为丰稔，米斗直钱百五十、粟八十，诏所在和籴。（《资治通鉴》卷二三三《唐纪四十九》）初，朱泚、怀光之乱，关辅荐饥，贞元三年以后，仍岁丰稔，人始复生人之乐。（《旧唐书·刘太真传》）

贞元六年（790年）七月，以麦不登，赐京兆府种五万石。（《册府元龟·帝王部·惠民二》）

贞元八年（792年），复幸年谷屡丰，兵车少息，而用常不足，其故何哉？（《全唐文》卷四六五《陆贽·请两税以布帛为额不计钱数》）

贞元九年（793年），十一月，制曰："朕以寡德，祗膺大宝，励精理道，十有五年。夙夜惟寅，罔敢自逸，小大之务，莫不祗勤。皇灵怀顾，宗社垂祐，年谷丰阜，荒服会同，远至迩安，中外咸若。永惟多祐，实荷玄休。是用虔奉礼章，躬荐郊庙，克展因心之敬，获申报本之诚。庆感滋深，悚惕惟励，大福所赐，岂独在予，思与万方，均其惠泽，可大赦天下。"（《旧唐书·德宗纪下》）

贞元十年（794年），令节寰宇泰，神都佳气浓。赓歌禹功盛，击壤尧年丰。（《全唐诗》卷三一七《武元衡·奉和圣制丰年多庆九日示怀》）

贞元十二年（796年），虔州刺史崔衍奏，所部多是山田，且当邮传冲要，属岁不稔，颇有流离。（《唐会要·租税》）

贞元十四年（798年）六月乙巳，以旱俭，出太仓粟赈贷。……冬十月癸酉，以岁凶谷贵，出太仓粟三十万石，开场粜以惠民。……十二月癸酉，出东都含嘉仓粟七万石，开场粜以惠河南饥民。（《旧唐书·德宗纪下》）是冬，无雪，京师饥。（《新唐书·德宗纪》）

贞元十五年（799年）二月，罢中和节宴会，年凶故也。癸卯，罢三月群臣宴赏，岁饥也。出太仓粟十八万石，粜于京畿诸县。（《旧唐书·德宗纪下》）

贞元十六年（800年）是岁，京师饥。（《新唐书·德宗纪》）去年春三月至于秋八月不雨，关中饥馑。（《全唐文》卷六九〇《符载·钟陵夏中送裴判官归浙西序》）

贞元十九年（803年）七月，以关辅饥，罢今岁吏部选集。（《册府元龟·帝王部·恤下二》）关中旱饥，人死相枕藉，吏刻取息。（《全唐文》卷六八七《皇甫湜·韩愈神道碑》）臣伏以今年以来，京畿诸县，夏逢亢旱，秋又早霜，田种所收，十不存一。（《全唐文》卷五四九《韩愈·御史台上论天旱人饥状》）去夏迄秋（指的804年），颇愆时雨，京畿诸县，稼穑不登。（《册府元龟·邦计部·蠲复》）

贞元二十年（804年）二月丙午朔，罢中和节宴，岁俭也。（《旧唐书·德宗纪下》）明年，京师自冬雨雪甚，畿内不稔，停举。贞元二十一年春，德宗皇帝晏驾，果三月下旬放进士榜。（《太平广记》卷一五四《定数·李顾言》引《续定命录》）

贞元二十一年（805年）七月甲午，度支使杜佑奏："太仓见米八十万石，贮来十五年，东渭桥米四十五万石，支诸军皆不悦。今岁丰阜，请权停北河转运，于滨河州府和籴二十万石，以救农伤之弊。"乃下百僚议，议者同异，不决而止。（《旧唐书·顺宗纪》）臣伏奉八月二十四日敕，陛下以江淮旱歉，轸念蒸黎，命度支盐铁转运使户部侍郎兼御史中丞潘孟阳宣谕慰安，蠲除疾苦。（《全唐文》卷五二三《杨於陵·谢藩侍郎到宣慰表》）

元和元年（806年）丙戌，岁大饥，楚之南江、黄间尤甚。（《全唐文》卷七四二《刘轲·农夫祷》）

元和三年（808年），有司以今年丰熟，请令畿内及诸处和籴，令收钱谷，以利农人。（《全唐文》卷六六七《白居易·论和籴状》）

元和四年（809年）十一月癸卯朔，浙西苏、润、常州旱俭，赈米二万石。（《旧唐书·宪宗纪上》）冯媪者，庐江里中啬夫之妇，穷寡无子，为乡民贱弃。元和四年（809年），淮楚大歉，媪逐食与舒。（《太平广记》卷三四三《鬼·卢江冯媪》）况江淮之间，歉僅相属，物力疲耗，人心无聊。（《全唐文》卷六二《唐宪宗·亢旱抚恤百姓德音》）军储国计，仰给江淮，江淮旱歉，人心日急，若连兵不解，则忧患非细。（《全唐文》卷四八八《权德舆·山东行营事宜状》）

元和六年（811年），自秋霖澍，南亩亏播植之功……今春所贷义仓粟，方属岁饥，容至丰熟岁送纳。……百官职田，其数甚广，今缘水潦，诸处道路不通，宜令所在贮纳，度支支用，令百官据数于太仓请受。（《旧唐书·宪宗纪上》）

元和七年（812年），以今秋丰稔，必资蓄备。（《册府元龟·邦计部·经费》）

元和九年（814年）二月丁未，诏以岁饥，放关内元和八年已前逋租钱粟，赈常平义仓粟三十万石。（《旧唐书·宪宗纪下》）

元和十一年（816年）四月丁巳，以徐、宿饥，赈粟八万石。（《旧唐书·宪宗纪下》）

元和十二年（817年）（四月）己酉，出太仓粟二十五万石粜于西京，以惠饥民。秋七月戊子朔。壬辰，诏以定州饥，募人入粟受官及减选、超资。（《旧唐书·宪宗纪下》）如闻定州侧近，秋稼多登。（《全唐文》卷六〇《唐宪宗·令定州入粟助边诏》）

元和十四年（819年），京畿之内，供亿所丛，虽年谷比登，而人食尚寡，俾其存济，实在优矜。其京兆府及诸县今年夏税大麦等，共九万四千六百九十四石，并宜放免。（《全唐文》卷六二《唐宪宗·放免京兆府夏税大麦等敕》）

元和十五年（820年）六月，今则岁属丰登，兵方偃息，自宜克己以足用，何得剥下以为谋。（《旧唐书·穆宗纪》）

823—828年间，（浙西一带）仁声感物，顺气成象。年谷大稔，人无札瘥。畎亩之中，至有亲戚致忧，相报以养者。比比旌显，陶然一境，日饮其和而政达乎教化矣。（《全唐文》卷七三一《贾𩖑·赞皇公李德裕德政碑》）

宝历元年（825年）两京、河西大稔，敕度支和籴折籴粟二百万石。（《旧唐书·敬宗传》）

大和元年（827年），虽麦秋大稔，而禾岁未登，京畿之间，阴阳小爽。

(《全唐文》卷七〇《文宗·以京畿旱宥囚徒诏》)

大和二年（828年），清晨承诏命，丰岁阅田间。膏雨抽苗足，凉风吐穗初。早禾黄错落，晚稻绿扶疏。好入诗家咏，宜令史馆书。散为万姓食，堆作九年储。莫道如云稼，今秋云不如。(《全唐诗》卷四〇九《白居易·大和戊申岁大有年诏赐百寮出城观稼谨书盛事以俟采诗》) 长安铜雀鸣，秋稼与云平。玉烛调寒暑，金风报顺成。川原呈上瑞，恩泽赐闲行。欲反重城掩，犹闻歌吹声。(《全唐诗》卷三五七《刘禹锡·大和戊申岁大有年诏赐百寮出城观秋稼谨书盛事以俟采诗者》)

大和四年（830年）七月，太原饥，赈粟三万石。(《旧唐书·文宗纪下》) 本救荒歉，忽有危切，贵及其时。当州去京往来万里，奏回方给，岂及饥人？臣请所管忽遇灾荒，量事赈贷讫，续分析闻奏。庶使远人速活，圣泽遄流。(《全唐文》卷七一二《李渤·奏桂管常平义仓状》) 莫作农夫去，君应见自愁。迎春犁瘦地，趁晚喂羸牛。数被官加税，稀逢岁有秋。不如来饮酒，酒伴醉悠悠。(《全唐诗》卷四五〇《白居易·劝酒十四首·不如来饮酒七首》) 大和四年，为河东节度。遭岁恶，撙节用度，辍宴饮，衣食与士卒钧。(《新唐书·柳公绰传》)

大和六年（832年），江南诸道既有凶荒，赋入上供悉多蠲减。(《册府元龟·帝王部·恤下二》)

大和九年（835年）二月，乙丑，以岁饥，河北尤甚，赐魏、博六州粟五万石，陈许、郓、曹濮三镇各赐糙米二万石。(《旧唐书·文宗纪下》) 江淮间数年以来，水旱疾疫，凋伤颇甚，愁叹未平。今夏及秋，稍较丰稔。(《旧唐书·食货志下》)

开成年间（836—840年），臣伏见近岁已来，灾害不作，兵革休息，百谷丰稔，四方宁泰者，非他，是陛下事，异于前时。(《全唐文》卷七五七《王直方·谏厚赏教坊疏》)

开成四年（839年），开成己未岁六月，江南大旱。……自是比旬必雨，故民有半收。(《唐文拾遗》卷二九《吕述·马目山新庙记》)

开成年间（840年左右），回鹘运属天亡，岁久不稔，畜产大耗，国邑为虚，流亡遍于沙漠，僵仆被于草莽。皇帝自闻回鹘乖乱，继以灾荒。(《全唐文》卷七〇七《李德裕·代刘沔与回鹘宰相颉于伽思书》)

会昌元年至会昌四年（841—844年），仁圣文武至神大孝皇帝御历之四

年。……日晏而明，虫螟不生，嘉谷以成，中宇既安，四夷来庭。(《全唐文》卷七〇七《李德裕·黠戛斯朝贡图传序》)

会昌六年（846年），新姑车右及门柱，粉项韩凭双扇中。喜气自能成岁丰，农祥尔物来争功。[《全唐诗》卷五七六《温庭筠·会昌丙寅丰岁歌（杂言）》]

大中元年（847年），麦禾丰登，兵革偃息，物不疵疠，人无夭亡。(《全唐文》卷八二《宣宗·大中改元南郊赦文》)

大中二年（848年），岁比善熟，俗臻治平。(《全唐文》卷七四七《韦悫·重修滕王阁记》)

大中四年（850年），是岁，湖南大饥。(《旧唐书·宣宗纪下》)

大中六年（852年），是岁，淮南饥。(《新唐书·宣宗纪》)伏以湖湘旱耗，百姓饥荒，遂有奸凶，敢图啸聚。(《全唐文》卷七五〇《杜牧·贺生擒衡州草贼邓裴表》)今年京畿及西北边。稍似时熟。(《唐会要·和籴》)

大中七年（853年），大中癸酉，江表荐饥，殍踣相望，观遂并粮食施之。(《宋高僧传·唐天台山国清寺清观传》)

咸通二年（861年），遂授义昌军节度使……岁比不稔，给军未赡，峙粮十六万石，以为储蓄。(《全唐文》卷七九二《路岩·义昌军节度使浑公神道碑》)

咸通九年（868年），九年秋，余赴调上国，是岁黜于天官，困不克返。斯人与幼稚等寓居洛北，值岁饥疫死，家无免者。斯人独栖心释氏，用道以安，故骨肉获相保焉。[《全唐文补遗》第四辑《唐河南府河南县尉李公（琯）别室张氏（留客）墓志铭》]

咸通十年（869年），庚寅岁，洛师大饥，谷价腾贵，民有殍于沟塍者。(《三水小牍》卷上《埋蚕受祸》)

咸通十二年（871年），洛川大饥。[《全唐文补遗》第一辑《贾涉·唐故承奉郎汝州临汝县令博陵崔君（纾）墓志铭并序》]

咸通十四年（873年），今又物惟丰茂，岁获顺成。(《全唐文》卷八五《懿宗·安恤天下德音》)

咸通十五年（874年），关东去年（指874年）旱灾，自虢至海，麦才半收，秋稼几无，冬菜至少。贫者砲蓬实为面，蓄槐叶为齑。或更衰羸，亦难收拾。常年不稔，则散之乡境，今所在皆饥，无所依投，坐守乡间，待尽沟壑。

其蠲免余税，实无可征，而州县以有上供及三司钱，督趣甚急，动加捶挞。（《全唐文》卷七九二《卢携·乞蠲租赈给疏》）

唐僖宗乾符中，关东荐饥，群贼啸聚。黄巢因之，起于曹、濮，饥民愿附者凡数万。（《旧五代史·梁书·太祖纪一》）

唐僖宗乾符二年（875年），黄巢陷鄂州，沿江警扰，德本自度不能还乡，遂携家舍舟陆行。时岁大饥，饥殍甚多，德本以所贩米数万石尽散饥民，活者万余家，死者葬之，远近推仰。（《历世真仙体道通鉴》卷四二《刘德本传》）

乾符四年（877年），去年十二月，身住雪溪上。病里贺丰登，鸡豚聊馈饷。（《全唐诗》卷六一九《陆龟蒙·记事》）

广明元年（880年），僖宗广明之乱，庚子天下大荒，车驾再幸岐、梁。饥殍相望，郡国率不以贡士为意。（《太平广记》卷一八四《贡举·钟傅》）唐广明中，湖南饥，盗贼起。（《新五代史·雷满传》）

中和二年（882年），是岁，关中大饥。（《新唐书·僖宗纪》）

中和三年（883年），时仍岁大饥，民无积聚。（《旧唐书·僖宗纪》）时汴、宋连年阻饥，公私俱困，帑廪皆虚，外为大敌所攻，内则骄军难制，交锋接战，日甚一日；人皆危之，惟帝锐气益振。（《旧五代史·梁书·太祖纪一》）

中和四年（884年），是岁，关中大饥。（《新唐书·僖宗纪》）霍丘令周洁，甲辰岁罢任，客游淮上。时民大饥，逆旅殆绝，投宿无所。（《太平广记》卷三五四《鬼·周洁》）顷甲辰岁大饥，闻豫章独稔，即与一他将各率其属奔焉。（《全唐文》卷八八三《徐铉·庐山九天使者庙张灵官记》）

光启三年（887年），比岁不稔，食物踊贵，道殣相望，饥骸蔽地。（《旧唐书·高骈传》）

龙纪元年（889年），巢贼虽平，而宗权之凶徒大集，西至金、商、陕、虢，南极荆、襄，东过淮甸，北侵徐、兖、汴、郑，幅员数十州。五六年间，民无耕织，千室之邑，不存一二，岁既凶荒，皆脍人而食，丧乱之酷，未之前闻。（《旧唐书·昭宗纪》）

大顺元年（890年），是春，淮南大饥。（《新唐书·昭宗纪》）

大顺二年（891年），是春，淮南大饥，军中疫疠死者十三四。（《旧唐书·昭宗纪》）

光化二年（899年），神武皇帝潜龙之时，光化二年己未五月四日丙申，山土摧落，洞门自开……元和中，南康王韦皋莅蜀，洞忽开。时人咸云：洞门开，即年丰物贱。寻又闭塞，至是复开，其后果丰稔，其洞本名"麻姑洞"，侧有麻姑宅基，盖修道之所也。（《全唐文》卷九三四《杜光庭·麻姑洞记》）

天祐（904年）初，有李甲，本常山人。逢岁饥馑，徙家邢台西南山谷中。樵采鬻薪，以给朝夕。（《太平广记》卷一五八《定数·李甲》）

天祐四年（907年），今稼穑丰登，烟尘贴息。宜当农隙，潜募子来。（《全唐文》卷八六八《殷文圭·后唐张崇修庐州外罗城记》）

开平四年（910年），时陈、许、汝、蔡、颍五州境内有蝗为灾，俄而许州上言，有野禽群飞蔽空，旬日之间，食蝗皆尽，是岁乃大有秋。（《旧五代史·梁书·太祖纪五》）

开平五年（911年）秋，河朔大饥，易有年也。（《唐文拾遗》卷三三《张士宾·大唐义武军节……程公岩勋德碑颂》）

同光初（923—925年），以装为给事中，从幸洛阳。时连年大水，百官多窘，装求为襄州副使。（《旧五代史·唐书·胡装传》）

同光三年（925年），正月丙申，诏以昭宗、少帝山陵未备，宜令有司别选园陵改葬，寻以年饥财匮而止。（《旧五代史·唐书·庄宗纪六》）伊、汝之民，饥乏尤甚。是时，两河大水，户口流亡者十四五，都下供馈不充，军士乏食，乃有鬻子去妻，老弱采拾于野，殍踣于行路者。（《旧五代史·唐书·庄宗纪七》）是时，庄宗失政，四方饥馑，军士匮乏，有卖儿贴妇者，道路怨咨。（《旧五代史·唐书·明宗纪一》）是岁，大水，四方地连震，流民殍死者数万人，军士妻子皆采稆以食。（《新五代史·唐书·豆卢革传》）

天成二年（927年）三月，戊午，诏河南府预借今年秋夏租税。时年饥民困，百姓不胜其酷，京畿之民，多号泣于路，议者以为刘盆子复生矣。……是时，军士之家乏食，妇女掇蔬于野，及优给军人，皆负物而诟曰："吾妻子已殍矣，用此奚为！"（《旧五代史·唐书·庄宗纪八》）十二月，己卯，蔚州刺史周令武得代归阙，帝问北州事，令武奏曰："山北甚安，诸蕃不相侵扰。雁门已北，东西数千里，斗粟不过十钱。"……居数日，帝延宰臣于元德殿，言及民事，冯道奏曰："庄宗末年，不抚军民，惑于声乐，遂致人怨国乱。陛下自膺人望，岁时丰稔，亦淳化所致也。更愿居安思危。"（《旧五代史·唐书·明宗纪四》）

天成三年（928 年），伏惟陛下自统临四海，勤恤万方。每崇恭俭之风，常布仁慈之德。即合阴阳无爽，灾眚不生。百谷丰盈，五兵息偃。（《册府元龟·台省部·奏议》）

天成四年（929 年），九月，上与冯道从容语及年谷屡登，四方无事。（《资治通鉴》卷二七六《后唐纪五》）

长兴二年（931 年），正月丙戌……镇州上言，平棘等四县部民，饿死者二千五十人。（《旧五代史·唐书·庄宗纪八》）

长兴三年（932 年），陛下御极以来（926 年），大稔于此。时无水旱，岁有丰登。（《册府元龟·台省部·奏议》）

故天成、长兴间，比岁丰登，中原无事，言于五代，粗为小康。（《旧五代史·唐书·明宗纪十》）（康）福居灵武三岁，岁常丰稔，有马千驷，蕃夷畏服。（《新五代史·康福传》，康福到灵武为天成四年，即 929 年）

900—930 年间，（福建一带）凡三十年，仍岁丰稔。（《五国故事》卷下）

清泰元年（934 年），（后唐统治区域）今岁夏秋，或稔于常岁。请行检括，庶获均输。……伏闻关西、河东，人民饥馑，殍殍者多。其城市、乡村积粟之家，望令官司通指姓名，俾令出粜，以济饥民。（《全唐文》卷九七二《阙名·覆奏程逊等陈时务奏》）

清泰二年（935 年），时水旱民饥，河北诸州困于飞挽，逃溃者甚众，军前使者继至，督促粮运，由是生灵咨怨。（《旧五代史·唐书·末帝纪中》）

南唐升元四年（940 年）左右，是时江淮无事，累岁丰稔，兵食盈积。（《江南野史·先主》）

天福六年（941 年），臣伏思陛下统临万国，于今六年。猛将如云，锐师如雨。出无不捷，叛无不擒。岁稔时丰，人安物阜。实虑天意恐陛下忘创业艰难之时，有成功矜满之意，欲陛下有始有卒于兢兢业业也。（《全唐文》卷八五二《李详·谏修德省灾疏》）冬，大集境内（成德军）饥民，众至数万，扬旌向阙，声言入觐。（《旧五代史·晋书·安重荣传》）是时，河决滑州，命彦威塞之，彦威出私钱募民治堤。迁西京留守，遭岁大饥，彦威赈抚饥民，民有犯法，皆宽贷之，饥民爱之，不忍流去。（《新五代史·安彦威传》）四月乙巳，齐、鲁民饥，诏兖、郓、青三州发廪赈贷。（《旧五代史·晋书·高祖纪五》）

天福七年（942 年），徙镇镇国，遭岁大饥，为政有惠爱。（《新五代史·

杨彦询传》）

天福八年（943年），春正月，河南府上言："逃户凡五千三百八十七，饿死者兼之。"诏："诸道以廪粟赈饥民，民有积粟者，均分借便，以济贫民。"时州郡蝗旱，百姓流亡，饿死者千万计。二月，河中逃户凡七千七百五十九。是时天下饥，谷价翔踊，人多饿殍。（《旧五代史·晋书·少帝纪一》）是冬大饥，河南诸州饿死者二万六千余口。（《旧五代史·晋书·少帝纪二》）时天下旱、蝗，民饿死者岁十数万。（《新五代史·晋臣传·景延广传》）

开运元年（944年），正月，是岁，天下饿死者数十万人，诏逐处长吏瘗之。四月，丁巳，同、华奏，人民相食。丙寅，陇州奏，饿死者五万六千口。……五月，是月，泽潞上言，饿死者凡五千余人。（《旧五代史·晋书·少帝纪二》）十月戊午，诏曰："向者，频年灾沴，稼穑不登，万姓饥荒，道殣相望，上天垂谴，凉德所招。"（《旧五代史·晋书·少帝纪三》）

南唐保大初年（944年左右），风雨由是不时，阴阳以之失序。伤风败俗，蠹政害人。……今民多饥馑，政未和平。（《全唐文》卷八七〇《江文蔚·劾冯延巳魏岑疏》）

开运三年（946年），四月，曹州奏，部民相次饿死凡三千人。时河南、河北大饥，殍殕甚众，沂、密、兖、郓寇盗群起，所在屯聚，剽劫县邑，吏不能禁。兖州节度使安审琦出兵捕逐，为贼所败。五月，定州奏，部民相次掳杀流移，约五千余户。青州奏，全家殍死者一百一十二户。七月，自夏初至是，河南、河北诸州郡饿死者数万人，群盗蜂起，剽略县镇。八月，邺都、夏津临清两县，饿死民凡三千三百。盗入临濮、费县。（《旧五代史·晋书·少帝纪四》）

天福十二年（947年），十二月，戊申，宿州奏，部民饿死者八百六十有七人。（《旧五代史·汉书·高祖纪下》）

乾祐元年（948年），四月，徐州饿死民九百三十有七。七月，辛酉，沧州上言，自今年七月后，幽州界投来人口凡五千一百四十七，北土饥故也。（《旧五代史·汉书·隐帝纪上》）汉乾祐初，会契丹饥，幽州民多度关求食，至沧州境者五千余人，景善怀抚，诏给田处之。（《宋史·王景传》）

广顺元年（951年），夏四月，淮南饥故。……八月，是岁，幽州饥，流人散入沧州界。诏流人至者，口给斗粟，仍给无主土田，令取便种莳，放免差税。（《旧五代史·周书·太祖纪二》）是岁，晋、绛大雪，崇驻军六十余日，

边民走险自固，兵无所掠，士有饥色，比至太原，十亡三四。（《旧五代史·僭伪列传·刘崇传》）

保大三年至保大七年（945—949年），复移宛陵，仍兼楝州刺史海陵郡守。海陵为膏腴之地，邦赋最优。岁比不登，民用胥怨。（《全唐文》卷八八五《徐铉·唐故泰州刺史陶公墓志铭》）

广顺二年（952年），是时，北境饥馑，人民转徙，襁负而归中土者，散居河北州县，凡数十万口。（《旧五代史·周书·太祖纪三》）

南唐保大十二年（954年），大饥，民多疫死。（《新五代史·南唐世家》）

显德二年（955年），十一月，己亥，谕淮南州县，诏曰："……迩后维扬一境，连岁阻饥，我国家念彼灾荒，大许籴易。"（《旧五代史·周书·世宗纪二》）西川……管内州县连岁饥荒。（《册府元龟·帝王部·招怀》）

显德五年（958年），赐百官观稼之事，复以是岁秋成。（《册府元龟·帝王部·宴享三》）

581—594年，收成比较差。公元584年、586年、588年、594年都发生了饥荒，隋朝实行酒禁的措施。《隋书·刘昉传》记载："（刘）昉自以佐命元功，中被疏远，甚不自安。后遇京师饥，上令禁酒，昉使妾赁屋，当垆沽酒。"

595—608年，没有饥荒记载，在598年记载，"自是频有年矣"。

609—619年，收成不好，饥荒时常发生。粮食紧张，故而在唐初还实行酒禁政策，《新唐书·高祖纪》记载，武德二年闰二月，"乙卯，以谷贵，禁关内屠酤"。

620—668年，属于丰收时间段，虽然在627年、628年、630年以及635年、644年发生饥荒，但影响并不大。

669—721年，属于歉收阶段，有16年收成不好，只有1年为丰收年份。由于收成不好，朝廷一度禁酒，防止用粮食酿造酒。《新唐书·高宗纪》记载，咸亨元年（670年），"八月庚戌，以谷贵禁酒"。《册府元龟》卷五〇四记载："玄宗先天二年十一月，禁京城酤酒，岁饥故也。"

722—756年，属于丰收阶段。有17年记载收成；有些年份收成较好，属于"连稔"而没有被记载；4年收成较差。这一时期粮食充足，粮价较低。

757—764年，属于收成比较差的阶段。《新唐书·食货志四》记载："乾元元年（758年），京师酒贵，肃宗以廪食方屈，乃禁京城酤酒，期以麦熟如初。二年，饥，复禁酤，非光禄祭祀、燕蕃客，不御酒。"

765—797 年，属于收成比较好的阶段，只有 767 年、786 年、787 年以及 790 年记载收成不好。这时期收成虽然比较好，但粮食储备不足，786—787 年发生饥荒，官员生活窘迫。

798—817 年，属于收成比较差的时段，只有 808 年和 812 年这两年记载收成比较好，而记载收成不好的有 12 次。

818—829 年，属于收成比较好的阶段，有 5 年记载收成比较好，没有歉收的记载。

830—840 年，属于收成比较差的阶段，有 5 年记载收成比较差，没有丰收的记载。

841—849 年，属于收成比较好的阶段，这几年记载丰收年份比较多，没有歉收的记载。

850—926 年，属于收成较差的阶段。有 22 个年份记载歉收，丰收记载的年份只有 4 次。可见当时收成不好，因为饥荒，发生黄巢起义。

927—940 年，属于收成比较好的阶段。有 7 个年份记载为丰收，记载歉收只有 2 年。

940—960 年，属于收成比较差的阶段，有 11 个年份收成都比较差，无论是南方还是北方都有大规模饥荒记载。到了这一阶段后期，从 958 年开始，收成好转。

唐朝时期，还常有"大酺"活动。酺，《说文解字》记载："王德布，大饮酒也。"即允许老百姓大吃大喝。唐高祖李渊时期，无赐酺的记载。唐太宗时期，有 8 次赐酺记载，最早的是贞观四年。唐高宗时期赐酺 11 次。武则天统治时期，赐酺 15 次，每次多在 7 天或 9 天。中宗、睿宗时期，赐酺 11 次。唐玄宗时期，赐酺 16 次。肃宗 1 次。肃宗之后，只有穆宗赐酺 1 次，其余皇帝并没有赐酺。五代时期，只有梁朝有一次赐酺活动。唐玄宗之前即使是在收成不好的阶段，也多次赐酺，这表明当时饥荒只是地区性的，全国粮食比较多。唐玄宗之后，酒税成为国家主要的税收之一。《新唐书·食货志四》记载："广德二年，定天下酤户以月收税。建中元年，罢之。三年，复禁民酤，以佐军费，置肆酿酒，斛收直三千，州县总领，醨薄私酿者论其罪。寻以京师四方所凑，罢榷。贞元二年，复禁京城、畿县酒，天下置肆以酤者，斗钱百五十，免其徭役，独淮南、忠武、宣武、河东榷曲而已。……凡天下榷酒为钱百五十六万余缗，而酿费居三之一，贫户逃酤不在焉。"在酒税存在的情况下，也没有必要控制社会性饮酒活动，除非发生大规模的饥荒，故而此后赐酺的记载比较少。

第二章

隋唐五代时期的水环境

湖泊沼泽是判断一个地区环境状况的重要标志。隋唐五代时期，经济重心在北方。北方人口众多，农业发达，故而研究北方的湖泊沼泽情况，大致能判断这一时期的环境状况。

第一节　黄淮地区的湖泽情况

隋唐五代时期，在黄淮地区还存在众多的湖泽。

当时关中地区湖泽还比较多，面积比较大的有以下这些。

周氏陂，在高陵县。《旧唐书·高祖纪》记载，武德八年，"冬十月辛巳，幸周氏陂校猎，因幸龙跃宫"。唐高祖多次到周氏陂狩猎。《新唐书·地理志一》记载："高陵……西四十里有龙跃宫，武德六年，高祖以旧第置，德宗以为修真观。"《资治通鉴》胡三省注："《水经注》：白渠尾入栎阳而东南注于渭。……故渠东南有周氏曲渠，又南径汉景帝陵南，又东南注于渭。周氏曲，即周氏陂也，在高陵县界。故墅，在高陵县西十里店，上旧所居也；武德六年，名龙跃宫。"《太平寰宇记》卷二六记载："周氏陂，周回一十三里。汉太尉周勃冢在陂。其子亚夫有功，遂赐此陂，故地以氏称之。"

通灵陂，小池，在朝邑县。《旧唐书·良吏传下·姜师度传》记载："再迁同州刺史，又于朝邑、河西二县界，就古通灵陂，择地引洛水及堰黄河灌之，以种稻田，凡二千余顷，内置屯十余所，收获万计。"《新唐书·地理志一》记载："北四里有通灵陂，开元七年，刺史姜师度引洛堰河以溉田百余顷。……小池有盐。"

龙台泽、八部泽、美陂，在鄠县（今西安市鄠邑区）。《元和郡县图志·关内道二》记载："龙台泽，在县东北三十里。周回二十五里。八部泽，在县东南五里。周回五十里。……美陂，在县西五里，周回十四里。"美陂又作渼陂。《新唐书·地理志一》记载："鄠，有渼陂。"《全唐诗》卷二一六《杜甫·渼陂行（陂在鄠县西五里，周一十四里）》写有："岑参兄弟皆好奇，携我远来游渼陂。天地黯惨忽异色，波涛万顷堆琉璃。"《全唐诗》卷二一六《杜甫·

渼陂西南台》也写有："高台面苍陂，六月风日冷。蒹葭离披去，天水相与永。……况资菱芡足，庶结茅茨迥。从此具扁舟，弥年逐清景。"渼陂水域宽阔，水产众多，故而《新唐书·敬宗纪》记载："以渼陂隶尚食，禁民渔。"

永安陂，在万年县，又称皇子陂，唐诗中又多写为黄子陂。《水经注》卷一九《渭水注》记载："南有滈水注之，水上承皇子陂于樊川，其地即杜之樊乡也。"《太平寰宇记》卷二五记载："皇子陂，在启夏门南三十里。陂北原上有秦皇子冢，因以名之。隋文帝改为永安陂。周回九里。"《全唐诗》卷二二四《杜甫·重过何氏五首》中有："云薄翠微寺，天清黄子陂。向来幽兴极，步屧过东篱。"《全唐诗》卷六五五《罗隐·皇陂》中记有："皇陂潋滟深复深，陂西下马聊登临。垂杨风轻弄翠带，鲤鱼日暖跳黄金。"《全唐诗》卷六七六《郑谷·石门山泉》中也写有："烟春雨晚闲吟去，不复远寻皇子陂。"表明到唐末五代，皇子陂还存在。

盐池泽，在富平县。《元和郡县图志·关内道一》记载："盐池泽，在县东南二十五里，周回二十里。"

兰池陂，在咸阳县。《元和郡县图志·关内道一》记载："兰池陂，即秦之兰池也，在县东二十五里。初，始皇引渭水为池，东西二百里，南北二十里，筑为蓬莱山，刻石为鲸鱼，长二百丈。"

陈涛斜，在咸阳县。《旧唐书·房琯传》记载："（天宝十五载）十月庚子，师次便桥。辛丑，二军先遇贼于咸阳县之陈涛斜，接战，官军败绩。"《资治通鉴》胡三省注："陈涛泽，在咸阳县东，其路斜出，故曰陈涛斜。又宋海求《退朝录》引唐人文集曰：唐宫人墓谓之宫人斜，四仲，遣使者祭之。然则陈涛斜者，岂亦因内人所葬地而名之邪？"

望仙泽，在盩厔（今周至一带）。《元和郡县图志·关内道二》记载："望仙泽，在县东南三十五里，中有龙尾堆。"

龙泉陂，在泾阳县。《元和郡县图志·关内道二》记载："在县南三里。周回六里，多蒲鱼之利。"流金泊，《长安志》卷二十记载："在县（云阳，即唐泾阳县）东北一十里。"

马牧泽与百顷泽，均在兴平县。《元和郡县图志·关内道二》记载："马牧泽，在县东南二十里。南北广四里，东西二十一里。百顷泽，在县西二十五里。周回十六里，多蒲鱼之利。"宋泊和曲泊也在兴平县。《长安志》卷一四记载："宋泊，在县西二十一里。周十四里。曲泊，在县西南十五里。百顷泊

（即百顷泽）而下并有蒲渔之利，邑人利焉。隋开皇十五年各筑堤防护。"此外，还有四马务，《长安志》卷一四记载："四马务，在县东南二十余里。从东第一曰飞龙务，次大马务，次小马务，次羊泽务，地凡三百七十一顷。"

清泉陂与煮盐泽，均在栎阳县（今西安市临潼区）。《元和郡县图志·关内道二》记载："煮盐泽，在县南十五里。泽多咸卤。苻秦时于此煮盐。周回二十里。清泉陂，在县西南十里，多水族之利。"

金氏二陂，在下邽。《新唐书·地理志一》记载："东南二十里有金氏二陂，武德二年引白渠灌之，以置监屯。"

阳班湫，在郃阳。《新唐书·地理志一》记载："有阳班湫，贞元四年堰洿谷水成。"

卤池，在奉先（今陕西蒲城一带）。《新唐书·地理志一》记载："有卤池二，大中二年，其一生盐。"

六门堰和陂池，在武功。《长安志》卷一四记载："六门堰，《十道志》曰西魏文帝大统十三年，置六斗门节水，因名之。陂池，在县北二十里，义门乡。"

王尚泽，在渭南。《长安志》卷一七记载："在县西十五里。"

汧湖，在汧阳（今陕西陇县一带）。《全唐诗》卷六〇三《许棠·题汧湖二首》写有："偶得湖中趣，都忘陇坻愁。边声风下雁，楚思浪移舟。静极亭连寺，凉多岛近楼。吟游终不厌，还似曲江头。　陇首时无事，湖边日纵吟。游鱼来复去，浴鸟出还沉。蜃气藏孤屿，波光到远林。无人见垂钓，暗起洞庭心。"表明湖泊面积比较大。

赤岸泽，在今陕西大荔一带。《新唐书·兵志》记载："唐之初起，得突厥马二千匹，又得隋马三千于赤岸泽。"赤岸泽在隋朝为养马之地，唐朝养马于陇右，赤岸泽一度为司农司控制。《全唐文》卷三二六《王维·京兆尹张公德政碑》中记有："先是王公或专南山之利，司农涸昆明之池，收赤岸泽，将为田以便官，至是悉奏罢之。舟鲛衡麓之守废，蒲荷薪蒸之产入，自郊徂邑，室有鱼飧。斩阴伐阳，市多山木，人得以赡。"

在今山西，隋唐五代时期还存在一些面积比较大的湖泽。

盐池与熨斗陂，在解县。《元和郡县图志·河东道一》记载："盐池，在县东十里。女盐池，在县西北三里。东西二十五里，南北二十里。盐味少苦，不及县东大池盐。俗言此池亢旱，盐即凝结；如逢霖雨，盐则不生。今大池与安邑县池总谓之雨池，官置使以领之，每岁收利纳一百六十万贯。熨斗陂，在县东北二十五里。"

董泽，在闻喜。《元和郡县图志·河东道一》记载："一名董池陂，在县东北十四里。"

晋泽，在晋阳县（今山西太原一带）。《元和郡县图志·河东道二》记载："在县西南六里。隋开皇六年，引晋水溉稻田，周回四十一里。"

文湖，在西河县（今山西汾阳市一带）。《元和郡县图志·河东道二》记载："一名西河泊，在县东十里。多蒲鱼之利。"

邬城泊，在介休县。《元和郡县图志·河东道二》记载："在县东北二十六里。《周礼》'并州之薮曰昭余祁'，即邬城泊也。"

除了上述湖泊之外，关于万泉县（今万荣一带），《元和郡县图志·河东道一》记载："县东谷中有井泉百余区，因名万泉。"可见当地地下水资源丰富。另外《旧五代史·五行志》记载："开运三年九月，大水，太原葭芦茂盛，最上一叶如旗状，皆南指。……汉乾祐元年八月，李守贞叛于河中，境内芦叶皆若旗旒之状。"芦苇主要存在于湖泽地区，足见太原与河中地区存在一定规模的湖泽。

隋唐五代时期，今河南存在数量众多的湖泽。

广成泽与黄坡，在梁县（今河南汝州一带）。《元和郡县图志·河南道二》记载："广成泽，在县西四十里。……此泽周回一百里，隋炀帝大业元年置马牧于此。……黄陂，在县东二十五里。南北七里，东西十里。隋朝修筑，有溉灌之利，隋末废坏。乾封初，有诏增修，百姓赖其利焉。"

逢泽，在开封。《元和郡县图志·河南道三》记载："在县东北十四里。今号蓬池，左氏所谓逢泽也。"《全唐文》卷三二三《萧颖士·蓬池禊饮序》中说："梁有蓬池上矣，前迤潋颍，右汇郭邑，渺弥沦涟，荡日澄天，舟楫是临，泛波景从。其左则遥原萦属，崇冈杰竦，嘉卉异芳，杂树连青，即为台亭，登眺斯在。"蓬池又称福源池，《新唐书·地理志二》记载："开封……有福源池，本蓬池，天宝六载更名，禁渔采。"据《新五代史·晋纪九》记载：在开封附近还有茂泽陂，晋少帝曾经"阅马于茂泽陂"。

观省陂，在陈留。《新唐书·地理志二》记载："陈留……有观省陂，贞观十年，令刘雅决水溉田百顷。"

孟诸泽，在虞城县。《元和郡县图志·河南道三》记载："在县西北十里。

周回五十里，俗号盟诸泽。"

圃田泽，在中牟县。《元和郡县图志·河南道四》记载："一名原圃，县西北七里。其泽东西五十里，南北二十六里，西限长城，东极官渡。上承郑州管城县界曹家陂，又溢而北流，为二十四陂，小鹄、大鹄、小斩、大斩、小灰、大灰之类是也。"

仆射陂，在管城县。《新唐书·地理志二》记载："管城……有仆射陂，后魏孝文帝赐仆射李冲，因以为名。天宝六载更名广仁池，禁渔采。"《元和郡县图志·河南道四》也记载："李氏陂，县东四里。后魏孝文帝以此陂赐仆射李冲，故俗呼为仆射陂。周回十八里。"管城还有莆田泽一部分。《旧五代史·唐书·明宗纪》记载："诏太宗朝左仆射李靖可册赠太保，郑州仆射陂可改为太保陂。"在后唐庄宗时，将仆射陂改名为太保陂。

汴口堰，今郑州西北。《通典·州郡七》记载："汴口堰在县西二十里，又名梁公堰。隋文帝开皇七年，使梁睿增筑汉古堰，遏河入汴也。"

荥泽，在荥泽县，《元和郡县图志·河南道四》记载："县北四里。《禹贡》济水溢为荥，今济水亦不复入也。"

黄泽，在内黄县。《元和郡县图志·河北道一》记载："在县西北五里。"

平皋陂，武德县（今河南武陟县一带）。《元和郡县图志·河北道一》记载："在县南二十三里。周回二十五里，多菱莲蒲苇，百姓资其利。"

百门陂，在共城县（今河南辉县市一带），《元和郡县图志·河北道一》记载："在县西北五里。方五百许步，百姓引以溉稻田，此米明白香洁，异于他稻，魏、齐以来，常以荐御。陂南通漳水。"

玉梁渠，在新息县（今河南息县）。《元和郡县图志·河南道五》记载："在县西北五十里。隋仁寿中修筑，开元中县令薛务更加疏导，两岸通官陂一十六所，利田三千余顷。"

葛陂，在平舆县。《隋书·地理志中》记载："平舆旧废，大业初改新蔡置焉。有葛陂。"《元和郡县图志·河南道五》记载："在县东北四十里。周回三十里。费长房投杖成龙处。"

龙陂，在蔡州。《新唐书·兵志》记载："（元和）十三年，以蔡州牧地为龙陂监。"

东门池，在宛丘（今河南淮阳区），《元和郡县图志·河南道四》记载："东门池，在州城东门内道南。《诗·陈风》'东门之池，可以沤麻'，即此池也。"

百尺堰，在项城县（今河南项城一带）。《元和郡县图志·河南道四》记载："百尺堰，县东北三十五里。司马宣王讨王凌，军至百尺堰，即此地。"

今河南南部湖泽众多，成为唐朝后期淮南节度使进行藩镇割据的地理资本。《新唐书·藩镇宣武彰义泽潞传》记载："（吴）少阳不立繇役籍，随日赋敛于人。地多原泽，益畜马。时时掠寿州茶山，劫商贾，招四方亡命，以实其军。不肯朝，然屡献牧马以自解，帝亦因善之。……（吴）元济食尽，士卒食菱芡鱼鳖皆竭，至斫草根以给者。……自少诚盗有蔡四十年，王师未尝傅城下，又尝败韩全义、于頔，以是兵骄无所惮，内恃陂浸重阻，故合天下兵攻之，三年才克一二县。"《旧唐书·吴少诚传附子元济传》也记载："且恃城池重固，有陂浸阻回，故以天下兵环攻三年，所克者一县而已。"足见当地湖泊众多，能有效阻止军事行动。

在今河北平原，隋唐五代时期也存在众多的湖泽。

大陆泽，在巨鹿县。《元和郡县图志·河东道四》记载："一名巨鹿，在县西北五里。《禹贡》曰：'恒、卫既从，大陆既作。'按，泽东西二十里，南北三十里，葭芦茭莲鱼蟹之类，充牣其中。泽畔又有咸泉，煮而成盐，百姓资之。"

鸡泽与黄塘陂，在永年县。《元和郡县图志·河东道四》记载："鸡泽在县西南十里。《左传》'诸侯同盟于鸡泽'，今其泽鱼鳖菱芡，州境所资。……黄塘陂，在县西北十五里。晋龙骧将军刘牢之救苻丕，追慕容垂大军于黄塘泉，即此陂也。"

鸬鹚陂，在洹水县（今河北魏县）。《元和郡县图志·河北道一》记载："鸬鹚陂，在县西南五里。周回八十里，蒲鱼之利，州境所资。"鸬鹚陂一部分也在临漳县，此外，临漳县还有东山池。《元和郡县图志·河北道一》记载："东山池，在县西南十五里。东魏相高澄所筑，引万金渠水为池，作游赏处。鸬鹚陂，在县东南三十里。与洹水县同利。"

武强湖，在武邑县。《元和郡县图志·河北道二》记载："在县北三十二里。"

大陆泽，在鹿城县。《元和郡县图志·河北道二》记载："在县南十里。"

广阿泽，在赞皇县。《元和郡县图志·河北道二》记载："在县东二十五里。《尔雅》曰'晋有大陆'，广阿即大陆别名，《淮南子》曰巨鹿。大陆、广阿，咸一泽也。"

天井泽，在安喜县（今河北定州一带）。《元和郡县图志·河北道三》记载："在县东南四十七里。周回六十二里。"

阳城淀，在唐县。《元和郡县图志·河北道三》记载："县东南七里。周回三十里，莞蒲菱芡，靡所不生。"

萨摩陂，在长芦县。《元和郡县图志·河北道三》记载："在县北十五里。周回五十里，有蒲鱼之利。"

广润陂与毕泓，在平棘（今河北赵县）。《新唐书·地理志三》记载："东二里有广润陂，引太白渠以注之，东南二十里有毕泓，皆永徽五年令弓志元开，以畜泄水利。"

莫（今河北任丘一带）。《新唐书·地理志三》记载："有九十九淀。"

此外，《旧唐书·窦建德传》记载："隋遣太仆卿杨义臣率兵万余人讨张金称，破之于清河，所获贼众皆屠灭，余散在草泽间者复相聚而投建德。……建德闻世雄至，选精兵数千人伏河间南界泽中，悉拔诸城伪遁。……先是，有上谷贼帅王须拔自号漫天，拥众数万，入掠幽州，中流矢而死。其亚将魏刀儿代领其众，自号历山飞，入据深泽，有徒十万。"可知在清河、河间一带，有众多的湖泽。

安徽西部，湖沼众多。

高陂，在城父县（今安徽省亳州市谯城区一带）。《元和郡县图志·河南道三》记载："县南五十六里。周回四十三里，多鱼蚌菱芡之利。"

大崇陂、鸡陂、黄陂、湄陂，均在下蔡县（今安徽凤台县）。《新唐书·地理志二》记载："西北百二十里有大崇陂，八十里有鸡陂，六十里有黄陂，东北八十里有湄陂，皆隋末废，唐复之，溉田数百顷。"

椒陂塘，在汝阴县（今安徽阜阳一带）。《新唐书·地理志二》记载："南三十五里有椒陂塘，引润水溉田二百顷，永徽中，刺史柳宝积修。"

山东在隋唐五代时期也存在大量湖泊。

诸陂，在丞县（今山东枣庄峄城区一带）。《新唐书·地理志二》记载："有陂十三，畜水溉田，皆贞观以来筑。"

万顷陂，在齐州（今山东济南一带）。《朝野佥载》卷四记载："齐州有万顷陂，鱼鳖水族，无所不有。……村人遂于陂中设斋超度，自是陂中无水族，至今犹然。"

历城（今山东济南一带）。《酉阳杂俎》卷一一《广知》中记载："北二里有莲子湖，周环二十里。湖中多莲花，红绿间明，乍疑濯锦。又渔船掩映，罟罾疏布，远望之者，若蛛网浮杯也。"

济南鹊山湖，李白《陪从祖济南太守泛鹊山湖三首》中写有："湖阔数千里，湖光摇碧山。湖西正有月，独送李膺还。""水入北湖去，舟从南浦回。遥看鹊山转，却似送人来。"此诗表明鹊山湖面积比较大。

巨野县（今山东巨野一带），《元和郡县图志·河南道六》记载："大野泽，一名巨野，在县东五里。南北三百里，东西百余里。《尔雅》十数，鲁有大野，西狩获麟于此泽。"

曲阜（今山东曲阜一带），《元和郡县图志·河南道六》记载："坰泽，俗名连泉泽，在县东九里。鲁僖公牧马之地，《诗》曰'駉駉牡马，在坰之野'，是也。"

泗水县（今山东泗水一带），《元和郡县图志·河南道六》记载："漏泽，在县东七十里。此泽漏穴有五，皆方丈余，深二丈以上。其泽每春夏积水，秋冬漏竭。将漏之时，居人知之，不过三日，漏水俱尽，先以竹木作薄篱围之，水族山积也。"《太平广记》卷三九九也记载："兖州东南接沂州界，有陂，周围百里而近。恒值夏雨，侧近山谷间流注所聚也，深可袤丈。属春雨，即鱼鳖生焉。或至秋晴，其水一夕悉陷其下而无余。故彼之乡里，或目之为漏陂，亦谓之陷泽。"

临淄县（今山东淄博市临淄区一带），《元和郡县图志·河南道六》记载："天齐池，在县东南十五里。《封禅书》曰：'齐之所以为齐者，以天齐池也。'"

长清县（今山东济南市长清区一带），《元和郡县图志·河南道六》记载："淯沟泊，在县西南五里。东西三十里，南北二十五里，水族生焉，数州取给。"

诸城县（今山东诸城一带），《元和郡县图志·河南道七》记载："潍水故堰，在县东北四十六里。蓄以为塘，方二十余里，溉水田万顷。"

高密县（今山东高密一带），《元和郡县图志·河南道七》记载："夷安泽，在县北二十里。周回四十里，多麋鹿蒲苇。"

昌阳县（今山东威海市文登区一带），《元和郡县图志·河南道七》记载："奚养泽，在县西北四十里。《周礼·职方氏》'幽州其泽薮曰奚养'。"

雷泽县（今山东菏泽市东北），《元和郡县图志·河南道七》记载："雷夏泽，在县北郭外。瀃、沮二水，会同此泽。"

济阴县，《元和郡县图志·河南道七》记载："菏泽，在县东北九十里，故定陶城东北。其地有菏山，故名其泽为菏泽。"

隋唐五代时期，降水比较丰富，一部分水域扩大。圃田泽，《水经注》中记载"中有沙冈"，但在唐朝时"沙冈"不见记载，是由于水体面积扩大，水位上升，导致沙冈被湖水掩盖。

巨野泽在隋唐时期扩张，后晋开运元年六月丙辰，"滑州河决，漂注曹、单、濮、郓等州之境，环梁山合于汶、济"①。《日知录》卷一二提及："晋开运元年五月丙辰，滑州河决，浸汴、曹、濮、单、郓五州之境，环梁山，合于汶水，与南旺蜀山湖连，弥漫数百里，河乃自北而东。"表明此次黄河决堤，导致巨野泽进一步扩张，已经达到梁山以北地区，合并了周围的南旺与蜀山湖，奠定了梁山泊的基础。

隋唐五代时期部分沼泽出现枯竭。《元和郡县图志·河南道三》记载，开封县附近有沙海，"在县北二里。《战国策·齐》欲发卒取周九鼎，颜率说曰：'大梁之君臣欲得九鼎，谋于沙海之上，为日久矣。'即谓此也。隋文疏凿旧迹，引汴水注之，习舟师，以伐陈。陈平之后，立碑其侧，以纪功焉。今无水"。

鸿郄陂在隋朝时期还存在。《隋书·地理志中》记载："汝阳……有鸿郄陂。"唐朝中后期，鸿郄陂逐渐干涸。《元和郡县图志·河南道五》记载："鸿郄陂，在县东一十里。……建武中，太守邓晨使许阳为都水掾，令复鸿郄陂。……今废。"

此外，北魏时期存在四望陂，"四望故城，在县东南七十里。后魏太和十一年，豫州刺史王肃于四望陂南筑之以御梁"。但在隋唐时期四望陂已经不见踪影。

北魏时期，山西境内有大小湖泊十四五个；到隋唐五代时期，只剩下六七个了，而且湖泊面积已经大为缩小。②

---

①《旧五代史·晋书·少帝纪二》。

②孟万忠：《河湖变迁与健康评价：以汾河中游为例》，中国环境出版社 2012 年版，第 76 页。

隋唐五代时期，华北湖泽萎缩的原因，主要是农业用水增加，为水利建设导致。很多地方从湖泽中引水灌溉耕地，导致湖泽容水量减少。《隋书·薛胄传》记载："先是，兖州城东沂、泗二水合而南流，泛滥大泽中，胄遂积石堰之，使决令西注，陂泽尽为良田。"隋唐五代时期，北方水利建设时，大量湖泽被以水灌溉耕地，湖泽面积逐渐缩小。

隋唐时期，由于长江以及湘江等水质比较清澈，入湖泥沙比较少。洞庭湖面积没有多大变化。《元和郡县图志·江南道三》记载："巴陵县……君山，在县西三十里青草湖中。昔秦始皇欲入湖观衡山，遇风浪，至此山止泊，因号焉。又云湘君所游止，故名之也。……洞庭湖，在县西南一里五十步。周回二百六十里。湖口有一洲，名曹公洲。巴丘湖，又名青草湖，在县南七十九里。周回二百六十五里。俗云古云梦泽也，曹公征荆州，还于巴丘，遇疾烧船，叹曰：'郭奉孝在，不使孤至此！'渑湖，一名翁湖，在县南一十里。……赤亭湖，在（华容县）县南八十里。侯景攻巴陵，遣将任约等入湖。湘东王使胡僧祐、陆法和夜以大舰遏湖口，因风纵火，鼓噪而前。贼穷聚湖中，俄然崩溃，即此也。"

但是到春夏时期，由于水势比较大，洞庭湖和青草湖连接在一起。《全唐诗》卷四三一《白居易·自蜀江至洞庭湖口有感而作》中有："江从西南来，浩浩无旦夕。长波逐若泻，连山凿如劈。……洞庭与青草，大小两相敌。混合万丈深，渺茫千里白。每岁秋夏时，浩大吞七泽。"可见在隋唐五代时期，洞庭湖与青草湖接近，说明洞庭湖出现了扩张的趋势。

到了唐末五代时期，洞庭湖的面积扩大。《全唐诗》卷七一七《曹松·洞庭湖》中写有："东西南北各连空，波上唯留小朵峰。长与岳阳翻鼓角，不离云梦转鱼龙。吸回日月过千顷，铺尽星河剩一重。直到劫余还作陆，是时应有羽人逢。"表明洞庭湖周围连成一片。《全唐诗》卷七二〇《裴说·游洞庭湖》中说："楚云团翠八百里，澧兰吹香堕春水。"《北梦琐言》卷七记载："湘江北流，至岳阳达蜀江，夏潦后蜀涨势高，遏住湘波，让而退溢为洞庭湖，凡阔数百里，而君山宛在水中。秋水归壑，此山复居于陆，唯一条湘川而已。海为桑田，于斯验也。"《全唐诗》卷八四九《可朋·赋洞庭》中有："周极八百里，凝眸望则劳。水涵天影阔，山拔地形高。贾客停非久，渔翁转几遭。飒然风起处，又是鼓波涛。"表明当时洞庭湖面积已经大为扩张。

太湖在隋唐五代逐渐发生了变化，太湖水源来自苕溪和荆溪。苕溪发源于天目山，分东西两支，在湖州交汇后流入太湖。荆溪在宜兴注入太湖。太湖上游来水古今变化不大，但太湖排水在唐代中期发生了大的变化。唐代中期之前，太湖通过东江、娄江、松江等三条河流排水。《尚书·禹贡》记载："淮、海惟扬州。彭蠡既猪，阳鸟攸居。三江既入，震泽底定。"由于三江排水通畅，太湖历史时期发生水灾比较少。到了唐朝中期后，娄江、东江的先后淤塞，加之附近海塘的修建，太湖水面面积再度扩张。① 《全唐诗》卷六一〇《皮日休·太湖诗·初入太湖（自胥口入，去州五十里）》中写有："一舍行胥塘，尽日到震泽。三万六千顷，千顷颇黎色。"可见当时水体面积扩大。唐朝中叶后，太湖泄水能力大减，水灾时常发生。② 在吴越时期还设置了专门治理太湖的军队，"是时置都水营使以主水事，募卒为都，号曰'撩浅军'，亦谓之'撩清'。命于太湖旁置'撩清卒'四部，凡七八千人。常为田事，治河筑堤，一路径下吴淞江，一路自急水港下淀山湖入海。居民旱则运水种田，涝则引水出田。又开东府南湖，立法甚备"③。在一定程度上减轻水灾的发生。

隋唐五代时期，鄱阳湖水面扩张，甚至扩张到南昌一带。④

隋唐五代时期，一部分湖泊面积缩小。云梦泽面积在隋唐五代时期，进一步被分割。《元和郡县图志·山南道二》沔阳县，"马骨湖，在县东南一百六十里。夏秋泛涨，渺漫若海；春冬水涸，即为平田。周回一十五里"。马骨湖水域被分割成几个小湖。随着人口的增长，云梦泽逐渐被开发，《全唐诗》卷五七〇《李群玉·洞庭干二首》记载："借问蓬莱水，谁逢清浅年。伤心云梦泽，岁岁作桑田。朱宫紫贝阙，一旦作沙洲。八月还平在，鱼虾不用愁。"表明云梦泽大部分被开发成桑田。

---

① 张修桂：《太湖演变的历史过程》，《中国历史地理论丛》2009 年第 1 期。

② 汪家伦：《历史上太湖地区的洪涝问题及治理方略》，《江苏水利》1984 年第 4 期。

③《十国春秋·武肃王世家下》。

④ 苏守德：《鄱阳湖成因与演变的历史论证》，《湖泊科学》1992 年第 1 期。

第二节　隋唐五代时期北方水稻种植反映的水环境

水稻的种植对气温以及水资源有比较高的要求，随着水稻品种的多样化，气温对种植水稻的限制逐渐降低，水资源对种植水稻的影响越来越重要。研究隋唐五代北方水稻种植区域的变化，大致可以反映出这一时期水资源变化情况。

隋唐五代时期，关中地区盛产水稻。《新唐书·地理志一》记载："京兆府……厥贡：水土稻。"《旧唐书·王铙传》记载："开元十年，为鄠县尉、京兆尹稻田判官。"可见京兆地区有大量稻田。《旧唐书·玄宗纪下》记载："（开元）二十六年春正月，京兆府新开稻田，并散给贫人。"同州附近有稻田，《旧唐书·良吏传下·姜师度传》记载："再迁同州刺史，又于朝邑、河西二县界，就古通灵陂，择地引洛水及堰黄河灌之，以种稻田，凡二千余顷，内置屯十余所，收获万计。"《元和郡县图志》卷二《关内道二·朝邑县》中也记载："通灵陂，在县北四里二百三十步。开元初，姜师度为刺史，引洛水及堰黄河以灌之，种稻田二千余顷。"《全唐诗》卷四七〇《卢殷·雨霁登北岸寄友人》记载："稻黄扑扑黍油油，野树连山涧自流。忆得年时冯翊部，谢郎相引上楼头。"《册府元龟·邦计部·河渠》记载：长庆二年"七月，敕：鄠县汉陂，宜令尚食使收管，不得令杂人探补，其水任百姓溉灌平原等三乡稻田，仍勿夺碾硙之用"。此外，显德五年"十二月戊寅，以工部郎中何幼冲为司勋郎中充关西渠堰使，仍命于雍、耀之间，疏泾水以溉稻田"。《全唐诗》卷一五三《李华·咏史十一首》中写有："利物可分社，原情堪灭身。咸阳古城下，万顷稻苗新。"足见关中地区水稻种植范围比较广。

在关中平原其他地区，也有零星的水稻种植。《全唐诗》卷六九八《韦庄·题汧阳县马跑泉李学士别业》中写有："西园夜雨红樱熟，南亩清风白稻肥。"

在西北地区，兰州附近有水稻种植，《新唐书·吐蕃传下》记载："（刘）

元鼎逾成纪、武川，抵河广武梁，故时城郭未隳，兰州地皆粳稻，桃、李、榆、柳岑蔚，户皆唐人，见使者麾盖，夹道观。"但在兰州以西的地方，水稻种植也有一定的规模。《新唐书·郭元振传》记载："又遣甘州刺史李汉通辟屯田，尽水陆之利，稻收丰衍。"甘州，在今甘肃张掖。不过兰州以西种植水稻规模有限。杜甫《天边行》记载："陇右河源不种田，胡骑羌兵入巴蜀。"隋唐五代时期，敦煌等地虽然也有水稻的种植，但规模比较小，到唐代末期，由于水资源的限制，逐渐放弃了水稻种植。①

山西水稻种植比较常见。《隋书·杨尚希传》记载："拜蒲州刺史，仍领本州宗团骠骑。尚希在州，甚有惠政，复引瀵水，立堤防，开稻田数千顷，民赖其利。"《元和郡县图志·河东道二》记载："晋阳县……晋泽，在县西南六里。隋开皇六年，引晋水溉稻田，周回四十一里。""文水县……城甚宽大，约三十里，百姓于城中种水田。"

河南种植水稻的地区也比较多。《旧唐书·玄宗纪上》记载："开元二十二年七月甲申，遣中书令张九龄充河南开稻田使。"《旧唐书》卷九《玄宗纪下》记载："开元二十五年，夏四月庚戌，陈、许、豫、寿四州开稻田。"汴梁附近，《全唐文》卷五六六《韩愈·崔评事墓志铭》记载："十二年，相国陇西公作藩汴州，而吴郡为军司马，陇西公以为吴郡之从则贤也，署为观察巡官，实掌军田。凿浍沟，斩茭茅，为陆田千二百顷，水田五百顷。连岁大穰，军食以饶。"《全唐诗》卷二九九《王建·汴路水驿》写有："晚泊水边驿，柳塘初起风。蛙鸣蒲叶下，鱼入稻花中。"

在宋州一带，也有大量稻田。《新唐书·五行志一》记载："十四年秋，有异鸟，色青，类鸠、鹊，见于宋州郊外，所止之处，群鸟翼卫，朝夕嗛稻粱以哺之，睢阳人适野聚观者旬日。"在怀州，《新唐书·马燧传》记载："徙怀州。时师旅后，岁大旱，田芜不及耕。……是秋，稻生于境，人赖以济。"《唐文续拾》卷一〇《阙名·沁河枋口广济渠天城山兰若等记》记载："分流一派，溉数百万顷之田。荷锸兴云，决渠降雨，黄泥五斗，粳稻一石，每亩一钟，实为广济。"在卫州，《元和郡县图志·河北道一》记载："共城县（今河南辉县市一带）……百门陂，在县西北五里。方五百许步，百姓引以溉稻田，

---

① 郝二旭：《唐五代敦煌地区水稻种植略考》，《敦煌学辑刊》2011 年第 1 期。

此米明白香洁，异于他稻，魏、齐以来，常以荐御。陂南通漳水。"《全唐诗》卷六九五《韦庄·虢州涧东村居作》中写有："试望家田还自适，满畦秋水稻苗平。"表明虢州一带也有零星的水稻种植。

河北也有不少地区种植水稻，《新唐书·地理志三》记载："乾符（今河北黄骅市一带）。上。本鲁城，乾符元年生野稻水谷二千余顷，燕、魏饥民就食之，因更名。"而《太平寰宇记》卷六五《河北道十四》则记载："乾符元年，县东北有野稻、水谷，连接二千余顷，东西七十里，南北五十里，北至燕，南及魏，悉来扫拾，俗称圣米，甚救济民。至二年，敕改乾符县。"可见野生水稻应该是天气比较热的情况下再生的水稻，能养活这么多的饥民，足见水稻种植区域比较大。《册府元龟》卷四九七《邦计部·河渠》记载："裴行方，永徽中为捡校幽州都督，引泸沟水，广开稻田数千顷，百姓赖以丰给。"《旧唐书·张允伸传》记载当时的幽州卢龙节度使曾经向朝廷进贡大米："进助军米五十万石，盐二万石。"

在东北，也有了水稻的种植。《新唐书·北狄传·渤海传》记载："俗所贵者……卢城之稻。"卢城一般认为在今吉林延边一带。[1]

隋唐五代时期水稻的北方种植面积虽然比较广，但由于受到灌溉等条件的影响，播种面积有限，有些地方水稻的种植呈现逐渐萎缩的趋势。《旧唐书·食货志上》记载："（宇文）融又画策开河北王莽河，溉田数千顷，以营稻田，事未果而融败。"宇文融策划在王莽河故地种植水稻，但失败，其可能是这一带在唐朝时期已经不适应种植水稻。《全唐文》卷二二三《张说·请置屯田表》记载："臣再任河北，备知川泽，窃见漳水可以灌巨野，淇水可以溉汤阴，若开屯田，不减万顷，化葚苇为粳稻，变斥卤为膏腴，用力非多，为利甚溥。"张说虽然建议屯田，史书只是记载开垦了一些水稻田，大规模屯田种植水稻的构想并未实现。《唐文拾遗》卷二《玄宗·陈许豫寿四州分地均耕诏》记载："陈、许、豫、寿等四州，本开稻田，将利百姓，庆其收获，其役功庸，何如分地均耕，令人自种。先所置屯田，宜并定其地，量给逃还及贫下百姓。"这些屯田分配给老百姓耕种，其原因是政府收益不高。

---

[1] 王禹浪等：《东北稻种的传播路线与五常大米的由来》，《黑龙江民族丛刊》2017年第3期。

　　《旧五代史·唐书·明宗纪七》记载，后唐明宗在长兴二年，"二月戊戌，幸稻田庄"。但到了长兴三年二月，"又诏罢城南稻田务，以其所费多而所收少，欲复其水利，资于民间碾硙故也"①。说明在五代时期北方水稻的种植环境恶劣，收益不高。到了后周太祖时期，"十一月辛巳，废共城稻田务，任人佃莳"②。虽然表达了与民共利的态度，但从另一个角度也说明官方在当地种植水稻已经无利可图。

　　在关中地区，水稻的种植效益也不高，水稻种植所需的灌溉水源受到小麦加工业的蚕食鲸吞。《唐会要》卷八九《硙碾》记载："开元九年正月，京兆少尹李元纮奏，疏三辅诸渠，王公之家，缘渠立硙，以害水功，一切毁之，百姓大获其利。至广德二年三月，户部侍郎李栖筠、刑部侍郎王翊、充京兆少尹崔昭，奏请拆京城北白渠上王公寺观硙碾七十余所，以广水田之利，计岁收粳稻三百万石。大历十三年正月四日奏，三白渠下碾，有妨合废拆，总四十四所，自今以后，如更置，即宜录奏。其年正月，坏京畿白渠八十余所。先是，黎干奏以郑白支渠硙碾，拥隔水利，人不得灌溉，请皆毁废，从之。"又《元和郡县图志·关内道一》记载，云阳县，"大唐永徽六年，雍州长史长孙祥奏言：'往日郑白渠溉田四万余顷，今为富僧大贾，竞造碾硙，止溉一万许顷。'于是高宗令分检渠上碾硙，皆毁撤之。未几，所毁皆复。广德二年，臣吉甫先臣文献公为工部侍郎，复陈其弊，代宗亦命先臣拆去私碾硙七十余所。岁余，先臣出牧常州，私制如初。至大历中，利所及才六千二百余顷"。关中地区水稻种植与小麦加工之间存在水源之争，水稻种植在关中种植结构中本身不占据优势地位，在与小麦加工业争夺水源时屡次失败，从而导致隋唐五代时期关中水稻种植逐渐萎缩。

---

①《旧五代史·唐书·明宗纪九》。
②《旧五代史·周书·太祖纪四》。

第三章 隋唐五代时期的植被情况

隋唐五代时期，随着经济的发展、人口的增长、土地的开发以及文化用品、造船业等的消耗，部分地区的森林受到破坏。

第一节　文化用品的消耗

隋唐五代时期，随着教育的发展以及科举制度的推行，社会上对书籍的要求越来越大，刺激了造纸业的发展；同时，雕版印刷尚未普及，书籍的传承主要靠抄写，这也刺激了隋唐五代时期的制墨业和制笔业的发展。造纸业和制墨业的发展，消耗了大量的林木，对一些地区的森林植被产生了一定的影响。

隋唐五代时期，随着文化的发展，社会对纸张的需求量增大，同时因抄写书籍的需要，对部分纸张的要求也极高。《新唐书·艺文志一》记载："（集贤书院）既而太府月给蜀郡麻纸五千番。"仅集贤书院一个月所需要的麻纸就有五千张。《旧唐书·经籍志下》记载："凡四部库书，两京各一本，共一十二万五千九百六十卷，皆以益州麻纸写。"又《册府元龟·帝王部·纳贡献》，后唐明宗天成元年（926年），"九月壬申，河中进百司纸三万张，诏纸二万张，旧制也"。可见仅仅朝廷相关部门所需要的纸非常多。另外，个人对纸的消耗也比较多，《旧唐书·杜暹传》记载："初举明经，补婺州参军，秩满将归，州吏以纸万余张以赠之，暹惟受一百，余悉还之。"州吏送万余张纸给杜暹，一方面杜暹可以将之变卖成为个人财富，另一方面也表明杜暹因为抄书等对纸张的需要较多。

隋朝的造纸产地，史书记载不多，蜀地是隋朝比较重要的造纸产地。费著《笺纸谱》记载："双流纸出于广都，每幅方尺许，品最下，用最广，而价亦最贱。双流实无有也，而以为名，盖隋炀帝始改广都曰双流，疑纸名自隋始也。亦名小灰纸。"

唐代著名的造纸地区，《新唐书·地理志五》记载，杭州，土贡藤纸；越州，土贡纸；衢州，土贡绵纸；婺州，土贡藤纸；宣州，土贡纸；歙州，土贡纸；池州，土贡纸；江州，土贡纸；衡州，土贡绵纸。

《元和郡县图志·江南道二》记载：婺州，开元贡纸，元和贡细纸；衢州，开元贡绵纸，元和贡纸。《元和郡县图志·江南道四》也记载：信州，开元贡藤纸。《元和郡县图志·江南道一》记载：常州，开元贡纸六十张；杭州，开元贡黄藤纸。杭州余杭县由拳山，晋隐士郭文举所居。傍有由拳村，出好藤纸。

此外，《通典·食货六·赋税下》记载：东阳郡（婺州）贡纸六千张，信安郡（衢州）贡纸六千张。

《唐六典·尚书户部》记载，上贡户部纸的产地和种类，"衢、婺二州藤纸"。《唐六典·太府寺·右藏署》记载上贡纸的产地和种类："益府之大小黄白麻纸，杭、婺、衢、越等州之上细黄白状纸，均州之大模纸，宣、衢等州之案纸、次纸，蒲州之百日油细薄白纸。"

《唐国史补》卷下记载当时文人用纸的产地与种类："纸则有越之剡藤苔笺，蜀之麻面、屑末、滑石、金花、长麻、鱼子、十色笺，扬之六合笺，韶之竹笺，蒲之白薄、重抄，临川之滑薄。又宋、亳间，有织成界道绢素，谓之乌丝栏、朱丝栏，又有茧纸。"

此外据《北户录》记载："罗州多笺香树，身如柜柳，皮堪捣纸，土人号为'香皮纸'。"《旧唐书·萧俛传附仿子廪传》记载："初从父南海，地多谷纸，仿敕子弟缮写缺落文史。"

因此，唐朝时期，著名的造纸产地为杭州、越州、衢州、婺州、宣州、歙州、池州、江州、衡州、信州、益州、均州、蒲州、罗州、广州、扬州、韶州、宋州和亳州等地。基本上集中在江南。

五代时期纸的产地，据《太平寰宇记》记载，主要有蒲州、益州、雅州、剑州、杭州、温州、泉州、宣州、歙州、袁州、吉州、江州、南康军、兴元府、金州、万州。

除了上述著名产地之外，在其他地区也存在造纸活动。《华严经传记》卷五《唐定州中山禅师释修德者》记载："植楮树凡历三年，兼之华药，灌以香水，洁净造纸。"《三水小牍》卷上《风卷曝纸如雪》中记载："唐文德戊申岁，巨鹿郡南和县街北有纸坊，长垣悉曝纸。忽有旋风自西来，卷壁纸略尽，

直上穿云，如飞雪焉。"此外，在西北的沙州和西州，也有造纸。[1] 房州也产
好纸，《太平广记·报应二〇》记载："唐河间邢文宗，家接幽燕，秉性粗险。
贞观年中，忽遇恶风疾，旬日之间，眉发落尽，于后就寺归忏。自云：近者向
幽州，路逢一客，将绢十余匹，迥泽无人，因即劫杀，此人云：'将向房州，
欲买经纸。'终不得免。"由幽州到房州，路程遥远，这么远的距离去购买抄
写经书用的纸张，足见当地纸张优良。

　　唐朝时期，益州造纸业发达。《全唐诗》卷七二二《李洞·龙州送裴秀
才》中写有："人求新蜀赋，应贵浣花笺。""浣花笺"是蜀地产的名纸。费著
《笺纸谱》记载："纸以人得名者，有谢公，有薛涛。所谓谢公者，谢司封景
初师厚。师厚创笺样，以便书尺，俗因以为名。……涛侨止百花潭，躬撰深红
小彩笺，裁书供吟，献酬贤杰，时谓之薛涛笺。……谢公有十色笺，深红、粉
红、杏红、明黄、深青、浅青、深绿、浅绿、铜绿、浅云，即十色也。杨文公
亿《谈苑》载，韩浦《寄弟诗》云：'十样蛮笺出益州，寄来新自浣花头。'
谢公笺出于此乎？涛所制笺，特深红一色尔。伪蜀王衍赐金堂县令张蠙霞光笺
五百幅，霞光笺疑即今之彤霞笺，亦深红色也。盖以胭脂染色，最为靡丽。"
益州的纸张，除了文人喜欢之外，也是朝廷有关部门主要的消耗品。

　　隋唐五代时期，质量上乘的是藤纸。《全唐诗》卷二六五《顾况·剡纸
歌》中记有："剡溪剡纸生剡藤，喷水捣后为蕉叶。欲写金人金口经，寄与山
阴山里僧。"抄写佛教经书是非常神圣的事情，故而要用质量上乘的纸张。
《茶经·器》记载："纸囊：以剡藤纸白厚者夹缝之，以贮所炙茶，使不泄其
香也。"表明上好的茶叶包装纸也要用藤纸。《全唐诗》卷七一四《崔道融·
谢朱常侍寄贶蜀茶、剡纸二首》中写有："百幅轻明雪未融，薛家凡纸漫深
红。不应点染闲言语，留记将军盖世功。"表明剡纸是赠送文人的上等礼品。

　　藤纸保存时间长，深受书画爱好者的喜爱。《清异录》记载："先君蓄白
乐天墨迹两幅，背之右角，有方长小黄印，文曰：'剡溪小等月面松纹纸，臣
彦古等上。'彦古，得非守臣之名乎？"

　　藤纸质量好，在唐末五代时期，也用来制造纸帐等生活用品。《全唐诗》

---

[1] 潘吉星：《新疆出土古纸研究——中国古代造纸技术史专题研究之二》，《文物》
　　1973 年第 10 期。

卷七一〇《徐夤·纸帐》写有："几笑文园四壁空，避寒深入剡藤中。误悬谢守澄江练，自宿嫦娥白兔宫。几叠玉山开洞壑，半岩春雾结房栊。针罗截锦饶君侈，争及蒙茸暖避风。"表明好的纸帐也是用剡地所产藤纸为原料。

藤纸的原料为树藤，故而对树藤的消耗极大。《全唐文》卷七二七《舒元舆·悲剡溪古藤文》记载："剡溪上绵四五百里，多古藤，株柿逼土。虽春入土脉，他植发活，独古藤气候不觉，绝尽生意。予以为本乎地者，春到必动，此藤亦本于地，方春且有死色，遂问溪上人。有道者言：溪中多纸工，刀斧斩伐无时，擘剥皮肌，以给其业……纸工嗜利，晓夜斩藤以鬻之，虽举天下为剡溪，犹不足以给，况一剡溪者耶？以此恐后之日不复有藤生于剡矣。大抵人间费用，苟得著其理，则不枉之。道在则暴耗之过，莫由横及于物。物之资人，亦有其时，时其斩伐，不为夭阏。予谓今之错为文者，皆天阏剡溪藤之流也。藤生有涯而错为文者无涯，无涯之损物，不直于剡藤而已。予所以取剡藤以寄其悲。"

由于藤纸消耗树藤过多，树藤的生长跟不上消耗，故而需要寻找新的原料来生产高级纸张，宋代以竹子为原料的高级纸张逐渐取代了藤纸。[①]

隋唐五代时期，文化的发展也刺激了制墨业的发展。《新唐书·艺文志一》记载："（集贤书院）季给上谷墨三百三十六丸。"集贤书院一个季度就要消耗上谷高级墨三百三十六丸，可见消耗之大。由于社会对墨的需求量比较大，精通制墨的人往往能发家致富。《新唐书·王方翼传》记载："方翼尚幼，杂庸保，执苦不弃日，垦田植树，治林埭，墍完墙屋，燎松丸墨，为富家。"《全唐文》卷二二八《张说·唐故夏州都督太原王公神道碑》也提及王方翼："王母同安长公主引贵游之诫，示作苦之端，命太夫人徙居鄠墅。储无斗粟，庇无尺椽，公躬率佣保，肆勤给养，垦山出田，燎松鬻墨，一年而良畴千亩，二年而厦屋百闲，三年则日举寿觞，厌珍膳矣，处约能久，不亦仁乎？"可见王方翼由于制墨技术比较高而发家致富。

制造墨的原料主要是松树或煤，质量好的墨，一般都采用松树制作。《墨谱法式》卷上记载："采松之肥润者，截作小枝，削去签刺，惧其先成白灰，随烟而入，则煤不醇美。"

---

① 陈涛：《唐宋时期造纸业重心南移补论》，《唐史论丛》2014 年（第十八辑）。

隋唐时期，比较有名的制墨地区有：潞州，《元和郡县图志·河东道四·潞州》记载，开元贡墨；《通典·食货六·赋税下》则说，贡墨三梃；易州，《元和郡县图志·河北道三·易州》记载，贡墨；《通典·食货六·赋税下》记载，贡墨二百梃。此外，《全唐文》卷九八三《阙名·对家贫致墨判》中记载："易人家贫，致墨以自给。科惰农。"当时的司法官员判定说："藏往知来，道高三圣；内贞外悔，名重九江。所以大决狐疑，先定人志，焉得舍其三《易》，紊彼六官。赐帛无闻，仰滑稽而惭妙；致墨多中，知偻句之不欺。觉筮短而龟长，遽变常而易业。虽百钱取给，有慕君平；而四体不勤，孰为夫子？智有所达，钻祀骨而观贞；神则何施？抵凝脂而获戾。且以业为兼善，才贵多能。端策拂龟，罪不加于詹尹；收罟解网，刑请宽于易人。"可见当时易州从事制墨业的人比较多。绛州，《通典·食货六·赋税下》记载，贡墨千四百七十梃。此外，《唐六典·尚书户部》记载，燕州也贡墨。

五代时期，著名的制墨区域有宣州、歙州以及辽东地区。《后山谈丛》卷二记载："南唐于饶置墨务，歙置砚务，扬置纸务，各有官，岁贡有数。求墨工于海东，纸工于蜀……李本奚氏，以幸赐国姓，世为墨官云。"《清异录》记载："范丞相质一墨，表曰'五剑堂造'，里曰'天关第一煤'，下有'臣'字而磨灭其名。究其所来，实辽东物也。"

隋唐五代时期，蜀地制墨也比较有名。《酉阳杂俎·黥》记载："蜀人工于刺，分明如画。或言以黛则色鲜，成式问奴辈，言但用好墨而已。"《清异录》中也记载："蜀人景焕，博雅士也，志尚静隐，卜筑玉垒山，茅堂花榭，足以自娱。尝得墨材甚精，止造五十团，曰：'以此终身。'墨印文曰'香璧'，阴篆曰'副墨子'。"

宣州、歙州成为五代时期的制墨中心，主要原因是这一地区产松。《蔡襄全集》卷二九《墨辨》记载："李超与其子庭珪，唐末自易水度江至歙州。地多美松，因而留居，遂以墨名家。本姓奚，江南赐姓李氏。"《纬略·松烟石墨》记载："唐贵易州、潞州之松，上党松心尤先见贵。后唐则宣州黄山松，歙县黟山松、罗山松，李氏以宣、歙之松类易水之松。"《墨经》也记载："古用松烟、石墨二种，石墨自魏晋以后无闻，松烟之制尚矣。汉贵扶风陶糜终南山之松，蔡质《汉官仪》曰：'尚书令、仆、丞、郎月赐陶糜大墨一枚，小墨一枚。'晋贵九江庐山之松，卫夫人《笔阵图》曰：'墨取庐山松烟。'唐则易州、潞州之松，上党松心尤先见贵。后唐则宣州黄山，歙州黟山、松罗山之松，李氏以宣、歙之松类易水之松。……今其所者才十余岁之松，不可比西山之大松。盖西山之松与易水之松相近，乃古松之地，与黄山、黟山、罗山之松，品惟上上。"可见制上等墨所需要的松树，要求是古松，即使是生长十年的松树，也不能用于制造上等墨。

隋唐五代时期，制墨中心的变化，与古松的消耗殆尽有关。《资治通鉴》卷二三五《唐纪五十一》记载："上（指的德宗）欲修神龙寺，须五十尺松，不可得。延龄曰：'臣近见同州一谷，木数千株，皆可八十尺。'上曰：'开元、天宝间求美材于近畿犹不可得，今安得有之？'"可见在唐玄宗时期，关中附近古松已经比较稀少。《全唐文》卷七八七《段成式·与温飞卿书八首》中也反映："近集仙旧吏献墨二挺，谨分一挺送上。虽名殊九子，状异二螺，如虎掌者非佳，似兔支者差胜。……但所恨鸡山松节，绝已多时；上谷槲头，求之未获也。"表明晚唐时期北方地区缺乏制造上等墨的古松。到了五代时期，制墨中心转移到宣州等南方地区；在东北地区，古松资源丰富，成为新的制墨中心。

第二节　造船业的消耗

隋唐五代时期，造船业得到较快发展。隋朝初年，南北对峙，隋朝统一南方的过程中，以水军为主力，对造船业需求较大。隋炀帝统治时期，通过大运河巡游江南以及对高丽的战争，需要大量的船只。

唐朝统治初年，对高丽继续征战，刺激了战船的生产。唐朝末年到五代时期，南方割据势力之间常发生战争，多以水军为主力，各地战船需求量不少。

隋唐五代时期，商品经济发展，全国范围内的商品流通刺激了航运的发展。安史之乱后，唐朝中央政权对江南经济上的依赖加强，漕运的发展，也导致运河沿途造船业的发展。

隋朝初年，为统一南方，隋朝在四川等地大肆修建舰船。《隋书·崔仲方传》记载："益、信、襄、荆、基、鄀等州速造舟楫，多张形势，为水战之具。"益州，今四川成都一带；信州，今重庆奉节一带；襄州，今湖北襄阳一带；荆州，今湖北江陵一带；基州，今湖北钟祥一带；鄀州，隋唐后在今武汉市武昌区一带。

襄州，《隋书·李衍传》记载："后数年，朝廷将有事江南，诏衍于襄州道营战船。"

信州，《隋书·杨素传》记载："上方图江表，先是，素数进取陈之计，未几，拜信州总管，赐钱百万、锦千段、马二百匹而遣之。素居永安，造大舰，名曰五牙，上起楼五层，高百余尺，左右前后置六拍竿，并高五十尺，容战士八百人，旗帜加于上。次曰黄龙，置兵百人。自余平乘、舴艋等各有差。"足见信州一带造船技术发达。

嘉州，今四川乐山一带。《元和郡县图志·剑南道·嘉州》记载："龙游县，紧。郭下。……十三年改名龙游，以隋将伐陈，理舟舰于此，有龙见江水，引军而前，故名县。皇朝因之。"

淮河流域，也有不少造船场。《隋书·元寿传》记载："开皇初，议伐陈，以寿有思理，奉使于淮浦监修船舰，以强济见称。"

隋炀帝统治时期，征伐高丽过程之中，在今山东半岛大量修建战船。《隋书·酷吏传·元弘嗣传》记载："大业初，炀帝潜有取辽东之意，遣弘嗣往东莱海口监造船。诸州役丁苦其捶楚，官人督役，昼夜立于水中，略不敢息，自腰以下，无不生蛆，死者十三四。"

此外，隋炀帝因游玩江南的需要，在南方大量修建各类船只，《隋书·炀帝纪上》记载，大业元年三月，"庚申，遣黄门侍郎王弘、上仪同于士澄往江南采木，造龙舟、凤艒、黄龙、赤舰、楼船等数万艘。……八月壬寅，上御龙舟，幸江都。以左武卫大将军郭衍为前军，右武卫大将军李景为后军。文武官五品已上给楼船，九品已上给黄蔑。舳舻相接，二百余里"。《隋炀帝开河记》记载："帝自洛阳迁驾大渠，诏江淮诸州造大船五百只。"《大业杂记》也记载："又敕王弘于扬州造舟及楼船、水殿、朱航、板榻、板舫、黄篾舫、平乘、艨艟、轻舸等五千余艘，八月方得成就。……其龙舟，高四十五尺，阔五十尺，长二百尺。四重……发洛口，部五十日乃尽，舳舻相继二百余里。"《资治通鉴》卷一八二《隋纪六》记载："杨玄感之乱，龙舟水殿皆为所焚，诏江都更造，凡数千艘，制度仍大于旧者。"可见隋朝时期，江都一带造船业发达。

唐朝初年，对高丽战争的需要，唐政府在多地建立了造船场。《全唐文》卷一二《高宗·罢诸州造船安抚百姓诏》记载："前令三十六州造船，已备东行者，即宜并停。"可知，唐朝初年至少在三十六个州建立了造船场，制造战船。

唐太宗在贞观二十一年（647 年）开始造船作为征伐高丽前的准备。《资治通鉴》卷一九八《唐纪十四》记载："（十月）戊戌，敕宋州刺史王波利等发江南十二州工人造大船数百艘，欲以征高丽。"胡三省注："十二州：宣、润、常、苏、湖、杭、越、台、婺、括、江、洪也。"征伐高丽的战争进展并不顺利，贞观二十二年（648 年）因运粮的需要，唐政府准备在剑南制造运粮船，《资治通鉴》卷一九九《唐纪十五》记载："或以为大军东征，须备经岁之粮，非畜乘所能载，宜具舟舰为水运。隋末剑南独无寇盗，属者辽东之役，剑南复不预及，其百姓富庶，宜使之造舟舰。上从之。秋，七月，遣右领左右府长史强伟于剑南道伐木造舟舰，大者或长百尺，其广半之。别遣使行水道，自巫峡抵江、扬，趣莱州。"

　　隋唐五代时期，商品经济发展，南北经济交流频繁，社会上对各类船只需求比较多，也刺激了造船业的发展。《旧唐书·崔融传》记载，当时民间商船众多，"且如天下诸津，舟航所聚，旁通巴、汉，前指闽、越，七泽十薮，三江五湖，控引河洛，兼包淮海。弘舸巨舰，千轴万艘，交贸往还，昧旦永日"。《唐国史补》卷下记载："凡东南郡邑，无不通水，故天下货利，舟楫居多。……扬子、钱塘二江者，则乘两潮发棹，舟船之盛，尽于江西，编蒲为帆，大者或数十幅，自白沙沂流而上，常待东北风，谓之潮信。"《唐国史补》卷下也记载了唐朝造船技术发达，能造载重比较大的大型船只，"江湖语云：'水不载万。'言大船不过八九千石。然则大历、贞元间，有俞大娘航船最大，居者养生、送死、嫁娶悉在其间，开巷为圃，操驾之工数百，南至江西，北至淮南，岁一往来，其利甚博，此则不啻载万也。洪、鄂之水居颇多，与屋邑殆相半。凡大船必为富商所有，奏商声乐，众婢仆，以据舵楼之下，其间大隐，亦可知矣"。元稹《奉和浙西大夫李德裕述梦四十韵，大夫本题言》中记载，在浙西一带，"渔艇宜孤棹，楼船称万艘"。《金华子杂编》卷上记载："崔涓在杭州，其俗端午习竞渡于钱塘湖。案：即西湖也。每先数日，即于湖浒排列舟舸，结络彩槛，东西延袤，皆高数丈，为湖亭之轩饰。"《太平广记》卷四四《神仙·萧洞玄传》记载："至贞元中，洞玄自浙东抵扬州，至废亭埭，维舟于逆旅主人。于时舳舻万艘，隘于河次。"

　　此外，唐末五代时期，各个割据势力常以水军作战，也刺激了造船业的发展。唐朝五代时期，主要的造船区域有以下几个。

　　莱州：《全唐文》卷二二〇《崔融·唐故密亳二州刺史赠安州都督郑公碑》中记载："秩满，迁莱州长史。是时也，青邱负阻，沧海扬波，妖眚行师，深惟利涉，制命公为造船使。赤马黄龙，万艘千轴，成之不日，望之如云。"可见当时莱州是一个重要的造船基地。

　　宋州（今商丘市睢阳区一带）：《资治通鉴》卷一九八《唐纪十四》记载：贞观二十一年（647年）八月，"戊戌，敕宋州刺史王波利等发江南十二州工人造大船数百艘，欲以征高丽"。杜甫《遣怀》中写道："昔我游宋中，惟梁孝王都。名今陈留亚，剧则贝魏俱。邑中九万家，高栋照通衢。舟车半天下，主客多欢娱。"《旧唐书·韦坚传》记载："坚预于东京、汴、宋取小斛底船三二百只置于潭侧，其船皆署牌表之。"可知洛阳、开封、商丘一带生产小船。

　　许州（今河南许昌一带）、陈州（今河南周口一带）、蔡州（今河南汝南一带），因靠近黄河，隋唐五代时期造船业发达。《全唐文》卷八五五《李钦明·请许陈许蔡三州制造舟船奏》记载，五代时期李钦明上奏说："臣窃见蔡水尝有漕运，多是括借舟船，破溺者弃在水边，不许修葺，又不给付。以臣愚见，乞容陈、许、蔡三州人户制造舟船，不用括取，以备差雇。"

此外，隋唐五代时期，开封一带，造船业也比较发达。开封处于南北交通要道，来往船只比较多，《隋书·令狐熙传》记载："次汴州，恶其殷盛，多有奸侠，于是以熙为汴州刺史。下车禁游食，抑工商，民有向街开门者杜之，船客停于郭外星居者，勒为聚落，侨人逐令归本，其有滞狱，并决遣之，令行禁止，称为良政。"《全唐文》卷二五四《苏颋·册汴王邕文》中记载："夫陈留者，徙梁之邑，在浚之郊，井邑遂割于鸿沟，舳舻远通于巨壑。"《全唐文》卷三二三《萧颖士·陪李采访泛舟蓬池宴李文邕序》中说："若乃池梁虚，城浚都，舳舻万里，阛阓千室，通邑之九也。东至于河，西至于海，亘长淮而弥甸服，方域之雄也。"《全唐文》卷七四〇《刘宽夫·汴州纠曹厅壁记》记载："大梁当天下之要，总舟车之繁，控河朔之咽喉，通淮湖之运漕。"由于开封是水路交通要道，船只众多，故其地存在较大的造船场所。《旧五代史·周书·世宗纪四》记载，周世宗在征伐南唐过程中，深感水军力量不足，"帝即于京师大集工徒，修成艛舰，逾岁得数百艘，兼得江、淮舟船，遂令所获南军教北人习水战出没之势，未几，舟师大备。至是水陆皆捷，故江南大震"。《新五代史·王环传》记载："初，周师南征，李景陈兵于淮，舟楫甚盛，周师无水战之具，世宗患之，乃置造船务于京城之西，为战舰数百艘，得景降卒，教之水战。"京师所集中的工匠，可能来自其他地方，但建船只的地点，应是在开封附近。

江南也是隋唐五代时期造船中心之一，隋炀帝时期，扬州等地建造有大量船只。唐朝时期，江南造船业进一步发展。唐太宗"发江南十二州工人造大船数百艘"中，大部分来自江南地区。《新唐书·东夷传·高丽传》记载："帝幸洛阳，乃以张亮为平壤道行军大总管……帅江、吴、京、洛募兵凡四万，吴艘五百，泛海趋平壤。"此时唐朝水师船只主要来自江南。

越州（今浙江绍兴一带），《资治通鉴》卷一九九《唐纪十五》记载，贞观二十二年，"（八月）丁丑，敕越州都督府及婺、洪等州造海船及双舫千一百艘"。《新唐书·东夷传·高丽传》也记载："越州都督治大艎偶舫以待。"

杭州，《全唐文》卷三一六《李华·杭州刺史厅壁记》记载："水牵卉服，陆控山夷，骈樯二十里，开肆三万室。"

扬州，唐朝时期，其商业发达，是商船的重要聚集地，也是重要的造船地区。《旧唐书·五行志》记载："天宝十载，广陵郡大风架海潮，沧江口大小船数千艘。"唐初征伐高丽时，也在扬州建造各类船只，"有事辽川，将申庙堂之策，先急楼船之务。乃命君为杨州道造船大使。由是水路二轨，舳舻千计"①。《全唐文》卷一七三《张鷟·五月五日洛水竞渡船十只请差使于扬州修造须钱五千贯请速分付》记载："竞渡所用，轻利为工。创修十只之舟，费直五千余贯，金舟不可以泛水，玉楫不可以乘湍，造数计则无多，用钱如何太广？"可见当时在造船技术上比较依赖扬州。刘晏整顿南方漕运时，在扬州附近建立造船场，修建漕运所需船只。《唐语林·政事上》记载："（刘）晏初议造船，每一船用钱百万。……乃置十场于扬子县，专知官十人，竞自营办。后五十余岁，果有计其余，减五百千者，是时犹可给。至咸通末，院官杜侍御又以一千石船，分造五百石船两舸，用木廉薄。"

在润州（今江苏镇江一带），造船业发达。《旧唐书·韩滉传》记载，时任润州刺史、镇海军节度使的韩滉，"造楼船战舰三十余艘，以舟师五千人由海门扬威武，至申浦而还"。

金陵一带也是重要的造船地区。《九国志》卷二《吴志·冯宏铎传》记载："聚水师于金陵，楼舰之盛，闻于天下。"《新五代史·吴世家》记载：天祐三年，"鄂州刘存、岳州陈知新以舟师伐楚，败于浏阳，楚人执存及知新以归。四年，溥至白沙阅舟师，徐温来见，以白沙为迎銮镇"。白沙，在今江苏仪征一带。

幽州（今北京附近），《旧唐书·韦挺传》记载："先出幽州库物，市木造船，运米而进。"

灵州（今宁夏灵武一带），《册府元龟·外臣部·备御》记载："武德八年正月己酉，帝与群臣言备边之事，将作大匠于筠进曰：'未若多造船舰于五原、灵武，置舟师于黄河之中，足以断其入寇之中路。'……高祖并从之。于是遣将军桑显和堑断北边要路，又征江南习水之士，更发卒于灵州造战船。"

潭州（今湖南长沙一带），《资治通鉴》卷一九九《唐纪十五》记载：贞

---

① 马志祥、张安兴：《新见唐〈唐逊墓志〉考释》，《文博》2015 年第 1 期。

观二十二年，"蜀人苦造船之役，或乞输直雇潭州人造船；上许之。……知人奏称：'蜀人脆弱，不耐劳剧。大船一艘，庸绢二千二百三十六匹。山谷已伐之木，挽曳未毕，复征船庸，二事并集，民不能堪，宜加存养。'上乃敕潭州船庸皆从官给"。可见唐朝时期潭州存在一个比较大的官方造船场。

　　洪州（今南昌一带）一带盛产木材，隋唐以前就是重要的木材集散地和造船中心。隋唐五代时期，洪州是水路交通中心，商船众多。《全唐诗》卷二〇《相和歌辞·豫章行》记有："楼船若鲸飞，波荡落星湾。"《全唐诗》卷四七《张九龄·登郡城南楼》说豫章郡："邑人半舻舸，津树多枫橘。"《全唐诗》卷四九《张九龄·候使登石头驿楼作》也说："万井缘津渚，千艘咽渡头。渔商多末事，耕稼少良畴。"商品经济的发展也刺激了洪州一带的造船业。《资治通鉴》卷一九七《唐纪十三》记载：贞观十八年，"秋，七月，辛卯，敕将作大监阎立德等诣洪、饶、江三州，造船四百艘以载军粮"。《册府元龟·总录部·工巧》记载："王皋为洪州观察使，多巧思，尝为战舰，挟以二轮，令蹈之。诉风鼓浪，其疾如挂帆席。"《水部式》记载："河阳桥船于□、洪二州役丁匠造送。"①《酉阳杂俎校笺》卷一八《木篇》记载："樟木，江东人多取为船，船有与蛟龙斗者。"《本草拾遗辑校》卷八《解纷·樟材》也记载："江东艟船多用樟木……县名豫章，因木得名。"可知洪州一带，多以樟木为船。

　　宣州是唐朝造船中心之一。《水部式》中记载："孝义桥所须竹篾，配宣、饶等州造送。"《全唐诗》卷二七六《卢纶·送宋校书赴宣州幕》中记载："艨艟高映浦，睥睨曲随山。"反映了宣州一带船只众多。唐朝末年，此地的造船业依然发达。《新唐书·张雄传》记载："田頵在宣州，阴图弘铎，募工治舰。工曰：'上元为舟，市木远方，坚致可胜数十岁。'頵曰：'我为舟于一用，不计其久，取木于境可也。'"宣州本地的木材不适合造坚固的大船，但造一般船只没多大问题。

　　隋唐五代时期，福州和广州等地也是重要的造船地区。《旧唐书·懿宗纪上》记载："（陈）听思曾任雷州刺史，家人随海船至福建，往来大船一只，

---

① 郑炳林：《敦煌地理文书汇辑校注》，甘肃教育出版社1989年版，第105页。以下引《水部式》内容不再注明页码。

可致千石，自福建装船，不一月至广州。得船数十艘，便可致三万石至广府矣。"

鄂州（在今湖北），是长江流域重要的港口，这一带停泊大量的船只。《旧唐书·五行志》记载："广德元年十二月二十五日夜，鄂州失火，烧船三千艘，延及岸上居人二千余家，死者四五千人。"说明这一带造船业发达。《全唐文》卷六九〇《符载·钟陵夏中送裴判官归浙西序》记载："去年春三月，至于秋八月不雨，关中饥馑。职司忧焉，以豫章、江夏、长沙诸郡，地产瑰材，且凭江湖，将刳木为舟，以漕国储，乃命河东裴从事，承檄拥传，与三诸侯图之。"可见鄂州木材丰富，有大量建造船只的原料。《全唐文》卷七五六《杜牧·唐故银青光禄大夫……崔公（郾）行状》记载："凡二年，改岳、鄂、安、黄、蕲、申等州观察使，襄山带江，三十余城，缭绕数千里，洞庭、百越、巴、蜀、荆、汉而会注焉。五十余年，北有蔡盗，于是安锁三关，鄂练万卒，皆伧楚善战，浸有战风，称为难治，有自来矣。公始临之，简服伍旅，修理械用，亲之以文，齐之以武，大创厅事，以张威容。造蒙冲小舰，上下千里，武士用命，尽得群盗。"《旧唐书·崔郾》也记载："及居鄂渚，则峻法严刑，未常贳一死罪。江湖之间，萑蒲是丛，因造蒙冲小舰，上下千里，期月而尽获群盗。"《唐国史补》卷下也记载："洪、鄂之水居颇多，与屋邑殆相半。"表明隋唐五代鄂州造船业发达。

荆州与襄阳，也是重要的造船地区。《全唐诗》卷四七《张九龄·登郡城南楼》中写有："邑人半舻舰，津树多枫橘。"表明当地拥有船只多，应该是本地制造。《北梦琐言》卷五记载："唐天祐中，淮师围武昌不解，杜洪令公乞师于梁王。梁王与荆方睦，乃讽成中令帅兵救之。于是禀奉霸主，欲亲征。乃以巡属五州事力，造巨舰一艘，三年而成，号曰'和州载'。舰上列厅事泊司局，有若衙府之制。又有'齐山''截海'之名，其于华壮，即可知也。"又《旧五代史·梁书·杜洪传》也记载："及行密乘胜急攻洪、鄂，洪复乞师于太祖，太祖命荆南成汭率荆、襄舟师以赴之。"成汭在荆州能造巨舰，足见其有发达的造船技术。

嘉州（今四川乐山一带），《旧五代史·僭伪列传·王衍传》记载，后唐灭蜀前，宋承葆向王衍建议："请于嘉州沿江造战舰五百艘，募水军五千，自江下峡。"可知在嘉州一带，有诸多造船场。

南州（今重庆市江津区一带），《元和郡县图志》卷三〇《江南道·南州》

记载："南川县……萝缘山，在县南十二里。山多楠木，堪为大船。"南川一带适合造船的楠木比较多，可推测附近造船业应该比较发达。

隋唐五代时期，主要的造船地区在江淮。魏晋南北朝时期，黄河中上游地区著名的造船区域萎缩，可能与相关木料缺乏有关。河阳县（今焦作孟州一带），《元和郡县图志》卷五《河南道一·河南府》记载："造浮桥，架黄河为之，以船为脚，竹篾互之。《晋阳秋》云'杜元凯造河桥于富平津'，即此是也。船篾出洪州。"河阳县所需要的船篾来自洪州，可见当地相关木料少见，这与中原地区经过长时期开发导致原始森林大量消失有关。

第三节　长安、洛阳等地的建筑消耗

隋朝建立不久，隋文帝"素嫌台城制度迮小，又宫内多鬼妖"[1]。在李穆、苏威、高颎以及庾季才等的劝说下，决定迁都，以"龙首山川原秀丽，卉物滋阜，卜食相土，宜建都邑，定鼎之基永固，无穷之业在斯。公私府宅，规模远近，营构资费，随事条奏。仍诏左仆射高颎、将作大匠刘龙、巨鹿郡公贺娄子幹、太府少卿高龙叉等创造新都……（十二月）丙子，名新都曰大兴城"[2]。乙酉，遣沁源公虞庆则屯弘化，备胡。

《隋书·宇文恺传》记载："及迁都，上以恺有巧思，诏领营新都副监。高颎虽总大纲，凡所规画，皆出于恺。后决渭水达河，以通运漕，诏恺总督其事。后拜莱州刺史，甚有能名。……会朝廷以鲁班故道久绝不行，令恺修复之。既而上建仁寿宫，访可任者，右仆射杨素言恺有巧思，上然之，于是检校将作大匠。岁余，拜仁寿宫监，授仪同三司，寻为将作少监。文献皇后崩，恺与杨素营山陵事，上善之，复爵安平郡公，邑千户。炀帝即位，迁都洛阳，以恺为营东都副监，寻迁将作大匠。恺揣帝心在宏侈，于是东京制度穷极壮丽。帝大悦之，进位开府，拜工部尚书。及长城之役，诏恺规度之。时帝北巡，欲夸戎狄，令恺为大帐，其下坐数千人。帝大悦，赐物千段。又造观风行殿，上容侍卫者数百人，离合为之，下施轮轴，推移倏忽，有若神功。戎狄见之，莫不惊骇。帝弥悦焉，前后赏赉，不可胜纪。"

隋朝宫城为大兴宫，有大兴殿、中华殿等三十个宫殿以及凝香阁等三个阁楼，还包括广阳门、玄武门等九个门楼。东宫有两个宫殿、五个门楼。皇城有左宗庙等十个机构以及朱雀门等七个门楼。外郭城的大兴县有兴道坊等三十二

---

[1]《隋书·李穆传》。

[2]《隋书·高祖纪上》。

个住宅区，长安县有通化坊等四十一个住宅区。①

唐朝皇帝的主要活动场所有大明宫和兴庆宫，包括六个殿、五十三个小殿、十一座阁楼、八十个衙署厅堂以及五十三个门楼。② 长安城内还有安邑坊等八十四个住宅区。

宫殿和住宅区的修建有一定的规定。《唐会要·舆服志上·杂录》记载："准营缮令。王公已下，舍屋不得施重栱、藻井。三品已上堂舍，不得过五间九架，厅厦两头门屋，不得过五间五架。五品已上堂舍，不得过五间七架，厅厦两头门屋，不得过三间两架，仍通作乌头大门。勋官各依本品。六品、七品已下堂舍，不得过三间五架，门屋不得过一间两架。非常参官不得造轴心舍，及施悬鱼对凤瓦兽通袱乳梁装饰。其祖父舍宅，门荫子孙，虽荫尽，听依仍旧居住。其士庶公私第宅，皆不得造楼阁，临视人家。近者或有不守敕文，因循制造，自今以后伏请禁断。又庶人所造堂舍不得过三间四架，门屋一间两架，仍不得辄施装饰。又准律，诸营造舍宅，于令有违者，杖一百，虽会赦令，皆令改正。"

《唐六典·将作都水监·左校署》记载："天子之宫殿皆施重栱、藻井。王公、诸臣三品已上九架，五品已上七架，并厅厦两头；六品已下五架。其门舍三品已上五架三间，五品已上三间两厦，六品已下及庶人一间两厦。五品已上得制乌头门。若官修者，左校为之。私家自修者，制度准此。"

隋唐五代时期国家对建筑的等级性执行得比较严格。经过初步计算，隋唐时期，长安城建筑的林木消耗量约为 6000 万—7200 万立方米。1 平方千米成熟林木含量为 10000 立方米左右，故而隋唐长安城的建筑消耗森林为 6000—7200 平方千米。③ 当然，一些建筑翻新过程中也可能用旧的木材，此外森林植被也能逐渐恢复，但即使是考虑这些因素，隋唐长安城建筑所需的林木也仍然是比较多的。

---

① 辛德勇：《隋大兴城坊考稿》，《燕京学报》2009 年第 2 期。

② 崔玲、周若祁：《建筑与环境——唐长安大明宫、兴庆宫建设对森林破坏的定量化研究》，《建筑学报》2009 年第 3 期。

③ 王天航：《关于隋唐长安城木构建筑耗材量的研究》，西安建筑科技大学 2013 年博士论文，第 148 页。

　　长安大量非农业人口的集聚，对薪柴的消耗也是非常大的。唐朝官方除了供应皇宫木炭和薪柴之外，也对京官提供一定数量的木炭和薪柴。《唐六典·尚书工部》记载："其柴炭、木橦进内及供百官、蕃客，并于农隙纳之。"供应的时间一般是"供内及宫人，起十月，毕二月；供百官、蕃客，起十一月，毕正月"。每日供应的标准，《唐六典·尚书礼部·膳部郎中》记载：五品及五品以上官员，"木橦，春二分，冬三分五厘；炭，春三斤，冬五斤"。六品至九品官员，"木橦，春二分，冬三分"。橦，司马光《类编》卷一六中记载："唐式，柴方三尺五寸为一橦。"一橦大致为0.1立方米，约100千克；二分木橦大致约20千克。

　　《唐六典·司农寺·盾构署》中记载："凡京官应给炭，五品已上日二斤。蕃客在馆，第一等人日三斤，已下各有差。其和市木橦一十六万根，每岁纳寺；如用不足，以苑内蒿根柴兼之。其京兆、岐、陇州募丁七千人，每年各输作木橦八十根，春、秋二时送纳。若驾在都，则于河南府诸县市之，少尹一人与卿相知检察。"

　　龚胜生先生计算了长安一年消耗的薪柴量为30万吨左右，[1] 以长安80万人计算，以及官员每天消耗的木材为20千克为前提。实际上，长安人口众多，隋唐时期大致人口在一百万左右。[2] 904年黄巢攻陷长安后，长安人口锐减。官员每日消耗木材20千克的说法是比较保守的，因唐代官员生活质量较高，家庭人口众多。

　　即使以每年30万吨左右来计算，也相当于一年要砍伐30万立方米的林木，即相当于每年砍伐30平方千米的森林。薪炭的获取与建筑材料不同，建筑材料只是砍伐大木，对一般树木砍伐甚少，而薪炭的砍伐是扫荡式的，大小树木都是砍伐对象。

　　洛阳是唐朝东都，唐代在洛阳也建立了众多宫殿，据估算，这些宫殿消耗的木材有3万立方米，由于从原木到构建木材消耗比例为3∶1，故而洛阳宫

① 龚胜生：《唐长安城薪炭供销的初步研究》，《中国历史地理论丛》1991年第3期。

② 冻国栋：《中国人口史》（第二卷），复旦大学出版社2002年版，第215—218页。

殿建筑需要砍伐约 12 平方千米的森林。① 唐代洛阳人口众多,《元和郡县图志》等记载,河南府人口在一百万左右,其城市人口规模也不小,薪柴的消耗也是比较多的。赵冈估算唐朝每年因为薪柴消耗需要砍伐林木 1100 万亩。② 这一数字虽然有待商榷,但也大致反映了薪柴消耗砍伐森林之多。③

长安建筑所用的大材,早在隋朝时期,就比较依赖江西等地。《贞观政要》卷二《纳谏》记载:"臣又尝见隋室初造此殿,楹栋宏壮,大木非近道所有,多从豫章采来。二千人拽一柱,其下施毂,皆以生铁为之,中间若用木轮,动即火出。略计一柱,已用数十万,则余费又过倍于此。"

唐朝时期设有主管伐木的百工监。《唐六典·将作都水监》记载:"库谷监在鄠县,就谷监在盩厔县,百工监在陈仓,太阴监在陆浑县,伊阳监在伊阳县。百工等监,掌采伐材木之事,辨其名物而为之主守。凡修造所须材干之具,皆取之有时,用之有节。"这些监除了砍伐周边地区林木之外,还负责收集转运其他地区的木材。

唐朝时期,长安地区的建筑木材主要来自西北陇州以及北方的岚州等地。《唐六典·少府军器监·左尚署》中记载:"漆出金州,竹出司竹监,松出岚、胜州,文柏出陇州,梓楸出京兆府,紫檀出广州,黄杨出荆州。"左尚署主要负责为皇室制作车辆等,但其依靠的松、柏等木材在岚州以及陇州,黄杨来自荆州,京兆府只是提供普通的梓楸等树。

唐高宗修建含元殿时,主要依靠荆州乃至陇西一带的木材。《全唐文》卷三一四《李华·含元殿赋》记载:"则命征般石之匠,下荆扬之材。操斧执斤者万人,涉碛砾而登崔嵬;择一干于千木,规大壮于乔枚。声坎坎于青云,若神踏而颠摧;势动连崖,拉风碎雷;倒劲梢于穷谷,斩巨柢于昭回。时也山祇效灵,波神作气;为桴为筏,羽叠鳞萃;朝泛江汉,夕出河渭;云奔山横,交积于作宫之地。"

---

① 吴家洲:《唐代洛阳地区新营建宫室建筑与森林变迁》,《河南科技大学学报》(社会科学版) 2018 年第 3 期。

② 赵冈:《中国历史上生态环境之变迁》,中国环境出版社 1996 年版,第 71 页。

③ 实际上,唐朝实行轮作制度,大部分老百姓不缺乏薪柴,只是城市人口薪柴需要砍伐森林。

到开元年间，京兆府周边地区已经没有高大的松木了，建筑所需的松木主要来自岚州与胜州等地。《旧唐书·裴延龄传》记载："又因计料造神龙寺，须长五十尺松木，延龄奏曰：'臣近于同州检得一谷木，可数千条，皆长八十尺。'上曰：'人言开元、天宝中侧近求觅长五六十尺木，尚未易，须于岚、胜州采市，如今何为近处便有此木？'延龄奏曰：'臣闻贤材、珍宝、异物，皆在处常有，但遇圣君即出见。今此木生关辅，盖为圣君，岂开元、天宝合得有也！'"直到唐朝末年，岚州等地依然为京师供应建筑木材，"总林、玉林，二山名。山在苛岚军西北三百里，上多松木，所谓岚、胜之木是之也"①。

唐朝长安建筑材料对西北陇州地区比较依赖。《全唐文》卷七三七《沈亚之·西边患对》记载："岐、陇所以可固者，以陇山为阻也。昔其北林僻木繁，故戎不得为便道。今尽于斩伐矣，而蹈者无有不达。且又虚兵之号，与实十五。又有非战斗而役，入山林，伐麋鹿罴麛麕豪豕，是徭者居十之三。穷岩险障，剃繁取材，斤声合叫，不息于寒暑，是徭者居十之四。发蓄粟金缯文松大梓奇药言禽薰臭之具，挽辕于陆，浮筏于渭，东抵咸阳入长安，部署相属，是徭者居十之二。其余兵当守烽击柝，昼夜捕候者，则皆困于饥寒衣食。或经时不赈，顾其心怨望幸非常，尚能当戎耶？是皆赖主上神圣，彼戎畏其化而不敢东刃。"

为了方便陇州等地的木材运到长安，还开凿了专门的水渠。《新唐书·地理志一》记载："又西北有升原渠，引汧水至咸阳，垂拱初运岐、陇水②入京城。"《资治通鉴》卷二一五《唐纪三十一》记载："时京兆尹韩朝宗亦引渭水置潭于西街，以贮材木。"关中地区河渠对运输至长安的木材也采取宽松的措施，《水部式》中记载："蓝田新开渠，每斗门置长一人，有水槽处置二人，恒令巡行。若渠堰破坏，即用随近人修理。公私材木并听运下。百姓须溉田处，令造斗门节用，勿令废运。"

《全唐文》卷二一八《崔融·为皇太子贺瑞木表》记载："石门元谷内玉山宫侧，秋水漂木三万余根。林衡悚迫，匠人惊视，仙桂来于月中，灵查下于

---

① 王仲荦著，郑宜秀整理：《敦煌石室地志残卷考释》，中华书局2007年版，第105页。

② "水"当作"木"。

天上。"石门在今泾阳一带，属于关中平原地区，木料匮乏，秋水漂来三万余根木材，可谓瑞木。这些瑞木的来源，当属于从陇州等地转运至长安的木材的一部分。

由于长安周边地区缺乏大的木料，即便是造船所需的原料，都要从其他地方转运。《唐六典·尚书工部》记载："河阳桥所须竹索，令宣、常、洪三州役工匠预支造，宣、洪二州各大索二十条，常州小索一千二百条。大阳、蒲津竹索，每年令司竹监给竹，令津家、水手自造。其供桥杂匠，料须多少，预申所司，其匠先配近桥人充。浮桥脚船，皆预备半副；自余调度，预备一副。河阳桥船于潭、洪二州造送；大阳、蒲津桥于岚、石、隰、胜、慈等州采木，送桥所造。……孝义桥所须竹索，取河阳桥退者以充。"《水部式》中也记载："大阳、蒲津桥船，于岚、石、隰、胜、慈等州折丁采木，浮送桥所。"《全唐文》卷二二六《张说·蒲津桥赞》中说："其旧制：横绹百丈，连舰十艘，辫修笮以维之，系围木以距之，亦云固矣。……绠断航破，无岁不有。虽残渭南之竹，仆陇坻之松，败辄更之，馨不供费，津吏成罪，县徒告劳，以为常矣。"

洛阳周边地区并不缺乏森林。《全唐文》卷六九七《李德裕·知止赋》中记载："其远眺也，则伊出陆浑，北绕皇居。度双阙之苍翠，若天泽之逶迟。少室东映于原隰，鸣皋西对于林间。其近玩也，则槛泉流于一壑，嘉木盈于万株。径被芳荪，汕映芙蕖。"可见在唐朝后期，伊川一带山林密布，树木众多。但宫殿等建筑所需的高大木材，本地缺乏，主要依赖于江西、湖南等地。《太平广记》卷一一一《报应·成珪》中记载："成珪者，唐天宝初，为长沙尉。部送河南桥木，始至扬州，累遭风水，遗失差众。扬州所司谓珪盗卖其木，拷掠行夫，不胜楚痛，妄云破用。扬州转帖潭府，时班景倩为潭府，严察之吏也。"成珪将河南府所需要的木材沿江运送至扬州，再沿运河逆流运送至洛阳。《太平广记》卷四六七《水族·封令禛》记载："唐封令禛任常州刺史，于江南沂流将木，至洛造庙。匠人截木，于中得一鲫鱼长数寸，如刻安之。"沂流，即逆流而上。封令禛所采购的木材，不是本地出产的，应该来自江西等地。

隋唐五代时期，生活在长安等大城市之中的百姓，即便是中下层士人，都要操心薪柴问题。阳城曾经与其二弟有约："吾所得月俸，汝可度吾家有几口，月食米当几何，买薪、菜、盐凡用几钱，先具之，其余悉以送酒媪，无留也。"① 此外，《新唐书·儒学传中·尹知章传》中记载："未尝问产业，其子欲广市樵米为岁中计。"

随着长安城人口的增长，薪柴成为老百姓日常生活中的重要一环。隋末唐初，李渊占据长安后，长安人口突然增长，刘义节建议："今京师屯兵多，樵贵帛贱，若伐街苑树为薪，以易布帛，岁数十万可致。"② 武则天统治时期，增加税收机构，导致运入洛阳的薪柴价格暴涨，引起百姓不满。"武后革命，知泰奏置东都诸关十七所，讥敛出入。百姓惊骇，樵米踊贵，卒罢不用，议者羞薄之。"③ 长安大雨或者大雪后往往导致薪柴运输不畅，价格上涨。《太平广记》卷八四《异人·奚乐山》载："上都通化门长店，多是车工之所居也。广备其财，募人集车，轮辕辐毂，皆有定价。……其时严雪累日，都下薪米翔贵。乐山遂以所得。遍散于寒乞贫窭不能自振之徒，俄顷而尽。遂南出都城，不复得而见矣。" 至德二载十一月，由于薪柴等价格上涨，唐肃宗下诏说："京城僧道、耆老、百姓等，比者时谷翔贵，薪刍不给，困穷之极，朕常系心。"④《全唐文》卷五五二《韩愈·答胡生书》中记载："愈顿首，胡生秀才足下：雨不止，薪刍价益高。"

在长安附近地区，薪柴价格也比较高。《全唐诗》卷四九八《姚合·武功县中作三十首》写有："晓钟惊睡觉，事事便相关。小市柴薪贵，贫家砧杵闲。"

唐朝长安附近，就有人种植薪柴发家致富。《太平广记·治生·窦义》记载："义夜则潜寄褒义寺法安上人院止，昼则往庙中。以二锸开隙地，广五寸，深五寸，密布四千余条，皆长二十余步。汲水渍之，布榆荚于其中。寻遇夏雨，尽皆滋长。比及秋，森然已及尺余，千万余株矣。及明年，榆栽已长三尺余。义遂持斧伐其并者，相去各三寸。又选其条枝稠直者悉留之，所间下者，二尺作围束之，得百余束。遇秋阴霖，每束鬻值十余钱。又明年，汲水于

---

①《旧唐书·隐逸传·阳城传》。

②《新唐书·裴寂传附刘义节传》。

③《新唐书·张知謇传》。

④《册府元龟·帝王部·发号令三》。

旧榆沟中。至秋，榆已有大者如鸡卵。更选其稠直者，以斧去之，又得二百余束。此时鬻利数倍矣。后五年，遂取大者作屋椽。仅千余茎，鬻之，得三四万余钱。其端大之材，在庙院者，不啻千余，皆堪作车乘之用。此时生涯已有百余。"《四时纂要》中谈到种榆的好处，"三年外卖叶，五年堪作椽，十五年堪作车毂，年年科拣，为柴之利已自无算。……男女初生，各乞与小树二十株种之，洎至成立，嫁娶所用之资"。这些记载足见长安等地薪柴缺乏。《全唐诗》卷五九五《于武陵·赠卖松人》写有："入市虽求利，怜君意独真。劚将寒涧树，卖与翠楼人。瘦叶几经雪，淡花应少春。长安重桃李，徒染六街尘。"表明长安地区燃料缺乏，市场上所出售的薪柴也不易得。

长安一带的薪柴主要依靠陈仓（今宝鸡一带）附近山区供应。《全唐文》卷六五四《元稹·有唐赠太子少保崔公墓志铭》记载："先是岐吴诸山多橡栎柱栋之材，薪炭粟刍之数，京师藉赖焉。负气势者名为相市，实出于官，公则求者无所与，由是负气势者相与皆怨恨，又无可为毁。"可见，由于薪柴有利可图，权势之家也介入到薪柴的购销以牟利，这也对森林破坏很大。《全唐诗》卷一二五《王维·新秦郡松树歌》中写有："青青山上松，数里不见今更逢。不见君，心相忆，此心向君君应识。为君颜色高且闲，亭亭迥出浮云间。"同卷《榆林郡歌》中写有："山头松柏林，山下泉声伤客心。千里万里春草色，黄河东流流不息。黄龙戍上游侠儿，愁逢汉使不相识。"表明松树等大型木材被砍伐得比较多，只能在山头可见大型树木；在山坡等地的松林已经为其他植被取代。

长安薪柴价格比较高，唐玄宗时期一度设置木炭使一职来专门解决长安的燃料问题。《唐会要》卷六六《木炭使》记载："天宝五载九月，侍御史杨钊充木炭使。永泰元年闰十月，京兆尹黎干充木炭使。自后京兆尹常带使，至大历五年停。贞元十一年八月，户部侍郎裴延龄充京西木炭采造使，十二年九月停。"唐朝中期，京兆尹要负责解决长安薪柴问题。黎干开凿一条水渠，用以运输薪柴，"京师苦樵薪乏，干度开漕渠，兴南山谷口，尾入于苑，以便运载"①。《唐两京城坊考》卷四《漕渠》记载："又自西市引渠导水，经光德坊、通义坊、通化坊，至开化坊荐福寺东街，向北经务本坊国子监东，进皇城

---

① 《新唐书·黎干传》。

景风门、延喜门入宫城，渠阔八尺，深一丈。"水渠的深度和宽度方便大船的出行。

隋唐五代时期，江南地区城市人口众多，但江南地区还有大量的沼泽之地，生长大量的荻，即芦苇，可作为燃料。《旧唐书·魏元忠传》记载："（徐）敬业至下阿，有流星坠其营，及是，有群鸟飞噪于阵上，元忠曰：'验此，即贼败之兆也。风顺荻乾，火攻之利。'"《全唐诗》卷六〇四《许棠·江上行》中写有："片席随高鸟，连天积浪间。苇宽云不匝，风广雨无闲。"《全唐诗》卷七二五《于邺·宿江口》中写有："半夜下霜岸，北风吹荻花。"表明长江口岸滩涂中芦苇很多。

《新唐书·令狐楚传附绚传》记载，乱兵庞勋从桂州返回浙西过程之中，令狐绹裨将李湘建议："徐兵擅还，果反矣，虽未有诏，一切制乱，我得专之。今其兵不二千，而广舟舰，张旗帜，示侈于人，其畏我甚。高邮厓峭水狭，若使荻艚火其前，劲兵乘其后，一举可覆。不然，使得绝淮泗，合徐之不逞，祸乱滋矣。"可知在高邮一带荻众多。

《全唐诗》卷六七五《郑谷·淮上渔者》中写有："白头波上白头翁，家逐船移浦浦风。一尺鲈鱼新钓得，儿孙吹火荻花中。"表明淮河两岸芦苇众多，也是老百姓主要的燃料。

不过，扬州等城市，建筑所需的高大木材依然缺乏。主要依靠荆州等西南地区供应。《全唐文》卷三一九《李华·杭州开元寺新塔碑》记载："于是剑南荆杨之巨材，诸郡倕输之懿匠，竭耗神明，三年毕事。"又《太平广记》卷三三一《鬼·杨溥》中记载："豫章诸县，尽出良材，求利者采之，将至广陵，利则数倍。天宝五载，有杨溥者，与数人入林求木。冬夕雪飞，山深寄宿无处。有大木横卧，其中空焉，可容数人，乃入中同宿。"此外，《太平广记》卷三五四《鬼·徐彦成》也记载："军吏徐彦成恒业市木，丁亥岁，往信州汭口场，无木可市，泊舟久之，一日晚，有少年从二仆往来岸侧，状若访人而不遇者。"信州，在江西上饶一带。信州汭口场，说明此处是一个木材交易中心。

成都在隋唐五代时期也是人口众多的，《全唐文》卷七四四《卢求·成都记序》中说："凡今之推名镇为天下第一者，曰扬、益。以扬为首，盖声势也。人物繁盛，悉皆土著，江山之秀，罗锦之丽，管弦歌舞之多，伎巧百工之富。其人勇且让，其地腴以善，熟较其要妙，扬不足以侔其半。况赤府畿县，与秦洛并，故非上将贤相，殊勋重德，望实为人所归伏者，则不得居此。"随着成都平原的开发，唐代时平原上的林木已被砍伐殆尽，薪柴主要依靠人工林。《全唐诗》卷二二六《杜甫·凭何十一少府邕觅桤木栽》记载："草堂堑西无树林，非子谁复见幽心。饱闻桤木三年大，与致溪边十亩阴。"又《凭韦少府班觅松树子》记载："落落出群非榉柳，青青不朽岂杨梅。欲存老盖千年意，为觅霜根数寸栽。"说明人工林在普通人的日常生活中占据重要的地位。又《全唐诗》卷二二一《杜甫·课伐木》中记载："长夏无所为，客居课奴仆。清晨饭其腹，持斧入白谷。青冥曾巅后，十里斩阴木。人肩四根已，亭午下山麓。"杜甫要到十里之外的山林伐木，可见平原地区已经缺少林木。

成都平原其他城市，也出现了薪柴比较紧张的局面。《全唐诗》卷二二一《杜甫·负薪行》："夔州处女发半华，四十五十无夫家。更遭丧乱嫁不售，一生抱恨堪咨嗟。土风坐男使女立，应当门户女出入。十犹八九负薪归，卖薪得钱应供给。"夔州一带妇女大量以采薪为收入的主要来源，说明薪柴的需求量极大。

第四节　隋唐五代时期森林分布的概况

隋唐五代时期，随着人口的增长，关中地区、河南、河北等地森林覆盖率下降。关中地区人口众多，土地开发充分。《新唐书·食货志三》记载："唐都长安，而关中号称沃野，然其土地狭，所出不足以给京师、备水旱，故常转漕东南之粟。"又《新唐书·食货志五》记载："（开元）十八年，以京兆府、岐、同、华、邠、坊州隙地陂泽可垦者，复给京官职田。……二十九年，以京畿地狭，计丁给田犹不足，于是分诸司官在都者，给职田于都畿，以京师地给贫民。是时河南、北职田兼税桑，有诏公廨、职田有桑者，毋督丝课。"《全唐文》卷三八〇《元结·问进士》中也记载："开元、天宝之中，耕者益力，四海之内，高山绝壑，耒耜亦满，人家粮储，皆及数岁，太仓委积，陈腐不可校量。"关中平原地区主要是次生林，原始森林主要分布在秦岭。《全唐文》卷六七三《白居易·得景为兽人，冬不献狼，责之，诉云"秦地无狼"》，这说明关中地区由于原始森林砍伐殆尽，低等野生动物减少，食物链高端的狼不能生存。

河南州郡土贡

州郡	土贡	资料来源
河南府	文绫、缯、縠、丝葛、埏埴盎缶、枸杞、黄精、美果华、酸枣	《新唐书·地理志二》
汝州	绵	《新唐书·地理志二》
陕州	䴘麦、栝蒌、柏实	《新唐书·地理志二》
虢州	绵、瓦砚、麝、地骨皮、梨	《新唐书·地理志二》
滑州	方纹绫、纱、绢、蘸席、酸枣仁	《新唐书·地理志二》
郑州	绢、龙莎	《新唐书·地理志二》

续表

州郡	土贡	资料来源
颍州	绝、绵、糟白鱼	《新唐书·地理志二》
许州	绢、蔗席、柿	《新唐书·地理志二》
陈州	绢	《新唐书·地理志二》
蔡州	珉玉棋子，四窠、云花、龟甲、双距、溪鹜等绫	《新唐书·地理志二》
汴州	绢	《新唐书·地理志二》
宋州	绢	《新唐书·地理志二》
濮州	绢、犬	《新唐书·地理志二》
孟州	黄鱼鲝	《新唐书·地理志三》
怀州	平纱、平绅、枳壳、茶、牛膝	《新唐书·地理志三》
相州	纱、绢、隔布、凤翮席、花口瓢、知母、胡粉	《新唐书·地理志三》
卫州	绫、绢、绵、胡粉	《新唐书·地理志三》
澶州	角弓、凤翮席、胡粉	《新唐书·地理志三》
唐州	绢、布	《新唐书·地理志四》
邓州	丝布、茅菊	《新唐书·地理志四》

商丘一带，晚唐时期农业恢复，"下车之日，无土不殖，桑麦翳野，舟舻织川，城高以坚，士选以饱"[1]。五代时期，晋高祖天福二年四月，"宋州赵在礼进助国绢三千匹"；八月，"癸卯，宋州赵在礼进大、小麦一万石"。[2] 反映了五代时期，商丘一带农业依然发达。

安阳一带，安史之乱后，相州刺史薛嵩在当地发展生产，"时兵不满百，马惟数驷，府微栖粮，家仅余堵。公乃扫除秕政，济活人命。一年而墙宇兴，

---

[1]《全唐文》卷五二九《顾况·宋州刺史厅壁记》。

[2]《册府元龟·邦计部·济军》。

二年而耕稼盛，日就月将，遂臻夫小康"①。说明安阳一带在五代时期经济依然发达。《旧五代史·晋书·桑维翰传》记载："邺都襟带山河，表里形胜，原田沃衍，户赋殷繁，乃河朔之名藩，实国家之巨屏。"

郑州在晚唐时期农业进一步恢复。"里无吏迹，民去痼疾，授版占租，如临诅盟。土毛人力，日夕相长。故周岁而完焉，比年而愈肥。虽军兴馈挽旁午，大将牙旗，往复相踵，而里中清夷，鸡犬音和。"②

洛阳虽然经过了唐末战争，但在张全义的治理下，农业恢复很快。"全义性勤俭，善抚军民，虽贼寇充斥，而劝耕务农，由是仓储殷积。王始至洛，于麾下百人中，选可使者一十八人，命之曰屯将。每人给旗一口，榜一道，于旧十八县中，令招农户，令自耕种，流民渐归。王于百人中，又选可使者十八人，命之曰屯副，民之来者抚绥之，除杀人者死，余但加杖而已，无重刑，无租税，流民之归渐众。王又于麾下选书计一十八人，命之曰屯判官。不一二年，十八屯中每屯户至数千。王命农隙，每选丁夫授以弓矢枪剑，为坐作进退之法。行之一二年，每屯增户。大者六七千，次者四千，下之二三千，共得丁夫闲弓矢枪剑者二万余人。……初，蔡贼孙儒、诸葛爽争据洛阳，迭相攻伐，七八年间，都城灰烬，满目荆榛。全义初至，惟与部下聚居故市，井邑穷民，不满百户。全义善于抚纳，课部人披榛种艺，且耕且战，以粟易牛，岁滋垦辟，招复流散，待之如子。每农祥劝耕之始，全义必自立畎亩，饷以酒食，政宽事简，吏不敢欺。数年之间，京畿无闲田，编户五六万。乃筑垒于故市，建置府署，以防外寇。"③

开封一带，经唐朝时期的开发，到五代时期成为重要的经济中心。《旧五代史·食货志》记载："梁祖之开国也，属黄巢大乱之后。以夷门一镇，外严烽堠，内辟污莱，厉以耕桑，薄以租赋，士虽苦战，民则乐输，二纪之间，俄成霸业。及末帝与庄宗对垒于河上，河南之民，虽困于辇运，亦未至流亡，其义无他，盖赋敛轻而田园可恋故也。"

许州，天福七年六月，"许州李从温进粟一万二千三十石"。也反映了许

---

①《全唐文》卷四四三《程浩·相州公宴堂记》。

②《全唐文》卷六〇六《刘禹锡·郑州刺史东厅壁记》。

③《旧五代史·唐书·张全义传》。

州一带，在五代时期农业比较发达。

许州附近的蔡州，农业发达。《全唐诗》卷五五五《马戴·送田使君牧蔡州》写有："主意思政理，牧人官不轻。树多淮右地，山远汝南城。望稼周田隔，登楼楚月生。悬知蒋亭下，渚鹤伴闲行。"

隋唐五代时期，河南南部森林覆盖率比较高。《全唐诗》卷二七三《戴叔伦·屯田词》中写有："十月移屯来向城，官教去伐南山木。"向城，在今南阳南召一带，表明此地森林资源丰富。《全唐诗》卷五二三《杜牧·途中作》中写道："绿树南阳道，千峰势远随。碧溪风澹态，芳树雨余姿。"《全唐诗》卷六〇四《许棠·过穆陵关》写有："荒关无守吏，亦耻白衣过。地广人耕绝，天寒雁下多。"穆陵关在今河南新县与湖北交接处。表明在晚唐时期，河南南部未开垦的土地仍然比较多。直到五代时期，河南的南部还有大量未开垦土地，"邓、唐、随、郢诸州，多有旷土，宜令人户取便开耕，与免五年差税"①。天福年间，"邓州皇甫遇马千匹，钱千缗以助讨伐"。皇甫遇能捐献上千匹马，反映了当地畜牧业比较发达。

为了开垦更多土地，河南平原地区的森林被砍伐殆尽，《全唐诗》卷一二五《王维·宿郑州》中写有："宛洛望不见，秋霖晦平陆。田父草际归，村童雨中牧。主人东皋上，时稼绕茅屋。虫思机杼悲，雀喧禾黍熟。"同卷《早入荥阳界》中也写有："泛舟入荥泽，兹邑乃雄藩。河曲闾阎隘，川中烟火繁。因人见风俗，入境闻方言。秋野田畴盛，朝光市井喧。渔商波上客，鸡犬岸旁村。前路白云外，孤帆安可论。"表明当地土地得到比较充分的开发。《全唐文·刘禹锡·管城新驿记》记载："远购名材，旁延世工，暨涂宣皙，瓴甓刚滑，术精于内也。"表明郑州附近所用的建筑材料，要到比较远的地方购买。

唐末五代时期，罗绍威"愿于太行伐木，下安阳、淇门，斫船三百艘，置水运自大河入洛口，岁漕百万石，以给宿卫，太祖深然之"②。表明安阳一带缺乏制造船只的大型木材。

天祐元年（904年）正月壬戌，"车驾发长安，全忠以其将张廷范为御营使，毁长安宫室百司及民间庐舍，取其材，浮渭沿河而下，长安自此遂丘墟

---

① 《旧五代史·晋书·高祖纪六》。

② 《旧五代史·梁书·罗绍威传》。

矣。全忠发河南、北诸镇丁匠数万，令张全义治东都宫室，江、浙、湖、岭诸镇附全忠者，皆输货财以助之"①。这说明洛阳附近木材缺乏，不得已拆掉长安宫殿的木材在洛阳新建宫殿。

河北平原中南部，在隋朝时期就已经得到充分的开发。《隋书·地理志中》记载："信都、清河、河间、博陵、恒山、赵郡、武安、襄国，其俗颇同。人性多敦厚，务在农桑，好尚儒学，而伤于迟重。"到了唐代时期，农业进一步发展，其土贡多以丝织品为主。

河北州郡土贡

州郡	土贡	资料来源
魏州	花绸、绵绸、平绸、绝、绢、紫草	《新唐书·地理志三》
博州	绫、平绸	《新唐书·地理志三》
幽州（部分）	绫、绵、绢、角弓、人参、栗	《新唐书·地理志三》
贝州	绢、毡、覆鞍毡	《新唐书·地理志三》
邢州	丝布、磁器、刀、文石	《新唐书·地理志三》
洺州	绝、绵、绸、油衣	《新唐书·地理志三》
惠州	纱、磁石	《新唐书·地理志三》
镇州	孔雀罗、瓜子罗、春罗、梨	《新唐书·地理志三》
冀州	绢、绵	《新唐书·地理志三》
深州	绢	《新唐书·地理志三》
赵州	绢	《新唐书·地理志三》
沧州	丝布、柳箱、苇簟、糖蟹、鳢鲊	《新唐书·地理志三》
景州	苇簟	《新唐书·地理志三》
定州	罗、绸、细绫、瑞绫、两窠绫、独窠绫、二包绫、熟线绫	《新唐书·地理志三》
瀛州	绢	《新唐书·地理志三》
莫州	绢、绵	《新唐书·地理志三》

---

①《资治通鉴》卷二六四《唐纪八十》。

续表

州郡	土贡	资料来源
易州	绅、绵、墨	《新唐书·地理志三》
蓟州	白胶	《新唐书·地理志三》
平州	熊鞹、蔓荆实	《新唐书·地理志三》
妫州	桦皮、胡禄、甲榆、麝香	《新唐书·地理志三》

《唐六典·尚书户部》也记载："河北道厥赋绢、绵及丝。（相州调兼以丝，余州皆以绢、绵。）厥贡罗、绫、平绅、丝布、绵绸、凤翮苇席、墨。"

河北地区生产粮食，是隋唐五代时期重要的粮食生产基地，《新唐书·食货志三》记载："玄宗大悦，拜耀卿为黄门侍郎、同中书门下平章事，兼江淮都转运使，以郑州刺史崔希逸、河南少尹萧炅为副使，益漕晋、绛、魏、濮、邢、贝、济、博之租输诸仓，转而入渭。凡三岁，漕七百万石，省陆运佣钱三十万缗。"

唐天宝年间，"今所贮者有江东布三百余万匹，河北租调绢七十余万，当郡彩绫十余万。累年税钱三十余万，仓粮三十万。时讨默啜，甲仗藏于库内五十余万，编户七十万，见丁十余万。计其实，足以三平原之富；料其卒，足以二平原之强。若因抚而有之，以两郡为腹心唇齿，其余乃四支耳，安敢有不从者哉！"[1] 足见河北地区纺织业与农业的发达。唐德宗时期，朱滔发动叛乱，"司徒（指朱滔）以幽州少丝纩，故与汝曹竭力血战以取深州，冀得其丝纩以宽汝曹赋率"[2]。

安史之乱到五代时期，河北地区藩镇割据，时常发生战争，但藩镇比较重视农业生产，农业恢复比较快。成德节度使李宝臣统治时期，发展农业生产。《全唐文》卷四四〇《王佑·成德军节度使……李公纪功载政颂（并序）》指出节度使李宝臣在当地发展生产："庐庐旅旅，以晏以处。士驯业，农力穑，工就务，商通货。四者各正，尔下日用。"史书也记载："于是遂有恒、定、

①《全唐文》卷五一四《殷亮·颜鲁公行状》。

②《资治通鉴》卷二二七《唐纪四十三》。

易、赵、深、冀六州地，马五千，步卒五万，财用丰衍，益招来亡命，雄冠山东。"① 李宝臣之后，曾任成德节度使的王士真，"既得节度，息兵善守，虽擅置吏，私赋入，而岁贡数十万缗，比燕、魏为恭"②。此后的节度使王元逵，"识礼法，岁时贡献如职"。王元逵之孙王景崇，"黄巢反，帝西狩，伪使赍诏至，景崇斩以徇，因发兵驰檄诸道，合定州处存连师西入关，问行在，贡输相踵"。王景崇之子王镕，"李克用、杨复光攻黄巢，镕凡再馈粟以济师。僖宗还自蜀，献马牛戎械万计。……克用方击孟方立于邢州，镕归刍粮。……镕内失幽州助，因乞盟，进币五十万，归粮二十万，请出兵助讨存孝，乃得解"。可见成德节度使管辖区域农业依然发达。

魏博节度使田承嗣统治时期，就大力恢复与发展农业。《全唐文》卷四四四《裴抗·魏博节度使田公神道碑》中说："初公之临长魏郊也，属大军之后，民人离落，闾阎之内，十室九空。公体达化源，精洁理道。宏简易，刬烦苛。一年流庸归，二年田莱辟，不十年间，既庶且富，教义兴行。魏自六雄升为五府，拜公为魏州大都督府长史，仍加实封一千户，以陟明也。"《全唐文》卷四一四《常衮·加田承嗣实封制》记载："训以农耕之业，课其蚕织之事，家给而礼让攸兴，气和而札瘥不作。旧章咸举，厥贡惟殷，来东人之职劳，首循史之行理。"说明田承嗣在比较短的时间恢复了当地的农业。唐朝末年魏博节度使罗弘信时期，"朱全忠讨黄巢，饷粟三万斛、马二百匹。秦宗权乱，复诏弘信以粟二万斛助军"③。罗弘信之子罗绍威统治时期，"不数月，复有浮阳之役，绍威飞挽馈运，自邺至长芦五百里，叠迹重轨，不绝于路。又于魏州建元帅府署，沿道置亭候，供牲牢、酒备、军幕、什器，上下数十万人，一无阙者"④。史书也记载："全忠留魏半岁，罗绍威供亿，所杀牛羊豕近七十万，资粮称是，所赂遗又近百万；比去，蓄积为之一空。"⑤

《诸山圣迹志》记载："（幽州）封疆沃壤，平广膏腴，地产绫罗，偏丰梨

①《新唐书·藩镇镇冀传·李宝臣传》。

②《新唐书·藩镇镇冀传·王士真传》。

③《新唐书·藩镇魏博传·罗弘信传》。

④《旧五代史·梁书·罗绍威传》。

⑤《资治通鉴》卷二六五《唐纪八十一》。

栗……（定州）俗丰梨麦，又产绫罗。好客尚宾，人丰礼乐……（镇州）绫罗匹帛，故不外求。物产肥浓，田畴沃壤……（邢州）丰俗土宜，与镇、定若不相教……（沧州）成近海滨，地多卑湿，丰梨麦，出白盐。大凡河北道六节廿四州，南北二千里，东西一千里。北是外界，屡犯他境，西背崇山，东临海溟。桑麻映日，柳槐交阴，原野膏腴，关闹好邑。"①《诸山圣迹志》成书时间为五代，反映了河北地区农业经济发达。

随着农业的发展，河北平原地区主要分布的是次生林，河北地区的大型木料，主要依靠燕山一带的原始森林提供。《全唐文》卷三一二《孙逖·唐故幽州都督河北节度使燕国文贞张公遗爱颂（并序）》中记载："命卝人采铜于黄山，使兴鼓铸之利；命杼人斩木于燕岳，使通林麓之财；命圉人市骏于两蕃，使颁质马之政；命廪人搜粟于塞下，使循平杂之法。"此外，《全唐文》卷四四〇《封演·魏州开元寺新建三门楼碑》中记载："时大军之后，良材一罄，龙门上游，下筏仍阻。公乃使河中府以营建之旨，咨于台臣，精诚内驰，万里潜契。山不吝宝，贞松大来，炎凉未再，水滨如积。惊和峤之千丈，恶庆氏之百车，操绳墨运斤斧者，得以功成而不溷，亦由材之备矣。"说明魏州（今河北大名一带）修建开元寺时遇到木材缺乏的问题。但在山区，山林植被依然良好，《入唐求法巡礼记》记载圆仁等人在镇州（今正定一带）看到："过院西行，岭高谷深，翠峰吐云，溪水泻绿流。……过院西行十里，逾大复岭。岭东溪水向东流，岭西溪水向西流。过岭渐下，或向西行，或向南行。峰上松林，谷里树木，直而且长，竹林麻园，不足为喻。山岩崎峻，欲接天汉，松翠碧与青天相映。岭西木叶未开张，草未至四寸。"反映了当地植被良好。不过，河北地区的土贡无蜜蜡等产品，也反映了其森林有限。

山东平原两汉时期就得以开发，农业发达。《隋书·地理志中》记载："大抵数郡风俗，与古不殊，男子多务农桑，崇尚学业，其归于俭约，则颇变旧风。东莱人尤朴鲁，故特少文义。"这表明在隋朝时期，山东平原的农业得以充分发展。

在唐朝，山东地区农业得到进一步发展，"命左右取绢二匹赠使者。三卫不说，心怨二匹之少也。持别，朱衣人曰：'两绢得二万贯，方可卖，慎无贱

---

① 郑炳林：《敦煌地理文书汇辑校注》，甘肃教育出版社 1989 年版，第 269—270 页。

与人也.'……天下唯北海绢最佳,方欲令人往市,闻君卖北海绢,故来尔"①。《全唐诗》卷二二〇《忆昔二首》中有:"齐纨鲁缟车班班,男耕女桑不相失。"反映了山东地区农业与纺织业发达。

山东等地的土贡

州郡	土贡	资料来源
郓州	绢、防风	《新唐书·地理志二》
齐州	丝、葛、绢、绵、防风、滑石、云母	《新唐书·地理志二》
曹州	绢、绵、大蛇粟、葶苈	《新唐书·地理志二》
青州	仙纹绫、丝、枣、红蓝、紫草	《新唐书·地理志二》
淄州	防风、理石	《新唐书·地理志二》
登州	赀布、水葱席、石器、文蛤、牛黄	《新唐书·地理志二》
莱州	赀布、水葱席、石器、文蛤、牛黄	《新唐书·地理志二》
棣州	绢	《新唐书·地理志二》
兖州	镜花绫、双距绫、绢、云母、防风、紫石	《新唐书·地理志二》
海州	绫、楚布、紫菜	《新唐书·地理志二》
沂州	紫石、钟乳	《新唐书·地理志二》
密州	赀布、海蛤、牛黄	《新唐书·地理志二》
德州	绢、绫	《新唐书·地理志三》

山东其他地区,在安史之乱后,经济也得到恢复:"加检校工部尚书、沧齐德观察使。时大兵之后,满目荆榛,遗骸蔽野,寂无人烟。侑不以妻子之官,始至,空城而已。侑攻苦食淡,与士卒同劳苦。周岁之后,流民襁负而归。侑上表请借耕牛三万,以给流民,乃诏度支赐绫绢五万匹,买牛以给之。数年之后,户口滋饶,仓廪盈积,人皆忘亡。初州兵三万,悉取给于度支。侑一岁而赋入自赡其半,二岁而给用悉周,请罢度支给赐。而劝课多方,民吏胥

---

① 《太平广记》卷三〇〇《神十·三卫》。

悦，上表请立德政碑。……寻复检校吏部尚书、郓州刺史兼御史大夫，充天平军节度、郓曹濮观察等使。……侑以军赋有余，赋不上供，非法也，乃上表起大和七年，请岁供两税、榷酒等钱十五万贯、粟五万石。诏曰：'郓、曹、濮等州，元和已来，地本殷实，自分三道，十五余年，虽颁诏书，竟未入赋。'"①

山东地区，藩镇割据严重，《新唐书·藩镇淄青横海》记载："遂有淄、青、齐、海、登、莱、沂、密、德、棣十州……正己复取曹、濮、徐、兖、郓，凡十有五州。市渤海名马，岁不绝，赋籨均约，号最强大。"但各个藩镇都重视发展农业。唐朝末年，朱温控制山东后，罗绍威认为："临淄、海岱罢兵岁久，储庾山积。"建议从山东地区漕运百万石粮食到开封，反映了山东藩镇控制地区经济发达。

五代时期，各个政权都要求山东地区在物质上进行资助："乾化元年十月，北征。密州奏助军绢二千匹，青州节度使进绢五千匹，兖州进绢三千匹……后唐清泰三年七月丁酉，青州房知温献马五千匹；辛丑，郓州王建立献助军钱千缗、绢千匹、粟五千斛、马二千匹。……天福三年正月戊辰，郓州安审琦进助国丝二万两、绢二千匹；二月戊寅，镇州安重荣进助国绢六千匹、绵一万两；十一月，青州王建元进助国绢七千匹、绵一万两、银三千五百两、金酒器一副；沧州马全节进助国绢三千匹、绵三千两、丝八千两、添都马二十匹；兖州李从温进助国钱五千贯。……周符彦卿，为青州节度使。太祖广顺二年，车驾平定兖州。彦卿进锦采三千匹、军粮万石。"② 这些资助主要是粮食、马匹和丝织品，也反映了山东平原开发比较充分。

江南地区经济发达，隋唐五代时期其土贡主要是农产品以及丝绸制品，可见当地的农业发达。

---

① 《旧唐书·殷侑传》。

② 《册府元龟·邦计部·济军》。

江南地区土贡

州郡	土贡	资料来源
扬州	金、银、铜器、青铜镜、绵、蕃客袍锦、被锦、半臂锦、独窠绫、殿额莞席、水兕甲、黄穋米、乌节米、鱼脐、鱼鲊、糖蟹、蜜姜、藕、铁精、空青、白芒、兔丝、蛇粟、栝蒌粉	《新唐书·地理志五》
润州	衫罗，水纹、方纹、鱼口、绣叶、花纹等绫，火麻布，竹根，黄粟，伏牛山铜器，鲟，鲊	《新唐书·地理志五》
升州	笔、甘棠	《新唐书·地理志五》
常州	绅、绢布、纻、红紫绵巾、紧纱、兔褐、皂布、大小香粳、龙凤席、紫笋茶、署预	《新唐书·地理志五》
苏州	丝葛、丝绵、八蚕丝、绯绫、布、白角簟、草席、鞋、大小香粳、柑、橘、藕、鲻皮、鲅、鲭、鸭胞、肚鱼、鱼子、白石脂、蛇粟	《新唐书·地理志五》
湖州	御服、乌眼绫、折皂布、绵绅、布、纻、糯米、紫笋茶、木瓜、杭子、乳柑、蜜、金沙泉	《新唐书·地理志五》
杭州	白编绫、绯绫、藤纸、木瓜、橘、蜜姜、干姜、苣、牛膝	《新唐书·地理志五》
明州	吴绫、交梭绫、海味、署预、附子	《新唐书·地理志五》

随着江南地区的发展，江南地区木材由其周边地区供应。《全唐文》卷六一八《李直方·白蘋亭记》中记载："吴江之南，震泽之阴，曰湖州。幅员千

里，棋布九邑，卞山屈盘，而为之镇。五溪丛流，以导其气，其土沃，其候清，其人寿，其风信实。公之始至也，用恭宽明恕以怀之，敬事眘罚以劝之。赋令之先，必度其物宜，而咨于前训。故居者逸，亡者旋，或蹈境而留，或聆声而迁。提封之内无榛灌，绳墨之下无奸傲。既而外邑多材，郡不能溧，公命悬诸善价，俾代常徭。于是乎幽岩之巨木斯出，积岁之逋租必入，公家受其利，山氓蒙其惠，鼛是白蘋之制经矣。"湖州的木材，由外地提供。

《全唐文》卷五二三《崔元翰·判曹食堂壁记》中记载："越州号为中府，连帅治所，监六郡，督诸军。视其馆毂之冲，广轮之度，则弥地竟海，重山阻江；铜盐材竹之货殖，舟车包筐之委输，固已被四方而盈二都矣。其人处险而怙富，易扰而难理，事之纷错，差于他州，而亚于荆、扬、幽、益诸府旧矣。"此外，《全唐文》卷四六二《陆贽·杜亚淮南节度使制》记载："淮海奥区，一方都会，兼水陆漕挽之利，有泽渔山伐之饶。"扬州与越州虽然有木材，但可能是外地输入。

除了这些地区之外，在其他地区森林覆盖率比较高。

江西森林比较多。《全唐文》卷六九○《符载·钟陵夏中送裴判官归浙西序》记载："去年春三月，至于秋八月不雨，关中饥馑。职司忧焉，以豫章、江夏、长沙诸郡，地产瑰材，且凭江湖，将刳木为舟，以漕国储，乃命河东裴从事，承檄拥传，与三诸侯图之。"可见江西豫章是重要的木材产地。江西上饶一带，森林覆盖率比较高，《全唐文》卷六○四《刘禹锡·答饶州元使君书》中记载："濒江之郡，饶为大。履番君之故地，渐瓯越之遗俗。余干有亩锺之地，武林（今余干一带）有千章之材。其民牟利斗力，狃于轻悍，故用暴虐闻。重以山茂槚楛、金丰镣铣。齐民往往投镒镆而即铲铸，损丝枲而工搴撷。乘时诡求，其息倍称。间闻主分土者，尽笼其利而斡之。"

巴蜀地区，除了成都平原之外，其他地区森林覆盖率高。《酉阳杂俎续集》卷三《支诺皋下》中记载："武宗之元年，戎州水涨，浮木塞江。刺史赵士宗召水军接木，约获百余段。公署卑小，地窄不复用，因并修开元寺。后月余日，有夷人，逢一人如猴，着故青衣，亦不辩何制，云：'关将军差来采木，今被此州接去，不知为计，要须明年却来取。'夷人说于州人。"戎州，今宜宾一带，可见上游森林密布，以至于大水之后，从上游漂到此地的木材多。《元和郡县图志·剑南道中》中记载："（洪雅县）可暮山，在县西北三十九里。山多材木，公私资之。……（汶川县）湿坂，在县南一百三十七里。

岭上树木森沈，常有水滴，未尝暂燥，故曰湿坂。……广柔故县，在县西七十二里。汉县也，属蜀郡。禹本汶山广柔人，有石纽邑，禹所生处，今其地名刳儿畔。……柘州，蓬山，下。仪凤二年置，以山多柘木，因以为名。"又《元和郡县图志·剑南道下》中记载："（临津县）掌夫山，山出名柘，堪为弓材……（龙安县）有好林泉，隋开皇中蜀王杨秀立亭馆以避暑。"也可见这些地区森林覆盖率较高。《全唐诗》卷八四《陈子昂·入峭峡安居溪伐木溪源幽邃林岭相映有奇致焉》中写道："肃徒歌伐木，骛楫漾轻舟。靡迤随回水，潺湲溯浅流。烟沙分两岸，露岛夹双洲。古树连云密，交峰入浪浮。岩潭相映媚，溪谷屡环周。路迥光逾逼，山深兴转幽。"安居溪即安居水，发源于四川省乐至县，经遂宁、潼南等地，至重庆市铜梁区汇入涪江。流域内"古树连云密"，可见森林覆盖率比较高。

西北地区。《全唐诗》卷一二五《王维·自大散以往深林密竹磴道盘曲四五十里至黄牛岭见黄花川》中写有："危径几万转，数里将三休。回环见徒侣，隐映隔林丘。飒飒松上雨，潺潺石中流。静言深溪里，长啸高山头。望见南山阳，白露霭悠悠。青皋丽已净，绿树郁如浮。曾是厌蒙密，旷然销人忧。"可见沿途森林覆盖率比较高。《元和郡县图志·关内道四》记载："保静县……贺兰山，在县西九十三里。山有树木青白，望如驳马，北人呼驳为贺兰。"说明在唐朝时期，贺兰山山脉森林覆盖率高。又"天德军……北城周回一十二里，高四丈，下阔一丈七尺，天宝十二载安思顺所置。其城居大同川中，当北戎大路，南接牟那山钳耳觜，山中出好材木，若有营建，不日可成"。牟那山，今内蒙古包头西北乌拉山。《元和郡县图志·陇右道下》记载："祁连山，在县西南二百里。张掖、酒泉二界上，美水茂草，山中冬温夏凉，宜放牧，牛羊充肥，乳酪浓好，夏泻酥不用器物，置于草上不解散，作酥特好，一斛酪得斗余酥。雪山，在县南一百里。多材木箭竿。"此外，"删丹县……按焉支山，一名删丹山，故以名县。山在县南五十里，东西一百余里，南北二十里，水草茂美，与祁连山同。匈奴失祁连、焉支二山，乃歌曰：'亡我祁连山，使我六畜不繁息。失我焉支山，使我妇女无颜色。'"表明祁连山一带水草茂密。又《隋书·北狄传·突厥传》中说："其俗畜牧为事，随逐水草，不恒厥处。穹庐毡帐，被发左衽，食肉饮酪，身衣裘褐，贱老贵壮。"

《隋书·北狄传·铁勒传》中说："并无君长，分属东、西两突厥。居无恒所，随水草流移。人性凶忍，善于骑射，贪婪尤甚，以寇抄为生。近西边者，颇为艺植，多牛羊而少马。自突厥有国，东西征讨，皆资其用，以制北荒。”

到了唐朝，生活在西北地区的回鹘，其经济仍然以畜牧业为主。《新唐书·回鹘传上》记载：“回纥姓药罗葛氏，居薛延陀北娑陵水上，距京师七千里。众十万，胜兵半之。地碛卤，畜多大足羊。”

生活在东北地区的族群，也过着游牧生活。《隋书·北狄传·契丹传》中说：“部落渐众，遂北徙逐水草，当辽西正北二百里，依托纥臣水而居。东西亘五百里，南北三百里，分为十部。兵多者三千，少者千余，逐寒暑，随水草畜牧。”《隋书·北狄传·奚传》记载：“为慕容氏所破，遗落者窜匿松、漠之间。其俗甚为不洁，而善射猎，好为寇钞。……随逐水草，颇同突厥。”《隋书·北狄传·室韦传》记载：“南室韦在契丹北三千里，土地卑湿，至夏则移向西北贷勃、欠对二山，多草木，饶禽兽，又多蚊蚋，人皆巢居，以避其患。……气候多寒，田收甚薄，无羊，少马，多猪牛。造酒食啖，与靺鞨同俗。”“南室韦北行十一日至北室韦……气候最寒，雪深没马。冬则入山，居土穴中，牛畜多冻死。饶獐鹿，射猎为务，食肉衣皮。凿冰，没水中而网射鱼鳖。地多积雪，惧陷坑阱，骑木而行。俗皆捕貂为业，冠以狐狢，衣以鱼皮。”南室韦与北室韦分别活动于今大兴安岭地区与小兴安岭地区一带，虽然南室韦有部分农业，但主要还是以畜牧业为主。

唐五代时期生活在东北地区的族群，部分族群农业虽然有一定发展，但仍然以畜牧业为主，其经济模式没有发生根本性的变化。《新唐书·北狄传·室韦传》记载：“小或千户，大数千户，滨散川谷，逐水草而处，不税敛。每弋猎即相啸聚，事毕去，不相臣制，故虽猛悍喜战，而卒不能为强国。剡木为犁，人挽以耕，田获甚褊。其气候多寒，夏雾雨，冬霜霰。……器有角弓、楛矢，人尤善射。每溽夏，西保貸勃、次对二山。山多草木鸟兽，然苦飞蚊，则巢居以避。……其畜无羊少马，有牛不用，有巨豕食之，韦其皮为服若席。其语言，靺鞨也。”

《新唐书·北狄传·契丹传》记载，契丹，“射猎居处无常”。《新唐书·北狄传·奚传》记载：“奚，亦东胡种，为匈奴所破，保乌丸山。汉曹操斩其帅蹋顿，盖其后也。元魏时自号库真奚，居鲜卑故地，直京师东北四千里。其地东北接契丹，西突厥，南白狼河，北霫。与突厥同俗，逐水草畜牧，居毡庐，环车为营。其君长常以五百人持兵卫牙中，余部散山谷间，无赋入，以射猎为赀。稼多穄，已获，窖山下。断木为臼，瓦鼎为馈，杂寒水而食。"

今山西北部地区，森林植被覆盖比较好。《新唐书·沙陀传》记载："诏处其部盐州，置阴山府，以执宜为府兵马使。沙陀素健斗，希朝欲藉以捍虏，为市牛羊，广畜牧，休养之。其童耄自凤翔、兴元、太原道归者，皆还其部。……顷之，希朝镇太原，因诏沙陀举军从之。希朝乃料其劲骑千二百，号沙陀军，置军使，而处余众于定襄川。"沙陀主要是游牧部落，其在太原等地，说明当地有比较多的牧地。《唐六典》卷三《尚书户部》记载："仪、泽、潞等州人参。"《千金翼方·药出州土》记载："蒲州和晋州出产紫参，潞州与泽州出产人参。"《新唐书·地理志三》记载："太原，土贡：铜镜、铁镜、马鞍、梨、蒲萄酒及煎玉粉屑、龙骨、柏实人、黄石钖、甘草、人参、矾石、礜石。……潞州上党郡，土贡：赀布、人参、石蜜、墨。……泽州高平郡，土贡：人参、石英、野鸡。"人参主要生长在密布的森林地区，从以上记载可以看到，太原以及泽州、潞州等地，有面积较广的森林。

至于南方地区，隋唐五代时期，森林分布比较广。《全唐诗》卷二九八《王建·荆门行》中记有："岘亭西南路多曲，栎林深深石镞镞。"表明当地森林资源丰富。《全唐诗》卷四八《张九龄·将至岳阳有怀赵二》中说："湘岸多深林，青冥昼结阴。独无谢客赏，况复贾生心。"表明湘江两岸，树木成阴。《全唐诗》卷五一《宋之问·自湘源至潭州衡山县》中记载："浮湘沿迅湍，逗浦凝远盼。渐见江势阔，行嗟水流漫。赤岸杂云霞，绿竹缘溪涧。向背群山转，应接良景晏。沓障连夜猿，平沙覆阳雁。纷吾望阙客，归桡速已惯。"又同卷《宋之问·自衡阳至韶州谒能禅师》中记载："猿啼山馆晓，虹饮江皋霁。湘岸竹泉幽，衡峰石囷闭……回首望旧乡，云林浩亏蔽。不作离别苦，归期多年岁。"《全唐诗》卷二四一《元结·宿洄溪翁宅》中写有："长松万株绕茅舍，怪石寒泉近岩下。"又同卷《说洄溪招退者（在州南江华县）》中也写有："长松亭亭满四山，山间乳窦流清泉。洄溪正在此山里，乳水松膏常灌田。松膏乳水田肥良，稻苗如蒲米粒长。糜色如珈玉液酒，酒熟犹闻松节香。"同卷《欸乃曲五首》中写有："千里枫林烟雨深，无朝无暮有猿吟。"这表明在衡阳一带，森林茂密。《全唐诗》卷二五〇《皇甫冉·初出沅江夜入湖》中写有："放溜出江口，回瞻松栝深。不知舟中月，更引湖间心。"《全唐诗》卷五二〇《杜牧·长安送友人游湖南（一作长安送人）》中写有："楚南饶风烟，湘岸苦萦宛。山密夕阳多，人稀芳草远。"《全唐诗》卷五三二《许浑·舟次武陵寄天竺僧无昼》写有："溪长山几重，十里万株松。"《全唐诗》卷五五五《马戴·夜下湘中》中写有："密林飞暗狖，广泽发鸣鸿。"《全唐诗》卷七四三《沈彬·题苏仙山（郴州城东有山，为苏耽修真之所，名苏仙山）》中写有："眼穿林罅见郴州，井里交连侧局楸。"这都说明湖南森林覆盖率比较高。

隋唐五代时期，岭南森林茂密。《全唐文》卷二九一《张九龄·开大庾岭路记》中记有："初岭东废路，人苦峻极，行逾夤缘，数里重林之表。"表明大庾岭等地森林密布。《全唐诗》卷四九《张九龄·南还以诗代书赠京师旧僚》中写有："土风从楚别，山水入湘奇。石濑相奔触，烟林更蔽亏。层崖夹洞浦，轻舸泛澄漪。松筱行皆傍，禽鱼动辄随。惜哉边地隔，不与故人窥。"又同卷《自始兴溪夜上赴岭》中也写有："数曲迷幽嶂，连圻触暗泉。深林风绪结，遥夜客情悬。"《全唐诗》卷六四七《胡曾·自岭下泛鹢到清远峡作》中写有："乘船浮鹢下韶水，绝境方知在岭南。薜荔雨余山自黛，兼葭烟尽岛如蓝。"《全唐诗》卷五三《宋之问·发藤州》中写有："石发缘溪蔓，林衣扫地轻。云峰刻不似，苔藓画难成。"藤州，今广西梧州市藤县一带。这些都表明岭南一带，森林覆盖率比较高。《太平广记》卷二六九《酷暴·韦公幹》中记载："既牧琼，多乌文咭陀，皆奇木也。公幹驱木工沿海探伐，至有不中程以斤自刃者。"表明当时海南岛沿海森林资源丰富。

隋唐五代时期的森林覆盖情况，还可以从蜂蜜产品的分布中来推断。

第五节　隋唐五代时期蜂蜜产品反映的森林状况

隋唐五代时期，人工养蜂得到一定程度的发展。《太平广记·治生·裴明礼》中记载："唐裴明礼，河东人。善于理生，收人间所弃物，积而鬻之，以此家产巨万。又于金光门外，市不毛地。多瓦砾，非善价者。乃于地际竖标，悬以筐，中者辄酬以钱，十百仅一二中。未浃浃，地中瓦砾尽矣。乃舍诸牧羊者，粪既积。预聚杂果核，具黎牛以耕之。岁余滋茂，连车而鬻，所收复致巨万。乃缮甲第，周院置蜂房，以营蜜。广栽蜀葵杂花果，蜂采花逸而蜜丰矣。营生之妙，触类多奇，不可胜数。"由于当时森林资源丰富，老百姓主要是通过野生蜜蜂来获得蜂蜜和蜜蜡等产品。

《备急千金要方》卷二六《食治方》记载："石蜜……一名石饴，白如膏者良，是今诸山崖处蜜也。青赤蜜：味酸，啗食之令人心烦。其蜂黑色似虻。黄帝云：七月勿食生蜜，令人暴下，发霍乱。"此外，《千金翼方》卷四也记载："石蜜……一名石饴，生武都山谷、河源山谷及诸山石中，色白如膏者良。"

《唐新修本草·虫鱼部·石蜜》记载："味甘，平，无毒，微温……一名石饴。生武都山谷，河源山谷及诸山石中，色白如膏者良。石蜜即崖蜜也。高山岩石间作之，色青、赤，味小碱，食之心烦，其蜂黑色似虻。又木蜜，呼为食蜜，悬树枝作之，色青白，树空及人家养作之者，亦白而浓厚，味美。凡蜂作蜜，皆须人小便以酿诸花，乃得和熟，状似作饴须糵也。又有土蜜，于土中作之，色青白，味碱。今出晋、安、檀崖者，多土蜜，云最胜。出东阳临海诸处多木蜜；出於潜、怀安诸县多崖蜜，亦有杂木蜜及人家养者，例皆被添，殆无淳者，必须亲自看取之，乃无杂耳，且又多被煎者。其江南向西诸蜜，皆是木蜜，添杂最多，不可为药用。道家丸饵，莫不须之。仙方亦单炼服之，致长生不老也。"

此外，"蜜蜡"条中说："味甘，微温，无毒。主下痢脓血，补中，续绝伤，除金疮，益气力，不饥，耐老。白蜡，疗久泄，后重，见白脓，补绝伤，利小儿。久服轻身，不饥。生武都山谷。生于蜜房木石间。"

《本草拾遗》也记载："按寻常蜜亦有木中作者，亦有土中作者，北方地燥，多在土中，南方地湿，多在木中，各随土地所有而生，色黄味苦，主目热，蜂衔黄连花作之。其蜜一也。崖蜜别是一种，如陶所说出南方岩岭间，生悬崖上，蜂大如虻，房著岩窟。以长竿刺令蜜出，承取之，多者至三四石。味酸色绿，入药用胜于凡蜜。苏恭是荆襄间人，地无崖险，不知之者，应未博闻。今云石蜜，正是岩蜜也，宜改为岩字。……宣州有黄连蜜，西凉有梨花蜜，色白如凝脂，亦梨花作之，各逐所出。"

唐诗中有大量记载采集蜂蜜的诗。《全唐诗》卷二一八《杜甫·发秦州（乾元二年，自秦州赴同谷县纪行）》中记有："充肠多薯蓣，崖蜜亦易求。"卷二二九《杜甫·秋野五首》写道："风落收松子，天寒割蜜房。稀疏小红翠，驻屐近微香。"卷二三四《杜甫·闻惠二过东溪特一送》中说："崖蜜松花熟，山杯竹叶新。"卷五三九《李商隐·蜂》写道："红壁寂寥崖蜜尽，碧帘迢递雾巢空。"卷三九〇《李贺·南园十三首》中有："自履藤鞋收石蜜，手牵苔絮长莼花。"卷三九一《李贺·恼公》中也记载："弄珠惊汉燕，烧蜜引胡蜂。"卷五一〇《张祜·寄题商洛王隐居》中写有："随蜂收野蜜，寻麝采生香。"卷六二三《陆龟蒙·奉和袭美新秋言怀三十韵次韵》中写有："岸沙从鹤印，崖蜜劝人攃。"卷八二八《贯休·深山逢老僧二首》写道："山童貌顽名乞乞，放火烧畲采崖蜜。"由此可见，当时主要是收割野外的蜂蜜。

直到唐末五代时期，野生蜂蜜在相关产品中依然占据主要地位，《岭表录异》卷下记载："宣歙人脱蜂子法，大蜂结房于山林间，其大如巨钟，其中数百层。土人采时，须以草覆蔽体，以捍毒螫，复以烟火熏散蜂母，乃敢攀缘崖木，断其蒂。一房中蜂子或五六斗至一石，以盐炒，曝干，寄入京洛，以为方物。然房中蜂子三分之一，翅足已成，则不堪用。"

蜜蜂与森林关系密切，森林能为蜜蜂提供优良的生存环境和丰富的蜜源，是蜜蜂理想的生活区域。有研究表明，一亩人工林地可以产蜂蜜 300 克左右。[1]

隋唐五代时期，各地给中央有关部门的贡赋中，就有大量与蜂蜜有关的产品。详细情况见下表。

---

[1] 赵尚武、瞿守睦：《林业与蜜蜂》，《中国养蜂》1984 年第 1 期。

种类	产地	现今大致区域	资料来源
蜡	京兆府	今陕西西安一带	《新唐书·地理志一》
蜡	延州	今陕西延安一带	《新唐书·地理志一》
蜡烛	绥州	今陕西绥德一带	《新唐书·地理志一》
蜡烛	丹州	今陕西宜川一带	《新唐书·地理志一》
蜡	庆州	今甘肃庆城一带	《新唐书·地理志一》
白蜜	邠州	今陕西彬州一带	《新唐书·地理志一》
蜡烛	凤翔府	今陕西宝鸡凤翔区一带	《新唐书·地理志一》
蜡烛	晋州	今山西临汾一带	《新唐书·地理志三》
蜡烛	绛州	今山西新绛一带	《新唐书·地理志三》
白蜜、蜡烛	慈州	今山西乡宁一带	《新唐书·地理志三》
蜜、蜡烛	隰州	今山西隰县一带	《新唐书·地理志三》
蜡	辽州	今山西昔阳一带	《新唐书·地理志三》
蜜、蜡烛	石州	今山西吕梁离石区一带	《新唐书·地理志三》
蜜	代州	今山西忻州代县一带	《新唐书·地理志三》
石蜜	潞州	今山西长治一带	《新唐书·地理志三》
蜡	峡州	今湖北宜昌一带	《新唐书·地理志四》
蜜、蜡	归州	今湖北秭归一带	《新唐书·地理志四》
蜜、蜡	夔州	今重庆奉节一带	《新唐书·地理志四》
蜡	涪州	今重庆涪陵区一带	《新唐书·地理志四》
蜡	房州	今湖北房县一带	《新唐书·地理志四》
白蜜	复州	今湖北天门一带	《新唐书·地理志四》
蜡	兴元府	今陕西汉中一带	《新唐书·地理志四》
蜡	洋州	今陕西西乡一带	《新唐书·地理志四》

种类	产地	现今大致区域	资料来源
蜡烛	凤州	今陕西凤县一带	《新唐书·地理志四》
蜡、蜜	兴州	今陕西略阳一带	《新唐书·地理志四》
蜡烛	成州	今甘肃礼县一带	《新唐书·地理志四》
白蜜、蜡烛	文州	今甘肃文县一带	《新唐书·地理志四》
蜡烛	集州	今四川南江一带	《新唐书·地理志四》
石蜜	巴州	今四川巴中一带	《新唐书·地理志四》
蜜、蜡	通州	今四川达州达川区一带	《新唐书·地理志四》
蜜、蜡烛	阶州	今甘肃陇南武都区一带	《新唐书·地理志四》
刺蜜	西州	今新疆吐鲁番一带	《新唐书·地理志四》
蜡	庐州	今安徽合肥一带	《新唐书·地理志五》
蜡	舒州	今安徽潜山一带	《新唐书·地理志五》
蜜	湖州	今浙江湖州一带	《新唐书·地理志五》
石蜜	越州	今浙江绍兴一带	《新唐书·地理志五》
蜡	处州	今浙江丽水一带	《新唐书·地理志五》
蜡烛	汀州	今福建长汀一带	《新唐书·地理志五》
石蜜	虔州	今江西赣州一带	《新唐书·地理志五》
石蜜	永州	今湖南永州一带	《新唐书·地理志五》
蜡	黔州	今四川彭水一带	《新唐书·地理志五》
蜡	施州	今湖北恩施一带	《新唐书·地理志五》
蜡	思州	今贵州沿河一带	《新唐书·地理志五》
石蜜	眉州	今四川眉山一带	《新唐书·地理志六》
石蜜	岚州	今山西岚县一带	《元和郡县图志·河东道三》

续表

种类	产地	现今大致区域	资料来源
石蜜	处州	今浙江丽水一带	《元和郡县图志·江南道二》
黄蜡	邵州	今湖南邵阳一带	《元和郡县图志·江南道五》
蜡	费州	今贵州思南一带	《元和郡县图志·江南道六》
蜡	珍州	今贵州正安一带	《元和郡县图志·江南道六》
蜡	播州	今贵州遵义一带	《元和郡县图志·江南道六》
黄蜡	溱州	今重庆万盛区一带	《元和郡县图志·江南道六》
蜡	施州	今云南永胜一带	《元和郡县图志·江南道六》
熟蜡	奖州	今湖南芷江一带	《元和郡县图志·江南道六》
黄蜡	溪州	今湖南永顺一带	《元和郡县图志·江南道六》
蜡	泾州	今甘肃镇原一带	《唐六典·太府寺·右藏署》
蜡	宁州	今甘肃宁县一带	《唐六典·太府寺·右藏署》
蜡	龙州	今四川平武一带	《唐六典·太府寺·右藏署》
蜡	蓬州	今四川营山一带	《唐六典·太府寺·右藏署》
蜡	开州	今重庆开州区一带	《通典·食货志六》
食蜜	岚州	今山西岚县一带	《诸道山河地名要略》①

从以上蜂蜜产品的进贡情况我们可以发现，今河南、河北以及山东等地都没有蜂蜜产品的供应，反映了这些地区森林分布面积有限，蜂蜜产品产量有限。

---

① 王仲荦著，郑宜秀整理：《敦煌石室地志残卷考释》，中华书局 2007 年版，第 90—108 页。

第六节 隋唐五代时期牧业用地的分布

畜牧业的存在，除了有经济意义之外，还有环境意义。合理的畜牧业的存在，阻碍了农田开垦和天然植被的破坏导致的水土流失，可以在一定程度上维系当地较好的生态环境。在畜牧业中，国家牧监是一个重要的标识，因为这需要一个面积比较大的草场。

隋朝时期，朝廷主要的牧场在陇右。《隋书·百官志下》记载："陇右牧，置总监、副监、丞，以统诸牧。其骅骝牧及二十四军马牧，每牧置仪同及尉、大都督、帅都督等员。驴骡牧，置帅都督及尉。原州羊牧，置大都督并尉。原州驼牛牧，置尉。又有皮毛监、副监及丞、录事。又盐州牧监，置监及副监，置丞，统诸羊牧，牧置尉。苑川十二马牧，每牧置大都督及尉各一人，帅都督二人。沙苑羊牧，置尉二人。缘边交市监及诸屯监，每监置监、副监各一人。畿内者隶司农，自外隶诸州焉。"陇右牧监马匹比较多，"屈突通，其先盖昌黎徒何人，后家长安。仕隋为虎贲郎将。文帝命覆陇西牧簿，得隐马二万匹，帝怒，收太仆卿慕容悉达、监牧官史千五百人，将悉殊死"[1]。隋文帝统治时期，大概有马十多万匹，"（开皇）七年，使勾检诸马牧，所获十余万匹"[2]。隋朝末年，陇右牧场马匹大量丢失。《隋书·食货志》记载："盗贼四起，道路南绝，陇右牧马，尽为奴贼所掠，杨玄感乘虚为乱。"《隋书·炀帝纪下》也记载："（大业九年）正月，灵武白榆妄称'奴贼'，劫掠牧马，北连突厥，陇右多被其患。"

西北地区，畜牧业经济也占据主要地位，《隋书·地理志上》记载："安定、北地、上郡、陇西、天水、金城，于古为六郡之地，其人性犹质直。然尚

---

[1]《新唐书·屈突通传》。

[2]《隋书·循吏传·辛公义传》。

俭约，习仁义，勤于稼穑，多畜牧，无复寇盗矣。"

西北地区地广人稀，适合畜牧业的发展。《隋书·贺娄子干传》记载："且陇西、河右，土旷民稀，边境未宁，不可广为田种。比见屯田之所，获少费多，虚役人功，卒逢践暴。屯田疏远者，请皆废省。但陇右之民以畜牧为事，若更屯聚，弥不获安。"隋朝在安排内迁少数民族时，也将其安排在西北地区，主要是照顾其生活习性。《隋书·北狄传·西突厥传》记载，大业年间，"诏留其羸弱万余口，令其弟达度关［阙］牧畜会宁郡（今甘肃靖远县一带）"。

此外，在今山西北部以及内蒙古地区，畜牧业也发达。《隋书·柳机传附从子謇之传》记载："大业初，启民可汗自以内附，遂畜牧于定襄、马邑间，帝使謇之谕令出塞。"《隋书·长孙览传附炽弟晟传》记载长孙晟建议："染干部落归者既众，虽在长城之内，犹被雍间抄略，往来辛苦，不得宁居。请徙五原，以河为固，于夏、胜两州之间，东西至河，南北四百里，掘为横堑，令处其内，任情放牧，免于抄略，人必自安。"

在青海湖一带，隋炀帝也设有牧监。《隋书·炀帝纪上》记载："（大业五年）秋七月丁卯，置马牧于青海渚中，以求龙种，无效而止。"

此外，在梁县（今河南汝州一带）也设置牧监。《元和郡县图志·河南道二》记载，梁县，"广成泽，此泽周回一百里，隋炀帝大业元年置马牧于此"。

唐朝时，朝廷也在西北等地建立了大量牧监。《新唐书·兵志》记载："唐之初起，得突厥马二千匹，又得隋马三千于赤岸泽，徙之陇右，监牧之制始于此。……初，用太仆少卿张万岁领群牧。自贞观至麟德四十年间，马七十万六千，置八坊岐、豳、泾、宁间，地广千里：一曰保乐，二曰甘露，三曰南普闰，四曰北普闰，五曰岐阳，六曰太平，七曰宜禄，八曰安定。八坊之田，千二百三十顷，募民耕之，以给刍秣。八坊之马为四十八监，而马多地狭不能容，又析八监列布河曲丰旷之野。凡马五千为上监，三千为中监，余为下监。监皆有左、右，因地为之名。方其时，天下以一缣易一马。万岁掌马久，恩信行于陇右。后以太仆少卿鲜于匡俗检校陇右牧监。仪凤中，以太仆少卿李思文检校陇右诸牧监使，监牧有使自是始。后又有群牧都使，有闲厩使，使皆置副，有判官。又立四使：南使十五，西使十六，北使七，东使九。诸坊若泾川、亭川、阙水、洛、赤城，南使统之；清泉、温泉，西使统之；乌氏，北使统之；木硖、万福，东使统之。它皆失傅。其后益置八监于盐州、三监于岚州。盐州使八，统白马等坊；岚州使三，统楼烦、玄池、天池之监。"

唐代牧监建立后，在贞观年间得到发展，有马七十多万匹、牧田一千多顷。牧监供放牧的地域非常广阔，《元和郡县图志》卷三《关内道三》记载："监牧，贞观中自京师东赤岸泽移马牧于秦、渭二州之北，会州之南，兰州狄道县之西，置监牧使以掌其事。仍以原州刺史为都监牧使，以管四使。南使在原州西南一百八十里，西使在临洮军西二百二十里，北使寄理原州城内，东宫使寄理原州城内。天宝中，诸使共有五十监：南使管十八监，西使管十六监，北使管七监，东宫使管九监。监牧地，东西约六百里，南北约四百里。"

由于马匹繁衍过多，到唐高宗麟德年间，不得不将牧监区域扩大。《全唐文》卷二二六《张说·大唐开元十三年陇右监牧颂德碑》记载："肇自贞观，成于麟德四十年闲，马至七十万六千匹，置八使以董之，设四十八监以掌之。跨陇西、金城、平凉、天水四郡之地，幅员千里，犹为隘狭，更析八监，布于河曲丰旷之野，乃能容之。于斯之时，天下以一缣易一马，秦汉之盛，未始闻也。"即意味着在唐高宗时期，唐朝西北地区的牧监扩大到秦、渭、兰、会、原五个州。此外，"河曲之野"即盐州、夏州一带，部分地区纳入到国家牧监范围。

唐玄宗时期，西北地区的牧监进一步扩大。《全唐文》卷二二六《张说·大唐开元十三年陇右监牧颂德碑》记载："（开元）元年牧马二十四万匹，十三年乃四十三万匹；初有牛三万五千头，是年亦五万头；初有羊十一万二千口，是年乃亦二十八万六千口。"陇右监牧的官员有"明威将军行右卫郎将南使梁守忠、忠武将军行左羽林中郎将西使冯嘉泰、右千牛长史北使张知古、左骁卫中郎将兼盐州刺史盐州监牧使张景遵、陇州别驾修武县男东宫监牧韦衡、都使判官果毅齐琛、总监韦绩及五使长户"。《全唐文》卷三六一《郑昂·岐邠泾宁四州八马坊颂碑》记载开元十九年，"先是国家以岐山近甸，邠土晚寒，宁州壤甘，泾水流恶，泽茂丰草，地平鲜原，当古公走马之郊，接非子犬邱之野。度其四境，分署八坊，其五在岐，其余在三郡。保乐第一，苏忠主之；甘露第二，刘义尸之；南普润第三，田敬董之；北普润第四，邵业监之；岐阳第五，李行守之；太平第六，马庆尹之；宜禄第七，曾睿领之；安定第八，李仙正之。八人者，或折冲御侮，或果毅昭戎，射御不违，始终惟一。又命朝散大夫都苑总监韦绩总以统之"。开元十三年，韦衡为陇州别驾，陇州的治所在今陕西陇县。开元十九年，岐、邠、泾、宁四州八马坊的设置表明牧监逐渐向东部扩张，主要原因是在唐睿宗时期，吐蕃占领河曲之地。《新唐书·

吐蕃传》记载："吐蕃外虽和而阴衔怒，即厚饷矩，请河西九曲为公主汤沐，矩表与其地。九曲者，水甘草良，宜畜牧，近与唐接。自是虏益张雄，易入寇。"《全唐文》卷三六九《元载·城原州议》中说："原州居其中间，当陇山之口，其西皆监牧故地，草肥水美。平凉在其东，独耕一县，可给军食。故垒尚存，吐蕃弃而不居。每岁夏，吐蕃畜牧青海，去塞甚远，若乘间筑之，二旬可毕。"吐蕃逐渐占据青海湖周边地区，故而在唐玄宗时期，唐朝发展畜牧业，其牧地向西北方向发展有限，只能向关内扩张。

关中地区也存在牧监。《元和郡县图志》卷二记载："冯翊县……沙苑，一名沙阜，在县南十二里。东西八十里，南北三十里。后魏文帝大统三年，周太祖为相国，与高欢战于沙苑，大破之。其时太祖兵少，隐伏于沙草之中，以奇胜之。后于兵立之处，人栽一树，以表其功，今树往往犹存。仍于战处立忠武寺。今以其处宜六畜，置沙苑监。""朝邑县……苦泉，在县西北三十里许原下，其水咸苦，羊饮之，肥而美。今于泉侧置羊牧，故谚云'苦泉羊，洛水浆'。"《唐六典》卷一七记载："沙苑监掌牧养陇右诸牧牛、羊，以供其宴会、祭祀及尚食所用，每岁与典牧分月以供之；丞为之贰。"《全唐诗》卷二一六《杜甫·沙苑行》写有："苑中騋牝三千匹，丰草青青寒不死。……角壮翻同麋鹿游，浮深簸荡鼋鼍窟。"此外，《奉天录》卷一记载："制将刘德信、高秉哲闻帝蒙尘，遂拔汝州，星夜兼驰，于沙苑监取官马五百匹。"可见在唐德宗时期，沙苑还发挥着牧监的作用，但比起唐玄宗时期，沙苑监的养马数量已经大为减少。

在岚州一带，也设置有监牧，《新唐书·地理志三》记载："宪州，下。本楼烦监牧，岚州刺史领之。贞元十五年别置监牧使。"《元和郡县图志·河东道一》中记载，石楼县，"龙泉水，出县东南，去县十里。山下牧马，多产名驹，故得龙泉之号"。《全唐诗》卷二七六《卢纶·送史兵曹判官赴楼烦》中写有："渥洼龙种散云时，千里繁花乍别离。中有重臣承需泽，外无轻虏犯旌旗。山川自与郊坰合，帐幕时因水草移。敢谢亲贤得琼玉，仲宣能赋亦能诗。"表明兵部对当地牧场进行了管理。

在雁门一带，也适合牧马。《全唐文》卷六四〇《李翱·故东川节度使卢公（坦）传》记载："（鲁）坦历更重位，以朝廷是非大体为己务，故多所陈请，或上封告。泗州刺史薛謇为代北水运使（治今山西代县一带）时，畜马四百匹，有异马不以献者。事下度支，乃使巡官往验之。未反，上迟之，使品官刘泰昕按其事。"

潞州一带水草丰茂，也适合养马。《新唐书·藩镇宣武彰义泽潞传》记载："初，大将李万江者，本退浑部，李抱玉送回纥，道太原，举帐从至潞州，牧津梁寺，地美水草，马如鸭而健，世所谓津梁种者，岁入马价数百万。"《全唐文》卷七五一《杜牧·上泽潞刘司徒书》中说："今者上党足马足甲，马极良，甲极精，后负燕，前触魏，侧肘赵。"足见潞州由于适合养马，骑兵多，成为割据的重要资本。

石州也适合放牧，《旧唐书·西戎传·党项羌传》记载："贞元十五年二月，六州党项自石州奔过河西。党项有六府部落，曰野利越诗、野利龙儿、野利厥律、兒黄、野海、野窣等。居庆州者号为东山部落，居夏州者号为平夏部落。永泰、大历已后，居石州，依水草。"作为游牧部落的党项分支，在石州一带生活，表明此地有大量适合放牧的区域。

此外，河东地区，也适合养马。《史记集解》记载："（猗顿）于是乃适西河，大畜牛羊于猗氏之南，十年之间其息不可计，赀拟王公，驰名天下。"可知河中本身就适合畜牧业，经过隋唐开发，但直到唐朝后期，仍然还有适应牧业的地区。《全唐文》卷七〇二《李德裕·请发河中马军五百骑赴振武状》中说："河中地闲，马军有朔方旧法，都虞候（阙）川防戎，臣素所谙知。望发马军五百骑，令王纵部赴振武，取忠顺指挥。"

河北平原有不少地区适合牧业。《全唐文》卷七五五《杜牧·唐故范阳卢秀才墓志》记载："秀才卢生名需，字子中。自天宝后，三代或仕燕，或仕赵，两地皆多良田畜马。"

武则天统治时期，由于发展马政的需要，曾一度打算在登州、莱州等地建立牧场。《全唐文》卷二六九《张廷珪·论置监牧登莱和市牛羊奴婢疏》记载："臣廷珪言：窃见国家于河南北和市牛羊，及荆、益等州市奴婢，拟于登、莱州置监牧，此必有人谓顷岁以来，军装所资，国用不足，或将见陶朱公、公孙宏、卜式之事，而为陛下陈其策耳。"在张廷珪的建议下，该措施并没有实现。① 但这也表明在登州和莱州依然有适合建立牧场的草地。不过，隋唐五代时期，山东有不少地方适应放牧，《太平广记》卷四三五《唐玄宗龙马》记

①《新唐书·张廷珪传》。

载："即命其吏王乾贞者，求龙马于齐鲁之间。至开元二十九年夏五月，乾贞果得马于北海郡民马会恩之家。"龙马品种稀少，当是在大量马之中出现的稀有品种。唐朝末年，据《旧五代史·梁书·太祖纪一》记载，光启三年，"（朱）珍既至淄、棣，旬日之内，应募者万余人。又潜袭青州，获马千匹，铠甲称是，乃鼓行而归"。可知青州有朝廷或地方牧场存在。

在西南地区，也有不少牧场，《新唐书·吐蕃传下》记载："乾元后，陇右、剑南西山三州七关军镇监牧三百所皆失之。"

河南府也有牧业，主要是供应宫廷羊与牛的需求。《全唐文》卷九四《哀帝·停河南监牧诸司敕》记载："牛羊司牧管御厨羊，并乳牛等御厨物料，元是河南府供进，其肉便在物料数内，续以诸处送到羊，且令牛羊司逐日送纳。今知旧数已尽，官吏所繇多总逃去。其诸处续进到羊，并旧管乳牛，并送河南府牧管。其牛羊司官吏并宜停废。"

在修武等地，也设有牧地。《唐会要》卷六五《闲厩使》记载："其修武马坊田地，河阳节度近年权借，依前勒闲厩宫苑使，且存借名收管。"可知在修武有朝廷马坊，后来被河阳节度使占据。

虢州也存在适合放牧的地区。《唐国史补》卷上记载："卢杞除虢州刺史，奏言：'臣闻虢州有官猪数千，颇为患。'上曰：'为卿移于沙苑，何如？'对曰：'同州岂非陛下百姓？为患一也。臣谓无用之物，与人食之为便。'德宗叹曰：'卿理虢州，而忧同州百姓，宰相材也。'由是属意于杞，悉听其奏。"牧猪在中国古代存在的时间比较长，唐朝末年的《四时纂要》卷四记载："十月……（杂事）牧豕。"说明唐朝依然存在牧猪的现象。虢州养官猪为患，显然不是圈养，而应该是散养，表明此地有水草丰盛的地区。

蔡州附近也有牧场。元和十三年，"置蔡州（今河南上蔡一带）防御使、龙陂监牧使"[①]。宝历年间，柏元封任蔡州刺史，兼龙陂监牧使。[②] 仇甫叛乱时，王式"乃阅所部，得吐蕃、回鹘迁隶数百，发龙陂监牧马起用之，集土

---

① 《新唐书·方镇二》。

② 郭捐之：《唐故中散大夫……魏郡柏公（元封）墓志铭》，《全唐文补遗》（第四辑），第132—134页。

团诸儿为向导，擒甫斩之"①。《资治通鉴》卷二五〇记载："（王式）又奏得龙陂马二百匹。"胡三省注："龙陂，汉颍川郏县之摩陂也。唐在汝州界置马监。宋白曰：元和十三年，十一月，赐蔡州群牧号龙陂牧。"可见，龙陂监牧存在的时间很长。《新唐书·藩镇宣武彰义泽潞传》记载，吴少阳统治的蔡州，"少阳不立繇役籍，随日赋敛于人。地多原泽，益畜马。时时掠寿州茶山，劫商贾，招四方亡命，以实其军。不肯朝，然屡献牧马以自解，帝亦因善之"。可见，蔡州附近有不少地方适合养马。

在郓州也有一定地区的牧场。《唐会要》卷六五《闲厩使》也记载："郓州旧因御马，配给莒蓿丁三十人，每人每月纳资钱二贯文。"

大和七年十一月，"壬午，于银州置监牧"②。银州（今陕西榆林横山区一带）监牧一度得到发展，开成二年七月，夏州节度使刘源上奏说："自太和七年十一月一日，于银川置监城收管群牧，今计孳生马七千余匹。今绥州南界有空闲地，周回二百余里，四面悬绝，贼路不通。只置三五十人，守其要害，即牧放无虞。是臣当管界内，并非百姓佃食，请割隶监司，久远之计。"③

《旧唐书·西戎传·党项羌传》记载："贞元十五年十一月，命太子中允李寮为宣抚党项使。以部落繁富，时远近商贾，赍缯货入贸羊马。至太和、开成之际，其藩镇统领无绪，恣其贪婪，不顾危亡，或强市其羊马，不酬其直，以是部落苦之，遂相率为盗，灵、盐之路小梗。会昌初，上频命使安抚之，兼命宪臣为使，分三印以统之。在邠、宁、延者，以侍御史、内供奉崔君会主之；在盐、夏、长、泽者，以侍御史、内供奉李鄂主之；在灵、武、麟、胜者，以侍御史、内供奉郑贺主之，仍各赐绯鱼以重其事。"这表明盐、灵、邠、宁、延、夏、长、泽、武、麟、胜等州均有规模大的牧场。这些地方主要在山西中北部到内蒙古以及陕西榆林西至宁夏甘肃一带的区域，这些区域具有适应放牧的地区。

唐朝还在江南等地设置牧监。在泉州（今福州一带）有万安监，《旧唐书·德宗纪下》记载："（贞元二十年七月）辛卯，福建观察使柳冕奏置万安

---

① 《新唐书·王播传附王式传》。

② 《旧唐书·文宗纪下》。

③ 《册府元龟·卿监部·监牧》。

监牧于泉州界，置群牧五，悉索部内马牛羊近万头匹，监吏主之。"《唐会要》卷六六《群牧使》记载："贞元二十年，福建观察使柳冕奏，置万安监牧于泉州界，悉索部内马五千七百匹，并驴牛八百头，羊三千口，以为监牧之资。人情大扰，经年无所生息，诏罢之。"而据《全唐文》卷五六〇《韩愈·顺宗实录》记载："先是福建观察柳冕久不迁，欲立事迹，以求恩宠，乃奏云：'闽中，南朝放牧之地，畜羊马可使孳息。请置监。'许之。收境中畜产，令吏牧其中。羊大者不过十斤，马之良者估不过数千。不经时辄死，又敛，百姓苦之，远近以为笑。至是观察阎济美奏罢之。"设置万安监的原因是这一带是南朝时期养马的场所，有丰富的水草资源，但因收益不大，最后放弃。

在襄州谷城县（今襄阳谷城县一带）有临汉监。《旧唐书·宪宗纪下》记载："（元和十四年八月）甲寅，于襄州谷城县置临汉监以牧马，仍令山南东道节度使兼充监牧使。"《唐会要》卷六六《群牧使》记载："其年八月，于襄州谷城县置临汉监牧以牧马，仍令山南东道节度使兼充监牧使。至太和七年正月，山南东道节度使裴度奏，请停临汉监牧。先置牧养马三千三百匹，废百姓田四百余顷，诏许停之。"

在扬州海陵设有临海监，又称海陵监。《旧唐书·宪宗纪下》记载："（元和十四年五月）己亥，置临海监牧，命淮南节度使兼之。"大和二年，"冬十月，丁巳，罢扬州海陵监牧"①。海陵监牧被罢免的原因也是由于监牧侵占农民的耕地，"海陵是扬州大县，土田饶沃，人户众多，自置监牧已来，或闻有所妨废。又计每年马数甚少，若以所用钱收市，则必有余。其临海监牧宜停。令度支每年供送飞龙使见钱八千贯文，仍春秋两季各送四千贯，充市进马及养马饲见在马等用。其监牧见在马，仍令飞龙使割付诸群牧，收管讫分析闻奏"②。

在云南等地，也有不少地方适合畜牧。《蛮书》卷七《云南管内物产》记载："马出越赕川东面一带，岗西向，地势渐平，乍起伏如畦畛者，有泉地美草，宜马。……藤充及申赕亦出马，次赕、滇池尤佳。东爨乌蛮中亦有马，比于越赕皆少。一切野放，不置槽枥。唯阳苴咩及大鳌登川各有槽枥，喂马数

---

① 《旧唐书·文宗纪上》。

② 《全唐文》卷七四《文宗·罢海陵监牧敕》。

百匹。"

五代时期，朝廷也在相州设置牧监。《新五代史·康福传》记载："康福，蔚州人也，世为军校。福以骑射事晋王为偏将。庄宗尝曰：'吾家以羊马为生，福状貌类胡人而丰厚，胡宜羊马。'乃令福牧马于相州，为小马坊使，逾年马大蕃滋。明宗自魏反，兵过相州，福以小坊马二千匹归命，明宗军势由是益盛。明宗入立，拜飞龙使，领磁州刺史、襄州兵马都监。"

灵州也是一个重要的产马地区，《新五代史·康福传》还记载："福居灵武三岁，岁常丰稔，有马千驷，蕃夷畏服。"

秦州也产马，《册府元龟·邦计部·济军》中记载："天福三年（十二月）戊戌，秦州康福进助国马七千匹。"

河北也有诸多牧场，《新五代史·安重荣传》记载："高祖即位，拜重荣成德（治所在今河北正定一带）军节度使……课民种稗，食马万匹，所为益骄。"《旧五代史·梁书·符道昭传》记载："及沧州之围也，不用骑士，令道昭牧马于唐阳。"唐阳，又称堂阳，在今河北新河一带。《新五代史·高行周传》记载："守光将元行钦牧马山后，闻守光且见围，即率所牧马赴援。"山后，在幽州一带。

五代时期，山东也有大量牧场。《册府元龟·邦计部·济军》中记载："（后唐末帝）清泰三年七月，青州房知温献马五千匹；郓州王建立献马二千匹……（后晋开运二年）镇州杜重威进马八百匹。"

楼烦监在五代时期也是重要的牧场。《太平寰宇记·河东道三》记载："龙纪元年，太原李克用为晋王时，奏置宪州于楼烦监。"此外，河中地区的牧场在五代时期依然存在。《旧五代史·梁书·氏叔琮传》记载："乃于军中选壮士二人，深目虬须，貌如沙陀者，令就襄陵县牧马于道间。"此外，后晋时期，吐谷浑归附，"是岁大热，吐浑多疾死，乃遣承福归太原，居之岚、石之间"[1]。表明石州（今山西吕梁离石区一带）以北至岚州之间存在大量可供游牧的地区。

沙苑以及卫州牧场在五代时期依然发挥着作用。《旧五代史·唐书·符存审传》记载："乃令王建及牧马于沙苑，刘郭、尹皓知之，保众退去，遂解同

---

[1]《新五代史·四夷附录三·吐浑传》。

州之围。"《旧五代史·周书·世宗纪》记载周世宗下诏说："今后应有病患老弱马，并送同州沙苑监、卫州牧马监，就彼水草，以尽饮龁之性。"

五代时期，邠州一带畜牧业发展良好。《册府元龟·邦计部·济军》中记载："天福二年八月甲午，邠州安叔千进助军马五千匹。……开运二年尚食副使郑延祚自邠州回，赍新授节度使冯晖表，进马三千三百五十匹。"能一次捐献马几千匹，说明当地有面积较大的牧场。

五代时期，开封附近有不少牧场。《旧五代史·晋书·少帝纪三》记载，开运二年二月，"丙戌，幸铁丘阅马，因幸赵在礼、李从温军"。《新五代史·晋本纪九》记载："（天福七年十一月）甲申，幸八角，阅马牧。乙未，契丹使梅里来。……（开运二年二月）丙戌，阅马于铁丘。……八月辛未，阅马于茂泽陂。丁丑，括马。九月己亥，阅马于万龙冈，幸李守贞第。"铁丘，在澶州境内。八角、茂泽陂、万龙冈应在开封附近，符合晋少帝的活动轨迹。宋真宗时期的杨侃在《皇畿赋》中记有："郊原肷肷，春草萋萋，边烽不警，牧马争嘶。厩空万枥，野散千蹄，陂闲牧南，沙平走西。一饮空川，一龁空原，去如雾散，来若云连。地广马多，古未有焉。"宋朝初年开封的牧场应该是在唐末五代的基础上发展起来的。

除了牧场存在之外，隋唐五代时期，西北地区畜牧业经济占据比重比较大。《隋书·地理志上》记载："安定、北地、上郡、陇西、天水、金城，于古为六郡之地，其人性犹质直。然尚俭约，习仁义，勤于稼穑，多畜牧，无复寇盗矣。"《新唐书·地理志一》记载："初，吐谷浑部落自凉州徙于鄯州，不安其居，又徙于灵州之境，咸亨三年以灵州之故鸣沙县地置州以居之。至德后没吐蕃。"又《旧唐书·西戎传·吐谷浑传》记载："高宗遣右威卫大将军薛仁贵等救吐谷浑，为吐蕃所败，于是吐谷浑遂为吐蕃所并。诺曷钵以亲信数千帐来内属，诏左武卫大将军苏定方为安置大使，始徙其部众于灵州之地，置安乐州，以诺曷钵为刺史，欲其安而且乐也。"此外，《元和郡县图志·关内道四》记载："回乐县……长乐山，旧名'达乐山'，亦曰'铎洛山'，以山下有铎洛泉水，故名。旧吐谷浑部落所居，今吐蕃置兵守之。"朝廷将吐谷浑安排在灵州等地，主要是考虑到其生活习性，这一地带适合畜牧业。

《旧唐书·西戎传·党项羌传》记载："其界东至松州，西接叶护，南杂春桑、迷桑等羌，北连吐谷浑，处山谷间，亘三千里。……畜牦牛、马、驴、羊，以供其食。不知稼穑，土无五谷。"可知在唐代，居住在今青海东部以及四川一带的党项羌人过着游牧生活。

　　唐中后期，吐蕃势力崛起，逐渐控制陇右地区，并且控制四川部分地区。《旧唐书·吐蕃传上》记载："乾元之后，吐蕃乘我间隙，日蹙边城，或为虏掠伤杀，或转死沟壑。数年之后，凤翔之西，邠州之北，尽蕃戎之境，淹没者数十州。……而剑南西山又与吐蕃、氐、羌邻接，武德以来，开置州县，立军防，即汉之筰路，乾元之后，亦陷于吐蕃。"此后，吐蕃取得了"兰、渭、原、会，西至临洮，东至成州，抵剑南西界磨些诸蛮，大渡水西南"等地的实际控制权。吐蕃还时常骚扰长安以西的地区，掠夺人口和牲畜。《旧唐书·吐蕃传下》记载："吐蕃驱掠连云堡之众及邠、泾编户逃窜山谷者，并牛畜万计，悉其众送至弹筝峡。自是泾、陇、邠等贼之所至，俘掠殆尽。……四年五月，吐蕃三万余骑犯塞，分入泾、邠、宁、庆、麟等州，焚彭原县廨舍，所至烧庐舍，人畜没者约二三万，计凡二旬方退。"

　　随着吐蕃势力的发展，唐朝西部控制的人口减少，到了唐末五代时期，畜牧业逐渐向关中一带推进。《全唐诗》卷二九〇《杨凝·送客往鄜州》中写有："回中地近风常急，鄜畤年多草自生。近喜扶阳系戎相，从来卫霍笑长缨。"《新五代史·刘景岩传》记载："刘景岩，延州人也。其家素富，能以赀交游豪俊。……景岩良田甲第、僮仆甚盛，党项司家族畜牧近郊，尤富强，景岩与之往来，（高）允权颇患之。"这表明，延州（今延安一带）已经逐渐沦为党项的畜牧业地区。

第七节　从隋唐五代时期的水质看当时植被分布的状况

隋唐五代时期，除了黄河水浑浊外，其他大河大江水比较清澈。

长安一带的浐水与灞水清澈。《全唐文》卷三三一《王昌龄·灞桥赋》中有："傍连古木，远带清溃；昏晓一望，还如阵云。"《全唐诗》卷一四一《王昌龄·灞上闲居》中记载："鸿都有归客，偃卧滋阳村。轩冕无枉顾，清川照我门。"《全唐文》卷七四〇《李庾·西都赋》中有："玄素交川，灞浐在焉。"素即白色，玄即黑色，但要在水比较清澈时才能见到河底的颜色。这说明此时的浐水与灞水水质比较好。唐末的《入唐求法巡礼记》卷三记载："南山来，入于渭河。灞、浐两水向北流去，水色清。"也说明其水清澈。不过，浐水含沙很多，《全唐诗》卷四二七《白居易·官牛—讽执政也》中有："官牛官牛驾官车，浐水岸边般载沙。一石沙，几斤重，朝载暮载将何用？载向五门官道西，绿槐阴下铺沙堤。"这表明浐水中上游植被破坏比较严重。

关中地区的泾水，在南北朝时期比较清澈，在隋唐五代时期逐渐浑浊；渭水则相反，在南北朝时期比较浑浊，在隋唐五代时期比较清澈。[①]

泾水的浑浊，在初唐就已经出现。《全唐文》卷一五四《韦挺·泾水赞》中记载："决渠浊流，属渭清津。流亦毒晋，灵尝崇秦。"《全唐诗》卷二三一《杜甫·即事》中写有："未闻细柳散金甲，肠断秦川流浊泾。"《全唐诗》卷二七二《吕牧·泾渭扬清浊》中写有："泾渭横秦野，逶迤近帝城。二渠通作润，万户映皆清。明晦看殊色，潺湲听一声。"《全唐诗》卷三五〇《柳宗元·唐铙歌鼓吹曲十二篇·薛举据泾以死子仁杲……泾水黄第四》中有："泾水黄，陇野茫。负太白，腾天狼。"《全唐诗》卷五二六《杜牧·分司东都寓

---

① 史念海：《论泾渭清浊的变迁》，《陕西师范大学学报》（哲学社会科学版）1977
年第 1 期。

居履道叨承川尹刘侍郎大夫恩知上四十韵》中有："隐豹窥重巘，潜虬避浊泾。"这表明泾水在此阶段比较浑浊。

渭水的清澈在唐代诗文中记载比较多。《全唐诗》卷七四《苏颋·扈从温泉同紫微黄门群公泛渭川得齐字》中有："侍跸浮清渭，扬舲降紫泥。"《全唐诗》卷九七《沈佺期·扈从出长安应制》中有："翕习黄山下，纡徐清渭东。"又同卷中《上巳日祓禊渭滨应制》写有："宝马香车清渭滨，红桃碧柳禊堂春。"表明初唐时期渭水比较清澈。

《全唐诗》卷二一六《杜甫·奉赠韦左丞丈二十二韵》中有："尚怜终南山，回首清渭滨。"同卷《秋雨叹三首》中写有："去马来牛不复辨，浊泾清渭何当分？"又卷二二八《泛江》中写有："故国流清渭，如今花正多。"卷二三三《归雁二首》中有："却过清渭影，高起洞庭群。"《全唐诗》卷三二五《权德舆·渭水》写有："日暮驻征策，爱兹清渭流。"《全唐诗》卷四三二《白居易·重到渭上旧居》中有："旧居清渭曲，开门当蔡渡。"《全唐诗》卷五四一《李商隐·幽人》记载："东流清渭苦，不尽照衰兴。"此外，《全唐诗》卷五八六《刘沧·望未央宫》中有："云楼欲动入清渭，鸳瓦如飞出绿杨。"《全唐诗》卷六八五《吴融·御沟十六韵》中有："不劳夸大汉，清渭贯神州。"《全唐诗》卷七二七《任翻·长安冬夜书事》中记载："清渭几年客，故衣今夜霜。"表明晚唐时期，渭水都是清澈的。

济水在隋唐五代时期还比较清澈。《全唐诗》卷一二五《王维·别綦毋潜》中写有："高张多绝弦，截河有清济。严冬爽群木，伊洛方清泚。"《全唐诗》卷一三三《李颀·杂兴》写有："济水自清河自浊，周公大圣接舆狂。"《全唐诗》卷五四一《李商隐·今月二日不自量度辄以诗一首四十韵…咏叹不足之义也》也写有："涤濯临清济，巉岩倚碧嵩。"

淇水也比较清澈。《全唐诗》卷二一四《高适·辟阳城》中写有："荒城在高岸，凌眺俯清淇。"

漳水也以清澈著称。《全唐诗》卷五五五《马戴·邯郸驿楼作》中写有："芜没丛台久，清漳废御沟。蝉鸣河外树，人在驿西楼。"《全唐诗》卷五五八《薛能·送冯温往河外》中也写有："风沙问船处，应得立清漳。"

洛水也是比较清澈。《全唐诗》卷四八《张九龄·天津桥东旬宴得歌字韵》写道："清洛象天河，东流形胜多。"《全唐诗》卷三五八《刘禹锡·酬李相公喜归乡国自巩县夜泛洛水见寄》中写有："巩树烟月上，清光含碧流。且无三已色，犹泛五湖舟。"《全唐诗》卷五八六《刘沧·晚秋洛阳客舍》写有："清洛平分两岸沙，沙边水色近人家。"《全唐诗》卷六〇三《许棠·早发洛中》写有："半夜发清洛，不知过石桥。"《全唐诗》卷六六八《高蟾·感事》中写有："浊河从北下，清洛向东流。清浊皆如此，何人不白头。"可见洛水以"清"闻名。《全唐诗》卷三〇五《刘复·出东城》中有："步出东城门，独行已彷徨。伊洛泛清流，密林含朝阳。芳景虽可瞩，忧怀在中肠。"《全唐诗》卷六五四《罗邺·洛水》中写有："桥畔月来清见底，柳边风紧绿生波。"《全唐诗》卷七二五《于邺·过洛阳城》中写有："周秦时几变，伊洛水犹清。"表明直到唐末五代时期，洛水都比较清澈。伊水也比较清澈，《全唐诗》卷一〇八《韦述·晚渡伊水》中写有："悠悠涉伊水，伊水清见石。是时春向深，两岸草如积。"

淮河，《全唐诗》卷五一《宋之问·初宿淮口》记载："孤舟汴河水，去国情无已。晚泊投楚乡，明月清淮里。"淮口，是泗水与淮河交界处，在今江苏徐州一带。《全唐诗》卷二〇七《李嘉祐·游徐城河忽见清淮，因寄赵八》记载："自缘迟暮忆沧洲，翻爱南河浊水流。初过重阳惜残菊，行看旧浦识群鸥。"徐城河在豫东，属于黄河支流。《全唐诗》卷二五七《韦建·泊舟盱眙》记有："泊舟淮水次，霜降夕流清。夜久潮侵岸，天寒月近城。"《全唐诗》卷二六七《顾况·寄淮上柳十三》记载："苇萧中辟户，相映绿淮流。莫讶春潮阔，鸥边可泊舟。"《全唐诗》卷三六五《刘禹锡·浪淘沙九首》中有："汴水东流虎眼纹，清淮晓色鸭头春。"《全唐诗》卷三一九《徐敞·月映清淮流》中写有："遥夜淮弥净，浮空月正明。虚无含气白，凝澹映波清。见底深还浅，居高缺复盈。处柔知坎德，持洁表阴精。"表明淮水清澈见底。《全唐文》卷三六五《杨谏·月映清淮流赋（以题为韵）》写有："淮至清而可鉴毫发。"这些诗句表明淮河全段水流都比较清澈。

《全唐诗》卷六五八《罗隐·送舒州宿松县傅少府（一题作送宿松傅少府）》中写有："江菰漠漠树重重，东过清淮到宿松。县好也知临浣水，官闲应得看灊峰。春生绿野吴歌怨，雪霁平郊楚酒浓。"《全唐诗》卷七〇九《徐夤·醉题邑宰南塘屋壁》记载："万古清淮照远天，黄河浊浪不相关。"表明唐末五代时期，淮河水整体还是比较清澈的。

隋唐时期的汉江，水亦清澈。《全唐诗》卷一二九《丘为·渡汉江》写有："漾舟汉江上，挂席候风生。临泛何容与，爱此江水清。"《全唐诗》卷二

○○《岑参·与鲜于庶子泛汉江》中写有："急管更须吹，杯行莫遣迟。酒光红琥珀，江色碧琉璃。"《全唐诗》卷三一六《武元衡·夏日别卢太卿》中写道："汉水清且广，江波渺复深。叶舟烟雨夜，之子别离心。"表明汉水比较清澈。《全唐诗》卷五二三《杜牧·汉江》记载："溶溶漾漾白鸥飞，绿净春深好染衣。南去北来人自老，夕阳长送钓船归。""绿净春深"表明汉江江水清澈。《全唐诗》卷六○九《皮日休·鲁望读襄阳耆旧传见赠五百言过褒庸材靡有称是……次韵》中写道："汉水碧于天，南荆廓然秀。庐罗遵古俗，鄢郢迷昔囿。"《全唐诗》卷六五七《罗隐·汉江上作》中也记载："汉江波浪渌于苔，每到江边病眼开。半雨半风终日恨，无名无迹几时回。"这些都表明汉江在隋唐五代时期江水清澈。

长江的江水，魏晋南北朝时期一度出现浑浊的情况。① 隋唐五代时期，长江江水又转为清澈。在长江上游地区，《全唐诗》卷二一八《杜甫·白沙渡（属剑州）》中写有："畏途随长江，渡口下绝岸。差池上舟楫，杳窕入云汉。……水清石礧礧，沙白滩漫漫。迥然洗愁辛，多病一疏散。"同卷中《五盘（七盘岭在广元县北，一名五盘，栈道盘曲有五重）》也记有："地僻无网罟，水清反多鱼。好鸟不妄飞，野人半巢居。"可见当地长江水是比较清澈的。《全唐诗》卷二二○《杜甫·阆水歌》中写有："嘉陵江色何所似，石黛碧玉相因依。正怜日破浪花出，更复春从沙际归。"《全唐诗》卷三一六《武元衡·送柳郎中裴起居》中写有："沱江水绿波，喧鸟去乔柯。南浦别离处，东风兰杜多。"《全唐诗》卷三一七《武元衡·南昌滩》中有："渠江明净峡透迤，船到名滩拽綍迟。"②《全唐诗》卷三六一《刘禹锡·鱼复江中》中记有："扁舟尽室贫相逐，白发藏冠镊更加。远水自澄终日绿，晴林长落过春花。"可知在鱼复一带的长江是"终日绿"。《全唐诗》卷七二五《于邺·过百牢关贻舟中者》中有："帆影清江水，铃声碧草山。"百牢关，在今重庆奉节一带。《全唐诗》卷五九八《高骈·锦城写望》中写有："蜀江波影碧悠悠，四望烟花匝郡楼。"表明唐末成都一带的江水清澈。《全唐诗》卷七六五《王周·巴江》中写有："巴江江水色，一带浓蓝碧。"这些表明晚唐五代时期，长江水

① 李文涛：《战争与环境：魏晋南北朝时期的个案研究》，《南都学坛》2016 年第 5 期。
② 卞孝萱考证此诗作者为元稹。

上游江水清澈。

长江中游，《全唐文》卷三一七《武元衡·冬日，汉江南行将赴夏口，途次江陵界，寄裴尚书》中写有："浦树凝寒晦，江天湛镜清。赏心随处惬，壮志逐年轻。"在今湖北鄂州一带的长江，《全唐诗》卷六九八《韦庄·西塞山下作》中写有："西塞山前水似蓝，乱云如絮满澄潭。孤峰渐映湓城北，片月斜生梦泽南。"《全唐诗》卷六九八《韦庄·酒渴爱江清》中写有："酒渴何方疗，江波一掬清。泻瓯如练色，漱齿作泉声。味带他山雪，光含白露精。只应千古后，长称伯伦情。"此诗为韦庄在洪州一带所作。《全唐诗》卷七四六《陈陶·钟陵秋夜》中写有："洪崖岭上秋月明，野客枕底章江清。"此外，同卷《江上逢故人》一诗中也写有："十年蓬转金陵道，长哭青云身不早。故乡逢尽白头人，清江颜色何曾老。"表明此时期，南昌附近的长江支流与干流的江水比较清澈。五代时期的清江县（今江西樟树市一带），《太平寰宇记》卷一〇六《筠州》记载："清江……伪唐升元年中以其地当要冲，升为清江县，以大江清流为名。"可见当地的江水清澈。

长江下游地区，虽然隋唐五代时期经济有所发展，但水土流失并不严重，长江水流比较清澈。李白在《望天门山》一诗中写道："天门中断楚江开，碧水东流至此回。"楚江，在今长江芜湖段。《全唐诗》卷一五一《刘长卿·明月湾寻贺九不遇》写有："楚水日夜绿，傍江春草滋。青青遥满目，万里伤心归。"明月湾在今苏州一带的太湖区域之中。①

钱塘江水质比较好。《全唐诗》卷六九八《韦庄·桐庐县作》中写有："钱塘江尽到桐庐，水碧山青画不如。"《全唐诗》卷一五一《刘长卿·送杜越江佐觐省往新安江》中写有："去帆楚天外，望远愁复积。想见新安江，扁舟一行客。清流数千丈，底下看白石。色混元气深，波连洞庭碧。"孟浩然的《宿建德江》中写有："野旷天低树，江清月近人。"建德江是新安江建德段，在今杭州附近。在杭州附近的富春江，也是比较清澈的。《全唐诗》卷三二二《权德舆·早发杭州泛富春江寄陆三十一公佐》写有："候晓起徒驭，春江多好风。白波连青云，荡漾晨光中。"《全唐诗》卷六五九《罗隐·秋日富春江行》中也说："远岸平如剪，澄江静似铺。"

---

① 储仲君：《刘长卿诗编年笺注》，中华书局1996年版，第131页。

湘江江水比较清澈。《元和郡县图志·江南道三》记载："湘水至清，虽深五六丈，了了见底。"《全唐诗》卷一五一《刘长卿·入桂渚次砂牛石穴》中写有："扁舟傍归路，日暮潇湘深。湘水清见底，楚云淡无心。"《全唐诗》卷六七八《许彬·湘江》中写有："沙寒鸿鹄聚，底极龟鱼分。"《全唐诗》卷六九五《韦庄·听赵秀才弹琴》中写有："巫山夜雨弦中起，湘水清波指下生。"《舆地纪胜·荆湖南路·永州·诗》中引太和四年李谅所作的《湘中行》中有："湘江永州路，水碧山崒兀。古木暗鱼潭……清可鉴毛发。"《全唐诗》卷五一《宋之问·自湘源至潭州衡山县》写有："赤岸杂云霞，绿竹缘溪涧。向背群山转，应接良景晏。"刘禹锡在《送周鲁儒序》中也说："潇湘间无土山，无浊水，民秉是气，往往清慧而文。"《全唐诗》卷五二六《杜牧·闻开江相国宋（一作宋相公申锡）下世二首》中写有："月落清湘棹不喧，玉杯瑶瑟奠蘋蘩。"表明湘水以清澈闻名。

《全唐诗》卷三五五《刘禹锡·游桃源一百韵》中记载："沅江清悠悠，连山郁岑寂。回流抱绝巘，皎镜含虚碧。昏旦递明媚，烟岚分委积。香蔓垂绿潭，暴龙照孤碛。"表明沅江江水清澈。

《全唐文》卷九一八《清昼·唐洞庭山福愿寺律和尚坟塔铭（并序）》记载："大师尝引锡西望，想包山旧居。包山即洞庭仙都之一峰，湖澄气清，日出水上，叠嶂合沓，生乎影中，得非天遗此中与师成道耶？乃命舟而还，使野童诛茅，山童扫石，顾左右曰：'昔者如来崇饰塔庙，乃是启发群信，开人天净境。岂为已哉？'"表明洞庭湖湖水清澈。此外《全唐诗》卷三六五《刘禹锡·望洞庭》中也表明洞庭湖水质比较好，"湖光秋月两相和，潭面无风镜未磨。遥望洞庭山水翠，白银盘里一青螺"。也说明其水清澈见底。

湘南之水也清澈。《全唐文》卷五五五《韩愈·送廖道士序》中写有："衡之南八九百里，地益高，山益峻，水清而益驶，其最高而横绝南北者岭。"

此外，《全唐诗》卷五四二《郑史·永州送侄归宜春》中写有："永水清如此，袁江色可知。"表明袁江在流经永水和宜春一带时水质较好。

岭南的溪水也以清澈居多。《全唐诗》卷四八《张九龄·与王六履震广州津亭晓望》中写有："明发临前渚，寒来净远空。水纹天上碧，日气海边红。"同卷《初发曲江溪中》中记载："溪流清且深，松石复阴临。正尔可嘉处，胡为无赏心。"另外，《全唐诗》卷四九《张九龄·自始兴溪夜上赴岭》中也写有："日落青岩际，溪行绿筱边。去舟乘月后，归鸟息人前。"表明在广州附近以及韶关一带的水质较好。

隋唐五代时期，长江上游以及汉江的水质较好，主要原因是魏晋南北朝时期，逃亡至长江上游山区蛮獠区域的汉人被迁徙至北方。[①] 随着人口压力的减退，植被环境恢复，从而导致水质比较好。此外在淮河流域，魏晋时期南北双方在此地驻军屯田，人口数量在短时间内大规模急剧增加，从而破坏了植被，导致淮河水一度浑浊。南北朝时期，特别是拓跋焘南征，对淮河流域造成极大破坏，人口减少，植被恢复，淮河恢复清澈。隋唐五代时期，淮河流域经济发展，但人口压力比较小，对环境破坏相对较轻，因此淮河水质比较好。

总之，隋唐五代时期，除了黄河等少数河流比较浑浊外，绝大部分河流水质较好，这也反映出其流域植被覆盖率比较高。

[①] 王娟、汤勤福：《论魏晋南北朝江汉、江淮一带蛮夷的北徙》，《江海学刊》2012年第 3 期。

第八节 隋唐五代时期植被环境的隐忧

隋唐五代时期，植被环境虽然比较好，但也存在隐忧，对后世环境影响比较大。

隋唐五代时期，耕作技术进步，休耕制逐渐为连作制取代。《隋书·食货志》记载："（北齐）奴婢限外不给田者，皆不输。其方百里外及州人，一夫受露田八十亩，妇四十亩。奴婢依良人，限数与在京百官同。丁牛一头，受田六十亩，限止四牛。又每丁给永业二十亩，为桑田。其中种桑五十根，榆三根，枣五根，不在还受之限。非此田者，悉入还受之分。土不宜桑者，给麻田，如桑田法。……自诸王已下，至于都督，皆给永业田，各有差。多者至一百顷，少者至四十亩。其丁男、中男永业露田，皆遵后齐之制。并课树以桑榆及枣。"《旧唐书·食货志上》记载："武德七年，始定律令。以度田之制：五尺为步，步二百四十为亩，亩百为顷。丁男、中男给一顷，笃疾、废疾给四十亩，寡妻妾三十亩。若为户者加二十亩。所授之田，十分之二为世业，八为口分。"隋唐时期，一个家庭拥有的土地是一顷；但由于实行轮作制，每年耕作是五十亩，另外五十亩是休耕。休耕的土地杂草丛生，既可以做饲料养牛养羊，也可以做燃料。因此，在隋唐五代时期，普通农户并不缺乏薪柴，对周边地区森林的破坏比较少。

均田制是在人口密度低，政府掌握足够土地的条件下实现的，是农业没有充分发展的表现。但到了唐之后，在关中等地，人口增加，土地得到充分开发，到了唐玄宗时期，出现了"京畿地狭，民户殷繁，计丁给田，尚犹不足"的局面。为了提高粮食产量，土地朝集约化方向发展，唐朝出现连作制，大中元年，皇帝下诏说："二稔职田，须有定制。"[1]"二稔职田"是连作之田，由

---

① 《唐会要》卷九二《内外官职田》。

于技术的限制，唐朝还没有实现一年二作，而是二年三作制。① 不过，唐朝的连作制出现的时间比较晚，推广的地域仍然有限。此外，隋唐五代时期，大部分地区农户的土地拥有面积仍然在一顷左右。公元938年，后晋金部郎中张铸上奏说："窃见乡村浮户，非不勤稼穑，非不乐安居，但以种木未盈十年，垦田未及三顷，似成生业，已为县司收供徭役，责之重赋，威以严刑，故不免捐功舍业，更思他适。乞自今民垦田及五顷以上，三年外乃听县司徭役。"② 反映出五代时期，由于长期战乱，中原地区人口减少，农民可耕土地增加。在这种情况下，农户实行连作制的意愿不大。

隋唐五代时期，连作制已经萌芽，虽然没有推广，但随着政局的稳定，人口的增长，连作制成为农户的必然选择。在连作制下，农户拥有土地面积减少，燃料逐渐缺乏，森林慢慢受到破坏。

隋唐五代时期，在一些地区，随着人口的增长，逐渐出现向山要田，向湖要田，故对森林植被和湖泊造成了破坏。《全唐诗》卷一五〇《刘长卿·早春赠别赵居士还江左，时长卿下第归嵩阳旧居》中说："予亦返柴荆，山田事耕耒。"《全唐诗》卷一九九《岑参·与独孤渐道别长句兼呈严八侍御》中写有："轮台客舍春草满，颍阳归客肠堪断。……五侯贵门脚不到，数亩山田身自耕。"《全唐诗》卷二七〇《戎昱·赠宜阳张使君》中写有："旧郭多新室，闲坡尽辟田。"这些都表明，洛阳一带，人口众多，丘陵逐渐开发。《全唐诗》卷五二《宋之问·陆浑山庄》记载："归来物外情，负杖阅岩耕。"《全唐诗》卷四七五《李德裕·忆平泉杂咏·忆春耕》中写有："无因共沮溺，相与事岩耕。"岩耕，即开垦坡度比较高的山地。《新唐书·崔衍传》记载："（虢州）州部多岩田，又邮传剧道，属岁无秋，民举流亡，不蠲减租额，人无生理。"岩田，即在山区开垦的土地。

《全唐诗》卷二四九《皇甫冉·寄刘八山中》中写有："东皋若近远，苦雨隔还期。闰岁风霜晚，山田收获迟。"东皋，在今山西河津一带。《全唐诗》卷二六九《耿沣·安邑王校书居》中写有："多君不家食，孰云事岩耕。"表

---

① 西嶋定生：《碾硙寻踪》，刘俊文主编：《日本学者研究中国史论著选译》（第四卷），中华书局1992年版，第358—377页。

②《资治通鉴》卷二八一《后晋纪二》。

明晋南盆地经过充分开发之后，已经转向对丘陵地区的开发。《全唐诗》卷二一八《杜甫·赤谷西崦人家》中有："溪回日气暖，径转山田熟。"赤谷，在今陕西周至一带。又同卷《寄赞上人》中写有："亭午颇和暖，石田又足收。"《全唐诗》卷二九九《王建·原上新居十三首》记有："新识邻里面，未谙村社情。石田无力及，贱赁与人耕。"表明关中附近丘陵得到开垦。《全唐诗》卷五〇九《顾非熊·天河阁到啼猿阁即事》中写有："万壑褒中路，何层不架虚。湿云和栈起，燋梂带畲余。岩狖牵垂果，湍禽接迸鱼。每逢维艇处，坞里有人居。"《全唐诗》卷五六〇《薛能·褒斜道中》中写有："鸟径恶时应立虎，畲田闲日自烧松。"表明今汉中一带，山区开发比较充分。《全唐诗》卷二三三《杜甫·铜官渚守风（渚在宁乡县）》中有："不夜楚帆落，避风湘渚间。水耕先浸草，春火更烧山。"表明长沙一带，丘陵地带也逐渐得到开发。

《全唐诗》卷一九三《韦应物·山耕叟》中写有："萧萧垂白发，默默讵知情。独放寒林烧，多寻虎迹行。暮归何处宿，来此空山耕。"《全唐诗》卷二一四《高适·别从甥万盈》写有："莫以山田薄，今春又不耕。"《全唐诗》卷二三六《钱起·观村人牧山田》中写有："六府且未盈，三农争务作。贫民乏井税，堉土皆垦凿。禾黍入寒云，茫茫半山郭。秋来积霖雨，霜降方铚获。中田聚黎甿，反景空村落。顾惭不耕者，微禄同卫鹤。庶追周任言，敢负谢生诺。"《全唐诗》卷五〇九《顾非熊·寄九华山费拾遗》中写道："先生九华隐，鸟道隔尘埃。石室和云住，山田引烧开。"《全唐诗》卷五九九《于濆·山村叟》中写有："古凿岩居人，一廛称有产。……驱牛耕白石，课女经黄茧。"明确指出开垦山田。《全唐诗》卷二九八《王建·荆门行》中写有："犬声扑扑寒溪烟，人家烧竹种山田。"说明当地已经开始烧竹种山田。《全唐诗》卷一九八《岑参·与鲜于庶子自梓州成都少尹自褒城同行至利州道中作》中写道："深林怯魑魅，洞穴防龙蛇。水种新插秧，山田正烧畲。"又同卷《早上五盘岭》中有："栈道溪雨滑，畲田原草干。"《全唐诗》卷五七七《温庭筠·烧歌》中记载："起来望南山，山火烧山田。微红夕如灭，短焰复相连。差差向岩石，冉冉凌青壁。低随回风尽，远照檐茅赤。邻翁能楚言，倚插欲潸然。自言楚越俗，烧畲为早田。"

《酉阳杂俎续集》卷七《金刚经鸠异》中记载："大和五年，汉州什邡县百姓王翰，常在市日逐小利，忽暴卒。经三日却活，云：'冥中有十六人同被追，十五人散配他处。'翰独至一司，见一青衫少年，称是己侄，为冥官厅子，遂引见推典。又云是己兄，貌甚不相类。其兄语云：'有冤牛一头，诉尔烧畬，枉烧杀之。'……及活，遂舍业出家。今在什邡县。"

成都平原周边地区人口众多，已经开始向山要田。其他地方，也有所谓的畬田。《全唐诗》卷四三五《白居易·山鹧鸪》中记载："畬田有粟何不啄，石楠有枝何不栖。"又《全唐诗》卷四七五《李德裕·谪岭南道中作》中有："五月畬田收火米，三更津吏报潮鸡。"此处记载的畬田，当是休耕地中放火烧荒，不一定是在山区进行。《全唐文》卷二八〇《崔涅·野燎赋（并序）》中记载："及乎农聚告毕，泽虞纵燎，远靡不焚，近无不烧。灼地而山川卷色，炎天而日月颓照，固玉石以俱销，何芝兰之不燋？岂害物以利获？将顺时而通教？沃我公田之饶，遂及我私之效。"这表明冬季烧荒是非常普遍的。故而隋唐五代有诸多反映畬田的诗文，但大部分应该还是与休耕有关。只是在人口比较稠密的平原周边地区，开始向山要田。其劣势是一方面破坏了森林植被，另一方面不利于水土保持。

在人口逐渐增长的南方，也出现了向湖要田的状况。《全唐文》卷三七〇《刘宴·奏禁隔断练湖状》中写有："得刺史韦损、丹阳耆寿等状，上件湖，案《图经》，周回四十里。比被丹徒百姓筑堤横截一十四里，开渎口泄水，取湖下地作田。其湖未被隔断已前，每正春夏，雨水涨满，侧近百姓，引溉田苗。官河水干浅，又得湖水灌注，租庸转运，及商旅往来，免用牛牵。若霖雨泛溢，即开渎泄水，通流入江。自被筑堤已来，湖中地窄，无处贮水，横堤壅碍，不得北流。秋夏雨多，即向南奔注，丹阳、延陵、金坛等县，良田八九千顷，常被淹没。稍遇亢阳，近湖田苗，无水溉灌。所利一百一十五顷田，损三县百姓之地。今已依旧涨水为湖，官河又得通流，邑人免忧旱淹。"

不过到了唐末五代时期，练湖围垦造田更严重，《全唐文》卷八七一《吕延祯·复练塘奏状》记载："当县有练湖，源出润州高丽长山，下注官河一百二十里。当县丹徒金坛延陵，人户并同润。臣读石碑，得闻湖利。访诸乡老，咸曰畴昔以湖有为，故立碑于县门。其废于今，将百年矣。当为湖日，湖水放一寸，河水涨一尺。旱可引灌溉，涝不致奔冲，其膏田几逾万顷。昔环湖而居，衣食于鱼者，凡数百家，有斗门肆所。洎前唐末，兵乱之后，民残湖废。安仁议取斗门余木，以修战备。自此近湖人户，耕湖为田。"

隋唐五代时期，南方的圩田逐渐多起来。《全唐诗》卷六一〇《皮日休·太湖诗·崦里（傍龟山下有良田二十顷）》中记载："崦里何幽奇，膏腴二十顷。风吹稻花香，直过龟山顶。青苗细腻卧，白羽悠溶静。塍畔起鹚鹩，田中通舴艋。""田中通舴艋"，表明田地是在水中围湖开垦而来的。《全唐诗》卷一五一《刘长卿·登松江驿楼北望故园》中写有："泪尽江楼北望归，田园已陷百重围。平芜万里无人去，落日千山空鸟飞。孤舟漾漾寒潮小，极浦苍苍远树微。白鸥渔父徒相待，未扫欃枪懒息机。""田园已陷百重围"，也表明田园在圩田上。

《全唐文》卷八〇〇《陆龟蒙·田舍赋》中写有："江上有田，田中有庐。"《全唐文》卷八〇一《陆龟蒙·甫里先生传》也写有："先生之居，有池数亩，有屋三十楹，有田畸十万步，有牛不减四十蹄，有耕夫百余指。而田污下，暑雨一昼夜，则与江通，无别己田他田也。"这些都表明这些土地是圩田。

隋唐五代时期，茶叶逐渐进入人们的日常。隋唐五代产茶地区逐渐增加。《茶经·八之出》记载唐朝茶叶的主要产区："山南以峡州上，襄州、荆州次，衡州下，金州、梁州又下。淮南以光州上，义阳郡、舒州次，寿州下，蕲州、黄州又下。浙西以湖州上，常州次，宣州、杭州、睦州、歙州下，润州、苏州又下。剑南以彭州上，绵州、蜀州次，邛州次，雅州、泸州下，眉州、汉州又下。浙东以越州上，明州、婺州次，台州下。黔中生恩州、播州、费州、夷州，江南生鄂州、袁州、吉州，岭南生福州、建州、韶州、象州。其恩、播、费、夷、鄂、袁、吉、福、建、韶、象十一州未详。往往得之，其味极佳。"《新唐书·地理志》比上述多了几个州，即怀州、归州、夔州、庐州、饶州、溪州等州。五代十国时期，在唐代的基础之上，茶叶的主产区又新增了茂州、巴州、涪州、渝州、简州、成都府、和州、扬州、抚州、筠州、池州、潭州、朗州、桂州、邕州、封州、南剑州、漳州、汀州、泉州等。[①]

隋唐五代时期，以茶叶为生的人较多。《册府元龟·邦计部·重敛门》记载："江淮人，什二三以茶为业。"《全唐文》卷七四三《裴休·请革横税私贩奏》中记载："今请强干官吏，先于出茶山口及庐、寿、淮、南界内布置把捉，晓谕招收，量加半税，给陈首帖子。"《全唐文》卷八七一《刘津·婺源诸县都制置新城记》中记载："国之南偏，撷地利以为茗。岁贡数百，膳五千

① 杜文玉、王凤翔：《唐五代时期茶叶产区分布考述》，《陕西师范大学学报》（哲学社会科学版）2007 年第 3 期。

师。其诸胶漆之财，玉帛之货，山川之利，租庸之常，不足纪也。大和中，以婺源、浮梁、祁门、德兴四县，茶货实多，兵甲且众。甚殷户口，素是奥区。其次乐平千越，悉出厥利。"

除了种茶的人之外，收茶季节，还有大量采茶与贩卖茶叶的人向采茶区聚集。《全唐文》卷七五一《杜牧·上李太尉论江贼书》记载："以江淮赋税，国用根本，今有大患，是劫江贼耳。某到任才九月，日寻穷询访，实知端倪。夫劫贼徒，上至三船两船百人五十人，下不减三二十人，始肯行劫，劫杀商旅，婴孩不留。所劫商人，皆得异色财物，尽将南渡，入山博茶。盖以异色财物，不敢货于城市，唯有茶山可以销受。盖以茶熟之际，四远商人，皆将锦绣缯缬、金钗银钏，入山交易，妇人稚子，尽衣华服，吏见不问，人见不惊。是以贼徒得异色财物，亦来其间，便有店肆为其囊橐，得茶之后，出为平人，三二十人挟持兵仗。……濠、亳、徐、泗、汴、宋州贼，多劫江南、淮南、宣、润等道，许、蔡、申、光州贼，多劫荆襄、鄂岳等道。劫得财物，皆是博茶北归本州货卖，循环往来，终而复始。"这表明在收茶时节，人口大量聚集在采茶区。

茶叶一般种植在丘陵地区，《全唐文》卷八○二《张途·祁门县新修阊门溪记》记载："邑之编籍民五千四百余户，其疆境亦不为小。山多而田少，水清而地沃。山且植茗，高下无遗土。千里之内，业于茶者七八矣。由是给衣食，供赋役，悉恃此祁之茗。色黄而香，贾客咸议，愈于诸方。每岁二三月，赍银缗缯素求市，将货他郡者，摩肩接迹而至。虽然，其欲广市多载，不果遂也。或乘负，或肩荷，或小辙而陆也如此。"上述记载说"山且植茗，高下无遗土"，表明丘陵得到充分开发，虽然当时"水清而地沃"，但这只是暂时的现象。

好的茶叶，对生长环境要求比较高。《茶经·一之源》说："其地，上者生烂石，中者生砾壤，下者生黄土。"种植茶树时，茶树周围土壤不能过多，也不能有杂草，故而长此以往必然会造成水土流失。茶叶的制作加工要直接消耗大量的木材，从而导致大量林木被砍伐，也加剧了水土流失。《全唐诗》卷二六七《顾况·焙茶坞》中写有："新茶已上焙，旧架忧生醭。旋旋续新烟，呼儿劈寒木。"《全唐诗》卷六一一《皮日休·茶中杂咏·茶灶》中写有："南山茶事动，灶起岩根傍。水煮石发气，薪然杉脂香。"又同卷《茶中杂咏·茶焙》中也写有："凿彼碧岩下，恰应深二尺。泥易带云根，烧难碍石脉。初能燥金饼，渐见干琼液。九里共杉林，相望在山侧。"表明茶的烘焙过程之中，对杉木的消耗很大。据调查，生产一千克茶叶所需要的能源要比生产一千克钢材还要多出50%。有所谓的"一担茶，四担柴"之说。此外，采茶过程中大量人口聚集，加重了当地的粮食需求，种粮有利可图，使得耕地朝山区发展，也进一步破坏了植被。[①]

　　总的来说，隋唐五代时期，耕作技术的提升，连作制的出现，农户耕地面积减少，薪柴逐渐短缺，加剧了对森林的砍伐。此外，隋唐五代时期，丘陵地区逐渐开发，植被遭到砍伐，逐渐加剧了其水土流失。

---

① 李文涛：《清代中晚期闽江流域茶叶贸易与生态环境变迁》，《农业考古》2018年第2期。

第四章

隋唐五代时期的野生动物环境

　　隋唐五代时期，随着人口的增长、土地的开垦，野生动物环境发生了一定的变化。野生动物中比较重要的指标老虎和鹿的分布，代表着当时的植被环境，故而分析当时的鹿类动物和老虎的分布情况，可以大致估计当时的环境状况。

第一节　隋唐五代时期鹿类动物的分布

　　鹿类动物是重要的食草动物，也是古代重要的药用动物和经济动物，鹿类动物的分布变化，在一定程度上反映了古代环境的变化。

　　鹿类动物包括麝科和鹿科动物。麝科是偶蹄目中一类小型动物，体重在6—15千克，两性无角，善跳跃，雄性脐部至生殖器间有麝香腺囊，用以储存麝香。麝科中的原麝、马麝，主要分布在中国西部地区；黑麝，主要分布在云南和西藏；喜马拉雅麝，在我国主要分布在西藏南缘。鹿科是偶蹄目中较大的一个类群，包括獐、毛冠鹿、黄麂、黑麂。此外还有主要分布在云南与西藏的菲氏鹿。赤鹿，主要分布在两广和海南、云南、福建、贵州、西藏等地。豚鹿，主要存在于云南。白唇鹿，主要分布在青藏高原。坡鹿，主要分布在海南岛。梅花鹿，种类很多，有东北亚种、华南亚种、四川亚种、台湾亚种、河北亚种、山西亚种。马鹿，主要分布在西部，种类有阿拉善亚种、甘肃亚种、西藏亚种、阿尔泰亚种、天山亚种、塔里木亚种。麋鹿，分布在平原沼泽和水域以及温暖湿润气候地区。狍，主要分布在东北与西北地区，又称狍鹿。驼鹿主要分布在东北与新疆地区，驯鹿又称角鹿，主要分布在北纬48度以北地区。[1]

　　鹿类动物对生态环境要求比较高，比如原麝，其活动于针叶林阔叶林混杂的区域，要求湿度比较高，1平方千米大致可以生活9头原麝；獐主要生活在有水的草滩或者是比较稀疏的灌丛环境之中，每头獐的活动领域为4—12公顷。故而鹿类动物生活的状况，大致能反映当时的植被环境。

---

[1] 盛和林等：《中国鹿类动物》，华东师范大学出版社1992年版，第245—256页。

中国人对鹿类动物的利用很早，鹿除了具有观赏性之外，主要是其药用价值，例如，麝科动物的麝香以及鹿科动物的鹿茸。

在隋唐五代时期，史书记载唐代麝香的分布如下①。

产地	现今大致位置	资料来源
同州	今陕西大荔一带	《新唐书·地理志一》
延州	今陕西延安一带	《新唐书·地理志一》
灵州	今宁夏灵武一带	《新唐书·地理志一》
庆州	今甘肃庆城县一带	《新唐书·地理志一》
丹州	今陕西宜川县一带	《新唐书·地理志一》
虢州	今河南灵宝一带	《新唐书·地理志二》
隰州	今山西隰县一带	《元和郡县图志·河东道·隰州》
代州	今山西代县一带	《新唐书·地理志三》
岚州	今山西岚县一带	《新唐书·地理志三》
忻州	今山西忻州一带	《新唐书·地理志三》
石州	今山西吕梁离石区一带	《元和郡县图志·河东道·石州》
檀州	今北京密云区一带	《新唐书·地理志三》
妫州	今河北怀来一带	《新唐书·地理志三》
营州	今辽宁朝阳一带	《新唐书·地理志三》
顺州	今北京顺义区一带	《唐六典》卷三《尚书户部》
幽州②	今天津蓟州区一带	《旧唐书·德宗纪》

---

① 主要参考胡梧挺的《唐代东亚麝香的产地及其流向——以渤海国与东亚麝香交流为中心》，《唐史论丛》2018年（第二十七辑）。

② 《新唐书》卷四三《地理志七下》记载："顺州顺义郡贞观四年平突厥，以其部落置顺、祐、化、长四州都督府于幽、灵之境；又置北开、北宁、北抚、北安等四州都督府。六年顺州侨治营州南之五柳戍；又分思农部置燕然县，侨治阳曲；分思结部置怀化县，侨治秀容，隶顺州；后皆省。祐、化、长及北开等四州亦废，而顺州侨治幽州城中。岁贡麝香……神龙初北还，亦隶幽州都督府。"幽州所出之麝或许为东北等地所产。

续表

产地	现今大致位置	资料来源
洋州	今陕西西乡县一带	《新唐书·地理志四》
凤州	今陕西凤县一带	《新唐书·地理志四》
通州	今四川达州通川区一带	《新唐书·地理志四》
利州	今四川广元一带	《新唐书·地理志四》
商州	今陕西商洛市商州区一带	《新唐书·地理志一》
金州	今陕西安康市汉滨区一带	《新唐书·地理志四》
归州	今湖北秭归一带	《唐六典》卷三《尚书户部》
均州	今湖北丹江口一带	《新唐书·地理志四》
襄州	今湖北襄阳一带	《唐六典》卷三《尚书户部》
房州	今湖北房县一带	《新唐书·地理志四》
成州	今甘肃礼县一带	《新唐书·地理志四》
兰州	今甘肃兰州一带	《唐六典》卷三《尚书户部》
廓州	今青海化隆一带	《新唐书·地理志四》
宕州	今甘肃宕昌一带	《新唐书·地理志四》
叠州	今甘肃迭部一带	《新唐书·地理志四》
阶州	今甘肃陇南市武都区一带	《新唐书·地理志四》
甘州	今甘肃张掖一带	《新唐书·地理志四》
沙州	今甘肃敦煌一带	《唐六典》卷三《尚书户部》
渭州	今甘肃陇西一带	《新唐书·地理志四》
河州	今甘肃临夏一带	《新唐书·地理志四》
洮州	今甘肃临潭一带	《新唐书·地理志四》
茂州	今四川茂县一带	《新唐书·地理志六》
巂州	今四川西昌一带	《新唐书·地理志六》

续表

产地	现今大致位置	资料来源
松州	今四川松潘一带	《新唐书·地理志六》
当州	今四川黑水一带	《新唐书·地理志六》
扶州	今四川九寨沟一带	《新唐书·地理志四》
柘州	今四川红原一带	《新唐书·地理志六》
黎州	今四川汉源一带	《新唐书·地理志六》
文州	今甘肃文县一带	《新唐书·地理志四》
翼州	今四川茂县一带	《新唐书·地理志六》
悉州	今四川黑水一带	《唐六典》卷三《尚书户部》
静州	今四川茂县一带	《新唐书·地理志六》
恭州	今四川马尔康一带	《新唐书·地理志六》
维州	今四川理县一带	《唐六典》卷三《尚书户部》
保州	今四川理县一带	《新唐书·地理志六》
姚州	今云南姚安一带	《新唐书·地理志六》
真州	今四川茂县一带	《新唐书·地理志六》
昌州	今重庆市荣昌区一带	《新唐书·地理志六》
嘉州	今四川乐山一带	《新唐书·地理志六》
华州	今陕西渭南华州区一带	《旧五代史·周书·太祖纪》
妫州北山	今北京市延庆区一带	《新五代史·四夷传三·奚传》
永昌及南诏诸山	今云南一带	《蛮书·云南管内物产》

隋唐五代时期，药用贡品的麝香，主要分布在北方以及西南地区，至于东北地区，也出产麝香。[①] 由于材料比较少，不能判断其产地。

[①] 胡梧挺：《唐代东亚麝香的产地及其流向——以渤海国与东亚麝香交流为中心》，《唐史论丛》2018 年（第二十七辑）。

　　隋唐五代时期，地方上还将鹿产品作为土特产上贡，从中也可看出隋唐五代时期鹿的分布情况。

隋唐五代鹿产品分布

产地	产品	今大致位置	资料来源
灵州	鹿革	今宁夏灵武一带	《新唐书·地理志一》
会州	鹿舌、鹿尾	今陕西靖远一带	《新唐书·地理志一》
胜州	鹿角	今内蒙古准格尔旗一带	《新唐书·地理志一》
麟州	鹿角	今陕西榆林一带	《新唐书·地理志一》
成州	鹿茸	今甘肃礼县一带	《新唐书·地理志四》
庐州	鹿脯	今安徽合肥一带	《新唐书·地理志五》
蕲州	鹿毛笔	今湖北蕲春一带	《新唐书·地理志五》
汝州	鹿角、鹿茸	今河南平顶山一带	《千金翼方·药出州土》
许州	鹿茸	今河南许昌一带	《千金翼方·药出州土》
豫州	鹿茸	今河南汝南一带	《千金翼方·药出州土》
泗州	麋脂、麋角	今江苏盱眙一带	《千金翼方·药出州土》
凤州	鹿茸	今陕西凤县一带	《千金翼方·药出州土》
唐州	鹿茸	今河南泌阳一带	《千金翼方·药出州土》
秦州	鹿角、鹿茸	今甘肃天水一带	《千金翼方·药出州土》
岐州	獐骨、獐髓	今陕西宝鸡一带	《千金翼方·药出州土》
兰州	鹿角胶	今甘肃兰州一带	《千金翼方·药出州土》
扬州	鹿角、鹿脂	今江苏扬州一带	《千金翼方·药出州土》
苏州	鹿角胶	今江苏苏州一带	《唐六典·尚书户部》
济州	鹿角胶	今山东聊城市茌平区一带	《通典·食货典·赋税下》
蓟州	鹿角胶	今天津市蓟州区一带	《通典·食货典·赋税下》

续表

产地	产品	今大致位置	资料来源
鄜、汝州	鹿腊	今陕西富县、河南许昌一带	《全唐文·李翱·故东川节度使卢公（坦）传》
江南	鹿腊	今浙江、江苏等地	《全唐文·李翱·故东川节度使卢公（坦）传》
同州	皱纹吉莫皮①	今陕西大荔一带	《新唐书·地理志一》
灵州	吉莫靴	今宁夏灵武一带	《新唐书·地理志一》
瓜州	吉莫皮	今甘肃安西一带	《唐六典·尚书户部》

隋唐五代时期，作为贡品的鹿产品，主要出现在西北、中原以及东南地区，也可知这一带鹿类动物分布比较多。

鹿类动物存在隐性的白化基因，在一定条件下，可以出现白化鹿科动物，古人将白鹿作为瑞兽加以记载。

隋唐五代白色鹿类动物分布

地点	种类	今大致位置	资料来源
河东	白鹿	今山西夏县一带	《隋书·诚节传·陈孝意传》
麟州	白鹿	今陕西榆林一带	《册府元龟·符瑞三》
益州	白鹿	今四川成都一带	《册府元龟·符瑞三》
济州	白鹿	今山东聊城市茌平区一带	《册府元龟·符瑞三》
庐州	白鹿	今安徽合肥一带	《册府元龟·符瑞三》
丹州	白鹿	今陕西宜川一带	《册府元龟·符瑞三》

---

① 皱纹吉莫皮为野生鹿革制品，见王虎等的《外来词"吉莫靴"小考》[《浙江树人大学学报》（人文社会科学版）2012 年第 3 期]。

续表

地点	种类	今大致位置	资料来源
廓州	白鹿	今青海化隆一带	《册府元龟·符瑞三》
赵州	白鹿	今河北赵县一带	《册府元龟·符瑞三》
禁苑	白鹿	今陕西西安一带	《册府元龟·符瑞三》
禁苑	白麝	今陕西西安一带	《册府元龟·符瑞三》
亳州	白鹿	今安徽亳州一带	《册府元龟·符瑞四》
许州	白獐	今河南许昌一带	《册府元龟·符瑞四》
颍州	白鹿	今安徽阜阳一带	《册府元龟·符瑞四》
洪州	白鹿	今江西南昌一带	《全唐文·张九龄·洪州进白鹿表》
雷乡县	白鹿	今广东龙川一带	《全唐文·杜楚宾·雷乡县白石鹿记》
醴泉县	白鹿	今陕西礼泉一带	《全唐文·令狐楚·贺白鹿表》
漳浦县	白鹿	今福建漳浦一带	《八闽通志·祥异志》

　　白鹿等动物的出现，需要种群保持一定的规模。唐代白鹿记载最多的是关中地区，在禁苑中，有白鹿记载的有四次。此外，关中地区还有两次记载，反映了以禁苑为中心的关中地区鹿类动物比较多见。

　　关中地区存在皇家禁苑，鹿甚至出现在宫殿中。《隋书·高祖纪下》记载，开皇十七年："闰月（五月）己卯，群鹿入殿门，驯扰侍卫之内。"《旧唐书·德宗纪上》记载：贞元二年，二月，"乙丑，鹿入含元殿，卫士执之"。又《旧唐书·德宗纪下》记载：贞元四年，正月，"戊辰，鹿入京师市门"。这些都反映了关中地区鹿类资源比较多。《全唐诗》卷二七八《卢纶·早春归盩厔旧居，却寄耿拾遗沣、李校书端》中记载："野日初晴麦垄分，竹园相接鹿成群。"足见今陕西周至一带鹿比较多。

　　鹿类在许多少数民族地区是主要的肉食来源之一。《隋书·北狄传·契丹传》记载东北地区的契丹，"若我射猎时，使我多得猪鹿"。此外《隋书·北狄传·室韦传》记载："气候多寒，田收甚薄，无羊，少马，多猪牛。……饶獐鹿，射猎为务，食肉衣皮。"《新唐书·北狄传·渤海传》记载："俗所贵者……扶余之鹿。"足见东北地区产鹿较多。南方地区有关鹿的记载不多，但鹿在南方地区很常见。《全唐诗》卷七四六《陈陶·钟陵道中作》中有："秋山落照见麋鹿，南国异花开雪霜。"反映了今江西南昌一带麋鹿较多。《岭表录异》卷下记载："南中鹿多，最惧此物（指鳄鱼）。"《全唐诗》卷五六九《李群玉·薛侍御处乞靴》中写有："越客南来夸桂麇，良工用意巧缝成。"可知南方用麇皮制作靴子，可见当地麇资源比较多。

史书中还有诸多猎鹿记载，《隋书·炀三子传·齐王暕传》记载："会帝于汾阳宫大猎，诏暕以千骑入围。暕大获麋鹿以献，而帝未有得也，乃怒从官，皆言为暕左右所遏，兽不得前。"《旧唐书·太宗纪下》记载："（贞观四年）十月，甲辰，校猎于鱼龙川（今陕西陇县），自射鹿，献于大安宫。"《隋书·北狄传·突厥传》记载："七年正月，沙钵略遣其子入贡方物，因请猎于恒、代之间，又许之，仍遣人赐其酒食。沙钵略率部落再拜受赐。沙钵略一日手杀鹿十八头，赍尾舌以献。"唐朝时期，突厥颉利内附后，不习惯定居生活，"颉利郁郁不得志，与其家人或相对悲歌而泣。帝见羸瘵，授虢州刺史，以彼土多獐鹿，纵其畋猎，庶不失物性"[1]。在虢州一带，生活在山区的棚民多以狩猎获得的鹿作为主要的交换品，《旧唐书·李师道传》记载："数月，有山棚鬻鹿于市，贼遇而夺之，山棚走而征其党，或引官军共围之谷中，尽获之。"

在河南温县，鹿也是常见猎物，《太平广记》卷一〇〇《释证·屈突仲任》记载："牛马驴骡猪羊獐鹿雉兔，乃至刺猬飞鸟，凡数万头。"在济源一带，有人将狩猎所获得的鹿送给裴休等人，"有馈鹿者，诸生共荐之，休不食"[2]。在洛阳一带，后唐时期鹿类资源比较丰富，《旧五代史·唐书·庄宗纪六》记载，同光二年十一月，"癸卯，帝畋于伊阙，侍卫金枪马万余骑从，帝一发中大鹿。……丙午，复命卫兵分猎，杀获万计。是夜，方归京城，六街火炬如昼。丁未，赐群臣鹿肉有差"。

在今湖北襄阳一带，有人以诱鹿的方式来捕鹿，《全唐文》卷六二五《吕温·由鹿赋（并序）》记载："贞元丁卯岁，予南出襄樊之间。遇野人縶鹿而

---

① 《旧唐书·突厥传上》。

② 《新唐书·裴休传》。

至者，问之，答曰：'此为由鹿，由此鹿以诱致群鹿也。'"

另外，在湖北松滋一带，也多鹿，《太平广记》卷四四三《畜兽·杂说》引《北梦琐言》记载："江陵松滋枝江村射鹿者，率以淘河乌胫骨为管，以鹿心上脂膜作簧，吹作鹿声，有大号、小号、呦呦之异。……南中多鹿，每一牡管牝百头。至春羸瘦，盖游牝多也。及夏则唯食菖蒲一味，却肥。"

至于鹿类中比较特殊的品种麋鹿，在隋唐五代时期比较常见。除了前面所提及的山西汾阳等地有麋鹿之外，在北方的高密一带，也有麋鹿。《元和郡县图志》卷一一《密州》记载："高密县……夷安泽，在县北二十里。周回四十里，多麋鹿、蒲苇。"《元和郡县图志》卷二六《明州》记载："鄮县……翁洲，入海二百里，即春秋所谓甬东地也。……其洲周环五百里，有良田湖水，多麋鹿。"《元和郡县图志》卷三九《廓州》记载："化城县……扶延山，在县东北七十里。多麋鹿。"《全唐诗》卷二九八《王建·鄠头水》中写有："鄠东鄠西多屈曲，野麋饮水长簇簇。"又同卷《温泉宫行》中也写有："禁兵去尽无射猎，日西麋鹿登城头。"同卷《荆门行》中记有："巴云欲雨薰石热，麋鹿度江虫出穴。"可知，隋唐五代时期麋鹿分布比较广。

由于鹿的分布比较广，鹿在人们的生活中也比较常见。《旧唐书·职官志三》记载："掌醢署：令一人，正八品下。丞二人，正九品下。府二人，史四人，主醢十人。令掌供醯醢之属，而辨其名物。丞为之贰。凡鹿、兔、羊、鱼等四醢。凡祭神祇，享宗庙，用菹醢以实豆。宴宾客，会百官，醢酱以和羹。"

与秦汉魏晋南北朝相比，隋唐五代鹿类记载出现了两个比较明显的变化。其一是白鹿记载比前代要少。汉武帝时期，用白鹿皮作为货币，即所谓的鹿币。汉武帝之所以用白鹿皮作为货币，主要是长安鹿苑中有一个白鹿种群，其规模不低于 500 只；而白鹿种群的来源，除了鹿苑本身鹿的变异之外，还有其他地方的贡献。[1] 而到了隋唐五代时期，长安的关中地区鹿分布虽然比较多，但白鹿作为一个种群不存在，即白鹿数量减少。白鹿数量减少，从某种意义上反映全国的鹿群数量减少，基因突变中的种群规模减小。

其二是鹿肉逐渐由普通人家进入社会上层。《颜氏家训》卷一《治家》记

---

[1] 尤佳、代唯酝：《汉代白鹿种群的分布与数量——兼论白鹿皮币》，《农业考古》2013 年第 1 期。

载："南阳有人，为生奥博，性殊俭吝，冬至后女婿谒之，乃设一铜瓯酒，数脔獐肉；婿恨其单率，一举尽之。"反映在南北朝时期，鹿肉是普通的肉食。隋唐之间的王梵志的《草屋足风尘》一诗中说："家里元无炭，柳麻且吹火。白酒瓦钵盛，铛子两脚破。鹿脯三四条，石盐五六课。"也反映了鹿脯是贫困人家的肉食。

不过到中唐后，鹿肉成为贵族的食物。《全唐文》卷二九七《裴耀卿·请减宁王圹内食味奏》中说："尚食所料水陆等味一千余种，每色瓶盛，安于藏内，皆是非时瓜果，及马牛驴犊麇鹿等肉，并诸药酒三十余色，仪注礼料，皆无所凭。"鹿类肉品成为陪葬品，则反映了鹿肉在社会中地位的提高。《全唐文》卷三三三《苑咸·为李林甫谢赐鹿肉状》记载："内品官史凤节至，奉宣圣旨，赐臣鹿肉一盘。"《全唐文》卷三三七《颜真卿·与李太保帖八首》记载："病妻服药，要少鹿肉脯，有新好者，望惠少许，幸甚幸甚！"《唐文拾遗》卷一九《颜真卿·与李太保帖》记载："惠及鹿脯，甚慰所望。春寒，承美痊损，更加保爱。真卿有一二药，烦宜常服，谨令驰纳。少间借马奉谒，不次。二十日，颜真卿状上太保大夫公阁下。"足见鹿脯在中唐后并不常见，急需时还得向好友索要。《全唐文》卷五二三《崔元翰·判曹食堂壁记》中记载："御史大夫崔公为之备食器，增食物，虞人之献禽者必分焉。故其鼎俎有刍豢之羊豕，田获之麇鹿，鳖蜃鲂鲔之异，橘柚笋蒲之新，庶物丰矣。"麇鹿被当作珍品进入上层士人的餐桌。《全唐文》卷五一八《常衮·谢米面羊酒等状》中说："中使某至，奉宣恩命，至节恩赐米面羊酒猪鹿，及杂口味等者。"又《谢赐鹿状》记载："中使祁国俊至，奉宣恩旨，以前件鹿稍觉鲜好，特以赐臣者。"这些都反映出鹿肉已经作为比较稀缺的肉食进入社会上层。

总的来看，隋唐五代时期，鹿类资源比较常见，但与前代相比，鹿的种群数量已经大为减少。

第二节　隋唐五代时期虎的分布

老虎居于生态链的顶端，其生存需要有大量低等动物，同时也需要大量的林地。此外，一个地区虎类要保持种群的可持续存在，林地的面积需要很大。当然，史书中记载的"虎"的存在区域，是人类与虎密切接触的结果；在一些地区没有"虎"的记载，不等于该地没有虎的存在，只是表明人类活动过程之中，与虎的接触较少而已。

隋唐五代时期，史书记载虎的活动区域主要有以下这些。

1. 陕西。陕西是隋唐的都城所在地，也是主要的农业区域，森林面积逐渐减少，但人与虎相遇的概率很高，有关虎的记载比较多。

关中地区虽然人口密集，但这一带依然存在大量虎活动的记载。在代宗时期，渭南一带人虎之间的冲突比较激烈。"永泰中，华州虎暴。"（《太平广记》卷二八九《妖妄·明思远》）终南山一带也有大量的老虎："唐天宝末，禄山作乱，潼关失守，京师之人于是鸟散。梨园弟子有笛师者，亦窜于终南山谷。……须臾，有虎十余头悉至，状如朝谒。"（《太平广记》卷四二八《虎·笛师》）即使是在长安，也有老虎活动的痕迹，"大历四年八月己卯，虎入京师长寿坊宰臣元载家庙，射杀之。建中三年九月己亥夜，虎入宣阳里，伤人二，诘朝获之"[1]。"武皇帝梦为虎所趁，命京兆、同、华格虎以进。"（《南部新书》）可见在关中一带，老虎比较多。

此外，在今陕西商洛一带，有大量猛兽的活动，当然也包括老虎的存在。《玉堂闲话》记载："旧商山路多有鸷兽，害其行旅，适有骡群早行，天未平晓，群骡或惊骇。俄有一虎自丛薄中跃出，攫一夫而去，其同群者莫敢回顾。"

在湖北襄阳至陕西汉中一带，老虎活动频繁。《玉堂闲话》记载："襄梁

---

[1]《新唐书·五行志三》。

间多鸷兽，州有采捕将，散设槛阱取之，以为职业。忽一日报官曰：'昨夜槛发，请主帅移厨。'命宾寮将校往临之，至则虎在深阱之中。"《玉堂闲话》还记载："秦民有王行言以商贾为业，常贩盐矿于巴渠之境。路由兴元之南，曰大巴路，曰小巴路，危峰峻壑，猿径鸟道，路眠野宿，杜绝人烟，鸷兽成群，食啖行旅……才登细径，为猛虎逐之。"

今宝鸡一带，也存在虎的活动。《太平广记》卷四三二《虎·虎恤人》记载："凤翔府李将军者为虎所取，蹲踞其上，李频呼：'大王乞一生命。'虎乃弭耳如喜状。"

秦岭附近，虎的活动比较频繁。《全唐诗》卷七五八《孟贯·过秦岭》中写有："苍苔留虎迹，碧树障溪声。"在秦川，五代时期虎的活动也比较频繁。《全唐诗》卷七六〇《李浩弼·从幸秦川赋鸷兽诗》中写有："岩下年年自寝讹，生灵餐尽意如何。爪牙众后民随减，溪壑深来骨已多。天子纪纲犹被弄，客人穷独固难过。长途莫怪无人迹，尽被山王棱杀他。"

2. 河南。洛阳是唐代东都。开封在五代时期是重要城市，人口众多，农业发达。有关虎的记载也比较多见。

在今河南温县，唐高宗曾在此射虎。"贞观十九年二月，癸丑，射虎于武德北山。"①

在今三门峡一带，虎的活动也比较多。《全唐诗》卷四六二《白居易·南阳小将张彦硖口镇税人场射虎歌》记载："海内昔年狃太平，横目穰穰何峥嵘。天生天杀岂天怒，忍使朝朝喂猛虎。关东驿路多丘荒，行人最忌税人场。张彦雄特制残暴，见之叱起如叱羊。"硖口镇在今河南省三门峡市陕州区东南。

在郑州登封一带，隋朝时期曾发生虎暴。《太平广记》卷一〇一《报应·蒯武安》记载："隋蒯武安，蔡州人，有巨力，善弓矢，常射大虫。会嵩山南为暴甚，往射之。"唐朝时期，这一带也有虎患。"顾少连，字夷仲，苏州吴人。举进士，尤为礼部侍郎薛邕所器，擢上第，以拔萃补登封主簿。邑有虎孽，民患之，少连命塞陷阱，独移文岳神，虎不为害。"②

在今洛阳市偃师区一带，也有虎患。《太平广记》卷四二八《虎·张竭

---

① 《新唐书·高宗纪》。

② 《新唐书·顾少连传》。

忠》记载："天宝中，河南缑氏县东太子陵仙鹤观，常有道士七十余人皆精专，修习法箓……申府请弓矢，大猎于太子陵东石穴中，格杀数虎。""豫州人许坦，年十岁余，父入山采药，为猛兽所噬，即号叫以杖击之，兽遂奔走，父以得全。"① 后周广顺元年，八月，"癸巳，虎入西京修行寺伤人，市民杀之"②。

在今河南南阳一带，虎的活动也比较频繁。《太平广记》卷四二七《虎·李徵》记载："至明年，陈郡袁傪以监察御史奉诏使岭南，乘传至商於界。晨将发，其驿者白曰：'道有虎暴而食人，故过于此者，非昼而莫敢进。今尚早，愿且驻车，决不可前。'"

在南阳伏牛山一带，也存在老虎的活动。《续高僧传》卷二一下《唐衡岳沙门释善伏》中说："（善伏）常在伏牛山，以虎豹为同侣。"《全唐诗》卷五一〇《张祜·途中逢李道实游蔡州》中写有："征马汉江头，逢君上蔡游。野桥经亥市，山路过申州。僻地人行涩，荒林虎迹稠。殷勤话新守，生物赖诸侯。"

今信阳一带，虎也比较多见。《太平广记》卷四二九《虎·丁岩》记载："贞元十四年中，多虎暴，白昼噬人。时淮上阻兵，因以武将王徽牧申州焉。徽至，则大修擒虎具，兵仗坑阱，靡不备设。又重悬购，得一虎而酬十缣焉。"

在今平顶山叶县一带，也有虎活动的记载。《太平广记》卷四二八《虎·卢造》记载："汝州叶县令卢造者有幼女，大历中，许嫁同邑郑楚之子元方。俄而楚录潭州军事，造亦辞而寓叶。……舍西北隅有若小兽号鸣者，出火视之，乃三虎雏。"此外，附近的鲁山县虎也常见。"既长，将为娶，家苦贫，乃求为鲁山令。前此堕车足伤，不能趋拜，太守待以客礼。有盗系狱，会虎为暴，盗请格虎自赎，许之。"③

今许昌一带，虎比较多见。《太平广记》卷四三〇《虎·李琢》记载："许州西三四十里有雌虎暴，损人不一。"

今商丘至开封之间，虎比较常见。《太平广记》卷四三三《虎·张俊》记

---

① 《旧唐书·孝友传·许坦传》。
② 《旧五代史·周书·太祖纪二》。
③ 《新唐书·卓行传·元德秀传》。

载："宣州溧水县尉元澹家在怀州，先将一庄客张俊祗承至官，官满却归，俊亦从之。俊有妻，一子三岁，亦与同行，至宋汴行将夜，俊抱儿从澹，其妻乘驴在后十步。忽闻叫声，俊奔视之，妻已被虎所取。"

此外，在今河南新乡也有虎的活动。《续高僧传》卷一六《隋怀州柏尖山寺释昙询》中记载："又山行，值二虎相斗，累时不歇，询乃执锡分之……每入禅定，七日为期，白虎入房，仍为窟宅。"

3. 山西。隋唐五代时期，山西政治地位比较高，太原是中兴之地，为北都；潞州是唐玄宗封地。故而历代统治者都比较重视山西，其地经济得到发展，虎的记载也比较多见。

在隋朝时期，"开皇六年，霍州有老翁，化为猛兽"①。猛兽即老虎，唐初因避讳称虎为猛兽。

在今山西吕梁一带，"（陆璪）累徙西河太守，封平恩县男。属邑多虎，前守设槛阱，璪至，彻之，而虎不为暴"②。

在泽州（今晋城一带），也有虎的活动。《续高僧传》卷一八《隋泽州羊头山释道舜传》记载："又致虎来蹲踞其侧，便为说法。有人还往告虎令去，或语之云：'明日人来，汝不须至。'便如舜言，虎便不现。其通感深识，为若此也。给侍之人与虎同住，视如家犬，曾莫之畏。"

此外，在河东也有虎的活动，《续高僧传》卷一六《隋河东栖岩道场释真慧》中记载："于闲田原北杯盘谷，夏坐虎窟，虎为之移。及秋虎还返窟。"在今运城永济，还出现了白虎，"大和元年……丙申，河中薛平奏虞乡县有白虎入灵峰观"③。《全唐文》卷六九三收录了薛平的《奏驺虞见状》一文，比较详细地记载此事的过程："当管虞乡县王贤乡有白虎入灵峰观。谨按孙氏《瑞应图》：'白虎者义兽也，名驺虞。王都德至鸟兽，泽洞幽冥，则见。'谨画罗进上。"

隋唐五代时期，记载中山西虎主要分布在晋南地区，这些地方人口稠密，经济发达，人虎相遇的概率比较高。

---

① 《隋书·五行志下》。

② 《新唐书·陆元方传》。

③ 《旧唐书·文宗本纪上》。

4. 河北。隋唐五代时期河北平原得到开发，但在北部的一些地方虎也比较多。

《唐国史补》卷上记载："裴旻为龙华军使，守北平（今河北卢龙一带）。北平多虎，旻善射，尝一日毙虎三十有一。"

此外，在沧州一带，虎也比较常见。《太平广记》卷四三一《虎·李大可》记载："宗正卿李大可尝至沧州。州之饶安县有人野行，为虎所逐。"

5. 山东。隋唐五代时期，山东一带有关虎的记载比较少。

《续高僧传》卷一〇《隋西京净影道场释慧畅传》中记载："牟州拒神山寺……而虎狼鸟兽绕寺鸣吼。"牟州，今山东莱州一带。

《太平广记》卷四二九《虎·张鱼舟》中记载："唐建中初，青州北海县北有秦始皇望海台，台之侧有别泞泊，泊边有取鱼人张鱼舟结草庵止其中。常有一虎夜突入庵中，值鱼舟方睡，至欲晓，鱼舟乃觉有人。……鱼舟走出，见一野豕膗甚，几三百斤。在庵前，见鱼舟，复以身蹢之。良久而去。自后每夜送物来，或豕或鹿。村人以为妖，送县。鱼舟陈始末，县使吏随而伺之。至二更，又送麋来，县遂释其罪。"

6. 西南地区。隋唐五代时期，西南地区的四川、云南、贵州一带，虎的记载比较多。

在遂州（今遂宁）一带，虎的活动比较多见。《续高僧传》卷一五《唐蒲州仁寿寺释志宽传》记载："未又配流西蜀行达陕州……既达蜀境大发物情，所在利安咸兴敬悦。时川邑虎暴行人断路，或数百为群，经历村郭伤损人畜。中有兽王，其头最大五色纯备威伏诸狩。遂州都督张逊远闻慈德遣人往迎，宽乃令州县立斋行道，各受八戒，当夕虎灾销散，莫知所往。时人感之奉为神圣。"

在涪陵一带，《太平广记》卷四三一《虎·蔺庭雍》记载："涪州裨将蔺庭雍妹因过寺中，盗取常住物。遂即迷路。数日之内，身变为虎。其前足之上，银缠金钏，宛然犹存。每见乡人，隔树与语云：'我盗寺中之物，变身如此。'求见其母，托人为言之。母畏之，不敢往。虎来郭外，经年而去。"此外，《太平广记》卷四三二《虎·范端》也记载："涪陵里正范端者，为性干了，充州县佐使。久之，化为虎，村邻苦之，遂以白县云：'恒引外虎入村，盗食牛畜。'"《朝野佥载》卷二也记载："唐天后中，涪州武龙界多虎暴。有一兽似虎而绝大，日正中逐一虎，直入人家噬杀之，亦不食。自是县界不复有虎矣。录奏，检瑞图，乃酋耳。不食生物，有虎暴则杀之也。"

今重庆一带，虎比较多。《太平广记》卷四二七《虎·碧石》记载："开元末，渝州多虎暴。设机阱，恒未得之。"

在今广元一带，也有虎为害的记载。《太平广记》卷四三一《虎·虎妇》记载："利州卖饭人，其子之妇山园采菜，为虎所取。"《太平广记》卷四三二《虎·周雄》还记载："唐大顺、景福已后，蜀路剑、利之间白卫岭、石筒溪虎暴尤甚，号税人场。"此外，《北梦琐言》卷九记载："蜀路白卫岭多虎豹噬人，有选人京兆韦，唐光化中调授巴南宰，常念《金刚经》。"利州，今广元。白卫岭在今广元西南昭化镇附近。

在今广汉一带，《蜀梼杌》卷下记载，五代后蜀时期，"汉州奏：西水县令范义死，其子文通居丧以孝闻。有盗发义冢，群虎逐之。文通庐于墓侧，虎见之，弭耳而去"。

在绵州一带，《全唐文》卷九三四《杜光庭·豆圙山记》记载："山多毒蛇猛虎，里中人莫敢独往。"豆圙山在绵州。

此外《全唐诗》卷二二三《杜甫·宿青溪驿奉怀张员外十五兄之绪》中有："石根青枫林，猿鸟聚俦侣。月明游子静，畏虎不得语。"青溪驿，在今四川峨眉山附近。

《全唐诗》卷二二九《杜甫·东屯月夜》中写有："青女霜枫重，黄牛峡水喧。泥留虎斗迹，月挂客愁村。"东屯，在夔州，今奉节一带。

《全唐诗》卷七三六《王仁裕·奉诏赋剑州途中鸷兽》中写有："剑牙钉舌血毛腥，窥算劳心岂暂停。不与大朝除患难，惟余当路食生灵。从将户口资馋口，未委三丁税几丁。今日帝王亲出狩，白云岩下好藏形。"鸷兽，为猛兽，唐人有时要避讳"虎"字，多以鸷兽代替虎。剑州在今四川剑阁一带。表明唐末时期，剑州一带，虎活动比较频繁。

成都一带，也出现老虎。《全唐诗》卷二二一《客居》中写有："峡开四千里，水合数百源。人虎相半居，相伤终两存。"反映了当时成都平原人虎之间冲突比较常见。《蜀梼杌》卷下记载："十月，百姓谯本骂母，忽然化成虎上城，赵廷隐射杀之。因见昶，言曰：'虎，山林之兽，而人化之，入于城市，疑虎旅中有不轨之士。'其夜，张洪谋叛。翌日，为其党所告，伏诛。洪，太原人，刚勇猛厉，军中号为张大虫。至是有虎上城被诛，即其验也。"此事虽然诡异，但也反映出成都附近也有老虎的活动。

隋唐五代时期，四川交通要道上，常能见到虎。《太平广记》卷四三〇《虎·归生》记载："弘文学士归生，乱后家寓巴州。遣使入蜀，早行，遇虎于道。遂升木以避。数虎迭来攫跃，取之不及。"此外，《太平广记》卷四二六《虎·峡口道士》记载："开元中，峡口多虎，往来舟船皆被伤害。"又《太平广记》卷一〇三《报应·王令望》也记载："唐王令望少持《金刚经》。还邛州临溪，路极险阻，忽遇猛兽，振怖非常。急念真经，猛兽熟视，曳尾而去，流涎满地。"

此外，《太平广记》卷四三三《虎·姨虎》记载："嘉陵江侧有妇人……民间知其虎所化也，皆敬惧之焉。"

隋唐五代时期的云贵地区，虎非常常见。《太平广记》卷四二七《虎·费忠》记载："费州蛮人，举族姓费氏。境多虎暴，俗皆楼居以避之。"费州，治所在今贵州德江县一带。《蛮书》卷七《云南管内物产》记载："大虫，南诏所披皮，赤黑文深，炳然可爱。云大虫在高山穷谷者则佳，如在平川，文浅不任用。"可见，云南一带老虎分布比较广。五代时期，云南部落，"酋长披虎皮，下者披毡"①。

7. 东南地区。隋唐五代东南地区（即今江苏、上海、浙江、福建一带），也有大量虎活动的记载。

在今南京一带，据《隋书·韩擒虎传附韩洪传》记载："及陈平，晋王广大猎于蒋山，有猛兽在围中，众皆惧。"蒋山，在今南京。

在今泰州一带，《太平广记》卷四三一《虎·王太》记载："海陵多虎，行者悉持大棒。"

在扬州也有虎活动的记载，《宋高僧传》记载："唐润州摄山栖霞寺释智聪，尝住扬州安乐寺。大业之乱，思归无计，隐江荻中，诵《法华经》，七日不食。恒有虎绕之。"

在今浙江诸暨一带，《朝野佥载》卷二记载："唐傅黄中为越州诸暨县令。有部人饮大醉，夜中山行，临崖而睡。忽有虎临其上而嗅之，虎须入醉人鼻中，遂喷嚏声震。虎遂惊跃，便落崖。腰胯不遂，为人所得。"

在今武义一带，虎分布也比较多。《续高僧传》卷二一下《唐润州牛头沙

①《旧五代史·外国列传·昆明部落传》。

门释法融传》中记载："贞观十七年，于牛头山幽栖寺北岩下别立茅茨禅室
……山素多虎，樵苏绝人。"

浙江宁海一带，也有虎的活动。《续高僧传》卷二一下《唐扬州海陵正见
寺释法向传》中记载："遂东还宁海……大虫伤害日数十人，乃设禳灾大斋。
忽有一虎入堂……诸虎大集，以杖扣头为说法，于是相随远去。"

浙南老虎众多。《全唐诗》卷一一六《张子容·贬乐城尉日作》中写有：
"窜谪边穷海，川原近恶溪。有时闻虎啸，无夜不猿啼。"乐城，在今温州乐
清一带。

在福建漳浦，《太平广记》卷四二八《虎·勤自励》记载："漳浦人勤自
励者，以天宝末充健儿，随军安南，及击吐蕃，十年不还。自励妻林氏为父母
夺志，将改嫁同县陈氏。……忽遇电明，见道左大树，有旁孔，自励权避雨孔
中。先有三虎子，自励并杀之。久之，大虎将一物纳孔中，须臾复去。"

在建安，《太平广记》卷四三二《虎·建安人》记载："建安人，山中种
粟者皆构棚于高树以防虎，尝有一人方升棚，见一虎垂头搭耳过去甚速。"

在松阳，《太平广记》卷四三二《虎·松阳人》记载："松阳人入山采薪，
会暮，为二虎所逐，遽得上树。"

在清源，《太平广记》卷四三二《虎·陈褒》记载："清源人陈褒隐居别
业……乡人云：村中恒有此怪，所谓虎鬼者也。"清源，今福建仙游一带。

长溪县（今霞浦县）霍童山，《宋高僧传·唐福州保福寺本净传》记载：
"又诸猛虎横路为害采，樵者不敢深入。"

8. 两湖地区。隋唐五代两湖地区虎的记载颇多。

在今荆州石首一带，《太平广记》卷一〇七《报应·沙弥道荫》记载：
"唐石首县有沙弥道荫，常念金刚经。长庆初，因他出夜归，中路忽遇虎，吼
掷而前。"此外《全唐诗》卷二二三《杜甫·发刘郎浦（浦在石首县，昭烈纳
吴女处）》也写道："挂帆早发刘郎浦，疾风飒飒昏亭午。舟中无日不沙尘，
岸上空村尽豺虎。"

在荆州江陵一带，《全唐文》卷六八八《符载·贺樊公畋获虎颂（并
序）》记载："六年冬十二月腊日甲辰，节度使御史大夫樊公大畋于郢城，修
军礼也。……维明日，复围于龙山之北冈。先是里人之讼乳虎为暴，肆毒贪
婪，白昼族行，圈皁无豕牛，林麓绝樵苏，老幼愁恐，极于兵寇。既卜其穴，
乃大搜而取之。"《续高僧传》卷二一下《江汉沙门释惠明传》中记载："复至

荆州四望山头陀，二虎交斗自往分解。"四望山，也在今江陵一带，可见在隋唐时期，江陵附近虎活动比较频繁。

在湖北房州（今房县一带），《太平广记》卷一〇七《报应·强伯达》记载，患有麻风病的强伯达要求家人把他扔到山里，"方昼，有虎来，伯达惧甚，但瞑目至诚念偈。虎乃遍舐其疮，唯觉凉冷，如傅上药，了无他苦，良久自看，其疮悉已干合"。

在安陆定安山一带，《宋高僧传·唐安陆定安山怀空传》记载："此中多虎暴，村落不安。"

在黄州一带，《全唐诗》卷六九八《韦庄·齐安郡》中写有："弥棹齐安郡，孤城百战残。傍村林有虎，带郭县无官。"齐安郡，唐代天宝元年置，乾元元年废除，辖今黄冈一带。

在湖南怀化，《太平广记》卷四二八《虎·裴越客》记载："唐乾元初，吏部尚书张镐贬辰州司户。……由是夕之前夜，越客行舟，去郡三二十里，尚未知其妻之为虎暴。……自是黔峡往往建立虎媒之祠焉，今尚有存者。"

在衡阳一带，《太平广记》卷八四《异人·衡岳道人》记载："长庆中，有头陀悟空，常裹粮持锡，夜入山林，越尸侵虎，初无所惧。"

《南部新书》记载："鄱阳人张朝，为猛兽所搏噬，其家犬名小狸救之，获免。"此处猛兽，虎的可能性比较大。

9. 岭南地区。隋唐五代岭南地区，关于虎的记载比较多。

《太平广记》卷四二八《虎·斑子》记载："唐天宝中，北客有岭南山行者，多夜惧虎，欲上树宿，忽遇雌山魈。"《太平广记》卷四二八《虎·刘荐》也记载："天宝末，刘荐者为岭南判官。山行，忽遇山魈，呼为'妖鬼'。……遂于下树枝上立，呼班子。有顷虎至，令取刘判官。"

《旧唐书》卷一九一《方伎传·神秀传附慧能传》记载："弘忍卒后，慧能住韶州广果寺。韶州山中，旧多虎豹，一朝尽去，远近惊叹，咸归伏焉。"

《全唐文》卷五五五《韩愈·送区册序》记载："阳山，天下之穷处也。陆有丘陵之险，虎豹之虞。"阳山，在今广东清远一带。

在今桂林一带，《全唐诗》卷五四〇《李商隐·昭州》写道："桂水春犹早，昭川日正西。虎当官道斗，猿上驿楼啼。"

10. 江西、安徽。江西、安徽是隋唐五代时期虎活动记载最多的地区。

淮南地区，隋唐五代虎的记载比较多。《全唐文》卷二七《唐玄宗·命李全确往淮南授捕虎法诏》记载，开元四年正月诏曰："如闻江淮南诸州大虫杀人，村野百姓颇废生业，行路之人尝遭死失，州县不以为事，遂令猛兽滋多。泗州涟水县令李全确前任宣州秋浦县令，界内先多此兽，全确作法遮捕，扫除略尽。迄……宜令全确驰驿往淮南大虫为害州指授其教，与州县长官同除其害。缘官路两边去道各十步，草木常令芟伐，使行人往来，得以防备。"

五代时期，在淮南时，"（周）世宗尝次于野，有虎逼乘舆，（宋）偓引弓射之，一发而毙"①。

在寿州（今安徽淮南市一带），《宋高僧传·唐寿州紫金山玄宗传》记载："见紫金山悦可自心，留行禅观。此山先多虎暴，或噬行商，或伤樵子。"

在今马鞍山一带，《江南余载·上》记载："保大中，太平府聂氏女年十三岁，母为虎攫去。女持刀跳登虎背，连斫其颈。虎奋跳不脱，遂斫虎死。乃还家葬母尸。"

在今宣城一带，《太平广记》卷四二八《虎·宣州儿》记载："天宝末，宣州有小儿，其居近山。……父乃与村人作阱。阱成之日，果得虎。"《太平广记》卷四三〇《虎·李奴》也记载："举人姓李不得名，寄居宣州山中。常使一奴。……忽闻叫声，奴辈寻逐，无所见。循虎迹，十余里溪边，奴已食讫一半。"《太平广记》卷四二七《虎·鼍啮虎》记载："天宝七载，宣城郡江中鼍出，虎搏之，鼍啮虎二疮。虎怒，拔鼍之首。而虎疮甚，亦死。"《宋高僧传·唐宣州灵汤泉兰若志满传》记载："黄连山属宣城也，愿师镇此，奈何虎豹多害。"

在今霍山县一带，《新唐书·李绅传》记载："霍山多虎，撷茶者病之，治机阱，发民迹射，不能止。（李）绅至，尽去之，虎不为暴。"

在安庆桐城一带，《新唐书·地理志五》记载："桐城。紧。本同安，至德二载更名。自开元中徙治山城，地多猛虎、毒虺，元和八年，令韩震焚薙草木，其害遂除。"

在今歙县一带，《太平广记》卷二四《神仙·许宣平》记载："许宣平，新安歙人也。唐睿宗景云中，隐于城阳山南坞……山虎狼甚多。"此外，《新唐书·刘知幾传》记载："（刘赞）进歙州刺史，政干强济。野媪将为虎噬，

---

①《宋史·宋偓传》。

幼女呼号搏虎，俱免。"

在滁州，《太平广记》卷四三三《虎·崔韬》记载："崔韬……晓发滁州，至仁义馆，宿馆……而韬至二更，展衾方欲就寝，忽见馆门有一大足如兽，俄然其门豁开，见一虎自门而入。"

在江西上饶，《太平广记》卷四三一《虎·刘老》记载："信州刘老者以白衣住持于山溪之间。人有鹅二百余只诣刘放生，恒自看养。数月后，每日为虎所取，以耗三十余头。村人患之，罗落陷阱，遍于放生所。自尔虎不复来。"《太平广记》卷四三七《畜兽·章华》记载："饶州乐平百姓章华……（元和）三年冬，王华同上山林采柴，犬亦随之。忽有一虎，榛中跳出搏王华，盘踞于地，然犹未伤，乃踞而坐。"

在九江，《唐国史补》卷上记载："（白）岑至九江，为虎所食，驿吏收其囊中，乃得真本。"《江南余载》卷上记载："严续在江州，有奴忤意，续策逐之。州有柏林，多虎，奴请杀之。辄持梃往击虎母并数子皆歼焉。"《江南余载》卷下还记载："江州有田妇采拾于野，忽为虎攫而踞之，妇向天大呼。虎举其掌，妇视其中有刺，因为拔之，虎乃舍妇而去。"《太平广记》卷四三三《虎·浔阳猎人》记载："浔阳有一猎人，常取虎为业，于径施弩弓焉。"可知隋唐五代时期，九江一带，虎活动比较频繁。

在南昌，《新唐书·钟传传》记载："钟传，洪州高安人。……传少射猎，醉遇虎，与斗，虎搏其肩，而传亦持虎不置，会人斩虎，然后免。"

西北地区，也有虎活动的记载。敦煌文献《官衙交割什物点检历》记载："大虫匹一张。"① 一些地方也出现虎灾。《宋高僧传·唐唐州云秀山神鉴传》记载："于怀安西北山居焉，是山先是猛兽旁午，率多作害，从鉴居之，虎灾弭息。"怀安，在今甘肃华池县一带。

隋唐五代时期，随着土地的开发，人虎相遇比较频繁，人虎之间冲突比较激烈，唐朝采取鼓励捕杀虎的措施。《唐六典·尚书工部·虞部郎中》中记载："若虎豹豺狼之害，则不拘其时，听为槛阱，获则赏之，大小有差。诸有猛兽处，听作槛阱、射窠等，得即于官，每一赏绢四匹；杀豹及狼，每一赏绢

---

① 唐耕耦、陆宏基编：《敦煌社会经济文献真迹释录》（第三辑），全国图书馆文献缩微复制中心 1990 年版，第 54 页。

一匹。若在牧监内获豺，亦每一赏绢一匹。子各半匹。"《南部新书》中也记载："《开元令》诸有猛兽之处，听作槛阱、射窝等，得即送官，每一头赏绢四匹。捕杀豹及狼，每一头赏绢一匹。若在监牧内获者，各加一匹。其牧监内获豹，亦每一头赏得绢一匹，子各半之。信乎长安上林近南山，诸兽备矣。"《全唐诗》卷二九八《王建·射虎行》记载："自去射虎得虎归，官差射虎得虎迟。独行以死当虎命，两人因疑终不定。朝朝暮暮空手回，山下绿苗成道径。远立不敢污箭镞，闻死还来分虎肉。惜留猛虎著深山，射杀恐畏终身闲。"表明当时官方派人射虎。

在民间，普通老百姓希望以念咒语的方式来避免老虎的侵犯。《千金翼方》卷三〇《禁经下·禁恶兽虎狼》记载："夫草野山林行见恶虫，但闭右目，以左目营之三匝，鬼神见之伏而头胁着地也。禁虎入山法：吾登行五岳，前置辟邪六驳，后从麒麟师子，扬声哮吼，野兽猛虎，闻吾来声，伏地不语，若不避吾，檄虫杀汝，急急如律令。敕禁虎法……李耳伯阳，教我行符，厌伏虎狼，垂头塞耳，伏匿道旁，藏身缩气，疾走千里，舅氏之子，不得中伤，急急如律令。"

老百姓也希望通过崇拜打虎英雄，避免老虎的侵害。《太平广记》卷三〇七《神·永清县庙》记载："（周处后裔周廓）于金商均房四郡之间，捕鸷兽。余数年之内，剿戮猛虎，不可胜数，生聚顿安。虎之首帅在西城郡，其形伟博，便捷异常，身如白锦，额有圆光如镜，害人最多，余亦诛之。居人怀恩，为余立庙。自襄汉之北，蓝关之南，凡三十余处，皆余憩息之所也。岁祀绵远，俗传多误，以余为白虎神。"

另外，《南部新书·辛》也记载："江淮间多九郎庙与茅将军庙……茅将军者，庙中多画缚虎之象。盖唐末浙西僧德林，少时游舒州，路左见一夫，荷锄治方丈之地。左右数十里居人问之，对曰：'顷时自舒之桐城至此，暴得痁疾，不能去，因卧草，及稍醒，已昏矣。四望无人烟，唯虎豹吼叫，自分必死。俄有一人，部从如大将，至此下马，据胡床坐，良久召二卒曰："善守此人，明日送至桐城县下。"遂上马，忽不见，唯二卒在焉。某即强起问之，答："此茅将军，常夜出猎虎，忧汝被伤，故使护汝。"欲更问之，则困卧。及觉已旦，不见二卒。即起行，意甚轻健，至桐城，顷之疾愈。故以所见之地立祠祀之。'德林止舒州十年，及回，则村落皆立茅将军祠矣。"

隋唐五代时期，茶成为人们重要的日常消费品和国家财政收入的主要来源之一。茶的种植，在隋唐五代主要集中在今江西、安徽以及西南地区。[①] 茶树主要种植在丘陵地区，随着丘陵地区被开发种茶，改变了丘陵地区的生态环境，生态的多样性逐渐为单一的茶园取代。老虎生存所依赖的生态环境与食物链遭到破坏，人虎之间冲突加剧，这也是隋唐五代时期安徽、江西以及西南地区虎活动记载增多的主要原因。

---

① 杜文玉、王凤翔：《唐五代时期茶叶产区分布考述》，《陕西师范大学学报》（哲学社会科学版）2007 年第 3 期。

第三节　隋唐五代时期大象、犀牛的分布

隋唐五代时期，生活在淮河流域的野生大象还可见。《太平广记》卷四四一《畜兽·淮南猎者》记载："张景伯之为和州，淮南多象，州有猎者，常逐兽山中。忽有群象来围猎者，令不得去，有大象至猎夫前，鼻绞猎夫，置之于背，猎夫刀仗坠者，象皆为取送还之。于是驮猎夫径入深山。……小象乃驰还，俄而诸象二百余头，来至树下，皆长跪，展转猎夫下。前所负象，又以背承之，负之出山，诸象围绕喧号，将猎夫至一处，诸象以鼻破阜，而出所藏之牙焉。凡三百余茎，以示猎夫。又负之至所遇处，象又皆跪，谢恩而去。猎夫乃取其牙，货得钱数万。"此记载原出处为牛肃的《纪闻》，牛肃生活在玄宗至代宗时期，其记载的人与事也多处在此时期。从中可以得知，在唐朝中期，和州（今安徽和县一带）存在数量较多的象群。

不过到了唐朝后期，淮河流域野象少见。德宗贞元二年（786 年），"（李）希烈于唐州得象一头，以为瑞应"①。唐州在今河南泌阳一带，以"瑞应"来看，说明当地野象罕见。加之只有一头大象，不具备种群繁衍的条件，故可能是南方地区偶尔来的野象。

而在此前，唐德宗刚即位的那一年，即公元 780 年，五月，"丁亥，诏文单国所献舞象三十二，令放荆山之阳，五坊鹰犬皆放之，出宫女百余人"②。荆山在今湖北荆门钟祥一带，此处存在云梦泽的残留，适合大象的生存。③

隋唐五代时期，湖南野象活动记载比较多，《朝野佥载》卷五记载："上

---

① 《旧唐书·李希烈传》。

② 《旧唐书·德宗纪》。

③ 王守春：《历史时期野生亚洲象与犀牛地理分布变化与气候环境变迁若干新认识》，《历史地理》第 18 辑（上海人民出版社 2002 年版）。

元中，华容县有象，入庄家中庭卧。其足下有槎，人为出之，象乃伏。令人骑入深山，以鼻掊土，得象牙数十以报之。"

唐朝时期，岭南野生大象比较多。《北户录》卷中记载："广之属城循州、雷州皆产黑象，牙小而红，堪为笏裁，亦不下舶上来者。"《岭表录异》卷上记载："广之属郡潮循州多野象，牙小而红，最堪作笏。潮循人或捕得象，争食其鼻，云肥脆，偏堪作炙。"又《太平广记》卷四四一《畜兽·蒋武》记载："宝历中，有蒋武者，循州河源人也。魁梧伟壮，胆气豪勇，独处山岩，唯求猎射而已。……乃窥穴侧，象骨与牙，其积如山。于是有十象，以长鼻各卷其红牙一枝，跪献于武。"《全唐诗》卷二九八《王建·海人谣》中写有："海人无家海里住，采珠役象为岁赋。"《全唐诗》卷五五四《项斯·蛮家》写有："领得卖珠钱，还归铜柱边。看儿调小象，打鼓试新船。"又同卷《寄流人》中写有："毒草不曾枯，长添客健无。雾开蛮市合，船散海城孤。象迹频藏齿，龙涎远蔽珠。家人秦地老，泣对日南图。"① 《全唐诗》卷六三五《周繇·送杨环校书归广南》中写有："山村象踏桄榔叶，海外人收翡翠毛。"表明岭南大象比较多。

在西南，野象比较多。今四川南充一带，武则天统治时期有野象活动的记载。《太平广记》卷四四一《畜兽·阆州莫徭》记载："阆州莫徭以樵采为事，常于江边刈芦，有大象奄至，卷之上背，行百余里，深入泽中，泽中有老象，卧而喘息，痛声甚苦。至其所，下于地，老象举足，足中有竹丁。莫徭晓其意，以腰绳系竹丁，为拔出，脓血五六升许。小象复鼻卷青艾，欲令塞疮。莫徭摘艾熟梛，以次塞之，尽艾方满。久之，病象能起，东西行立。已而复卧，回顾小象，以鼻指山，呦呦有声，小象乃去。须臾，得一牙至，病象见牙大吼，意若嫌之，小象持牙去。顷之，又将大牙。"

在云南一带，当地人训练野象用于耕地。《岭表录异》卷上记载："恂有亲表，曾奉使云南。彼中豪族，各家养象，负重致远，如中夏之畜牛马也。"《蛮书》卷七《云南管内物产》记载："象，开南、巴南多有之，或捉得，人家多养之，以代耕田也。猪、羊、猫、犬、骡、驴、豹、兔、鹅、鸭，诸山及人家悉有之。"又《蛮书》卷四《名类》记载："茫蛮部落，并是开南杂种也……孔雀巢

---

① 《全唐诗》卷五五五也收录此诗，作者为马戴。

人家树上，象大如水牛。土俗养象以耕田，仍烧其粪。"可见西南野生大象常见。《全唐诗》卷七〇二《张蠙·送人归南中》记载："有家谁不别，经乱独难寻。远路波涛恶，穷荒雨雾深。烧惊山象出，雷触海鳌沉。为问南迁客，何人在瘴林。"南中，包括今云南、贵州以及四川大渡河以南地区。此外，据《太平寰宇记》卷一二二记载，南州（今重庆江津区一带）土产有象牙，西高州（今贵州正安一带）土产也有象牙，溱州（今重庆綦江区）、牂州土产也有象牙。

五代时期，在信安等地，也有象活动的记载。《吴越备史》卷二《武肃王下》记载，长兴二年（931 年），"秋七月，有象入信安境，王命兵士取之，圈而育焉"。信安，在今浙江衢州一带。《吴越备史》卷四《大元帅吴越国王》记载，广顺三年（953 年），"是岁，东阳有大象自南方来，陷陂湖而获之"。东阳，在今浙江金华一带。东阳大象来自南方地区，可能也是在浙南山区一带。不过，以上记载的大象只有一只，其大规模的种群应该在浙南乃至今福建一带山区。

历史时期中国犀牛分布比较广，在隋唐五代时期，还有大量野生犀牛的存在。

《隋书·食货志》记载："又岭外酋帅，因生口翡翠明珠犀象之饶，雄于乡曲者，朝廷多因而署之，以收其利。"可知岭南犀牛比较多见。《隋书·梁睿传》记载："益宁出盐井、犀角。"益宁指益州与宁州，泛指今云南、四川一带，这一带犀牛较多。

唐朝时期，地方常将犀牛角作为特产上贡。《新唐书·地理志四》记载，澧州澧阳郡（今湖南澧县一带）、朗州武陵郡（今湖南常德一带）进贡犀角。《新唐书·地理志五》记载，道州江华郡（今湖南道县一带）、邵州邵阳郡（今湖南邵阳一带）、黔州黔中郡（今重庆彭水一带）、辰州卢溪郡（今湖南沅陵一带）、锦州卢阳郡（今湖南麻阳一带）、施州清化郡（今湖北恩施），土贡也是犀角。《唐六典》卷三《尚书户部》记载，饶州（今江西上饶一带）、衡州（今湖南衡阳一带）、巫州（今湖南怀化一带）等地出产犀角。

《元和郡县图志·剑南道·松州》记载松州（今四川松潘一带），"开元贡犀"。另外，《新唐书·地理志四》记载鄯州西平郡（今青海西宁一带），"土贡牸犀角"。

在梓州（今四川三台一带），《全唐诗》卷二二〇《杜甫·冬狩行》记载："夜发猛士三千人，清晨合围步骤同。禽兽已毙十七八，杀声落日回苍穹。幕前生致九青兕，骆驼疂崆垂玄熊。"

《东观奏记》记载："山南西道观察使奏：'渠州犀牛见，差官押赴阙廷。'既至，上于便殿阅之，仍命月华门外宣示百僚。上虑伤物性命，便押赴本道，复放于渠州之野。"渠州，今四川达州渠县。

《蛮书》卷七《云南管内物产》记载："犀，出越睒、丽水。其人以陷阱取之。……寻传川界、壳弄川界亦出犀皮。"越睒，今腾冲一带；寻传川在怒江、丽水之间。①

《太平寰宇记》卷一二一记载，夷州（今贵州凤岗）土贡有犀角；费州（今贵州思南一带），贡犀角。

《太平寰宇记》卷一二二记载，南州（今重庆綦江区一带）土产有犀角。

今陕西汉中，也存在犀牛。《册府元龟》卷一六八《帝王部·却贡献》记载："大中七年二月，兴元进犀牛，有诏还之。"兴元，在今汉中一带。

《全唐诗》卷八四二《齐己·送人南游》记载："且听吟赠远，君此去蒙州。瘴国频闻说，边鸿亦不游。蛮花藏孔雀，野石乱犀牛。到彼谁相慰，知音有郡侯。"蒙州，在今广西蒙山一带。在广西桂州（今桂林一带）也有犀牛，《全唐诗》卷二九九《王建·送严大夫赴桂州》记载："辟邪犀角重，解酒荔枝甘。莫叹京华远，安南更有南。"

岭南依然是犀牛分布的主要区域。《太平寰宇记》卷一五七记载岭南道，土产中就有文犀。岭南犀牛品种众多。《岭表录异》记载："岭表所产犀牛，大约似牛而猪头，脚似象，蹄有三甲，首有二角：一在额上，为兕犀；一在鼻上，较小，为胡帽犀。鼻上者，皆窘束而花点少，多有奇文。牯犀亦有二角，皆为毛犀，俱有粟文，堪为腰带。千百犀中，或偶有通者。花点大小奇异，固无常定。有遍花路通者，有顶花大而根花小者，谓之倒插通。此二种，亦玉厄无当矣。若通白黑分明，花点差奇，则价计巨万，乃希世之宝也。又有堕罗犀，犀中最木，一株有重七八斤者，云是牯犀。额上有心花，多是撒豆斑，色深者，堪为锊具，斑散而浅，即治为盘碟器皿之类。又有骇鸡犀、辟尘犀、辟水犀、光明犀，此数犀但闻其说，不可得而见也。"

---

① （唐）樊绰撰，向达原校，木芹补注：《云南志补注》，云南人民出版社1995年版，第107页。

第四节　隋唐五代时期其他大型动物的分布

隋唐五代时期华北地区豹比较常见，豹尾作为进贡产品，在华北比较多见。

进贡豹尾区域

区域	今大致位置	资料来源
燕州	今北京顺义区一带	《唐六典·尚书户部》
忻州	今山西忻州一带	《新唐书·地理志三》
代州	今山西代县一带	《新唐书·地理志三》
朔州	今山西朔州一带	《新唐书·地理志三》
蔚州	今山西忻州一带	《新唐书·地理志三》
幽州	今北京市一带	《新唐书·地理志三》
营州	今辽宁辽阳一带	《新唐书·地理志三》
晋阳	今山西太原一带	《诸道山河地名要略》

上表表明，豹主要的生活地区在今山西北部、北京以及东北地区。

隋唐五代时期，熊皮也是主要的进贡物品。

进贡熊皮区域

区域	物品	今大致位置	资料来源
岚州	熊鞹	今山西岚县一带	《新唐书·地理志三》
蔚州	熊鞹	今山西忻州一带	《新唐书·地理志三》

续表

区域	物品	今大致位置	资料来源
平州	熊鞹	今河北卢龙一带	《新唐书·地理志三》
夔州	熊、罴	今重庆奉节一带	《新唐书·地理志四》

　　熊皮进贡区域主要在今山西北部以及河北地区、西南地区。东北地区虽然也有熊，但没有列入进贡物品之中。

　　隋唐五代时期，狐狸分布比较普遍。"大业初，调狐皮，郡县大猎。"[1] 可见当时各地狐狸比较常见。此外，大业四年五月壬申，"蜀郡获三足乌，张掖获玄狐，各一"[2]。玄狐即黑狐狸。狐属有九种，我国有三种，即赤狐、沙狐和藏狐。赤狐有蒙新亚种、西藏亚种、华南亚种、华北亚种和东北亚种。沙狐有指名亚种和北疆亚种。藏狐没有亚种。此三种属的狐狸，皮毛都没有纯黑色的。[3] 彩狐狐属毛发变异出来的突变品种，突变率一般为十万分之一到百万分之一。[4] 张掖能贡献玄狐皮，当时有突变品种，说明当地或者附近有数量比较大的狐群。

　　唐朝时期，"太宗嗣位，（高昌）复贡玄狐裘，因赐其妻宇文氏花钿一具"[5]。从张掖与高昌贡献玄狐皮来看，西北地区狐狸众多。大历二年三月，"河中献玄狐"[6]。唐敬宗，"好深夜自捕狐狸，宫中谓之'打夜狐'"[7]。《唐六典·尚书户部》记载，松州贡献狐尾。《旧五代史·五行志三》记载："汉乾祐三年正月，有狐出明德楼，获之，比常狐毛长，腹别有二足。"这些记载

---

① 《隋书·孝义传·华秋传》。

② 《隋书·炀帝纪上》。

③ 马永新等主编：《狐狸养殖与疾病防治技术》，中国农业大学出版社 2010 年版，第 4、8 页。

④ 周起东：《珍稀彩狐与繁育技术》，《中国农村科技》1996 年第 6 期。

⑤ 《旧唐书·西戎传·高昌传》。

⑥ 《旧唐书·五行志》。

⑦ 《旧唐书·敬宗纪》。

都表明，隋唐五代时期，狐狸比较常见。

在食物链的下端，兔比较常见，《新唐书·艺文志一》记载："（集贤书院）岁给河间、景城、清河、博平四郡兔千五百皮为笔材。"又《全唐诗》卷四二七《白居易·紫毫笔—讥失职也》中记载："紫毫笔，尖如锥兮利如刀。江南石上有老兔，吃竹饮泉生紫毫。宣城之人采为笔，千万毛中拣一毫。毫虽轻，功甚重。管勒工名充岁贡，君兮臣兮勿轻用。"足见这些地区野兔比较多见。

《全唐文》卷二一八《崔融·为魏州成使君贺白狼表》中记载："某月日得所部魏县申称，得令孟神符牒称，某日得佐吏长寿乡单守中状称：隆周、长寿两乡界有白狼见。臣等尝恐是虚，未敢即申，因处分诸乡，若有见者，辄令系取。某日长寿乡致仕前游击将军上柱国朱佛儿，于长寿乡界内逢白狼，驯狎无惧人意，遂以绳络头系得随送者。"

隋唐五代时期，野鸡比较常见。《隋书·食货志》记载："课天下州县，凡骨角齿牙，皮革毛羽，可饰器用，堪为氅眊者，皆责焉。征发仓卒，朝命夕办，百姓求捕，网罟遍野，水陆禽兽殆尽，犹不能给，而买于豪富蓄积之家，其价腾踊。是岁，翟雉尾一直十缣，白鹭鲜半之。"表明当时各地野鸡比较多见，故要求进贡。此外，《唐六典·尚书户部》中记载，泽州进贡的物品有"野鸡"。《全唐诗》卷六八七《吴融·过渑池书事》中写有："柳渡风轻花浪绿，麦田烟暖锦鸡飞。"表明当地野鸡比较多。有研究以为隋唐五代时期射雉不常见，是野鸡资源不足导致。[1] 实际上，唐代也有射雉活动，《全唐诗》卷一三六《储光羲·射雉词》中写有："曝暄理新翳，迎春射鸣雉。原田遥一色，皋陆旷千里。"《全唐诗》卷五七五《温庭筠·雉场歌》中记有："芰叶萋萋接烟曙，鸡鸣埭上梨花露。彩仗锵锵已合围，绣翎白颈遥相妒。雕尾扇张金缕高，碎铃素拂骊驹豪。绿场红迹未相接，箭发铜牙伤彩毛。麦陇桑阴小山晚，六虬归去凝笳远。城头却望几含情，青亩春芜连石苑。"表明这是一场官方组织的射雉活动。隋唐五代时期，射雉活动记载比较少见，与当时社会风俗有一定关系。射雉活动是汉族射礼活动的表现，但在游牧民族建立的政权很少

---

[1] 夏炎：《中古野生动物资源的破坏——古代环境保护问题再认识》，《中国史研究》2013 年第 3 期。

进行射礼活动，比如北魏统治者就未见有专门的射雉活动，主要是他们本身擅长骑射，他们多以狩猎来取代射礼。游牧民族狩猎主要以猎鹰为媒介，隋唐统治者沾染了北方少数民族的习性，也养鹰来狩猎。故而在隋唐五代时期，帝王狩猎活动频繁，射雉不常见。在当时，雉还是比较常见的低等动物。

　　总的来说，隋唐五代时期鹿、虎等动物比较常见，反映出当时森林植被等比较优良。其中在唐朝中期，随着南方丘陵地带的开发，老虎活动空间缩小，人虎冲突比较剧烈。

第五章

隋唐五代时期的地貌与土壤

　　隋唐五代时期，随着人类活动加剧以及气候的变化，西北地区的沙漠逐渐扩张。与此同时，随着水利建设的完善，当地的地貌逐渐发生了改变，特别是在江南等地，土壤得到改良，水稻单产面积提高，为经济的发展创造了条件。

第一节　隋唐五代时期的沙漠

一、河西地区沙漠

　　隋唐五代时期，河西地区再次得到开发。《隋书·食货志》记载，开皇三年，"帝乃令朔州总管赵仲卿，于长城以北大兴屯田，以实塞下。又于河西勒百姓立堡，营田积谷"。大业五年，"又于西域之地置西海、鄯善、且末等郡。谪天下罪人，配为戍卒，大开屯田，发西方诸郡运粮以给之"。

　　唐朝在河西等地，设置重兵。《资治通鉴》卷二一六记载："猛将精兵，皆聚于西北，中国无武备矣。"唐朝在河西设置了大量的折冲府。《新唐书·地理志四》记载："凉州武威郡……有府六，曰明威、洪池、番禾、武安、丽水、姑臧。又有赤水军，本赤乌镇，有赤青泉，因名之，幅员五千一百八十里，军之最大也；西二百里有大斗军，本赤水守捉，开元十六年为军，因大斗拔谷为名；东南二百里有乌城守捉，南二百里有张掖守捉，西二百里有交城守捉；西北五百里有白亭军，本白亭守捉，天宝十四载为军。"此外，据出土的文献记载，凉州还有显美府，一共是七个折冲府。①

　　《新唐书·地理志四》记载："沙州敦煌郡……有府三，曰龙勒、效谷、悬泉。""瓜州晋昌郡……有府一，曰大黄。西北千里有墨离军……东北有合河镇，又百二十里有百帐守捉，又东百五十里有豹文山守捉，又七里至宁寇

---

① 张沛：《唐折冲府汇考》，三秦出版社 2003 年版，第 240 页。

军，与甘州路合。"

"甘州张掖郡……西北百九十里祁连山北有建康军，证圣元年，王孝杰以甘、肃二州相距回远，置军；西百二十里有蓼泉守捉城……删丹。中下。北渡张掖河，西北行出合黎山峡口，傍河东壖屈曲东北行千里，有宁寇军，故同城守捉也，天宝二载为军。"据出土文献记载，甘州至少有三个折冲府，即合黎府、甘峻府以及弱水府。[1]

"肃州酒泉郡……有酒泉、威远二守捉城。有昆仑山。福禄……东南百二十里有祁连成。玉门……开元中没吐蕃，因其地置玉门军，天宝十四载废军为县。"

唐朝在河西地区设有大量的屯田。《唐六典·尚书工部·屯田郎中》记载："河西道赤水三十六屯，甘州一十九屯，大斗一十六屯，建康一十五屯，肃州七屯，玉门五屯。"《全唐文》卷二一一《陈子昂·上西蕃边州安危事》中也说："甘州诸屯，皆因水利，浊河灌溉，良沃不待天时。四十余屯，并为奥壤，故每收获，常不减二十万，但以人功不备，犹有荒芜。今若加兵，务穷地利，岁三十万不为难得。"

河西地区盛产粮食，不仅满足当地需求，而且能为关中地区提供粮食。《新唐书·吐蕃传下》记载："初，太宗平薛仁杲，得陇上地；房李轨，得凉州；破吐谷浑、高昌，开四镇。玄宗继收黄河积石、宛秀等军，中国无斥候警者几四十年。轮台、伊吾屯田，禾菽弥望。"《太平广记》卷四八五《东城老父传》记载："河州敦煌道，岁屯田，实边食，余粟转输灵州，漕下黄河，入太原仓，备关中凶年。关中粟麦藏于百姓。天子幸五岳，从官千乘万骑，不食于民。"《唐语林》卷三《夙慧》中也记载："开元初，上留心理道，革去弊讹。不六七年间，天下大理，河清海晏，物殷俗阜，安西诸国悉平为郡县。置开远门，亘地万余里。入河湟之赋税，满右藏；东纳河北诸道租庸，充满左藏。财宝山积，不可胜计。"《全唐文》卷七三四《沈亚之·对贤良方正直言极谏策》也记载："户部其在开元，最为治平。当时西有甘凉六府之饶，东有两河之赋，仰给之卒，不过四五帅，其余利殖所入，尽与齐人。四十年间，富庶滂洋之若是。"《旧唐书》卷一七上《敬宗纪》记载，宝历元年（825年），

---

[1] 张沛：《唐折冲府汇考》，三秦出版社2003年版，第243页。

"两京、河西大稔，敕度支和籴折籴粟二百万石"。以两京地区的人口与土地来推断，这两百万石粟大部分应该来自河西地区。

河西地区的人口，户籍人口加上士兵等，天宝年间大概有三十余万人。《全唐诗》卷一九九《岑参·凉州馆中与诸判官夜集》中有："凉州七里十万家，胡人半解弹琵琶。"这首诗也能大致反映河西地区人口的数量。

安史之乱后，河西地区逐渐为吐蕃控制。《新唐书·吐蕃传上》记载："宝应元年，陷临洮，取秦、成、渭等州。明年，使散骑常侍李之芳、太子左庶子崔伦往聘，吐蕃留不遣。破西山合水城。明年，入大震关，取兰、河、鄯、洮等州，于是陇右地尽亡。"吐蕃占领陇右后，当地仍然存在一定范围的农业。《全唐文》卷七三四《沈亚之·对贤良方正直言极谏策》记载："又尝与戎降人言，自瀚海已东，神乌、敦煌、张掖、酒泉，东至于金城、会宁，东南至于上邽、清水，凡五十郡六镇十五军，皆唐人子孙。生为戎奴婢，田牧种作，或聚居城落之间，或散处野泽之中。及霜露既降，以为岁时，必东望啼嘘。"《新唐书·吐蕃传下》记载："（刘）元鼎逾成纪、武川，抵河广武梁，故时城郭未隳，兰州地皆粳稻，桃、李、榆、柳岑蔚，户皆唐人，见使者麾盖，夹道观。至龙支城，耆老千人拜且泣，问天子安否。"《全唐诗》卷二九八《王建·凉州行》记载："凉州四边沙皓皓，汉家无人开旧道……蕃人旧日不耕犁，相学如今种禾黍。驱羊亦著锦为衣，为惜毡裘防斗时。养蚕缲茧成匹帛，那堪绕帐作旌旗。"表明凉州附近即使是少数民族也逐渐从事农业生产。

晚唐之后河西地区的人口大减。《文献通考·四裔考一二·吐蕃》记载："梁开平二年，遣使朝贡，官其首领。后唐天成二年，遣使者野利延孙等入贡，并蕃僧四人，持蕃书二封，人莫识其字。其后，权知西凉府留后孙超遣大将拓跋承诲来贡，明宗召见。承诲云：'凉州东距灵武千里，西北至甘州五百里，旧有郓人二千五百为戍卒，及黄巢之乱，遂为阻绝。今城中汉户百余，皆戍兵之子孙，衣服言语，略如汉人。'又言：'凉州郭外数十里，尚有汉民陷没者耕作，余皆吐蕃。'……（咸平年间）河西军即古凉州，东至故原州千五百里，南至雪山、土谷浑、兰州界三百五十里，西至甘州同城界六百里，北至部落三百里。周回平川二千里，旧领姑臧、神乌、蕃禾、昌松、嘉麟五县，户二万五千六百九十三，口十二万八千一百九十二。今有汉民三百户，城周回五十里，如凤形，相传李轨旧治也。"虽然唐末河西为归义军控制，农业获得一定发展，"后中原多故，王命不及，甘州为回鹘所并，归义诸城多没"①。

河西农业的发展，主要以绿洲灌溉农业为主。《全唐诗》卷一九九《岑参·敦煌太守后庭歌》中有："太守到来山出泉，黄砂碛里人种田。"《沙州图经卷第一》中也记载："沙州者，古瓜州地其地平川，多沙卤，人以耕稼为业。草木略与东华夏同，其木无椅桐、梓、漆、栝、柏。"②《沙州都督府图经》中也记载："其水西有石山，亦无单木。又东北流八十里，百姓造大堰，号为马圈口。其堰南北一百五十步，阔廿步，高二丈，总开五门，分水以灌田园。荷锸成云，决渠降雨，其腴如泾，其浊如河。加以节气少雨，山谷多雪。立夏之后，山暖雪消，雪水入河，朝减夕涨。其水又东北流卅里，至沙州城，分派溉灌。北流者，名北府。东流者名东河。水东南流者二道。一名神农渠，一名阳开渠。州西北又分一渠，北名都乡渠。又从马圈口分一渠，于州西北流，名宜秋渠。州城四面，水渠侧，流觞曲水，花草果园，豪族士流，家家自足。土不生棘，鸟则无鸮。五谷皆饶，唯无稻黍。其水溉田即尽，更无流派。……宜秋渠，长廿里。右源在州西南廿五里，引甘泉水。两岸修堰十里，高一丈。下阔一丈五尺。其渠下地，宜种晚禾，因号为宜秋渠。孟授渠，长廿里。右据《西凉录》：敦煌太守赵郡孟敏，于州西南十八里于甘泉都乡斗门上开渠溉田，百姓蒙赖，因以为号。阳开渠，长一十五里。右源在州南十里，引甘泉水，旧名中渠。据《西凉录》，刺史杨宣移向上流造五石斗门，堰水溉田。人赖其利，因以为号。"

此外，还有："东泉泽右在州东四十七里。泽内有泉，因以为号。卅里泽，东西十五里，南北五里。右在州北卅里，中有池水，周回二百步，堪沤麻，众人往还，因以里数为号。大井泽，东西卅里，南北廿里。右在州北十五里……二所堰：马圈口堰，右在州西南廿五里，汉元鼎六年造，依马圈山造，因山名焉。其山周回五十步，自西凉已后，甘水湍激，无复此山。长城堰，高一丈五尺，长三丈，阔二丈。右在州东北一百七十里。堰苦水以溉田，承前造堰不成，百姓不得溉灌，刺史李无亏造成，百姓欣庆。……大周圣神皇帝赐无亏长城县开国子，故时人名此堰为长城堰。"五代后汉乾祐二年《沙州城土

①《新唐书·吐蕃传下》。

②郑炳林：《敦煌地理文书汇辑校注》，甘肃教育出版社1989年版，第1页。

境》记载了当地的水渠、甘泉，州西五百里；贰师泉；东盐池，西盐池，北盐池，玉女泉，兴胡泊，张芝池，大泽，曲泽，龙勒水，龙堆全，寿昌海，大渠，石门涧，无卤涧。

　　虽然这些水利设施变化不大，只是记载了沙州周围地区的情况，对于其他地区记载还是比较有限的。隋唐五代时期，屯田与驻军，对当地的植被消耗很大，根据敦煌文书记载，敦煌郡设有专门的草坊，以储藏从绿洲边缘等地收割过来的草。当地寺院也常常储备大量的草料供将来所需。此外，当地居民还要向官方缴纳草籽，即当地沙米、沙蒿等植物的籽粒，用作养马的精饲料；这种行为势必破坏当地植物的繁育。另外，当地人还要缴纳柽柳以及白刺等作为燃料。这些行为，对当地的生态造成了极大的破坏，9 世纪当地流行的《太平颂》中提到："大家互相努力，营农休取柴柽，家园仓库盈满，誓愿饭饱无损。"表明当地对柴柽等的生态功能的认识。①

　　隋唐五代时期，随着土地的开垦，河西地区沙化逐渐严重。总章元年（668 年）在武威设置武威县，神龙元年（705 年），改为神乌县。武威县存在的时间大约有 37 年，其废弃的原因是沙化严重。唐代在石羊河下游设有阴威戍，此地在汉代为宣威县，由县改戍，说明当地不适应大规模人口居住，沙化现象严重。《元和郡县图志·陇右道下》记载："白亭军。凉州西北三千里。管兵一千七百人……白亭军，在县北三百里马城河东岸。旧置守捉，天宝十年哥舒翰改置军，因白亭海为名也。……白亭海，在县东北一百四十里。一名会水，以众水所会，故曰会水。以北有白亭，故曰白亭海。方俗之间，河北得水便名为河，塞外有水便名为海。"白亭军周边地区虽然有水泽，但仅有 1700 名军人，属于军事据点，说明周边地区不适合屯田。

　　隋唐时期，张掖县城址发生了移动，《通典·州郡典四》记载："张掖隋旧县。汉表是县故城在今县西北，又曰昭武县。汉张掖郡城亦在西北。又有汉居延县城，今在县东北，即本匈奴中地名也，亦曰居延塞。"城址的迁徙，当在隋朝时期，主要是沙化的威胁限制了城市的发展。城址迁徙后，隋末唐朝时期，原地沙化逐渐加重。

　　金塔县破城一带，为唐威远守捉城，为军事城堡，周围没有大面积可耕农

---

① 李并成：《河西走廊历史时期沙漠化研究》，科学出版社 2003 年版，第 153—158 页。

田，唐以后即废弃，也无唐以后的遗物，表明此地在唐五代时期已经沙化。马营河，摆浪河下游的古绿洲，唐后期废弃后逐渐沙化，此后没有恢复。疏勒河洪积冲积扇西缘古绿洲东部，在唐末五代时期，也逐渐沙化。此外，芦草沟下游古绿洲东南部，也在唐末五代时期沙化严重。古阳关绿洲，在五代时期开始沙化。[①]

《全唐诗》卷七〇一《王贞白·度关山》中写有："只领千余骑，长驱碛邑间。云州多警急，雪夜度关山。"云州在今山西大同一带，关山在今陕西陇县。此诗写河西军队支援云州，"长驱碛邑间"，反映了河西走廊沙漠化比较严重。

河西地表下为古沙层，当这些地区农田废弃后，土地失去植被的覆盖，风沙活动加强，就地起沙，地表沙化严重。《全唐诗》卷四一九《元稹·和李校书新题乐府十二首·西凉伎》记载："吾闻昔日西凉州，人烟扑地桑柘稠。蒲萄酒熟恣行乐，红艳青旗朱粉楼。楼下当垆称卓女，楼头伴客名莫愁。……一朝燕贼乱中国，河湟没尽空遗丘。开远门前万里堠，今来蓦到行原州。去京五百而近何其逼，天子县内半没为荒陬，西凉之道尔阻修。"此外，《文献通考·舆地考八》中也记载："盖河西之地，自唐中叶以后，一沦异域，顿化为龙荒沙漠之区，无复昔之殷富繁华矣。"这表明河西地区在安史之乱后，随着农业人口减少，地表逐渐沙漠化。

二、毛乌素地区沙漠化

毛乌素沙地位于蒙、陕、宁三省区交界处，包括内蒙古自治区鄂尔多斯市中西部的伊金霍洛旗南部、乌审旗全部、鄂托克前旗东中部、鄂托克前旗东南部，陕西省神木、榆阳、横山、靖边、定边五县区的西部、北部及佳县的西北境，宁夏回族自治区盐池县的东北部。毛乌素地区有古沙层，上面为薄薄的一层土壤层。在秦汉之前，这一地区为游牧地区。秦汉后在此设置郡县，随着人类活动的加剧，北魏之前，毛乌素地区开始出现沙化现象。

隋唐五代时期，在此设置宥州，用来安抚内迁的粟特部落。《新唐书·地理志一》记载："宥州宁朔郡，上。调露元年，于灵、夏南境以降突厥置鲁

---

① 李并成：《河西走廊历史时期沙漠化研究》，科学出版社 2003 年版，第 251—266 页。

州、丽州、含州、塞州、依州、契州，以唐人为刺史，谓之六胡州。长安四年并为匡、长二州。神龙三年置兰池都督府，分六州为县。开元十年复置鲁州、丽州、契州、塞州。十年平康待宾，迁其人于河南及江、淮。十八年复置匡、长二州。二十六年还所迁胡户置宥州及延恩等县，其后侨治经略军。至德二载更郡曰怀德。乾元元年复故名。宝应后废。元和九年于经略军复置，距故州东北三百里。十五年徙治长泽，为吐蕃所破。长庆四年，节度使李祐复奏置。"又《元和郡县图志·关内道四》记载："新宥州，上。本在盐州北三百里。初，调露元年于灵州南界置鲁、丽、含、塞、依、契等六州，以处突厥降户，时人谓之'六胡州'。长安四年并为匡、长二州。神龙三年复置兰池都督府，在盐州白池县北八十里，仍分六州各为一县以隶之。开元十一年，康待宾叛乱，克定后，迁其人于河南、江、淮诸州，二十六年还其余党，遂于此置宥州，以宽宥为名也。后为宁朔郡，领县三：怀德、延恩、归仁。天宝中，宥州寄理经略军，宝应已后，因循遂废，由是昆夷屡来寇扰，党项靡依。元和八年冬，回鹘南过碛，取西城、柳谷路讨吐蕃，西城防御使周怀义表至，朝廷大恐，以为回鹘声言讨吐蕃，意是为寇。……至九年五月，诏复于经略军城置宥州，仍为上州，于州郭下置延恩县为上县，改隶夏绥银观察使，取鄜城神策行营兵马使郑果下兵士并家九千人，以实经略军。"

对于这些粟特部落，唐政府对他们实行编户齐民的管理。《册府元龟·外臣部·征讨》记载："兰池胡久从编附，皆是淳柔百姓，乃同华夏四人。"这种管理的方式意味着六胡州的粟特部落过着半定居的生活。生活在六胡州的人群，贞观二十年前，大致有十八万人；天宝元年，超过七十五万人；此后粟特部落迁徙至其他地区，但党项人迁徙至此地，人口逐渐增长。[①]与此同时，这一地区的畜牧业发展很快。《唐会要》卷七二《马》记载："永隆二年七月十六日，夏州群牧使安元寿奏言，从调露元年九月已后，至二月五日前，死失马一十八万四千九百匹，牛一万一千六百头。""开元二年九月，太常少卿姜晦上疏，请以空名告身于六胡州市马，率三十匹马酬一游击将军……更析八监布于河曲丰旷之野，乃能容之。于斯之时，天下以一缣易一马……元和十一年正

---

① 艾冲：《论唐代前期"河曲"地域各民族人口的数量与分布》，《民族研究》
　　2003年第2期。

月以讨吴元济，命中使以绢万匹市马于河曲。其月，回纥使献橐驼及马，以内库缯绢六万匹偿回纥马直。"《新唐书·兵志》记载："八坊之马为四十八监，而马多地狭不能容，又析八监列布河曲丰旷之野。凡马五千为上监，三千为中监，余为下监。监皆有左、右，因地为之名。方其时，天下以一缣易一马。万岁掌马久，恩信行于陇右。"可见六胡州地区是唐代主要的马匹产地。以安元寿上报数字计算，从调露元年（679 年）九月到永隆二年（681 年）七月，不到二年的时间，损失马一十八万四千九百匹，牛一万一千六百头，若以一半的损失来计算，当时有马近四十万匹，牛近二万头，此外，还有一定数量的羊。另外，当地民间拥有的牛、马、羊数比这个数字更多。人口的增长对森林植被的依赖增强，对牧业也更加依赖，导致当地牧业处在超载之中，对环境的压力很大。沙化现象逐渐严重，宥州城址的迁徙，是对沙化的一种反应。①

实际上，在唐朝中期，毛乌素沙漠起沙已经比较严重。《全唐诗》卷五七《李峤·奉使筑朔方六州城率尔而作》中记载："雄视沙漠垂，有截北海阳。二庭已顿颡，五岭尽来王。驱车登崇墉，顾眄凌大荒。千里何萧条，草木自悲凉。……马牛被路隅，锋镝销战场。"表明六胡州北部沙化比较严重。

《全唐诗》卷二二五《杜甫·秦州杂诗二十首》记载："州图领同谷，驿道出流沙。降虏兼千帐，居人有万家。"秦州在今甘肃天水一带，长安到秦州要经过流沙，此流沙应该属于毛乌素沙漠。

《全唐诗》卷二八二《李益·从军夜次六胡北饮马磨剑石为祝殇辞》中有："我行空碛，见沙之磷磷，与草之幂幂，半没胡儿磨剑石。当时洗剑血成川，至今草与沙皆赤。"同卷《登长城》中也有："汉家今上郡，秦塞古长城。有日云长惨，无风沙自惊。当今圣天子，不战四夷平。"另一首《登夏州城观送行人赋得六胡州儿歌》也记载："故国关山无限路，风沙满眼堪断魂。不见天边青作冢，古来愁杀汉昭君。"《全唐诗》卷二九〇《杨凝·送客往夏州》中也写有："怜君此去过居延，古塞黄云共渺然。沙阔独行寻马迹，路迷遥指戍楼烟。"表明当地沙化比较严重。《全唐诗》卷五五五《马戴·旅次夏州》中记载："嘶马发相续，行次夏王台。锁郡云阴暮，鸣笳烧色来。霜繁边上

---

① 艾冲：《论毛乌素沙漠形成与唐代六胡州土地利用的关系》，《陕西师范大学学报》（哲学社会科学版）2004 年第 3 期。

宿，鬓改碛中回。怅望胡沙晓，惊蓬朔吹催。"《全唐诗》卷六〇三《许棠·五原书事》中记载："碛迥人防寇，天空雁避雕。"又同卷《银州北书事》中记载："南辞采石远，北背乞银深。碛路虽多险，江人不废吟。雕依孤堠立，鸥向迥沙沈。因共边人熟，行行起战心。"表明当地沙化比较多。又同卷《出塞门》中说："步步经戎虏，防兵不离身。山多曾战处，路断野行人。暴雨声同瀑，奔沙势异尘。片时怀万虑，白发数茎新。"表明当地沙尘暴比较严重。此外，《全唐诗》卷五五四《项斯·宁州春思》写有："寒寺稀无雪，春风亦有沙。"宁州一带的风沙，当来自附近的毛乌素沙漠。

唐朝中后期，毛乌素沙漠部分地区沙化进一步发展，《旧唐书·韩全义传》记载："夏州沙碛之地，无耕蚕生业。盛夏移徙，吾所不能。"《全唐文》卷七三七《沈亚之·夏平》中也记载："夏之为郡，南走雍千五十里，涉流沙以阻河，地当朔方，名其郡曰朔方。……夏之属土，广长几千里，皆流沙。属民皆杂虏，虏之多者曰党项，相聚为落于野曰部落。其所业无农桑，事畜马牛羊橐驼。"表明沙化进一步发展，以至于说几千里都是流沙。

毛乌素南部的统万城附近，隋唐五代时期，沙漠进一步发展。统万城附近周边土地表层薄薄的一层土壤，下面就是古沙层，统万城的地基本身建立在沙层之中。[1] 赫连勃勃在建设统万城的过程中，对周边地区的表层土壤以及植被有很大的破坏，加之在此建都后牲畜众多，周边草场出现超载现象。因此，在北朝后期，统万城周边地区就出现了沙漠化的现象。[2]

隋朝时期葬于统万城的叱奴延辉墓志记载："春秋七七薨背。迁葬于砂地南山之阳，西北去夏州统万城十里坟穴。"[3] 可见，统万城北部沙化比较严重。

唐朝时期，还有几方当地的墓志反映了当地的环境情况：永昌元年刘神墓志："合葬于统万城南七里平原……其茔也，东标银崎，西带灵郊，南接塞峦，北连昆浪。"（《榆林碑石》第208页）天册万岁元年王夫人墓志："窆于统万城东十里原，礼也。尔其地势，原野萧迢，亘山川而括地；长河皎洁，惊

---

① 戴应新：《统万城城址勘测记》，《考古》1981年第3期。

② 李文涛：《战争与环境：魏晋南北朝时期的个案研究》，《南都学坛》2016年第5期。

③《叱奴延辉墓志》，康兰英主编：《榆林碑石》，三秦出版社2003年版，第206页。以下引用只注明页码。

巨浪以浮天。叠岫连严，参差蔽日；层峦掩映，奉屼冲云。"（《榆林碑石》第
209 页）徐买墓志："迁葬于统万城东贰拾五里。其地玖皋之奥，形胜难俦。
龟兆相扶，讵过其吉。"（《榆林碑石》第 210 页）安旻，"葬于统万城南贰拾
里。茔域绝妙，参辅之所罕过；蒿里妍华，陆群之中难拟。左顾右昒，叶龙虎
之真容；前望后瞻，合鸟鱼之灵相。背高丘而作镇，崿岩如陵；面沙阜之崎
岖，逦迤成菀。萦纡相映，水陆交缠，乡闾酉渠，是称形胜。"（《榆林碑石》
第 211 页）王玄度，"合葬于夏赫连氏统万城东南原，礼也。沙场万里，远瞰
南庭；坟遂三边，遥临北塞"（《榆林碑石》第 216 页）。臧一，"窆于统万城
朔水之南廿五里原，礼也"（《榆林碑石》第 229 页）。王忠亲墓志，"（贞元廿
一年）权厝于州之东廿里浊水原之……其铭曰：古塞茫茫兮黄沙四起，怀哉
卜玉兮沉殁于此"（《榆林碑石》第 233 页）。

　　统万城隋唐墓志中，其葬地都在统万城的南部，或者东部。[①] 统万城北部
以及西部墓葬少见，可能与当地沙化有关。《新唐书·五行志二》记载："长
庆二年十月，夏州大风，飞沙为堆，高及城堞。"这些飞沙，如果是远距离运
送，则需要很长时间才能"飞沙为堆"，因此，这里的飞沙应当是本地沙。
《全唐诗》卷六〇三《许棠·夏州道中》中有："茫茫沙漠广，渐远赫连城。
堡迥烽相见，河移浪旋生。无蝉嘶折柳，有寇似防兵。不耐饥寒迫，终谁至此
行。"表明统万城周边地区沙化比较严重。

　　不过，据唐代墓志记载，统万城东部有浊水，南部有朔水，水环境比较
好。"萦纡相映，水陆交缠，乡闾酉渠，是称形胜。"当地人认为此地是比较
适合生活的地方。

　　《新唐书·地理志七下》记载了贞元宰相贾耽考证的交通路线："夏州北
渡乌水，经贺麟泽、拔利干泽、过沙，次内横刬、沃野泊、长泽、白城，百二
十里至可朱浑水源。又经故阳城泽、横刬北门、突纥利泊、石子岭，百余里至
阿颣泉。又经大非苦盐池，六十六里至贺兰驿。又经库也干泊、弥鹅泊、榆禄
浑泊，百余里至地颓泽。又经步拙泉故城，八十八里渡乌那水，经胡洛盐池、
纥伏干泉，四十八里度库结沙，一曰普纳沙，二十八里过横水，五十九里至十

①　马强：《出土唐人墓志所见唐代若干环境信息考述》，《历史地理》2016 年第三十三辑
　　（2016 年）。

贲故城，又十里至宁远镇。又涉屯根水，五十里至安乐戍，戍在河西墒，其东墒有古大同城。今大同城，故永济栅也。北经大泊，十七里至金河。又经故后魏沃野镇城，傍金河，过古长城，九十二里至吐俱麟川。傍水行，经破落汗山、贺悦泉，百三十一里至步越多山。又东北二十里至缬特泉。又东六十里至贺人山，山西碛口有诘特犍泊。吐俱麟川水西有城，城东南经拔厥那山，二百三十里至帝割达城。又东北至诺真水汊。又东南百八十七里，经古可汗城至咸泽。又东南经乌咄谷，二百七里至古云中城。又西五十五里有绥远城。皆灵、夏以北蕃落所居。"

结合隋唐墓志以及《新唐书·地理志七》，我们可以发现，统万城周边地区沙化比较严重，但还有大量湖泊，水资源丰富，沙漠并没有连成片。

三、其他地区的沙漠

科尔沁沙漠在北魏已经出现，称之为石漠或者松漠。[1] 隋唐五代时期，随着人口压力的减退，科尔沁沙漠植被得以恢复。内蒙古科尔沁左翼后旗呼斯淖以北沙丘中，发现一座唐末契丹古墓，随葬品有羊骨、铁甬、铁斧、铁铲等。[2] 哲里木盟的契丹墓葬，乌斯吐火葬墓在沙丘中，但有几层桦树皮覆盖。[3] 这些表明，随着人口的减少，当地生态得以恢复。唐朝末期，生活在此地的奚人开始从事农业活动，《新唐书·契丹传》记载：奚人的生活方式为，"稼多穄，已获，窖山下。断木为臼，瓦鼎为馈，杂寒水而食"。农业的发展，促使了后世科尔沁沙漠的扩张。

库布齐沙漠位于内蒙古自治区鄂尔多斯北部，是朔方郡故城所在地，隋唐时期在此设置丰州。丰州适合农业的发展，《旧唐书·唐休璟传》记载："永淳中，突厥围丰州，都督崔智辩战殁。朝议欲罢丰州，徙百姓于灵、夏，休璟以为不可，上书曰：'丰州控河遏贼，实为襟带，自秦、汉已来，列为郡县，

---

① 王万杰、任伯平：《北魏以来的浑善达克沙地和科尔沁沙地》，《太原师范学院学报》（自然科学版）2007 年第 1 期。

② 张柏忠：《科左后旗呼斯淖契丹墓》，《文物》1983 年第 9 期。

③ 张柏忠：《内蒙古哲里木盟发现的几座契丹墓》，《考古》1984 年第 2 期。

田畴良美，尤宜耕牧。隋季丧乱，不能坚守，乃迁徙百姓就宁、庆二州，致使戎羯交侵，乃以灵、夏为边界。贞观之末，始募人以实之，西北一隅，方得宁谧。今若废弃，则河傍之地复为贼有，灵、夏等州人不安业，非国家之利也。'朝廷从其言，丰州复存。"

唐德宗时期，在杨炎的建议下，疏浚陵阳渠以屯田。《旧唐书·杨炎传》记载："又献议开丰州陵阳渠，发京畿人夫于西城就役，闾里骚扰，事竟无成。"《新唐书·食货志三》也记载："建中初，宰相杨炎请置屯田于丰州，发关辅民凿陵阳渠以增溉。"疏浚陵阳渠引起多方面的争议，《新唐书·严郢传》中记载："宰相杨炎请屯田丰州，发关辅民凿陵阳渠，郢习朔边病利，即奏：'旧屯肥饶地，今十不垦一，水田甚广，力不及而废。若发二京关辅民浚丰渠营田，扰而无利。请以内苑莳稻验之，秦地膏腴，田上上，耕者皆畿人，月一代，功甚易，又人给钱月八千，粮不在，然有司常募不能足。合府县共之，计一农岁钱九万六千，米月七斛二斗，大抵岁傮丁三百，钱二千八百八十万，米二千一百六十斛，臣恐终岁获不酬费。况二千里发人出塞，而岁一代乎？又自太原转粮以哺，私出资费倍之，是虚畿甸，事空徭也。'"由于各方面的反对，杨炎的计划没有成功。

不过，此后的李景略在当地兴修水利获得成功。《旧唐书·李景略传》记载："以景略为丰州刺史兼御史大夫，天德军西受降城都防御使。迫塞苦寒，土地卤瘠，俗贫难处。景略节用约己，与士同甘苦，将卒安之。凿咸应、永清二渠，溉田数百顷，公私利焉。廪储备，器械具，政令肃，智略明。二岁后，军声雄冠北边，回纥畏之，天下皆惜其理未尽景略之能。"

杨炎在丰州疏浚水渠没有成功，其主要因素就是当地降水减少，水利资源不足导致。随着屯田的放弃，当地也出现了起沙现象。《全唐诗》卷二七六《卢纶·送饯从叔辞丰州幕归嵩阳旧居》中写有："屯田布锦周千里，牧马攒花溢万群。……丰州闻说似凉州，沙塞晴明部落稠。"又同卷《送刘判官赴丰州（一作赴天德军）》中也写有："衔杯吹急管，满眼起风砂。"表明沙化已经出现。《全唐诗》卷二八三《李益·度破讷沙二首》中说："眼见风来沙旋移，经年不省草生时。莫言塞北无春到，总有春来何处知。破讷沙头雁正飞，鸊鹈泉上战初归。平明日出东南地，满碛寒光生铁衣。"不过《全唐诗》卷二八三《李益·盐州过胡儿饮马泉》中也说："绿杨著水草如烟，旧是胡儿饮马泉。"表明当地水草丰盛，沙化面积并不大。

　　巴丹吉林沙漠在隋唐时期面积比较大，但附近的居延海地区，水草丰盛。《全唐文》卷二〇九《陈子昂·为河内王等论军功表》记载："伏见去月日敕，令同城权置安北都护府，以招纳亡叛，振匈奴之喉。……臣比住同城，周观其地利，又博问谙知山川者，莫不悉备。其地东西及北，皆是大碛，碛并石卤，水草不生，突厥尝所大入，道莫过同城。今居延海泽接张掖河，中间堪营田处数百千顷，水草畜牧，供巨万人。又甘州诸屯，犬牙相接，见所聚粟麦，积数十万，田因水利，种无不收，运到同城，甚省功费。又居延河海多有鱼盐，此所谓强兵用武之国也。"同城，今内蒙古额济纳旗东南一带，唐朝在此权置安北都护府，表明此地虽然沙漠面积比较大，但绿洲面积也不小，适合游牧。

　　隋唐五代时期，哈密东南莫贺延沙地，面积虽广，但还有不少绿洲存在。《全唐文》卷二一九《崔融·拔四镇议》中记载："莫贺延大碛者，伊州在其北，沙州在其南，延袤向二千里，中闲水草不生焉。每灾，风横沙，石飞吼，行人昼看朽骨，以知道路；夜视斗柄，以辨方隅。往往遇驼泉，时时得马酒，而后度焉，盖驼马死者十四五，人畜疲极。"《全唐文》卷二二八《张说·赠太尉裴公神道碑》："公之送波斯也，入莫贺延碛中，遇风沙大起，天地暝晦，引导皆迷，因命息徒，至诚虔祷，徇于众曰：'井泉不远。'须臾，风止氛开，有香泉丰草，宛在营侧，后来之人，莫知其处。"可见莫贺延沙地还存在水草茂盛的绿洲。

　　隋唐五代时期，随着气候逐渐湿润，罗布泊周围环境得到改善。《沙州都督府图经》记载："蒲昌海五色：大周天授二年（691年）腊月，得石城镇将康拂耽延弟地舍拨状称，其蒲昌海水，旧来浊黑混杂，自从八月以来，水清明彻底，其水五色。得老人及天竺婆罗门云：'中国有圣天子，海水即清，无波。奴身等欢乐，望请奏圣人知者。'刺史李无亏表云："淮海水五色，大瑞。谨检《瑞应图·礼升威仪》云：'人君乘土而王，其政太平，则河俛［海］夷也。天应魏国，当涂之兆，明土德之昌。'"这可能是当地生态环境改变的结果。也可能是水流来源改变的结果，即塔里木河与孔雀河分流，只有水质清澈的孔雀河水流入罗布泊。[①]

---

① 黄文弼：《罗布淖尔水道之变迁及历史上的河源问题》，《西域史地考古论集》，商务印书馆2015年版。

　　罗布泊在隋唐时期发生了南移。《新唐书·地理志七下》记载："又一路自沙州寿昌县西十里至阳关故城，又西至蒲昌海南岸千里。自蒲昌海南岸，西经七屯城，汉伊修城也。又西八十里至石城镇，汉楼兰国也，亦名鄯善，在蒲昌海南三百里，康艳典为镇使以通西域者。又西二百里至新城，亦谓之弩支城，艳典所筑。又西经特勒井，渡且末河，五百里至播仙镇，故且末城也，高宗上元中更名。又西经悉利支井、祆井、勿遮水，五百里至于阗东兰城守捉。又西经移杜堡、彭怀堡、坎城守捉，三百里至于阗。"

　　《寿昌县地境》记载："故屯城，在石城西北。蒲昌海，在石城镇东北三百廿里，其海周广四百里。"

　　以上可知汉代的罗布泊，在楼兰城的东北部；而隋唐五代的罗布泊，在楼兰城的西南部。这种位置的变化，主要是因为楼兰城的北部地区逐渐被遗弃，出现了严重的沙化现象。《寿昌县地境》内说："石城，本汉楼兰国……随置善鄯镇。随乱，其地乃空。自贞观中康国大首领康艳典东据此城，胡人随之，因城聚落，名其城曰'兴谷城'，四面并茫沙卤。上元二年，改为石城镇，属沙州。"《太平寰宇记》卷一五六《陇右道七》引隋裴矩《西域记》云："自高昌东南去瓜州一千三百里，并沙碛，乏水草，人难行，四面茫茫，道路不可准记。惟以六畜骸骨及驼马粪为标验，以知道路。若大雪，即不能行。兼有魑魅，以是商客往来多取伊吾路。"《大唐西域记》卷一二记载："唯趣城路仅得通行。故往来者莫不由此城焉。而瞿萨旦那以为东境之关防也从此东行入大流沙。沙则流漫聚散随风。人行无迹，遂多迷路。四远茫茫，莫知所指。是以往来者聚遗骸以记之。乏水草，多热风。风起则人畜惛迷。因以成病。时闻歌啸，或闻号哭。视听之间，恍然不知所至。由此屡有丧亡。盖鬼魅之所致也。行四百余里至睹货逻故地。国久空旷，城皆荒芜。从此东行六百余里至折摩驮那故国。即沮末地也。城郭岿然，人烟断绝。复此东北行千余里至纳缚波故国。即楼兰地也。"玄奘出国时经过楼兰时，当地风沙严重。故而可知，在隋唐五代时期，罗布泊东北地区沙化现象比较严重。

　　腾格里沙漠在北魏时期已经出现了沙化现象。《魏书·刁雍传》记载："奉诏高平、安定、统万及臣所守四镇，出车五千乘，运屯谷五十万斛付沃野镇，以供军粮。臣镇去沃野八百里，道多深沙，轻车来往，犹以为难。设令载谷，不过二十石，每涉深沙，必致滞陷。又谷在河西，转至沃野，越度大河，计车五千乘，运十万斛，百余日乃得一返，大废生民耕垦之业。"表明腾格里沙漠东部已经形成。在隋唐五代时期，腾格里沙漠有扩大化趋势。《全唐诗》卷七〇一《王贞白·晓发萧关》中写有："早发长风里，边城曙色间。数鸿寒背碛，片月落临关。陇上明星没，沙中夜探还。归程不可问，几日到家山。"萧关在今宁夏固原，我们不知道作者从哪里出的大萧关，但一天行走距离也不会太远。说明固原附近沙漠化已经比较严重了。

　　另外，关中地区的沙苑，在隋唐五代时期沙化比较严重。《全唐诗》卷五七三《贾岛·送殷侍御赴同州》中写有："冯翊蒲西郡，沙冈拥地形。中条全离岳，清渭半和泾。"《全唐诗》卷六〇三《许棠·宿同州厉评事旧业寄华下》中写有："从戎依远地，无日见家山。地近风沙处，城当甸服间。"《全唐文》卷六五一《元稹·同州奏均田状》中写有："又近河诸县，每年河路吞侵，沙苑侧近，日有沙砾填掩，百姓税额已定，皆是虚额征率。"

第二节　隋唐五代时期地貌的变化

隋唐五代时期，水利的建设，一方面有利于当地农业的发展，另一方面重塑了当地的地貌景观。

一、关内道水利建设

关内道区域包括关中地区以及西北地区。隋朝，"（开皇二年）三月戊申，开渠，引杜阳水于三畤原……（开皇四年六月）壬子，开渠，自渭达河以通运漕"①。"征为开漕渠大监。部率水工，凿渠引渭水，经大兴城北，东至于潼关，漕运四百余里。关内赖之，名之曰富民渠。"②

唐朝在关内道修建水利比较多。《新唐书·地理志一》记载："郑，望。西南二十三里有利俗渠，引乔谷水，东南十五里有罗文渠，引小敷谷水，支分溉田，皆开元四年诏陕州刺史姜师度疏故渠，又立堤以捍水害。"郑，在今陕西渭南市华州区一带。

华阴，"有漕渠，自苑西引渭水，因古渠会灞、浐，经广运潭至县入渭，天宝三载韦坚开；西二十四里有敷水渠，开元二年，姜师度凿，以泄水害，五年，刺史樊忱复凿之，使通渭漕"。"下邽，望。东南二十里有金氏二陂，武德二年引白渠灌之，以置监屯。"

"朝邑，望。北四里有通灵陂，开元七年，刺史姜师度引洛堰河以溉田百余顷。"

韩城，"武德七年，治中云得臣自龙门引河溉田六千余顷"。

---

① 《隋书·高祖纪上》。

② 《隋书·郭衍传》。

郃阳，"有阳班湫，贞元四年堰沔谷水成"。

宝鸡，"东有渠引渭水入升原渠，通长安故城，咸通三年开"。

虢，"东北十里有高泉渠，如意元年开，引水入县城；又西北有升原渠，引汧水至咸阳，垂拱初运岐、陇水入京城"。

汧源，"有五节堰，引陇川水通漕，武德八年，水部郎中姜行本开，后废"。

回乐，"有特进渠，溉田六百顷，长庆四年诏开"。

会宁，"有黄河堰，开元七年，刺史安敬忠筑，以捍河流"。

朔方，"贞元七年开延化渠，引乌水入库狄泽，溉田二百顷"。

九原，"永徽四年置。有陵阳渠，建中三年浚之以溉田，置屯，寻弃之。有咸应、永清二渠，贞元中，刺史李景略开，溉田数百顷"。

凉州（治所在今甘肃武威一带），"徙拜凉州都督府长史，仍知赤水军兵马河西诸军支度使。地壮伏龙，城雄飞鸟，位居半刺，总管三边。公乃利沟洫，懋蒹葭，庤茭藁，积糇粮，均转输，程力役，宽御悦使，授方任能，人胥忘其久劳，兵不远其长道。虽金方气候，风雨不交之地；碛路沙霾，草木不植之所，莫不丰滞穗于垌牧，厌甘瓜于戍时"（《全唐文》卷二二八《张说·河州刺史冉府君神道碑》）。

河州（治所在今甘肃临夏一带），"河州军镇要卫，屯田最多，卿以足食为心，朕无西顾之忧矣"（《全唐文》卷二二八《张说·河州刺史冉府君神道碑》）。

《文献通考》卷六《田赋考六·水利田》记载："周显德五年，以尚书司勋郎中何幼冲为开中渠堰使，命于雍、耀二州界疏泾水以溉田。"

二、河北道地区水利

唐河北道区域包括今山东黄河以北、河北大部以及河南、山西、北京、天津、辽宁部分地区。

隋朝时期，"先是，兖州城东沂、泗二水合而南流，泛滥大泽中，胄遂积石堰之，使决令西注，陂泽尽为良田。又通转运，利尽淮海，百姓赖之，号为薛公丰兖渠"①。

《新唐书·地理志三》记载："河阴，望。有梁公堰，在河、汴间，开元二年，河南尹李杰因故渠浚之，以便漕运。"

济源，"有枋口堰，大和五年，节度使温造浚古渠，溉济源、河内、温、武陟田五千顷"。

修武，"西北二十里有新河，自六真山下合黄丹泉水南流入吴泽陂，大中年，令杜某开"。

贵乡，"有西渠，开元二十八年，刺史卢晖徙永济渠，自石灰窠引流至城西，注魏桥，以通江、淮之货"。

安阳，"西二十里有高平渠，刺史李景引安阳水东流溉田，入广润陂，咸亨三年开"。

邺，"南五里有金凤渠，引天平渠下流溉田，咸亨三年开"。

尧城，"北四十五里有万金渠，引漳水入故齐都领渠以溉田，咸亨三年开"。

临漳，"南有菊花渠，自邺引天平渠水溉田，屈曲经三十里；又北三十里有利物渠，自滏阳下入成安，并取天平渠水以溉田。皆咸亨四年令李仁绰开"。

黎阳，"有新河，元和八年，观察使田弘正及郑滑节度使薛平开，长十四里，阔六十步，深丈有七尺，决河注故道，滑州遂无水患"。

经城，"西南四十里有张甲河，神龙三年，姜师度因故渎开"。

平乡，"贞元中，刺史元谊徙漳水，自州东二十里出，至巨鹿北十里入故河"。

鸡泽，"有漳、洺南堤二，沙河南堤一，永徽五年筑"。

获鹿，"东北十里有大唐渠，自平山至石邑，引太白渠溉田；有礼教渠，总章二年，自石邑西北引太白渠东流入真定界以溉田；天宝二年，又自石邑引大唐渠东南流四十三里入太白渠"。

信都，"东二里有葛荣陂，贞观十一年，刺史李兴公开，引赵照渠水以注之"。

南宫，"西五十九里有浊漳堤，显庆元年筑；有通利渠，延载元年开"。

---

① 《隋书·薛胄传》。

堂阳，"西南三十里有渠，自巨鹿入县境，下入南宫，景龙元年开。西十里有漳水堤，开元六年筑"。

武邑，"北三十里有衡漳右堤，显庆元年筑"。

衡水，"南一里有羊令渠，载初中，令羊元珪引漳水北流，贯城注隍"。

平棘，"东二里有广润陂，引太白渠以注之，东南二十里有毕泓，皆永徽五年令弓志元开，以畜泄水利"。

宁晋，"西南有新渠，上元中，令程处默引洨水入城以溉田，经十余里，地用丰润，民食乃甘"。

昭庆，"城下有澧水渠，仪凤三年，令李玄开，以溉田通漕"。

柏乡，"西有千金渠、万金堰，开元中，令王佐所浚筑，以疏积潦"。

清池，"西北五十五里有永济堤二，永徽二年筑；西四十五里有明沟河堤二，西五十里有李彪淀东堤及徒骇河西堤，皆三年筑；西四十里有衡漳堤二，显庆元年筑；西北六十里有衡漳东堤，开元十年筑；东南二十里有渠，注毛氏河，东南七十里有渠，注漳，并引浮水，皆刺史姜师度开；西南五十七里有无棣河，东南十五里有阳通河，皆开元十六年开；南十五里有浮河堤、阳通河堤，又南三十里有永济北堤，亦是年筑"。

无棣，"有无棣沟通海，隋末废，永徽元年，刺史薛大鼎开"。

东光，"南二十里有靳河，自安陵入浮河，开元中开"。

平昌，"有马颊河，久视元年开，号'新河'"。

河间，"西北百里有长丰渠，二十一年，刺史朱潭开。又西南五里有长丰渠，开元二十五年，刺史卢晖自束城、平舒引滹沱东入淇通漕，溉田五百余顷"。

任丘，"有通利渠，开元四年，令鱼思贤开，以泄陂淀，自县南五里至城西北入滱，得地二百余顷"。

渔阳，"神龙元年隶营州，开元四年还隶幽州。有平虏渠傍海穿漕，以避海难，又其北涨水为沟，以拒契丹，皆神龙中沧州刺史姜师度开。三河，中。开元四年析潞置。北十二里有渠河塘。西北六十里有孤山陂，溉田三千顷"。

三、河东道的水利建设

河东道所辖区域包括今山西全境以及河北西北部地区。

《新唐书·地理志三》记载:

虞乡,"北十五里有涑水渠,贞观十七年,刺史薛万彻开,自闻喜引涑水下入临晋"。

龙门,"北三十里有瓜谷山堰,贞观十年筑;东南二十三里有十石垆渠,二十三年,县令长孙恕凿,溉田良沃,亩收十石;西二十一里有马鞍坞渠,亦恕所凿"。

临汾,"东北十里有高梁堰,武德中引高梁水溉田,入百金泊。贞观十三年为水所坏。永徽二年,刺史李宽自东二十五里夏柴堰引滩水溉田,令陶善鼎复治百金泊,亦引滩水溉田。乾封二年堰坏,乃西引晋水"。

曲沃,"东北三十五里有新绛渠,永徽元年,令崔翳引古堆水溉田百余顷"。

闻喜,"东南三十五里有沙渠,仪凤二年,诏引中条山水于南坡下,西流经十六里,溉涑阴田"。

文水,"西北二十里有栅城渠,贞观三年,民相率引文谷水,溉田数百顷;西十里有常渠,武德二年,汾州刺史萧颎引文水南流入汾州;东北五十里有甘泉渠,二十五里有荡沙渠,二十里有灵长渠、有千亩渠俱引文谷水,传溉田数千顷,皆开元二年令戴谦所凿"。

河阳,"有池,永徽四年引济水涨之,开元中以畜黄鱼"。

此外,在猗氏,《全唐文》卷三七一《李轸·泗州刺史李君神道碑》中记载:"君之临猗氏也,莱田数十里,上蔽荆榛,下辟舄卤,逋逃夜聚,豺狼晓嗥。……乃寻斧于拱木,疏凿于涑川,化草莽为陂塘,变硗确为坟壤。"

在太原附近,《全唐文》卷五〇七《权德舆·司徒兼侍中上柱国北平郡王赠太傅马公行状》记载:"公初旋师也,以晋阳大卤,用武之地,北蕃东夏,且有外虞,而都城之东,平坦受敌,乃股引汾、晋二川,涨为平湖,能顺地泐,以导水势。守陴者岁减其役,滨河者日厚其生,而又广堤浚池,密树如织,金汤自固,板干不勤,其明智善利之及人也如此。"

四、河南道水利建设

河南道管辖区域包括山东、河南黄河以南地区以及安徽、江苏淮河以北区域。

《新唐书·地理志二》记载:

河南,"有洛漕新潭,大足元年开,以置租船。龙门山东抵天津,有伊水石堰,天宝十载,尹裴迥置"。

陕,"有南、北利人渠,南渠,贞观十一年太宗东幸,使武侯将军丘行恭开;有陕城宫;有广济渠,武德元年,陕东道大行台金部郎中长孙操所开,引水入城,以代井汲"。

弘农,"南七里有渠,贞观元年,令元伯武引水北流入城"。

汝阴,"南三十五里有椒陂塘,引润水溉田二百顷,永徽中,刺史柳宝积修"。

颍上,"西北百二十里有大崇陂,八十里有鸡陂,六十里有黄陂,东北八十里有湄陂,皆隋末废,唐复之,溉田数百顷"。

西华,"有邓门废陂,神龙中,令张余庆复开,引颍水溉田"。

新息,"西北五十里有隋故玉梁渠,开元中,令薛务增浚,溉田三千余顷"。

开封,"有湛渠,载初元年引汴注白沟,以通曹、兖赋租"。

陈留,"武德四年置。有观省陂,贞观十年,令刘雅决水溉田百顷"。

涟水,"有新漕渠,南通淮,垂拱四年开,以通海、沂、密等州"。

盱眙,"有直河,太极元年,敕使魏景清引淮水至黄土冈,以通扬州"。

钟离,"南有故千人塘,乾封中修以溉田"。

符离,"东北九十里有隋故牌湖堤,灌田五百余顷,显庆中复修"。

虹,"有广济新渠,开元二十七年,采访使齐澣开,自虹至淮阴北十八里入淮,以便漕运,即成,湍急不可行,遂废"。

北海,"长安中,令窦琰于故营丘城东北穿渠,引白浪水曲折三十里以溉田,号窦公渠"。

即墨,"东南有堰,贞观十年,令仇源筑,以防淮涉水"。

莱芜,"西北十五里有普济渠,开元六年,令赵建盛开"。

朐山,"东二十里有永安堤,北接山,环城长七里,以捍海潮,开元十四年,刺史杜令昭筑"。

承,"有陂十三,畜水溉田,皆贞观以来筑"。

隋朝时期,"后迁怀州刺史,决沁水东注,名曰利民渠,又派入温县,名曰温润渠，以溉舄卤，民赖其利"①。怀州，安史之乱后，杨承仙任怀州刺史后兴修水利，恢复经济。《全唐文》卷三九〇《独孤及·唐故开府仪同三司试太常卿怀州刺史赠太子少傅杨公遗爱碑颂（并序）》记载："吊其疮痍，为剪荆棘，省事节用，宽其征而均其力。然后浚决古沟，引丹水以溉田，田之污莱，遂为沃野，衣食河内数千万口。"

邓州一带，也兴修了水利。《全唐文》卷三七一《李轸·泗州刺史李君神道碑》中记载："荐为邓州司马兼陆门堰稻田使。君乃溪白水之口，壅樊阳之陂，筑埇云屯。叠石山积，树楗立则，截流施局。制蓄泄之门，为水府之权；分血脉之经纬，为农夫之司命。条流百道，浸润七邑，疆畦绮错，稼穑龙鳞，田畴之歌，何独子产?"

寿春一带也有水利建设。《全唐文》卷三一三《孙逖·东都留守韦虚心神道碑》中记有："尔其富人兴利，导俗闲邪，于寿春则引芍陂以溉田，于庐江则县舒城以止盗。茭牧之地，实生稻粱；萑蒲之泽，遂均庐井，此即信臣之方略、少卿之理化也。"

五、山南道水利建设

山南道所辖地区为四川嘉陵江以东，秦岭—嶓冢山以南，伏牛山西南，涢水以西，自重庆至岳阳之间的长江以北地区。

《新唐书·地理志四》记载：

江陵，"贞元八年，节度使嗣曹王皋塞古堤，广良田五千顷，亩收一钟。又规江南废洲为庐舍，架江为二桥。荆俗饮陂泽，乃教人凿井，人以为便"。

武陵，"北有永泰渠，光宅中，刺史胡处立开，通漕，且为火备；西北二十七里有北塔堰，开元二十七年，刺史李璡增修，接古专陂，由黄土堰注白马湖，分入城隍及故永泰渠，溉田千余顷；东北八十九里有考功堰，长庆元年，刺史李翱因故汉樊陂开，溉田千一百顷；又有右史堰，二年，刺史温造增修，开后乡渠，经九十七里，溉田二千顷；又北百一十九里有津石陂，本圣历初，令崔嗣业开，翱、造亦从而增之，溉田九百顷。翱以尚书考功员外郎，造以起

---

①《隋书·卢贲传》。

居舍人，出为刺史，故以官名。东北八十里有崔陂，东北三十五里有槎陂，亦嗣业所修以溉田，后废。大历五年，刺史韦夏卿复治槎陂，溉田千余顷。十三年以堰坏遂废"。

竟陵，"有石堰渠，咸通中，刺史董元素开"。

六、剑南道的水利建设

剑南道所辖区域包括四川西南部，云南、贵州部分地区以及甘肃文县一带。

《新唐书·地理志》记载：

九陇，"武后时，长史刘易从决唐昌沱江，凿川派流，合堋口埌歧水溉九陇、唐昌田，民为立祠"。

导江，"有侍郎堰，其东百丈堰，引江水以溉彭、益田；龙朔中筑；又有小堰，长安初筑"。

新津，"西南二里有远济堰，分四筒穿渠，溉眉州通义、彭山之田，开元二十八年，采访使章仇兼琼开"。

雒，"贞元末，刺史卢士珵立堤堰，溉田四百余顷"。

彭山，"有通济大堰一，小堰十，自新津中江口引渠南下，百二十里至州西南入江，溉田千六百顷，开元中，益州长史章仇兼琼开"。

青神，"大和中，荣夷人张武等百余家请田于青神，凿山酾渠，溉田二百余顷"。

盘石，"北七十里有百枝池，周六十里，贞观六年，将军薛万彻决东使流"。

巴西，"南六里有广济陂，引渠溉田百余顷，垂拱四年，长史樊思孝、令夏侯奭因故渠开"。

魏城，"北五里有洛水堰，贞观六年引安西水入县，民甚利之"。

罗江，"北五里有茫江堰，引射水溉田入城，永徽五年，令白大信置；北十四里有杨村堰，引折脚堰水溉田，贞元二十一年，令韦德筑"。

神泉，"北二十里有折脚堰，引水溉田，贞观元年开"。

龙安，"上，东南二十三里有云门堰，决茶川水溉田，贞观元年筑"。

阴平，"上，西北二里有利人渠，引马阁水入县溉田，龙朔三年，令刘凤仪开，宝应中废，后复开，景福二年又废"。

籍，"永徽四年析贵平置。东五里有汉阳堰，武德初引汉水溉田二百顷，后废，文明元年，令陈充复置，后又废"。

七、江南道的水利建设

江南道辖今江西、湖南、浙江、福建等省及江苏、安徽两省的长江以南地区，以及湖北、重庆、四川等省市长江以南的部分区域和贵州部分区域。

隋朝时期，"（轨）寻转寿州总管长史。芍陂旧有五门堰，芜秽不修。轨于是劝课人吏，更开三十六门，灌田五千余顷，人赖其利"[1]。

《新唐书·地理志》记载：

江都，"东十一里有雷塘，贞观十八年，长史李袭誉引渠，又筑勾城塘，以溉田八百顷；有爱敬陂水门，贞元四年，节度使杜亚自江都西循蜀冈之右，引陂趋城隅以通漕，溉夹陂田；宝历二年，漕渠浅，输不及期，盐铁使王播自七里港引渠东注官河，以便漕运"[2]。

高邮，"有堤塘，溉田数千顷，元和中，节度使李吉甫筑"。

山阳，"有常丰堰，大历中，黜陟使李承置以溉田"。

宝应，"西南八十里有白水塘、羡塘，证圣中开，置屯田；西南四十里有徐州泾、青州泾，西南五十里有大府泾，长庆中兴白水塘屯田，发青、徐、扬州之民以凿之，大府即扬州；北四里有竹子泾，亦长庆中开"。

淮阴，"南九十五里有棠梨泾，长庆二年开"。

乌江，"东南二里有韦游沟，引江至郭十五里，溉田五百顷，开元中，丞韦尹开，贞元十六年，令游重彦又治之，民享其利，以姓名沟"。

---

[1]《隋书·循吏传·赵轨传》。

[2]《大唐新语》卷三《清廉》记载："李袭誉，江淮俗尚商贾，不事农业，及誉为扬州，引雷陂水，又筑勾城塘，以灌溉田八百余顷。"《全唐文》卷四九六《权德舆·大唐银青光禄大夫检校司徒同中书门下平章事太清宫及度支诸道盐铁转运等使崇文馆大学士上柱国岐国公杜公淮南遗爱碑铭（并序）》中记载："又潴雷陂，以溉稆地，酾引新渠，汇于河流，皆省工费，而宏利泽。"

安丰，"东北十里有永乐渠，溉高原田，广德二年宰相元载置，大历十三年废"。

光山，"西南八里有雨施陂，永徽四年，刺史裴大觉积水以溉田百余顷"。

丹杨，"有练塘，周八十里，永泰中，刺史韦损因废塘复置，以溉丹杨、金坛、延陵之田，民刻石颂之"。又《全唐文》卷三一四《李华·润州丹阳县复练塘颂（并序）》中记载："大江具区惟润州，其薮曰练湖。幅员四十里，菰蒲菱芡之多，龟鱼鳖蠯之生，厌饫江淮，膏润数州。其傍大族强家，泄流为田，专利上腴，亩收倍钟，富剧淫衍。自丹阳、延陵、金坛环地三百里，数合五万室，旱则悬耜，水则具舟，人罹其害九十余祀，凡经上司纷纷与夺八十一断。……人不俟召，呼抃从役，畚锸盖野，浚阜成溪。增理故塘，缭而合之，广湖为八十里，象月之规，侔金之固。"

金坛，"东南三十里有南、北谢塘，武德二年，刺史谢元超因故塘复置以溉田"。

句容，"西南三十里有绛岩湖，麟德中，令杨延嘉因梁故堤置，后废，大历十二年，令王昕复置，周百里为塘，立二斗门以节旱暵，开田万顷"。

武进，"西四十里有孟渎，引江水南注通漕，溉田四千顷，元和八年，刺史孟简因故渠开"。

无锡，"南五里有泰伯渎，东连蠡湖，亦元和八年孟简所开"。

海盐，"有古泾三百，长庆中令李谔开，以御水旱；又西北六十里有汉塘，大和七年开"。

乌程，"东百二十三里有官池，元和中刺史范传正开。东南二十五里有陵波塘，宝历中刺史崔玄亮开。北二里有蒲帆塘，刺史杨汉公开"。

长城，"有西湖，溉田三千顷，其后堙废，贞元十三年，刺史于頔复之，人赖其利"。

安吉，"北十七里有石鼓堰，引天目山水溉田百顷，皆圣历初令钳耳知命置"。

钱塘，"南五里有沙河塘，咸通二年刺史崔彦曾开"。

余杭，"南五里有上湖，西二里有下湖，宝历中，令归珧因汉令陈浑故迹置；北三里有北湖，亦珧所开，溉田千余顷。珧又筑甬道，通西北大路，高广径直百余里，行旅无山水之患"。

富阳，"北十四里有阳陂湖，贞观十二年令郝某开；南六十步有堤，登封元年令李浚时筑，东自海，西至于苋浦，以捍水患，贞元七年，令郑早又增修之"。

於潜，"南三十里有紫溪水溉田，贞元十八年令杜泳开，又凿渠三十里，以通舟楫"。

新城，"北五里有官塘，堰水溉田；有九澳，永淳元年开"。

山阴，"北三十里有越王山堰，贞元元年，观察使皇甫政凿山以畜泄水利，又东北二十里作朱储斗门；北五里有新河，西北十里有运道塘，皆元和十年观察使孟简开；西北四十六里有新迳斗门，大和七年观察使陆亘置"。

诸暨，"东二里有湖塘，天宝中令郭密之筑，溉田二十余顷"。

上虞，"西北二十七里有任屿湖，宝历二年令金尧恭置，溉田二百顷；北二十里有黎湖，亦尧恭所置"。

鄞，"南二里有小江湖，溉田八百顷，开元中令王元纬置，民立祠祀之；东二十五里有西湖，溉田五百顷，天宝二年令陆南金开广之；西十二里有广德湖，溉田四百顷，贞元九年，刺史任侗因故迹增修；西南四十里有仲夏堰，溉田数千顷，大和六年刺史于季友筑"。

侯官，"西南七里有洪塘浦，自石㟁江而东，经甓湛至柳桥，以通舟楫，贞元十一年观察使王翃开"。

连江，"东北十八里有材塘，贞观元年筑"。

晋江，"北一里有晋江，开元二十九年，别驾赵颐贞凿沟通舟楫至城下；东一里有尚书塘，溉田三百余顷，贞元五年刺史赵昌置，名常稔塘，后昌为尚书，民思之，因更名；西南一里有天水淮，灌田百八十顷，大和三年刺史赵棨开"。

莆田，"西一里有诸泉塘，南五里有沥浔塘，西南二里有永丰塘，南二十里有横塘，东北四十里有颉洋塘，东南二十里有国清塘，溉田总千二百顷，并贞观中置；北七里有延寿陂，溉田四百余顷，建中年置"。

宣城，"东十六里有德政陂，引渠溉田二百顷，大历二年观察使陈少游置"。

南陵，"有大农陂，溉田千顷，元和四年，宁国令范某因废陂置，为石堰三百步，水所及者六十里；有永丰陂，在青弋江中，咸通五年置"。

南昌，"县南有东湖，元和三年，刺史韦丹开南塘斗门以节江水，开陂塘以溉田"。

建昌，"南一里有捍水堤，会昌六年摄令何易于筑；西二里又有堤，咸通二年令孙永筑"。

浔阳，"南有甘棠湖，长庆二年刺史李渤筑，立斗门以蓄泄水势；东有秋水堤，大和三年刺史韦珩筑，西有断洪堤，会昌二年刺史张又新筑，以窒水害"。

都昌，"南一里有陈令塘，咸通元年令陈可夫筑，以阻潦水"。

永兴，"北有长乐堰，贞元十三年筑"。

宜春，"西南十里有李渠，引仰山水入城，刺史李将顺凿"。

此外，在润州，《旧唐书·文苑传中·齐澣传》记载："润州北界隔吴江，至瓜步沙尾，纡汇六十里，船绕瓜步，多为风涛之所漂损。澣乃移其漕路，于京口塘下直渡江二十里，又开伊娄河二十五里，即达扬子县。自是免漂损之灾，岁减脚钱数十万。又立伊娄埭，官收其课，迄今利济焉。"

马令《南唐书》卷三《嗣主书》记载，保大十一年（953年），"冬十月，筑楚州白水塘以溉田，命州县陂塘堙废者修复之"。

除了兴修水利外，隋唐五代时期还注重堤防建设。在泾水流域，《全唐文》卷三二六《王维·京兆尹张公德政碑》记载："唯泾有防，比岁多决，近县疲于力役，他山匮于度材。公命刮朽壤，填巨石，办大木，去编营。其始告劳，乃终有庆。"

汉水的下游，也多次进行堤防建设。《全唐文》卷七二四《李鹗·徐襄州碑》记载："汉南数郡，常患江水为灾，每至暑雨漂流，则邑居危垫。筑土环郡，大为之防，绕城堤四十三里。非独筑溺是惧，抑亦工役无时，岁多艰忧，人倦追集。公乃详究本末，寻访源流，遂加高沙堤，拥扼散流之地。于是豁其穴口，不使增修，合入蜀江，潴成云梦，是则江汉终古不得与襄人为患矣。"《新唐书·卢钧传》记载："会昌中，汉水害襄阳，拜钧山南东道节度使，筑堤六千步，以障汉暴。"表明汉水下游江堤多次修建。

隋唐五代时期，海平面发生了变化。沉积物分析表明，在唐朝早中期，江苏吴江海平面上升明显；唐末五代时期，海平面下降。[①] 江苏大丰、盐城等地

---

① 王文等：《江苏吴江地区近2000年来的海面波动》，《江苏地质》1996年第1期。

的高潮位比现今高 1 米以上，是海平面上升的阶段。[1] 盐城地区的古水井表明，隋唐时期海面逐渐上升，至公元 700 年左右的中唐时期，海面达到最高，为东汉至明代之间的最高时期。到公元 900 左右的晚唐五代时期，海平面又逐渐下降。[2]

《元和郡县图志·河南道七》记载："海州……东至海二十里。""东海县……大海，在县东二十八里。"《元丰九域志·淮南路》记载："海州……东至海五十二里。"表明从唐代中期开始，海平面逐渐下降。

隋唐五代时期，海平面上升对沿海土地以及盐场造成了威胁，各地新修海塘以抵御海平面上升以及风暴潮的威胁。

《新唐书·地理志五》记载：盐官，"有捍海塘堤，长百二十四里，开元元年重筑"。会稽，"东北四十里有防海塘，自上虞江抵山阴百余里，以畜水溉田，开元十年令李俊之增修，大历十年观察使皇甫温、大和六年令李左次又增修之"。闽，"东五里有海堤，大和二年令李茸筑。先是，每六月潮水咸卤，禾苗多死，堤成，潴溪水殖稻，其地三百户皆良田"。长乐，"东十里有海堤，大和七年令李茸筑，立十斗门以御潮，旱则潴水，雨则泄水，遂成良田"。

在楚州，据《旧唐书·李承传》记载："寻为淮南西道黜陟使，奏于楚州置常丰堰以御海潮，屯田瘠卤，岁收十倍，至今受其利。"

《吴越备史》卷二记载了五代时期吴越王钱镠修建海塘的经过："（开平四年）八月，始筑捍海塘。王因江涛冲激，命强弩以射涛头，遂定其基，复建候潮、通江等城门。初定其基，而江涛昼夜冲激沙岸，板筑不能就。王命强弩五百，以射潮头，又亲筑胥山祠，仍为诗一章，函钥置于海门。其略曰：'为报龙神并水府，钱塘借取筑钱城。'既而潮头遂趋西陵。王乃命运巨石，盛以竹笼，植巨材捍之，城基始定。其重濠累堑，通衢广陌，亦由是而成焉。"

海塘的修建，有利于当地经济的发展，也改变了当地的环境。

---

[1] 杨达源、鹿化煜等：《江苏中部沿海近 2000 年来的海面变化》，《科学通报》1991 年第 20 期。

[2] 申洪源、朱诚：《盐城地区东汉至明代古水井变化与海面波动 NSH》，《海洋地质动态》2004 年第 3 期。

第六章

隋唐五代时期的矿物环境

隋唐五代时期，随着经济的发展，矿物资源进一步得到开发利用，一方面促进了经济的发展，另一方面也对环境产生了影响。

第一节　隋唐五代时期金矿的分布

隋唐五代时期，黄金依然在人们的日常生活中发挥重要作用，隋唐五代时期黄金的主要产地有以下这些地区。

河南

《新唐书·地理志二》记载："伊阳，有太和山。有银、铜、锡。伊水有金。"《旧五代史·周书·世宗纪四》记载："西京奏，伊阳山谷中有金屑，民淘取之。诏勿禁。"

云南

《蛮书》卷七《云南管内物产》记载："生金，出金山及长傍诸山、藤充北金宝山。……麸金出丽水，盛沙淘汰取之。……长傍川界三面山并出金，部落百姓悉纳金，无别税役、征徭。"

四川

《新唐书·地理志四》记载：忠州，土贡"生金"；涪州、万州，土贡"麸金"；宣汉，"有金"。《新唐书·地理志六》记载，嘉州、眉州、简州、巂州、雅州、茂州、剑州、合州（今重度合川区一带）、龙州（今四川平武县一带）、昌州、泸州，土贡"麸金"。峨眉、巴西（今四川绵阳一带），"有金"。

《全唐诗》卷六〇三《许棠·送龙州樊使君》中写有："土产唯宜药，王租只贡金。"表明龙州一带，产金比较多。

陕西

《新唐书·地理志四》记载，"汉水有金"，"月川水有金"。月川水源头在今陕西汉阴，流经今陕西安康入汉水。

甘肃

《新唐书·地理志四》记载，文州，土贡"麸金"。

福建

《新唐书·地理志五》记载，将乐，"金泉有金"。

江西

《新唐书·地理志五》记载，饶州，土贡"麸金"。余干、上饶、临川"有金"。雩都（今江西于都一带），"有金，天祐元年置瑞金监"。

湖南

《新唐书·地理志五》记载，长沙、湘潭，"有金"。衡州、奖州，土贡"麸金"。

海南

《新唐书·地理志七上》记载，崖州、琼州、振州、儋州、万安州，土贡有"金"。

广西

《新唐书·地理志七》记载，邕州，土贡"金"，此外还有"金坑"。澄州（今广西上林一带）、钦州、峦州（今广西横州市一带）、浔州（今广西桂平一带）、横州（今广西横州市一带）、贵州（今广西贵港一带）、岩州常乐郡（今玉林一带），土贡有"金"。

广东

《新唐书·地理志七》记载，恩州（今广东恩平一带）、勤州（今广东云浮市一带）、新州（今广东新兴县一带）、康州（今广东德庆一带），土贡有"金"。

甘肃

《元和郡县图志·陇右道下》中记载："（酒泉县）洞庭山，在县西七十里。四百悬绝，人不能上，遥望焰焰如铸铜色。山中出金。"

新疆，《元和郡县图志·陇右道下》中记载：伊吾县（今哈密一带），"天山……出好木及金铁"。

西藏一带

《旧唐书·吐蕃传》记载："又多金、银、铜、锡。"《新唐书·吐蕃传上》记载："其宝，金、银、锡、铜。"

第二节　隋唐五代时期银矿的分布

隋唐五代时期，金银在日常生活中发挥重要作用，社会对白银的需求增加，刺激了银矿的开采。隋唐五代时期主要的银矿开采区域有以下这些地区。

山西

《隋书·地理志中》记载："安邑，开皇十六年置虞州，大业初州废。有盐池、银冶。"《隋书·郎茂传》记载："时工部尚书宇文恺、右翊卫大将军于仲文竞河东银窟。"可见河东银矿比较多。《元和郡县图志》卷六《河南道·陕州》记载："雷首山，一名中条山，在县南二十里。其山有银谷，在县西南三十五里，隋及武德初并置银冶监，今废。"《新唐书·地理志二》记载：平陆，"有银穴三十四"。《新唐书·地理志三》记载：安邑，"有银监"。五台，"柏谷有银"。

《册府元龟》卷四九四《邦计部·山泽》记载："（天成三年二月）以蔚州银冶，无裨国费，虚占人户，命废之。"可见在蔚州还有银矿开采。

河北

《册府元龟》卷四九四《邦计部·山泽》记载："末帝清泰元年，新州银冶务使承珪言：'自今年正月，得银三百五十两。自八月后，采山无银，别寻弦道。'"新州，五代时治所在今河北涿鹿一带，可知这一带银矿开采时间比较长。

山东

牟州（今莱州市一带），《续高僧传》卷一〇《隋西京净影道场释慧畅传》记载："敕送舍利于牟州拒神山寺……山在州东五里，昔始皇取石为桥，此山拒而不去，因遂名焉。山南四里有黄银穴。"又《隋书·循吏传·辛公义传》记载："后迁牟州刺史……山出黄银，获之以献。"

昌阳（今山东威海市文登区一带），《新唐书·地理志二》记载："有银……东百四十里有黄银坑，贞观初得之。"

江西

《新唐书·地理志五》记载，饶州，土贡"银"。《元和郡县图志·江南道四》记载：乐平县，"银山，在县东一百四十里。每岁出银十余万两，收税山银七千两"。《太平广记》卷一〇四《报应·银山老人》记载："饶州银山，采户逾万，并是草屋。延和中火发，万室皆尽，唯一家居中，火独不及。"可见此银矿开采人数众多。此外，《全唐诗》卷三〇〇《王建·送吴谏议上饶州》中有："养生自有年支药，税户应停月进银。"《全唐诗》卷五〇六《章孝标·送张使君赴饶州（一作送饶州张蒙使君赴任）》记载："饶阳因富得州名，不独农桑别有营。日暖提筐依茗树，天阴把酒入银坑。"也表明饶州富产银。

《新唐书·地理志五》记载，浔阳、余干、弋阳、玉山、临川"有银"。

河南

《新唐书·地理志二》记载，鲁山、伊阳，"有银"。《元和郡县图志》卷五《河南道·河南府》记载："伊阳县……银矿窟，在县南五里。今每岁税银一千两。"

安徽

宣州有大型银矿。《贞观政要》卷六《贪鄙》记载："贞观十年，治书侍御史权万纪上言：'宣、饶二州诸山大有银坑，采之极是利益，每岁可得钱数百万贯。'"《新唐书·地理志五》记载，绩溪、太平、秋浦（今安徽池州贵池区），"有银"。南陵，"凤凰山有银"。

云南

《蛮书》卷七《云南管内物产》记载："银，会同川银山出。"

陕西

《新唐书·地理志四》记载，梁泉（今陕西凤县一带），"有银"。

甘肃

《新唐书·地理志四》记载，两当（今甘肃两当县一带）、成纪（今甘肃天水）、陇城（今甘肃秦安县一带）、清水（今甘肃清水县一带），"有银"。

浙江

《新唐书·地理志五》记载，诸暨，"有银冶"。西安（今浙江衢州市一带），"有银"。松阳，"有银，出马鞍山"。

福建

《新唐书·地理志五》记载，尤溪、建安、将乐、宁化，"有银"。

湖北

《新唐书·地理志五》记载，江夏，土贡有银。武昌，"有银"。

湖南

《新唐书·地理志五》记载，永明（今湖南江永县一带）、义章（今湖南宜章一带），"有银"。邵州，土贡有银。

《元和郡县图志·江南道五》记载，平阳县（今湖南桂阳县一带），"银坑，在县南三十里。所出银，至精好"。

四川

《新唐书·地理志六》记载，巴西，"有银"。

海南

《新唐书·地理志七》记载，崖州、万安州，土贡有"银"。

广西

《新唐书·地理志七》记载，邕州、钦州、峦州（今广西横州一带）、浔州（今广西桂平一带）、横州（今广西横州一带）、贵州（今广西贵港一带）、龚州（今广西平南一带）、象州（今广西桂林一带）、藤州（今广西藤县一带），土贡有"银"。宜州龙水郡（今广西河池一带），"有银"。

广东

《隋书·地理志下》记载："曲江（今广东韶关一带）……有银山。"《新唐书·地理志七》记载，恩州（今广东恩平一带）、高州（今广东高州市一带）、辩州（今广东化州市一带）、罗州（今广东廉江市一带）、春州（今广东阳春市一带）、潘州（今广东茂名市一带）、封州（今广东封开县一带）、勤州（今广东云浮市一带）、新州（今广东新兴县一带）、端州（今广东肇庆市一带）、泷州（今广东罗定市一带）、康州（今广东德庆一带），土贡有"银"。阳江，"有银"。

西藏一带

《新唐书·吐蕃传上》记载："其宝，金、银、锡、铜。"

第三节　隋唐五代时期铜矿的分布

隋唐五代时期，铜钱逐渐成为流通货币，社会对铜钱的需求增加，加之宗教的需求，刺激了铜矿的开采。隋唐五代时期开采铜矿的地区有以下这些。

山西

山西铜资源比较丰富。《隋书·食货志》记载："十八年，诏汉王谅听于并州立五炉铸钱。"

平陆，《新唐书·地理志二》记载，"铜穴四十八"。

《新唐书·地理志三》记载："解，有紫泉监，乾元元年置；有铜穴十二。"曲沃，"南十三里山有铜"。翼城，"有铜源、翔皋钱坊二；有浍高山，有铜"。闻喜，"有铜冶"。榆次，"有铜"。阳城，"有铜"。五台，"有铜"。黎城，"有铜山"。

绛州，《全唐文》卷七一七《崔元略·兴元元从正议大夫行……左武卫大将军李公（辅光）墓志铭（并序）》中记载："曾不累月，皇帝以蒲津重镇，监统务切，复除河中监军兼绛州铜冶使。"

山东

《新唐书·地理志二》记载，莱芜，"有铜冶十八、铜坑四"；沂水，"有铜"。《全唐文》卷四四八《王涯·请开采铜铁奏》中记载："今兖郓、淄青、曹濮等三道并齐州界，已收管开冶，及访闻本道私自占采坑冶等。臣伏以山川产物，泉货济时，苟有利宜，不忘经度。兖海等道，铜铁甚多，或开采未成，州府私占。物无自效，须侯变兴，国有常征，宜归董属。前件坑冶，昨使简量，审见滋饶，已令开发。"

湖北

《隋书·食货志》记载："晋王广又听于鄂州白纻山有铜铆处，锢铜铸钱。于是诏听置十炉铸钱。"《隋书·地理志下》记载："武昌……有樊山、白纻山。"白纻山在今湖北鄂州市东一带。

《新唐书·地理志五》记载，江夏，"有凤山监钱官"。永兴、武昌，"有铜"。《全唐文》卷三五〇《李白·武昌宰韩君去思颂碑》记载："其初铜铁曾青，不择地而出，大冶鼓铸，如天降神。既烹且烁，数盈万亿，公私其赖之。"表明武昌产铜比较多。

陕西

《新唐书·地理志一》记载，洛南，"有铜"。《全唐文》卷四四二《韩洄·请裁江淮七监奏》记载："今商州红崖冶产铜，而洛源监久废，请凿山取铜，即冶旧监置十炉铸之，岁得钱七万二千缗，度费每缗九百，则得可浮本矣。"

湖南

《隋书·地理志下》记载："长沙……有铜山。"《新唐书·地理志五》记载："有桂阳监钱官。"义章，"有铜"。

《元和郡县图志·江南道五》记载，平阳县，"亦出铜矿，供桂阳监鼓铸"。郴县，"桂阳监，在城内。每年铸钱五万贯"。

《全唐文》卷五二六《李巽·请于郴州铸钱奏》记载："得湖南院申，郴州平阳、高亭两县界有平阳冶，及马迹曲木等古铜坑，约二百八十余井，差官校覆，实有铜锡。今请于郴州旧桂阳监置炉两所，采铜铸钱，每日约二十贯，计一年铸成七千贯，有益于人。"《全唐文》卷九六六《阙名·请权停旧钱奏（太和五年二月盐铁使）》记载："湖南管内诸州百姓，私铸造到钱。伏缘衡、道数州，连接岭南，山洞深邃。百姓依模监司钱样，竞铸造到脆恶奸钱，转将贱价博易，与好钱相和行用。其江西、鄂、岳、桂、管、岭南等道应有出铜锡处，亦虑私铸滥钱。并请委本道观察使条疏禁绝。"可知在湖南衡州、道州以及岳州等都均产铜。

甘肃

《新唐书·地理志一》记载，平凉，"有铜"。

《新唐书·地理志一》记载，成纪，"有铜"。

瓜州："采矿铸钱，数年兴作。粮殚力尽，万无一成。徒扰公家，苟润私室。况艰难之际，寇盗不恒。道路复遥，急疾无援。到头莫益，不可因循。收之桑榆，犹未为晚。再三筹议，事须勒停。"①

河南

《新唐书·地理志四》记载，南阳，"有铜"。

河北

《新唐书·地理志三》记载，唐县，"有铜"。

《全唐文》卷三一二《孙逖·唐故幽州都督河北节度使燕国文贞张公遗爱颂（并序）》中记载："命廿人采铜于黄山，使兴鼓铸之利。"黄山，当为燕山，今河北燕山山脉。

飞狐（今河北涞源县），"有三河铜冶，有钱官"。

《全唐文》卷九八四《阙名·对开铜坑判》记载："蔚州申管内铜坑先禁采，昨为檀州警发遣兵，州库无物可装束。刺史判令开铜坑以市物给，兵幕（一作募）不阙。"可见蔚州铜产量比较高。

《元和郡县图志·河东道三》记载，飞狐县，三河冶，旧置炉铸钱，至德以后废。元和七年，中书侍郎平章事李吉甫奏："臣访闻飞狐县三河冶铜山约数十里，铜矿至多，去飞狐钱坊二十五里，两处同用拒马河水，以水斛销铜，北方诸处，铸钱人工绝省，所以平日三河冶置四十炉铸钱，旧迹并存，事堪覆实。今但得钱本，令本道应接人夫，三年以来，其事即立，救河东困竭之弊，成易、定援接之形。制置一成，久长获利。"诏从之。其年六月起工，至十月置五炉铸钱，每岁铸成一万八千贯。时朝廷新收易、定，河东道久用铁钱，人不堪弊，至是俱受利焉。

涞源县兴文塔的铭文有"东西南北总铜山，万万千千弥亿年。钱坊日铸百万贯，功匠千人若神仙。天宝三载置此塔，不朽不坏与天连"②。反映了当时飞狐地区铜资源的丰富情形。

江苏

江苏铜矿资源丰富，《隋书·食货志》记载："（开皇）十年，诏晋王广听于扬州立五炉铸钱。"足见当地铜资源较多。

————————

① 《全唐文新编·敦煌文·瓜州尚长史采矿铸钱置作》，第 11400 页。

② 孙继民：《涞源县兴文塔铭：唐代蔚州铜冶铸钱作坊的珍贵资料》，《唐史论丛》
　2015 年（第二十一辑）。

《新唐书·地理志五》记载，江都、上元（今江苏南京）、句容、溧水、溧阳，吴，"有铜"。

《元和郡县图志·江南道一》记载：句容县，"铜冶山，在县北六十五里。出铜铅，历代采铸"。

在南京东郊伏牛山发现了唐代古矿遗址，[①] 在南京江宁区汤山九华山也发现了唐代的采矿与冶炼遗址[②]。

浙江

《新唐书·地理志五》记载，武康、长城县（今长兴县）、安吉、建德、遂安、余杭、金华、奉化、安固（今浙江瑞安市），"有铜"。此外，丽水，"有铜，出豫章、孝义二山"。睦州，"有铜坑二"。

在浙江淳安铜山发现了唐代开矿遗迹，遗址旁的摩崖石刻记载："大唐天宝八载，开山地取铜，至乾元元年七月，又至大历十年十右二月再采。续至元和四□。"[③]

安徽

《隋书·地理志下》记载："全椒……有铜官山。"《新唐书·地理志五》记载，六合、天长、庐江、当涂、秋浦、青阳"有铜"。滁州，"有铜坑二"。此外，南陵（今安徽南陵县一带），"又废义安为铜官冶。利国山有铜……有梅根、宛陵二监钱官"。《全唐诗》卷一六〇《孟浩然·夜泊宣城界（一题作旅行欲泊宣州界）》中写有："火识梅根冶，烟迷杨叶洲。"《全唐文》卷二六八《武平一·东门颂（并序）》中记载："天子方急铅铜之赀，息役简赋；剿萑蒲之聚，通商惠工，以弊兼此郡，故命公为守也。"反映了当地铜业资源丰富，冶铜业发达。

《元和郡县图志·江南道四》南陵县，"利国山，在县西一百一十里。出铜，供梅根监。梅根监，在县西一百三十五里。梅根监并宛陵监，每岁共铸钱五万贯。铜井山，在县西南八十五里。出铜"。当涂县，"赤金山，在县北一十里。出好铜与金类，《淮南子》《食货志》所谓丹阳铜也"。

---

① 伏牛山铜矿调查组：《南京伏牛山古铜矿遗址》，《东南文化》1988 年第 6 期。

② 华国荣、谷建祥：《南京九华山古铜矿遗址调查报告》，《文物》1991 年第 5 期。

③ 鲍艺敏、鲍绪先：《浙江淳安铜山唐代矿冶遗址》，《南方文物》1997 年第 3 期。

福建

《新唐书·地理志五》记载，福唐（今福清一带）、尤溪、建安、邵武、将乐、长汀、沙县，"有铜"。

江西

《隋书·地理志下》记载："临川……有铜山。"《新唐书·地理志五》记载，洪州，"有铜坑一"。浔阳、彭泽、上饶，"有铜"。饶州，"有永平监钱官。有铜坑三"。袁州，"有铜坑一"。信州（今江西上饶一带），"有玉山监钱官。有铜坑一"。《全唐诗》卷二七六《卢纶·送信州姚使君》中写有："铜铅满穴山能富，鸿雁连群地亦寒。"可见信州一带铜矿资源丰富。

《元和郡县图志·江南道四》记载：鄱阳县，"永平监，置在郭下，每岁铸钱七千贯"。

四川

四川铜资源丰富。《隋书·食货志》记载："又诏蜀王秀听于益州立五炉铸钱。"《隋书·地理志上》也记载，"金泉……有铜官山"，金泉在今四川金堂县一带。《新唐书·地理志六》记载，临邛（今四川邛崃一带）、阳安（今四川简阳一带）、金水（今四川金堂县一带）、卢山（今四川芦山县一带）、荣经，"有铜"。铜山县（今四川中江县一带），"南可象山，西北私镕山，皆有铜。贞观二十三年置铸钱官，调露元年罢"。

《元和郡县图志·江南道六》记载，涪陵县，"开池，在县东三十里。出铜铁，土人以为文刀"。

《元和郡县图志·剑南道上》记载，临邛县，"铜官山，在县南二里。邓通所封，后卓王孙买为陶铸之所"。金水县，"铜官山，在县北四十九里"。

《元和郡县图志·剑南道中》记载，荣经县，"铜山，在县北三里。即文帝赐邓通铸钱之所，后以山假与卓王孙，取布千匹。其山今出铜矿"。

《元和郡县图志·剑南道下》记载，飞乌县（今四川三台县一带），"哥郎等八山，并出铜矿"。铜山县，"有铜山，汉文帝赐邓通蜀铜山铸钱，此盖其余峰也，历代采铸。贞观二十三年置监，署官，前上元三年废监。调露元年，因废监置铜山县"。石镜县，"铜梁山，在县南九里。……山出铜及桃枝竹"。

广东

《新唐书·地理志七》记载，铜陵（今广东阳春东北一带），"有铜"。

青海

《隋书·西域传·吐谷浑传》记载，"饶铜"。《新唐书·西域传上·高昌传》记载："（吐谷浑）出小马、牦牛、铜、铁、丹砂。"

新疆

《隋书·西域传·龟兹传》记载，"饶铜"。《隋书·西域传·疏勒传》记载，其地多铜。

西藏一带

《新唐书·吐蕃传上》记载："其宝，金、银、锡、铜。"

第四节　隋唐五代时期铁矿的分布

隋唐五代时期，随着经济的发展，社会上对铁制工具要求增加，进一步刺激了铁矿的开采与冶炼，隋唐五代时期铁矿开采与冶炼的地区有以下这些。

陕西

《隋书·地理志上》记载："金明有冶官。"金明在今陕西延安安塞区一带。《新唐书·地理志一》记载，韩城、洛南、汧源，"有铁"。

《新唐书·地理志四》记载，西县（今陕西勉县一带）、梁泉（今陕西凤县一带）、顺政（今陕西略阳一带），"有铁"。

甘肃

《新唐书·地理志一》记载，平凉、中部、宜君，"有铁"。

《新唐书·地理志四》记载，长举（今陕西略阳一带）、成纪，"有铁"。

山东

《新唐书·地理志二》记载，莱芜，"有铁冶十三"；费、历城、淄川、昌阳，"有铁"。

山西

《新唐书·地理志三》记载，汾西、岳阳、翼城、吉昌、昌宁、温泉、榆次、交城、绵上、玄池、秀容、五台、涉、阳城，"有铁"。

河南

《隋书·地理志中》记载："新安（今河南义马一带）……有冶官。"冶官应是以冶铁为主。《新唐书·地理志二》记载，朱阳（今河南灵宝一带）、舞阳，"有铁"。《新唐书·地理志三》记载，林虑，"有铁"。《元和郡县图志》卷一六《河北道一·林虑县》记载："林虑山，在县西二十里。山多铁，县有铁官。"

河北

《新唐书·地理志三》记载，沙河、内丘、昭义（今河北邯郸一带）、平山、井陉、唐县，"有铁"。此外，马城（今河北滦州），"东北有千金冶"。

《元和郡县图志·河东道四》记载，沙河县，"黑山，在县西四十里。出铁。馨口山，在县西南九十八里。汉、魏时旧铁官也"。

《新唐书·地理志三》记载，蓟县，"有铁"。

四川

《隋书·地理志上》记载："绵竹……有冶官"，"隆山……有冶官"。隆山，今四川眉山彭山区一带。此外，"井研……有铁山"。《新唐书·地理志四》记载：奉节、石门、南宾、绵谷、潾山（今四川大竹一带），"有铁"。《新唐书·地理志六》记载，新津、平羌（今四川乐山一带）、峨眉、夹江、临邛（今四川邛崃一带）、临溪（今四川浦江县一带）、昆明（今四川盐源一带）、巴西、昌明（今四川江油一带）、神泉（今四川绵阳安州区一带）、盐泉（今四川绵阳一带）、西昌、石镜（今重庆合川区一带）、巴川（今重庆铜梁区一带）、始建（今四川仁寿一带）、资官（今四川荣县一带）、永川，"有铁"。此外，荣州和泸州的土贡之中，有"利铁"。

《元和郡县图志·山南道三》记载，绵谷县，"穿山，一名胡头山，出好铁，旧置铁官"。鸣水县，"落丛山，县西北十里。出铁"。

《元和郡县图志·剑南道上》记载，临溪县，"孤石山，在县东十九里。有铁矿，大如蒜子，烧合之成流支铁，甚刚，因置铁官"。

《元和郡县图志·剑南道中》记载，台登县（今四川冕宁县一带），"铁石山，在县东三十五里。山有砮石，火烧成铁，极刚利"。

《元和郡县图志·剑南道下》记载，旭川县（今四川荣县一带），"铁山，在县北四十里"。始建县，"铁山，在县东南七十里。出铁，诸葛亮取为兵器。其铁刚利，堪充贡焉"。

湖北

《新唐书·地理志四》记载，巴东，"有铁"。

《新唐书·地理志五》记载，广济（今湖北武穴一带）、蕲水（今湖北浠水一带）、武昌（今湖北鄂州一带）、永兴（今湖北阳新一带）、江夏（今湖北武昌一带），"有铁"。

安徽

《新唐书·地理志五》记载,六合、当涂、南陵,"有铁"。慈州,土贡有铁。

浙江

《新唐书·地理志五》记载,山阴、临海、黄岩、宁海,"有铁"。

福建

《新唐书·地理志五》记载,尤溪、邵武、将乐、南安、长汀、宁化、沙县,"有铁"。

湖南

《新唐书·地理志五》记载,巴陵(今湖南岳阳一带),有铁。祁阳(今湖南祁东一带)、延唐(今湖南宁远县一带)、永明,"有铁"。

江西

《新唐书·地理志五》记载,宜春、安远(今江西宁都)、余干、上饶,"有铁"。

青海

《隋书·西域传·吐谷浑传》记载,"饶铁"。《新唐书·西域传上·吐谷浑传》记载:"出铜、铁、丹砂。"

新疆

《隋书·西域传·龟兹传》记载,"饶铁"。《隋书·西域传·疏勒传》记载,"其地多铁"。《隋书·突厥传》记载:"阿史那以五百家奔茹茹,世居金山,工于铁作。"金山,在今新疆阿尔泰山一带。新疆,《元和郡县图志·陇右道下》记载:伊吾县(今哈密一带),"天山……出好木及金铁"。

第五节　隋唐五代时期瓷器的分布

隋唐五代时期，随着制瓷技术的发展，瓷器逐渐进入人们的日常生活，加之隋唐五代时期海外贸易的发展，大量瓷器外销，刺激了瓷器的生产。瓷器生产之中，除了要求有相关瓷土之外，对森林、水源的要求也比较高。隋唐五代时期的瓷器主要生产地有以下这些地区。

河南安阳。安阳窑是隋朝北方著名的青瓷产地，安阳附近的南平、宝山等地生产的石料，可以用来制作釉料。安阳窑不仅供应相州当地居民日用品，也生产明器等供周边地区日常所需。[1] 安阳窑后期的发掘中也出土了部分白瓷，也为研究北方白瓷的起源提供了线索。[2]

唐朝时期著名的窑址，《唐六典·尚书户部》记载："河南府瓷器……邢州瓷器。"《新唐书·地理志五》记载："越州……土贡，瓷器。"《旧唐书·韦坚传》记载："坚预于东京、汴、宋取小斛底船三二百只置于潭侧，其船皆署牌表之。……豫章郡船，即名瓷、酒器、茶釜、茶铛、茶碗。"此外，《茶经·四之器》记载："鍑……洪州以瓷为之，莱州以石为之。瓷与石皆雅器也，性非坚实，难可持久。……碗：越州上，鼎州、婺州次，岳州次，寿州、洪州次。或者以邢州处越州上，殊为不然。若邢瓷类银，越瓷类玉，邢不如越一也；若邢瓷类雪，则越瓷类冰，邢不如越二也；邢瓷白而茶色丹，越瓷青而茶色绿，邢不如越三也。……瓯，越州也，瓯越上。口唇不卷，底卷而浅，受半斤以下。越州瓷、岳瓷皆青，青则益茶，茶作红白之色。邢州瓷白，茶色红；寿州瓷黄，茶色紫；洪州瓷褐，茶色黑；悉不宜茶。"可知唐朝著名的瓷器产地有河南府、邢州、越州、洪州、鼎州、婺州、岳州、寿州等地。

---

[1] 河南省博物馆等：《河南安阳隋代瓷窑址的试掘》，《文物》1977 年第 2 期。

[2] 孔德铭：《安阳相州窑及相关问题研究》，《殷都学刊》2014 年第 1 期。

河南巩义一带。此地所出河南府瓷器，主要是指唐三彩，其主要是由巩义黄冶窑烧造。黄冶窑在隋朝时期开始烧造，唐代早期（618—684 年间）主要以烧制白釉瓷和黑釉瓷为主；鼎盛时期（684—840 年间）以白瓷为大宗，但三彩制品又多于白瓷，黑釉瓷逐渐衰退；晚期（841—907 年间）制作精美的三彩与白釉瓷数量减少，实用的器物增加，并逐渐占据主导地位。① 巩义产陶的窑址应该比较多。《唐国史补》卷中记载："巩县陶者多为瓷偶人，号陆鸿渐，买数十茶器得一鸿渐，市人沽茗不利，辄灌注之。"《全唐文》卷二七三《崔沔·代河南裴尹谢墨敕赐衣物表》记载："进瓷器官某郎行河南尹巩县主簿蒋清还，伏奉墨敕，仍赐臣衣一副、瑞锦一端。"足见巩义一带是唐朝官方瓷器生产的主要基地。

唐代鲁山产花瓷，《羯鼓录》记载："宋开府璟，虽耿介不群，亦深好声乐，尤善羯鼓，始承恩顾，与上论鼓事，曰：'不是青州石末，即是鲁山花瓷。'"在鲁山段店窑址，出土了腰鼓瓷片，表明此地是唐代重要的窑址。② 以鹤壁集为中心的窑址，分布面积约 84 万平方米，发端于晚唐五代时期。③ 密县西关窑，始于隋代，唐五代时期获得发展，是民窑代表；在登封曲河，也发现了唐代窑址。④

河北邢台附近。邢窑白瓷起源于北朝，隋朝得以发展，唐朝达到鼎盛。《唐国史补》卷下记载："凡货贿之物，侈于用者，不可胜纪。……内邱白瓷瓯。"邢州白瓷除了供应宫廷之外，还进入普通百姓家庭；此外，还外销海外。到了晚唐时期，由于藩镇割据逐渐衰落，邢窑的生产还在持续。《全唐诗》卷五六〇《薛能·夏日青龙寺寻僧二首》中有："凉风盈夏扇，蜀茗半形瓯。"《全唐诗》卷六一一《皮日休·茶中杂咏·茶瓯》中写有："邢客与越人，皆能造兹器。圆似月魂堕，轻如云魄起。"表明邢窑产品在晚唐还在巴蜀和江南地区销售。

---

① 孙新民等：《河南巩义市黄冶窑址发掘简报》，《华夏考古》2007 年第 4 期。

② 李辉炳等：《河南鲁山段店窑》，《文物》1980 年第 5 期。

③ 郝亚山等：《鹤壁集瓷窑遗址浅说》，《中原文物》1996 年第 3 期。

④ 周军等：《河南密县西关瓷窑遗址发掘简报》，《考古》1995 年第 6 期；安金槐等：《河南省密县、登封唐宋窑址调查简报》，《文物》1964 年第 2 期。

《乐府杂录·击瓯》记载:"武宗朝郭道源,后为凤翔府天兴县丞,充太常寺调音律官,亦善击瓯,率以邢瓯、越瓯共十二只,旋加减水于其中,以筋击之,其音妙于方响也。……咸通中有吴缤,洞晓音律,亦为鼓吹署丞,充调音律官,善于击瓯。击瓯,盖出于击缶。"可见在晚唐时期邢窑还在生产。

陕西富平一带。鼎州窑分布在陕西富平银沟遗址一带,该地发现窑址有三百多座。唐末该地为耀州管辖,又称耀州窑。[①]

江西南昌一带。洪州窑分布在丰城6个乡镇19个自然村中,从东汉一直持续到晚唐五代。[②] 丰城一带有丰富的瓷土资源以及丰富的森林资源,为制瓷提供了必要的原料和燃料。此外,瓷器所在地水系发达,便于航运,也促使了瓷器行业的发展。但到了晚唐五代时期,燃料的消耗,使得窑址不断转移;关键是瓷土资源逐渐耗竭,洪州瓷器到五代后衰落。[③]

浙江金华一带。婺州窑在金华一带,所产瓷器属于青瓷系列,在金华附近市县发现窑址四百余座,所烧造陶器质量高,对附近地区的陶器烧制也产生了影响。[④]

安徽寿州一带。寿州窑在今安徽寿县一带,烧制于隋代,兴盛于唐朝,五代时期逐渐衰落。

隋朝邛崃一带。隋唐五代时期,蜀地陶瓷业发达。《鉴诫录》卷二《判木夹》记载:"又李福尚书镇西川、牛丛为贰车日,南蛮直犯梓潼,役陶匠二十万烧砖,欲塞剑门。"足见蜀地陶匠极多,陶瓷业发达。蜀地著名的窑址是邛窑,邛窑是著名的古代制瓷窑场,主要分布在邛崃地区,包括总面积为11.13平方千米的南河十方堂窑址,占地5000平方米的固驿瓦窑山窑址,占地约65000平方米的大渔村窑址和占地约1000平方米的尖山子窑址。邛窑开始于隋朝,唐五代达到鼎盛,南宋逐渐衰落。邛窑产品除了满足本地之外,还满足成都市场;在五代时期,销售区域达到三峡地区。[⑤] 此外,邛崃附近的大邑,

① 王德义:《富平银沟遗址考古调查与勘探》,《中国陶瓷》2017年S1期。

② 余家栋等:《江西丰城新发现的洪州窑址调查简报》,《南方文物》2002年第3期。

③ 赖振敏:《洪州窑青瓷研究》,《四川文物》2019年第6期。

④ 贡昌:《五代北宋婺州窑的探讨》,《景德镇陶瓷》1984年S1期。

⑤ 易立:《邛窑:成都平原大型窑址群的杰出代表》,《中国文化遗产》2015年第6期。

瓷器也非常著名。《全唐诗》卷二二六《杜甫·又于韦处乞大邑瓷碗》中写道："大邑烧瓷轻且坚，扣如哀玉锦城传。君家白碗胜霜雪，急送茅斋也可怜。"大邑瓷碗重量轻但坚固耐用，在成都市场上很受欢迎。

隋唐五代时期，随着海上贸易的繁荣，外销瓷器大为增加。在海外发现唐五代瓷器中，有白瓷（主要是河北、河南窑口产品）、越州青瓷、长沙铜官瓷器以及福建广东等地生产的瓷器。[①] 外销瓷器的需求，也刺激了相关地区瓷器的发展。黄岩以及瓯江流域，由于外贸瓷器的发展，刺激了瓷器的繁荣。

晚唐时期，沉没在印尼勿里洞岛海域"黑石号"沉船除了发现金、银、铜、铁、铅、骨、木、石、玻璃以及各种香料外，大部分是中国生产的瓷器。沉船出土瓷器六万七千多件，大部分来自湖南长沙窑；此外还有部分来自浙江越窑、河北邢窑以及广东窑系。瓷器大部分烧制在 9 世纪中前期，根据长沙窑中一件陶瓷刻有"宝历二年七月十六日"的记载，这部分瓷器烧制时间在公元 826 年，贩卖时间与沉船时间距此不远。黑石号沉船中长沙窑有五万多件，这反映出当时长沙窑的发展状况。"安史之乱"使人口大量南迁，许多身怀技艺的窑工把北方陶瓷的彩绘和三彩等技术带到长沙一带，促使了该地陶瓷业的发展。长沙窑，其产品具有很强的平民意识，器物的纹样没有任何束缚，且产品有较强的市场竞争能力，销售范围很广。长沙窑所处的铜官镇是湘江上的一个重要港口，大量瓷器都在此处装载上船，并沿着湘江经岳州过洞庭湖到达武昌，然后进入长江，抵达扬州出航，销往世界各国。

印坦沉船残骸位于雅加达以北 150 公里处深达 25 米的海底，1997 年德国和印度尼西亚联合组成的水下勘察公司进行打捞。船长 30 米、宽 10 米左右，根据船体遗骸判断，是一艘东南亚籍船只。沉船中有大量陶瓷，有来自中国的，也有来自东南亚的。中国的陶瓷来源于不同地区，有定窑瓷器、繁昌窑瓷器以及越窑瓷器；同时还有一些简陋的黄釉土陶碗。根据铭文记载，其来自中国，可能出产自广州附近。印坦沉船发掘登记的瓷器有 7309 件，但广州生产的黄釉瓷器有 4855 件，占总数的 66.4%。其余为越窑等窑的产品。

2005 年，对印尼爪哇岛附近的井里汶沉船进行挖掘，全部器物均记录在案，统计如下：完整器约 155685 件，可修复器约 76987 件，瓷片约 262999

---

① 三上次男：《晚唐、五代时期的陶瓷贸易》，《文博》1988 年第 2 期。

片。从全部器物来看，我们发现船货可能有 521 种，所发现的器物种类有各种越窑瓷碗，各种越窑瓷盘和瓷碟，各种白瓷、瓷枕，各种瓷罐、瓷盆等瓷器，各种带盖瓷盒，各种广口瓷罐。井里汶沉船沉没时间在 960 年前后，其瓷器等生产时间应该在 960 年左右。此外，井里汶大部分瓷器为越窑瓷器，可见越窑在五代时期持续生产与外销有关系。

第六节　隋唐五代时期盐业的分布

食盐在人们日常生活中占据重要地位，其主要来源于池盐、井盐和海盐，也有一些地方通过提炼盐碱土获得食盐。《隋书·食货志》记载："掌盐掌四盐之政令。一曰散盐，煮海以成之；二曰盬盐，引池以化之；三曰形盐，物地以出之；四曰饴盐，于戎以取之。凡盬盐形盐，每地为之禁，百姓取之，皆税焉。"开皇三年，"先是尚依周末之弊，官置酒坊收利，盐池盐井，皆禁百姓采用。至是罢酒坊，通盐池盐井与百姓共之，远近大悦"。

《新唐书·食货志四》记载了唐代官方控制的盐业场所："唐有盐池十八，井六百四十，皆隶度支。蒲州安邑、解县有池五，总曰'两池'，岁得盐万斛，以供京师。盐州五原有乌池、白池、瓦池、细项池，灵州有温泉池、两井池、长尾池、五泉池、红桃池、回乐池、弘静池，会州有河池，三州皆输米以代盐。安北都护府有胡落池，岁得盐万四千斛，以给振武、天德。黔州有井四十一，成州、巂州井各一，果、阆、开、通井百二十三，山南西院领之。邛、眉、嘉有井十三，剑南西川院领之。梓、遂、绵、合、昌、渝、泸、资、荣、陵、简有井四百六十，剑南东川院领之。皆随月督课。幽州、大同横野军有盐屯，每屯有丁有兵，岁得盐二千八百斛，下者千五百斛。负海州岁免租为盐二万斛以输司农。青、楚、海、沧、棣、杭、苏等州，以盐价市轻货，亦输司农。……吴、越、扬、楚盐廪至数千，积盐二万余石。有涟水、湖州、越州、杭州四场，嘉兴、海陵、盐城、新亭、临平、兰亭、永嘉、大昌、侯官、富都十监，岁得钱百余万缗，以当百余州之赋。自淮北置巡院十三，曰扬州、陈许、汴州、庐寿、白沙、淮西、甬桥、浙西、宋州、泗州、岭南、兖郓、郑滑，捕私盐者，奸盗为之衰息。"

隋唐五代时期，各地产盐场所分布有如下这些地区。

一、关内道

京兆府，富平县，《新唐书·地理志一》记载，"有盐池泽"；《元和郡县图志·关内道一》记载："盐池泽，在县东南二十五里，周回二十里。"

华州，栎阳县，《新唐书·地理志一》记载，"有煮盐泽"。《元和郡县图志·关内道二》记载："煮盐泽，在县南十五里。泽多咸卤。苻秦时于此煮盐。周回二十里。"

同州，《新唐书·地理志一》记载，朝邑，"小池有盐"；奉先，"有卤池二，大中二年，其一生盐"。

灵州，回乐，《新唐书·地理志一》记载："有温泉盐池。"《元和郡县图志·关内道四》记载："温泉盐池，在县南一百八十三里。周回三十一里。"怀远县，《新唐书·地理志一》记载："有盐池三：曰红桃、武平、河池。"《元和郡县图志·关内道四》记载："县有盐池三所，隋废。红桃盐池，盐色似桃花，在县西三百二十里。武平盐池，在县西北一十二里。河池盐池，在县东北一百四十五里。"

威州，温池县，《新唐书·地理志一》记载："有盐池。"《元和郡县图志·关内道四》记载："县侧有盐池。"

会州，会宁，《新唐书·地理志一》记载："有河池，因雨生盐。"《元和郡县图志·关内道四》记载："河池，西去州一百二十里。其地春夏因雨水生盐，雨多盐少，雨少盐多，远望似河，故名河池。"

盐州，五原，《新唐书·地理志一》记载："有乌池、白池、细项池、瓦窑池盐。"《元和郡县图志·关内道四》记载："盐池四所：一乌池，二白池，三细项池，四瓦窑池。乌、白二池出盐，今度支收果，其瓦窑池、细项池并废。"

夏州，朔方，《新唐书·地理志一》记载："有盐池二。"《元和郡县图志·关内道四》记载："城（什贲故城）西南有二盐池，大而青白。青者名曰青盐，一名戎盐，入药分也。"

宥州，长泽，《新唐书·地理志一》记载："有胡洛盐池。"《元和郡县图志·关内道四》记载："胡洛盐池，在县北五十里。周回三十里。亦谓之独乐池，声相近也。"

《旧五代史·唐书·窦廷琬传》记载："未几，请制置庆州盐池，逐年出绢十万匹，米十万斛，遂以廷琬为庆州防御使，俾制置之，由是严刑峻法，屡挠边人。"

二、河东道

河东道产盐主要是安邑解县的盐池。隋朝时，比较依赖河东池盐，《隋书·地理志中》记载："安邑……有盐池。"《隋书·百官志下》记载："盐池，置总监、副监、丞等员。管东西南北面等四监，亦各置副监及丞。"盐池总监，"为视从六品"；盐池总副监，"为视从七品"；盐池四面监，"为视正八品"；盐池四面副监，"为视从八品"。隋朝只在河东盐池设置官员专门管理池盐的生产，足见对池盐的重视。

《新唐书·地理志三》记载："河中府……解，有盐池，又有女盐池。……安邑，有盐池，与解为两池，大历十二年生乳盐，赐名宝应灵庆池。"又《元和郡县图志·河东道一》记载："解县……盐池，在县东十里。女盐池，在县西北三里。东西二十五里，南北二十里。盐味少苦，不及县东大池盐。俗言此池亢旱，盐即凝结；如逢霖雨，盐则不生。今大池与安邑县池总谓之雨池，官置使以领之，每岁收利纳一百六十万贯。"安邑盐池与解县盐池其实是连接在一块的，只是在政区的划分上将二者隔离，《元和郡县图志·河南道二》记载："安邑县……盐池，在县南五里，即《左传》'郇，瑕氏之地，沃饶近监'，是也。今按：池东西四十里，南北七里，西入解县界。"

唐末河东盐为地方藩镇控制。《旧唐书·僖宗纪》记载："黄巢乱离，河中节度使王重荣兼领榷务，岁出课盐三千车以献朝廷。"《新唐书·食货志四》中也说："其后兵遍天下，诸镇擅利，两池为河中节度使王重荣所有，岁贡盐三千车。"又《旧唐书·昭宗纪》记载："全忠引军归汴，奏：'河中节度使岁贡课盐三千车，臣今代领池场，请加二千车，岁贡五千车。候五池完葺，则依平时供课额。'"

五代时期，各个政权在财政上更加依赖河东池盐。《旧五代史·食货志》记载："唐同光二年二月，诏曰：'会计之重，咸醝居先，矧彼两池，实有丰利。顷自兵戈扰攘，民庶流离，既场务以隳残，致程课之亏失。重兹葺理，须仗规模，将立事以成功，在从长而就便。宜令河中节度使冀王李继麟兼充制置安邑、解县两池榷盐使，仍委便制，一一条贯。'"

河东道巨鹿县也产盐，《新唐书·地理志三》记载："有咸泉，煮而成盐。"《元和郡县图志·河东道四》记载："巨鹿县，大陆泽……泽畔又有咸泉，煮而成盐，百姓资之。"

河东道也出产一些土盐，主要是河东地区地下水之中含盐比较高，当地下水位下降时，土地出现盐碱化，在此土地上可以通过提取盐碱土获得食盐。《元和郡县图志·河东道二》记载："晋渠，在县西一里。西自晋阳县界流入。汾东地多咸卤，并不堪食，贞观十三年，长史英国公李勣乃于汾河之上引决晋渠历县经廛，又西流入汾水。"《新唐书·刘从谏传》记载："徙长子道入潞，岁榷马征商人，又熬盐，货铜铁，收缗十万。"熬盐，即从盐土中提取土盐。

五代时期，河东道土盐产量依然比较大。《旧五代史·唐书·李嗣昭传》记载："四年六月，汴将李思安将兵十万攻潞州，乃筑夹城，深沟高垒，内外重复，飞走路绝。嗣昭抚循士众，登城拒守。梁祖驰书说诱百端，嗣昭焚其伪诏，斩其使者，城中固守经年，军民乏绝，含盐炭自生，以济贫民。"此外，《新唐书·食货志四》记载："幽州、大同横野军有盐屯，每屯有丁有兵，岁得盐二千八百斛，下者千五百斛。负海州岁免租为盐二万斛以输司农。"在大同设置盐屯，应该获得的是土盐。

《五代会要·盐铁杂条下》记载："赡国军堂场务、邢洺州盐务，应有见垛贮盐货处，并煎盐场灶及应是碱地，并须四面修置墙堑。"邢州已有巨鹿出产盐，洺州唐朝未见生产，是五代新增产地，由于距离海比较远，估计生产的是土盐。

三、河南道

河南道产盐地区除了安邑盐池之外，主要集中在山东半岛。《元和郡县图志·河南道六》记载，青州，"千乘县，上。东南至州八十里。本汉旧县也，属千乘郡，有盐官"。千乘县在汉代产盐，但在隋唐五代是否继续产盐，史书并未记载。

密州，《新唐书·地理志二》记载，诸城，莒，"有盐"。《元和郡县图志·河南道七》记载："诸城县……县理东南一百三十里滨海有卤泽九所，煮盐，今古多收其利。""莒县……汉海曲县，在县东一百六十里，属琅邪郡，有盐官。"

莱州，《新唐书·地理志二》记载，掖（今山东莱州），"有盐井二"；胶水，"有盐"；即墨，"有盐"。《元和郡县图志·河南道七》记载："昌阳县。上。西北至州一百九十九里。本汉旧县也，属东莱郡。置在昌水之阳，故名昌阳。有盐官。""胶水县……城西北有土山，古今煮盐处。"

登州，《元和郡县图志·河南道七》记载："牟平县……有盐官。"

《新五代史·职方考》记载："滨州，周显德三年置，以其滨海为名。初，五代之际，置榷盐务于海傍，后为赡国军，周因置州，割棣州之渤海、蒲台为属县而治渤海。"

《册府元龟·邦计部·山泽二》记载："梁太祖开平三年，制：'断曹州煎小盐枭货。'"又《旧五代史·食货志》记载："显德元年十二月，上谓侍臣曰：'朕览食末盐州郡，犯私盐多于颗盐界分，盖卑湿之地，易为刮碱煎造，岂惟违我榷法，兼又污我好盐。况末盐煎炼、般运费用，倍于颗盐。今宜分割十余州，令食颗盐，不惟辇运省力，兼且少人犯禁。'自是曹、宋已西十余州，皆尽食颗盐。"表明曹、宋以西的十多个州存在土盐的生产。

四、河北道

河北道主要出产海盐。《元和郡县图志·河北道二》记载："棣州……蒲台县，海畔有一沙阜，高一丈，周回二里，俗人呼为斗口淀，是济水入海之处，海潮与济相触，故名。今淀上有甘井可食，海潮虽大，淀终不没，百姓于其下煮盐。"《新唐书·地理志二》记载："渤海……垂拱四年析蒲台、厌次置。有盐。"

《新唐书·地理志三》记载，沧州的清池与盐山，"有盐"。又《诸山圣迹志》记载，沧州，"多出白盐"。《全唐诗》卷五七三《贾岛·寄沧州李尚书》中写有："水县卖纱市，盐田煮海村。"表明沧州主要产盐为海盐。

《新唐书·杜中立传》记载："京兆尹缺，宣宗将用之，宰相以年少，欲历试其能，更出为义武节度使。旧偄车三千乘，岁挽盐海濒，民苦之。"义武军辖定州、易州、沧州，产盐应在沧州一带。《新唐书·程日华传》记载："参军事李宇谋曰：'城久围，府兵不为援。今州十县濒海，有鱼盐利自给，此军本号横海，将军能绝易定归天子，自为一州，敕甲训兵，利则出，无利则守，可亢盗喉襟。君能用仆计，请至京师为天子言之。'"横海军系从义武军分离出来，统辖沧州，也是为了控制海盐生产。

《旧唐书·李正己传》记载："成德军节度王武俊率师次于德、棣二州，将取蛤蟆及三汊城。棣州之盐池与蛤蟆岁出盐数十万斛，棣州之隶淄青也，其刺史李长卿以城入朱滔，而蛤蟆为纳所据，因城而戍之，以专盐利。"棣州在五代也生产盐。《旧五代史·周书·段希尧传》记载："移棣州刺史兼榷盐矾制置使。"

《旧五代史·僭伪列传二·刘守光传》记载，乾化元年（911 年）刘守光认为："我大燕地方二千里，带甲三十万，东有鱼盐之饶，北有塞马之利，我南面称帝，谁如我何！"表明河北道的海盐依然在生产。

《旧五代史·周书·世宗纪》记载："诏：'漳河已北郡县，并许盐货通商，逐处有盐卤之地，一任人户煎炼。'"《旧五代史·食货志》也记载："（显德）三年十月，敕：漳河已北州府管界，元是官场粜盐，今后除城郭草市内，仍旧禁法，其乡村并许盐货通商。逐处有咸卤之地，一任人户煎炼，兴贩则不得逾越漳河，入不通商地界。"可见在漳河以北地区有诸多土盐的生产。

《新五代史·四夷附录一》记载："汉城在炭山东南滦河上，有盐铁之利，乃后魏滑盐县也。……阿保机知众可用，用其妻述律策，使人告诸部大人曰：'我有盐池，诸部所食。然诸部知食盐之利，而不知盐有主人，可乎？当来犒我。'诸部以为然，共以牛酒会盐池。"滑盐县在滦平县南，表明当地有池盐之利。

五、山南道

山南道出产井盐。《新唐书·地理志四》记载，归州的秭归与巴东，"有盐"。

夔州，《新唐书·地理志四》记载，奉节，"有永安井盐官"；云安，"有盐官"；大昌，"有盐官"。

均州，《新唐书·地理志四》记载："武当……东南百里有盐池。"《元和郡县图志·山南道二》记载，武当县，"盐池，在县东南百里。池水四周，上生紫气。池左右草木十余里，气所染著，上如雪霜，尝之盐味，土人谓之盐花"。

成州，《新唐书·地理志四》记载："上禄……有仇池山；有盐。"《元和郡县图志·山南道三》记载："上禄县……仇池山，在县南八十里……其地良沃，有土可以煮盐，杨氏故累世据焉。"

忠州，《新唐书·地理志四》记载，临江，"有盐"。

果州，《新唐书·地理志四》记载，南充、相如、西充，"有盐"。

阆州，《新唐书·地理志四》记载，阆中、南部、新井、新政，"有盐"。

开州，《新唐书·地理志四》记载，万岁，"有盐"。

通州，《新唐书·地理志四》记载，宣汉，"有盐"。

秦州，《新唐书·地理志四》记载，长道，"有盐"。《元和郡县图志·山南道三》记载："长道县……盐井，在县东三十里。水与岸齐，盐极甘美，食之破气。盐官故城，在县东三十里，在嶓冢西四十里。相承营煮，味与海盐同。"

《全唐诗》卷二一八《杜甫·盐井（盐井在成州长道县，有盐官故城）》中写道："卤中草木白，青者官盐烟。官作既有程，煮盐烟在川。汲井岁榾榾，出车日连连。自公斗三百，转致斛六千。君子慎止足，小人苦喧阗。我何良叹嗟，物理固自然。"表明长道县井盐产量很大。

隋唐五代时期，云安产盐比较多。《全唐诗》卷二二九《杜甫·十二月一日三首》写道："今朝腊月春意动，云安县前江可怜。……负盐出井此溪女，打鼓发船何郡郎。"《全唐诗》卷二三〇《杜甫·秋日夔府咏怀奉寄郑监（审）李宾客一百韵》记载："煮井为盐速，烧畲度地偏。"

唐末云安盐为成汭控制，成为其主要财政来源。《新唐书·成汭传》记载："云安榷盐，本隶盐铁，汭擅取之，故能畜兵五万。"五代时期，孟知祥将云安等盐产地割让给后唐，以取得后唐对其统治的支持。《资治通鉴》卷二七七《后唐纪六》记载："孟知祥累表请割云安等十三盐监隶西川，以盐直赡宁江屯兵，辛卯，许之。"

六、江南道与淮南道

江南道与淮南道主要出产海盐。《新唐书·地理志五》记载，扬州，"海陵……有盐官"。楚州，"盐城……有盐亭百二十三，有监"。苏州，"嘉兴……有盐官"。杭州，"有临平监、新亭监盐官二……盐官，有盐官"。越州，"有兰亭监盐官"。明州，"鄮……有盐"。温州，"有永嘉监盐官"。台州的黄岩与宁海,"有盐"。福州的侯官,"有盐官";长乐、连江、长溪,"有盐"。泉州的晋江与南安,"有盐"。

《元和郡县图志·江南道五》记载,湘乡县"涟水,在县南四十五里。煮水一石,得盐五升"。《元和郡县图志·江南道六》记载,彭水县,"左右盐泉,今本道官收其课"。《元和郡县图志·逸文·淮南道》记载,海陵县,"盐监,煮盐六十万石,而楚州盐城、浙西嘉兴、临平两监所出次焉,计每岁天下盐利,当租赋三分之一"。盐城县,"州上有盐亭百二十三所,每岁煮盐四十五万石"。

此外,《全唐诗》卷一四九《刘长卿·宿怀仁县南湖,寄东海荀处士》记载:"一水不相见,千峰随客船。寒塘起孤雁,夜色分盐田。"怀仁县,属海州,今江苏连云港市赣榆区。《全唐诗》卷二一二《高适·涟上题樊氏水亭》记载:"煮盐沧海曲,种稻长淮边。"涟上,今江苏省涟水县。表明这两个地方也产盐,但盐的产量可能不高,没有被官府控制。

《新唐书·王播传附式传》记载:"余姚民徐泽专鱼盐之利,慈溪民陈瑊冒名仕至县令,皆豪纵,州不能制。"表明余姚也出产盐,为地方势力控制。

《全唐诗》卷六〇三《许棠·送李员外知扬子州留务》中写有:"冶例开山铸,民多酌海煎。"表明沿海地区民间海盐生产比较发达。

五代时期,江南道依然是重要产盐场地。《新五代史·南平世家》记载:"初,季兴之镇,梁以兵五千为牙兵,衣食皆给于梁。至明宗时,岁给以盐万三千石,后不复给。及世宗平淮,故命泰州给之。"《文献通考·征榷考二》记载:"(显德)五年,既取江北诸州,唐主奉表入贡,因白帝以江南无卤田,愿得海陵盐监南属以赡军。"《太平寰宇记·淮南道二》记载:"盐城监,古之盐亭也。历代海岸煎盐之所,元管九场,伪唐以为盐城,周显德三年平江淮之后,因之不改焉。盐场九所,在县南北五十里至三十里,俱临海岸。五祐、紫庄、南八游、北八游、丁溪、竹子、新兴、七惠、四海。"

七、剑南道

剑南道主要出产井盐。《隋书·李敏传》记载:"益宁出盐井。"

《元和郡县图志·剑南道上》记载,火井县,"县有盐井"。蒲江县,"盐井,距县二十里"。阳安县,"阳明盐井,在县北十四里。又有牛鞞等四井,

公私仰给"。平泉县，"上军井、下军井，并盐井也，在县北二十里，公私资
以取给"。内江县，"盐井二十六所，在管下"。银山县，"盐井一十一所，在
管下"。僰道县，"大秋溪，在县东北一十三里。有秋溪盐井，盖因此水为名
也"。

《元和郡县图志·剑南道中》记载，昆明县，"去县三百里，出盐铁，夷
皆用之。……盐井，在县城中。今按取盐先积柴烧之，以水洒土，即成黑
盐"。《新唐书·南蛮传上·南诏传上》记载："昆明城诸井皆产盐，不征，群
蛮食之。"

《元和郡县图志·剑南道下》记载，郪县（今四川三台），"县有盐井二十
六所"。通泉县，"赤车盐井，在县西北十二里。又别有盐井一十三所"。盐亭
县，"大汁盐井，在县东四十二里。又有小汁盐井、歌井、针井"。盐泉县，
"阳下盐井，在县西一里"。方义县，"县四面各有盐井，凡一十二所"。蓬溪
县，"县有盐井一十三所"。安岳县，"县有盐井一十所"。普康县，"县有盐井
三所"。安居县，"县有盐井四所"。普慈县，"县有盐井一十四所"。和义县，
"县有盐井五所"。威远县，"县有盐井七所"。公井县，"县有盐井十所"。应
灵县，"县有盐井四所"。仁寿县，"陵井，纵广三十丈，深八十余丈。益部盐
井甚多，此井最大。以大牛皮囊盛水，引出之役作甚苦，以刑徒充役。中有
祠，盖井神"。贵平县，"平井盐井，在县东南七步"。井研县，"井研盐井，
在县南七里。镇及县皆取名焉。又有思棱井、井镬井"。江安县，"可盛盐井，
在县西北一十一里"。富义县，"富义盐井，在县西南五十步。月出盐三千六
百六十石，剑南盐井，唯此最大。其余亦有井七所"。

《全唐诗》卷二二六《杜甫·出郭》中写道："远烟盐井上，斜景雪峰
西。"可见在成都平原附近也产盐。

五代时期，剑南道的部分盐井被废除。《太平寰宇记》卷八五《剑南东道
四·陵州》记载："仁寿县界别有五井二井见在；井研县二十一井，五井见
在；始建县七井，一井见在。"《玉壶清话》卷三记载："陵州盐井，旧深五十
余丈，凿石而入。其井上土下石，石之上凡二十余丈，以梗楠木四面锁叠，用
障其土，土下即盐脉，自石而出。伪蜀置监，岁炼八十万斤。显德中，一白龙
自井随霹雳而出，村旁一老父泣曰：'井龙已去，咸泉将竭，吾蜀亦将衰矣。'
乃孟昶即国之二十三年也。自兹石脉淤塞，毒烟上蒸，以绲缒炼匠下视，缒者
皆死，不复开浚，民食大馑。"

八、陇右道

陇右道主要出产池盐。《隋书·西域传》记载，高昌，"出赤盐如朱，白盐如玉"。焉耆，"有鱼盐蒲苇之利"。《新唐书·西域传上·焉耆传》记载："土宜黍、蒲陶，有鱼盐利。"

《元和郡县图志·陇右道上》记载：郛县，"盐井，在县南二里。远近百姓仰给焉"。

《元和郡县图志·陇右道下》记载，"姑臧县，武兴盐池、眉黛盐池，并在县界，百姓咸取给焉"。张掖县，"盐池，在县北九百三十里。其盐洁白甘美，随月亏盈，周回一百步"。福禄县，"盐池，在县东北八十里，周回百姓仰给焉"。玉门县，"独登山，在县北十里。其山出盐，鲜白甘美，有异常盐，取充贡献"。炖煌县，"盐池，在县东四十七里。池中盐常自生，百姓仰给焉"。纳职县，"陆盐池，在州南六十里。周回十余里，无鱼。水自生如海盐。月满则盐多而甘，月亏则盐少而苦"。前庭县，"出赤盐，其味甚美。泽间有草，名为羊刺，其上生蜜，食之与蜂蜜不异，名曰刺蜜。有盐，其状如玉，取以为枕，贡之中国"。

唐末五代时期，陇右道池盐生产规模有扩大趋势。《沙州都督府图经》记载："咸卤，右州界辽阔，沙碛至多，咸卤，盐泽均余大半。三所盐池水：东盐池水右在州东五十里，东西二百步，南北三里。其盐在水中，自为块片，人就水里漉出曝干，并是颗盐，其味淡于河东盐，印形相似。西盐池水右俗号沙泉盐，在州北一百一十七里，总有四陂，每陂二亩已下。时人于水中漉出，大者有马牙，其味极美，其色如雪。取者既众，用之无穷。北盐池水：右在州西北四十五里，东西九里，南北四里。其盐不如西盐，与州东盐味同。"

《新五代史·四夷附录三》记载："回鹘……是时吐蕃已陷河西、陇右，乃以回鹘散处之。……其地出玉、牦、绿野马、独峰驼、白貂鼠、羚羊角、碙砂、腽肭脐、金刚钻、红盐、麕氎、駒騄之革。"

九、岭南道

岭南道主要产海盐。《元和郡县图志·岭南道一》海阳县，"盐亭驿，近海。百姓煮海水为盐，远近取给"。《新唐书·地理志七上》记载，东莞、新会，"有盐"。海南岛的琼山、宁远、义伦，"有盐"。

由于岭南道有漫长的海岸线，产盐的地方可能不止这几处。《新唐书·郑畋传》记载："畋请以岭南盐铁委广州节度使韦荷，岁煮海取盐直四十万缗，市虔、吉米以赡安南，罢荆、洪等漕役，军食遂饶。"表明岭南盐的产量比较高，产盐之处应该比较多。

第七节　矿产的开采、冶炼和烧制瓷器对环境的影响

黄金的开采，有淘金和开采金矿两种方式。《全唐诗》卷三六五《刘禹锡·浪淘沙九首》中有："日照澄洲江雾开，淘金女伴满江隈。美人首饰侯王印，尽是沙中浪底来。"写的是淘金的场景。《蛮书·云南管内物产》记载："生金，出金山及长傍诸山、藤充北金宝山。土人取法，春冬间先于山上掘坑，深丈余，阔数十步。夏月水潦降时，添其泥土入坑，即于添土之所沙石中披拣。有得片块，大者重一斤，或至二斤，小者三两五两，价贵于麸金数倍。然以蛮法严峻，纳官十分之七八，其余许归私。如不输官，许递相告。麸金出丽水，盛沙淘汰取之。沙赎法，男女犯罪，多送丽水淘金。长傍川界三面山并出金，部落百姓悉纳金，无别税役、征徭。"此处记载唐代云南已经开采金矿获得黄金。

2008 年，浙江遂昌发现了"大规模唐代金窟"。研究表明，唐代金矿的开采主要是采用"燃爆法"，即在坚硬的矿石下搭建一个简易的矿炉，然后用上等的炭火猛烈燃烧，待矿石充分受热之后，泼上凉水，热胀冷缩，使得矿石开裂，便于开采。[①] 用燃爆法，需要大量的燃料，金矿开采过程中，对当地森林植被消耗很大。

唐朝时期银矿的开采与冶炼，史书之中没有详细的记载。明朝《菽园杂记》卷一四引南宋《龙泉县志》记载了南宋时期银矿的开采与冶炼情况："五金之矿，生于山川重复高峰峻岭之间。其发之初，唯于顽石中隐见矿脉，微如毫发。有识矿者得之，凿取烹试。其矿色样不同，精粗亦异。矿中得银，多少不定，或一箩重二十五斤，得银多至二三两，少或三四钱。矿脉深浅不可测，有地面方发而遽绝者，有深入数丈而绝者，有甚微久而方阔者，有矿脉中绝而

---

① 王学文编著：《黄金诱惑：揭开黄金神秘面纱》，中国财富出版社2012 年版，第28 页。

凿取不已复见兴盛者，此名为过璧。有方采于此，忽然不现，而复发于寻丈之间者，谓之虾蟆跳。大率坑匠采矿，如虫蠹木，或深数丈，或数十丈，或数百丈。随其浅深，断绝方止。旧取矿携尖铁及铁锤，竭力击之，凡数十下仅得一片。今不用锤尖，惟烧爆得矿。矿石不拘多少，采入碓坊，舂碓极细，是谓矿末。次以大桶盛水，投矿末于中，搅数百次，谓之搅粘。凡桶中之粘，分三等，浮于面者谓之细粘，桶中者谓之梅沙，沉于底者谓之粗矿肉。若细粘与梅沙，用尖底淘盆浮于淘池中，且淘且汰，泛扬去粗，留取其精英者。其粗矿肉，则用一木盆如小舟然，淘汰亦如前法。大率欲淘去石末，存其真矿，以桶盛贮，璀璨星星可观，是谓矿肉。次用米糊搜拌，圆如拳大，排于炭上，更以炭一尺许覆之。自旦发火，至申时住火候冷，名窖团。……烹炼既熟，良久，以水灭火，则银铅为一，是谓铅驼。次就地用上等炉灰，视铅驼大小作一浅灰窠，置铅驼于灰窠内，用炭围叠侧，扇火不住手。初铅银混，泓然于灰窠之内，望泓面有烟云之气，飞走不定，久之稍散，则雪花腾涌。雪花既尽，湛然澄澈。又少顷，其色自一边先变浑色，是谓窠翻。烟云雪花，乃铅气未尽之状。铅性畏灰，故用灰以捕铅。铅既入灰，唯银独存。自辰至午，方见尽银。铅入于灰坯，乃生药中蜜陀僧也。"

南宋银矿开采的方式，隋唐五代时期已经出现，《稽神录·郑公场采银》中记载："饶州郑公场，采银之所，山有涧水出底。天祐末，银夫十余人，傍涧凿地道，入数步，空阔明朗，山顶有穴如天窗，日光下照，楼阁四柱，石皆白银也。采银者复出，持斧而入将斫取之，俄而山摧，入者尽压死。顷之，流血自涧出，数日不绝，自是无敢入者。"表明采矿技术成熟，能深入地下采掘银矿。

隋唐五代时期，冶炼白银也采用吹灰法。《全唐诗》卷六三四《司空图·诗品二十四则·洗炼》记载："犹矿出金，如铅出银。超心炼冶，绝爱缁磷。"根据对唐朝章怀太子墓葬中的白银以及邠王府遗址出土的银器分析，在唐朝中期，吹灰法生产白银的技术已经成熟。①

隋唐五代时期的铜矿开采与提炼，史书也没有明确的记载。明朝《菽园杂记》卷一四引南宋《龙泉县志》记载了南宋时期铜矿的开采与冶炼情况：

① 一冰：《唐代冶银术初探》，《文物》1972 年第 6 期。

"采铜法，先用大片柴，不计段数，装叠有矿之地，发火烧一夜，令矿脉柔脆。次日火气稍歇，作匠方可入身，重锤尖采打。凡一人一日之力，可得矿二十斤，或二十四五斤。每三十余斤为一小箩。虽矿之出铜，多小不等，大率一箩可得铜一斤。每烊铜一料，用矿二百五十箩，炭七百担，柴一千七百段，雇工八百余。用柴炭装叠烧两次，共六日六夜，烈火亘天夜，则山谷如昼。铜在矿中，既经烈火，皆成茱萸头出于矿面。火愈炽，则铅液成驼。候冷，以铁锤击碎，入大旋风炉，连烹三日三夜，方见成铜，名曰生烹。有生烹亏铜者，必碓磨为末，淘去粗浊，留精英，团成大块，再用前项烈火，名曰烧窑。"李白的《秋浦歌》中也记载了当时采矿与冶炼情景："炉火照天地，红星乱紫烟。赧郎明月夜，歌曲动寒川。"

　　根据对南京九华山唐代铜矿遗址中炉渣的分析，唐代铜矿冶炼过程中经过了两次焙烧、熔炼处理，先后获得品位较高的冰铜，并依次排除高钙和高铁渣。《菽园杂记》中所引用宋代冶铜技术，在唐代已经采用，并且非常成熟。[①]按照《菽园杂记》记载推算，一斤铜需要 2.4 担炭，6.1 段柴。《新唐书·食货志四》记载："元和初，天下银治废者四十，岁采银万二千两，铜二十六万六千斤，铁二百七万斤，锡五万斤，铅无常数。……（开成元年）天下岁率银二万五千两、铜六十五万五千斤、铅十一万四千斤、锡万七千斤、铁五十三万二千斤。……（大和八年）天下铜坑五十，岁采铜二十六万六千斤。"以每年采铜二十六万六千斤来计算，需要六十三万八千四百担炭以及一百六十二万二千六百段柴。以三斤干柴一斤炭，每担一百斤以及一段柴十斤计算，冶炼这些铜一年需要消耗木材约十万吨；以每平方千米森林可获得木材二千吨来计算，一年仅炼铜消耗的森林为五十平方千米。此外，以每年炼铁五十万斤来计算，其也差不多要消耗三平方千米的森林。[②]由于炼铜、炼铁等需要炭，而烧制炭对森林是掠夺性砍伐，故而森林破坏是非常严重的。

　　烧制瓷器，需要消耗大量的木材，有实验表明，烧制 100 件宋朝钧瓷，需

---

① 李延祥等：《九华山唐代炼铜炉渣研究》，《自然科学史研究》1996 年第 3 期；

　　李延祥：《九华山唐代铜矿冶遗址冶炼技术研究》，《有色金属》2000 年第 4 期。

② 炼制一吨铁需要消耗约六吨炭。可见于许惠民的《北宋时期煤炭的开发利用》

　　（《中国史研究》1987 年第 2 期）。

要木材 3500 千克，才能保证比较高的成品率。① 经验丰富的工人在烧制陶瓷时需要的木材可能少点，但不会太少。因此，古代陶瓷中心，烧制陶瓷时间一般不会持续很久，主要是燃料得不到保障。巩义地区的窑址，衰落于晚唐。晚唐五代的长沙窑，也在五代时期开始衰落。《全唐诗》卷五六九《李群玉·石潴》中记载了长沙窑的森林消耗："古岸陶为器，高林尽一焚。焰红湘浦口，烟浊洞庭云。迥野煤飞乱，遥空爆响闻。地形穿凿势，恐到祝融坟。"这种森林消耗导致原始森林都被砍伐，持续时间当然不能太久。

隋唐五代时期，青瓷比较流行。但制作与烧制青瓷需要大量燃料。有研究表明，青瓷的釉原料中一般都含有草木灰。越窑的青瓷釉料主要由瓷石与草木灰两种原料配制而成，原因是草木灰中锰和磷的含量较高。晚唐五代时期，增加石灰石作为青釉的原料之一，草木灰的含量减少。② 有研究表明，烧制瓷器后的草木灰不足以将整窑器皿上釉，由此可见，有专门为上釉而准备的草木灰。越窑青釉所用的草木灰对燃料的需求远远超过烧窑本身所需要的燃料。③ 烧制越窑需要大量的木材，陈万里曾经调查过，一个小型传统龙泉窑，一年烧制十次，所需要柴火一百七八十挑。④ 有人推算，北宋初年越窑每年的耗柴在五十万担以上；加之越窑烧制时只能用松木，而松树大多生长在丘陵地带，随着丘陵地带的开发，烧制越窑所需要的松木越来越少，越窑在吴越亡国之后不到二十年，制作水平开始下降。在上虞一带越窑衰落，燃料丰富的龙泉窑崛起。⑤

① 阎飞：《中原古代陶瓷窑炉实验考古研究》，郑州大学 2012 年博士论文，第 107 页。

② 李合等：《上林湖后司岙窑址秘色瓷的成分特征研究》，《故宫博物院院刊》2017 年第 6 期。

③ 伍德等：《晚唐上林湖越窑瓷器皿生产的若干特征》，郭景坤主编：《古陶瓷科学技术 2002 国际讨论会论文集》，上海科学技术出版社 2002 年版，第 185—192 页。

④ 陈万里：《瓷器与浙江》，中华书局 1946 年版，第 69 页。

⑤ 李刚：《越窑衰落续论》，《文博》1995 年第 4 期。

第七章

隋唐五代时期的环境灾害

隋唐五代时期，环境灾害比较频繁，主要有蝗灾、旱灾、疫灾、地震以及水灾、冻灾等。

第一节　隋唐五代时期的蝗灾

隋唐五代时期，蝗灾是威胁农业生产的重要灾害。根据史书记载，隋唐五代蝗灾情况如下：

开皇二年（582 年），去岁四时，竟无雨雪，川枯蝗暴，卉木烧尽，饥疫死亡，人畜相半。（《隋书·北狄传·突厥传》）

开皇十六年（596 年）六月，并州大蝗。（《隋书·高祖纪下》）

武德六年（623 年），夏州蝗。（《新唐书·五行志三》）

贞观二年（628 年），泉州（今福州一带）蝗。（《八闽通志·祥异志》）六月十六日，终南等县蝗。（《唐会要·螟蜮》）年六月，京畿旱，蝗食稼。（《旧唐书·五行志》）

贞观三年（629 年）秋，德、戴、廓三州蝗。（《册府元龟·帝王部·惠民》）五月，徐州蝗。秋，德、戴、廓等州蝗。（《新唐书·五行志三》）

贞观四年（630 年）秋，观、兖、辽等州蝗。（《新唐书·五行志三》）

贞观二十一年（647 年）七月，莱州螟，十二月渠州蝗。（《册府元龟·帝王部·惠民》）秋，渠、泉二州蝗。（《新唐书·五行志三》）

永徽元年（650 年），三辅之地颇被蝗螟。（《册府元龟·帝王部·惠民》）是岁，雍、绛、同等九州旱蝗。（《旧唐书·高宗纪上》）夒、绛、雍、同等州蝗。（《新唐书·五行志三》）

仪凤二年（677 年），河西蝗，独不至方翼境，而它郡民或馁死，皆重茧走方翼治下。（《新唐书·王方翼传》）

永淳元年（682 年）六月，关中初雨，麦苗涝损，后旱，京兆、岐、陇螟蝗食苗并尽。（《旧唐书·高宗纪下》）三月，京畿蝗，无麦苗。六月，雍、岐、陇等州蝗。（《新唐书·五行志三》）

嗣圣元年（684年），建宁府蝗。（《八闽通志·祥异志》）

长寿二年（693年），台、建等州蝗。（《新唐书·五行志三》）

开元三年（715年）六月，山东诸州大蝗，飞则蔽景，下则食苗稼，声如风雨。（《旧唐书·玄宗纪上》）

开元四年（716年），是夏，山东、河南、河北蝗虫大起，遣使分捕而瘗之。（《旧唐书·玄宗纪上》）河南北螽为灾，飞则翳日，大如指，食苗草树叶，连根并尽。敕差使与州县相知驱逐，采得一石者，与一石粟，一斗，粟亦如之。掘坑埋却，埋一石则十石生，卵大如黍米，厚半寸，盖地。（《朝野佥载》）山东蝗复大起，姚崇又命捕之。……夏，五月，甲辰，敕委使者详察州县捕蝗勤惰者，各以名闻。由是连岁蝗灾，不至大饥。（《资治通鉴》卷二一一《唐纪二十七》）

开元二十五年（737年），贝州蝗，有白鸟数千万，群飞食之，一夕而尽，禾稼不伤。（《新唐书·五行志三》）

广德二年（764年）九月，自七月大雨未止，京城米斗值一千文。蝗食田。……是秋，蝗食田殆尽，关辅尤甚。米斗千钱。（《旧唐书·代宗纪》）

大历年间（766—779年），时仍岁旱蝗，诏以郎官宰畿甸，授奉天令，课第一，改长安令。（《新唐书·韦夏卿传》）

兴元元年（784年）四月，关中有蝗。百姓捕之。蒸暴。扬去足翅而食之。（《唐会要·螟蜮》）是秋，螟蝗蔽野，草木无遗。……十月，乙亥，诏宋亳、淄青、泽潞、河东、恒冀、幽、易定、魏博等八节度，螟蝗为害，蒸民饥馑，每节度赐米五万石，河阳、东畿各赐三万石，所司般运，于楚州分付。（《旧唐书·德宗纪上》）抱真以山东蝗，食少，归于潞，武俊亦还。（《新唐书·藩镇传·王武俊传》）是岁蝗遍远近，草木无遗，惟不食稻，大饥，道殣相望。（《资治通鉴》卷二三一《唐纪四十七》）

贞元元年（785年），有蝗起自东海，西至陇坻，群飞蔽天，旬日不息，所至苗稼无遗。（《唐会要·螟蜮》）七月，关中蝗食草木都尽。（《旧唐书·德宗纪上》）

贞元二年（786年），河北蝗，民饿死如积。（《新唐书·张孝积传》）

贞元二十一年（805年）六月，丙戌，关东蝗食田稼。（《旧唐书·顺宗纪》）秋，陈州蝗。（《新唐书·五行志三》）

元和元年（806年）夏，镇、冀蝗，害稼。（《旧唐书·五行志》）

长庆三年（823年）秋，洪州旱，螟蝗害稼八万顷。（《旧唐书·五行志》）

大和六七年间（832—833年），方蝗旱，粟价腾踊，起下令家得储三十斛，斥其余以市，否者死。（《新唐书·王播传附王起传》）

开成元年（836年）夏，镇州、河中蝗，害稼。（《新唐书·五行志三》）

开成二年（837年）六月，魏博、淄青、河南府并奏蝗害稼。七月乙酉，京兆尹李绅奏，蝗入京畿，不食民田。诏书褒美。（《唐会要·螟蜮》）魏、博、泽、潞、淄、青、沧、德、兖、海、河南府等州并奏蝗害稼。（《旧唐书·文宗纪下》）

开成三年（838年）八月，魏博六州蝗食秋苗并尽。（《旧唐书·文宗纪下》）

开成四年（839年）五月，天平、魏博、易定等管内蝗食秋稼。……八月，壬申，镇、冀四州蝗食稼，至于野草树叶皆尽。（《旧唐书·文宗纪下》）十二月，郑滑两州蝗，兖海中都等县并蝗。（《唐会要·螟蜮》）

开成五年（840年）夏，福建蝗疫。（《八闽通志·祥异志》）四月，郓州兖海管内并蝗，又汝州有虫食苗。五月，河南府有黑虫生，食田苗。汝州管内蝗。兖海临沂等五县有蝗虫于土中生子，食田苗。六月，淄、青、登、莱四州蝗；河阳飞蝗入境；幽州管内有地蝻虫食田苗；魏博、河南府、河阳等九县，沂、密两州，沧州易定，郓州，陕府，虢州六县蝗。（《唐会要·螟蜮》）

会昌元年（841年）三月，邓州穰县蝗。（《唐会要·螟蜮》）三月，山南东道蝗害稼。……七月，关东大蝗伤稼。（《旧唐书·武宗纪》）七月，关东、山南邓唐等州蝗。（《新唐书·五行志三》）

大中八年（854年）七月，剑南东川蝗。（《新唐书·五行志三》）

大中末年……比岁旱蝗，关畿尤困。（《全唐文》卷八〇七《司空图·太原王公同州修堰记》）

咸通三年（862年）五月，淮南、河南蝗。（《唐会要·螟蜮》）夏，淮南、河南蝗旱，民饥。（《旧唐书·懿宗纪》）

咸通六年（865年）八月，东都、同华陕虢等州蝗。（《新唐书·五行志三》）

咸通七年（866年）夏，东都、同、华、陕、虢及京畿蝗。（《新唐书·五行志三》）

咸通九年（868 年）九月，江夏飞蝗害稼。（《唐会要·螟蝝》）是岁，江、淮蝗食稼，大旱。（《旧唐书·懿宗纪》）江淮、关内及东都蝗。（《新唐书·五行志三》）

咸通十年（869 年）六月，昨陕虢中使回，方知蝗旱有损处。（《旧唐书·懿宗纪》）夏，陕、虢等州蝗。（《新唐书·五行志三》）

乾符二年（875 年）秋，七月，蝗自东而西，蔽日，所过赤地。（《资治通鉴》卷二五二《唐纪六十八》）

乾符五年（878 年），时连岁旱、蝗，寇盗充斥，耕桑半废，租赋不足，内藏虚竭。（《资治通鉴》卷二五三《唐纪六十九》）

乾符年间（上谷郡一带）顷以苗螟作厉……致比户以流离。[《唐文续拾》卷七《王悚·开元寺陇西公经幢赞（并叙）》]

及至乾符之岁，水旱不常，或波荡林邱，或尘扬沼沚。蝗螟败害，岁力凋虚。（《全唐文》卷八一九《刁尚能·唐南康太守汝南公新创抚州南城县罗城记》）

光启元年（885 年）秋，蝗自东方来，群飞蔽天。（《新唐书·五行志三》）

光启二年（886 年）淮南饥，蝗自西来，行而不飞，浮水缘城而入府第。道院竹木，一夕如翦，经像幢节，皆啮去其首。扑之不能止。旬日之内，蝗自食啖而尽。（《旧唐书·高骈传》）五月，荆南、襄阳仍岁蝗旱，米斗三十千，人多相食。（《旧唐书·僖宗纪》）

开平元年（907 年）六月，许、陈、汝、蔡、颍五州蝝生，有野禽群飞蔽空，食之皆尽。（《旧五代史·五行志》）八月丁卯，同州蚄虫生。陕州黄河清。九月，括马。（《新五代史·梁本纪二》）五月己丑，令下诸州，去年（指 907 年）有蝗虫下子处，盖前冬无雪，至今春亢阳，致为灾沴，实伤垄亩。必虑今秋重困稼穑，自知多在荒陂榛芜之内，所在长吏各须分配地界，精加翦扑，以绝根本。（《旧五代史·梁书·太祖纪四》）

开平四年（910 年），陈、许、汝、蔡、颍五州境内有蝝为灾。（《旧五代史·梁书·太祖纪五》）

龙德元年（921 年），虫蝗作沴。（《旧五代史·梁书·末帝纪下》）

同光三年（925 年），八月，青州大水、蝗。（《旧五代史·唐书·庄宗纪七》）九月，镇州奏，飞蝗害稼。（《旧五代史·五行志》）是岁，镇州大旱、

蝗，重荣聚饥民数万，驱以向邺，声言入觐。（《新五代史·安重荣传》）

天成三年（928年），夏六月以来大旱，有蝗蔽日而飞，昼为之黑，庭户衣帐悉充塞之。王亲祀于都会堂，是夕大风，蝗堕浙江而死。（《吴越备史·武肃王下》）

天福七年（942年），是春，郓、曹、澶、博、相、洺诸州蝗。……是月（四月），州郡十六处蝗。……是月（五月），州郡十八奏旱蝗。（《旧五代史·晋书·高祖纪六》）是时（六月），河南、河北、关西并奏蝗害稼。……是月（七月），州郡十七蝗……是月（八月），河中、河东、河西、徐、晋、商、汝等州蝗。（《旧五代史·晋书·少帝纪一》）正月……时天下大蝗，惟不入河东界。（《旧五代史·汉书·高祖纪上》）旱，蝗。（《新五代史·晋本纪》）晋天福七年四月，山东、河南、关西诸郡蝗害稼，至八年四月，天下诸州飞蝗害田，食草木叶皆尽。诏州县长吏捕蝗，华州节度使杨彦询、雍州节度使赵莹命百姓捕蝗一斗，以禄粟一斗偿之。时蝗旱相继，人民流移，饥者盈路，关西饿殍尤甚，死者十七八。朝廷以军食不充，分命使臣诸道括粟麦，晋祚自兹衰矣。（《旧五代史·五行志》）

晋天福八年（943年）四月，是月，河南、河北、关西诸州旱蝗，分命使臣捕之。……五月己亥，飞蝗自北翳天而南。太子宾客李悦卒。甲辰，诏："诸道州府见禁罪人，除十恶五逆、行劫杀人、伪行印信、合造毒药、官典犯赃各减一等外，余并放。"是时所在旱蝗，故有是诏。六月庚戌，以螟蝗为害，诏侍卫马步军都指挥使李守贞往皋门祭告，仍遣诸司使梁进超等七人分往开封府界捕之。……宿州奏，飞蝗抱草干死。……戊午，开封府界飞蝗自死。庚申，河南府奏，飞蝗大下，遍满山野，草苗木叶食之皆尽，人多饿死。……陕州奏，蝗飞入界，伤食五稼及竹木之叶。……是月，诸州郡大蝗，所至草木皆尽。（《旧五代史·晋书·少帝纪一》）九月，州郡二十七蝗，饿死者数十万。（《旧五代史·晋书·少帝纪二》）时天下旱、蝗，民饿死者岁十数万。（《新五代史·景延广传》）

保大四年（946年）九月，淮南虫食稼，除民田税。（陆游《南唐书·元宗本纪》）

乾祐元年（948年）六月，是月，河北旱，青州蝗。七月，开封府言，阳武、雍丘、襄邑三县，蝗为鸜鹆聚食，诏禁捕鸜鹆。（《旧五代史·汉书·隐帝纪上》）乾祐元年七月，青、郓、兖、齐、濮、沂、密、邢、曹皆言蝝生。

开封府奏，阳武、雍丘、襄邑等县蝗，开封尹侯益遣人以酒肴致祭，寻为鸜鹆食之皆尽。敕禁罗弋鸜鹆，以其有吞蝗之异也。二年五月，博州奏，有螽生，化为蝶飞去。宋州奏，蝗一夕抱草而死，差官祭之。（《旧五代史·五行志》）

乾祐二年（949年）五月，己未，右监门大将军许迁上言，奉使至博州博平县界，睹螽生弥亘数里，一夕并化为蝶飞去。辛酉，兖、郓、齐三州奏螽生。丁卯，宋州奏，蝗抱草而死。六月，兖州奏，捕蝗二万斛，魏、博、宿三州蝗抱草而死。己卯，滑、濮、澶、漕、兖、淄、青、齐、宿、怀、相、卫、博、陈等州奏蝗，分命中使致祭于所在川泽山林之神。七月，丙寅，兖州奏，捕蝗二万斛。戊辰，兖州奏，捕蝗四万斛。（《旧五代史·汉书·隐帝纪中》）

保大十一年（953年），大蝗。（马令《南唐书·嗣主书》）

隋唐五代时期约有54年发生蝗灾，大致每7年发生一次。其中也有几个阶段是高发期，628—630年、823—841年、860—886年、942—949年为蝗灾爆发的集中时期。蝗灾发生的地区主要在黄河下游两岸地区，此外就是渭河流域、汾河流域以及北方沿海地区。

第二节　隋唐五代时期的疫病

隋唐五代时期的疫病也比较常见，文献记载主要有以下这些。

开皇元年（581年），去岁四时，竟无雨雪，川枯蝗暴，卉木烧尽，饥疫死亡，人畜相半。旧居之所，赤地无依，迁徙漠南，偷存晷刻。……时虏饥甚，不能得食，于是粉骨为粮，又多灾疫，死者极众。（《隋书》卷四九《突厥传》）

开皇十二年（592年），长安疾疫，隋文帝闻其名行，召令于尚书都堂讲《金刚般若经》。（《南史·徐孝克传》）

开皇十八年（598年），二月乙巳，以汉王谅为行军元帅，水陆三十万伐高丽。……九月己丑，汉王谅师遇疾疫而旋，死者十八九。（《隋书·高祖纪下》）及起辽东之役，世积与汉王并为行军元帅，至柳城，遇疾疫而还。（《隋书·王世积传》）上不从，以颎为元帅长史，从汉王征辽东，遇霖潦疾疫，不利而还。（《隋书·高颎传》）十八年，起辽东之役，以谅为行军元帅，率众至辽水，遇疾疫，不利而还。（《隋书·文四子传》）

大业六年（610年），又使朝请大夫张镇州击流求，俘虏数万。士卒深入，蒙犯瘴疠，馁疾而死者十八九。（《隋书·食货志》）

大业八年（612年），是岁，大旱，疫，人多死，山东尤甚。（《隋书》卷四《炀帝纪下》）是岁山东、河南大水，漂没四十余郡，重以辽东覆败，死者数十万。因属疫疾，山东尤甚。（《隋书·食货志》）

隋朝末年，官观鞠为茂草，乡亭绝其烟火，人相啖食，十而四五。关中疠疫，炎旱伤稼，代王开永丰之粟，以振饥人，去仓数百里，老幼云集。（《隋书·食货志》）自隋季扰攘四海沸腾，疫毒流行，干戈竞起，兴师相伐，各擅兵威，臣佞君荒，不为正治。（《续高僧传·唐终南山龙田寺释法琳传》）

武德七年（624年）左右，辄复悲泣不能自禁……卒后，其年亢旱不收，疫死众矣。（《续高僧传·唐初蜀川沙门释慧岸传》）

贞观三年（629 年），有沙门法雅，初以恩幸出入两宫，至是禁绝之，法雅怨望，出妖言，伏法。兵部尚书杜如晦鞠其狱，法雅乃称寂知其言，寂对曰："法雅惟云时候方行疾疫，初不闻妖言。"法雅证之，坐是免官，削食邑之半，放归本邑。① （《旧唐书·裴寂传》）

贞观四年（630 年）之前，制诏：突厥往逢疠疫，长城之南，暴骨如丘，有司其以酒脯祭，为瘗藏之。（《新唐书·突厥传上》）突厥种落，往逢灾厉，病疫饥馑，殒丧者多。（《全唐文》卷五《唐太宗·收埋突厥暴骸诏》）

贞观初，或告盎叛，盎举兵拒境。太宗诏右武卫将军蔺谟发江淮甲卒将讨之，魏徵谏曰："天下初定，创夷未复，大兵之余，疫疠方作，且王者兵不宜为蛮夷动，胜之不武，不胜为辱。且盎不及未定时略州县，摇远夷，今四海已平，尚何事？反未状，当怀之以德，盎惧，必自来。"（《新唐书·诸夷蕃将·冯盎传》）

贞观十年（636 年），关内、河东大疫。（《新唐书·五行志三》）

贞观十五年（641 年）三月，泽州疫。② （《新唐书·五行志三》）

贞观十六年（642 年），夏，谷、泾、徐、戴、虢五州疫。（《新唐书·五行志三》）

贞观十七年（643 年）夏，潭、濠、庐三州疫。（《新唐书·五行志三》）

贞观十八年（644 年），庐、濠、巴、普、郴五州疫。（《新唐书·五行志三》）

贞观二十二年（648 年），邠州大疫。（《新唐书·五行志三》）九月，邠州大疫，诏医疗之。（《册府元龟·帝王部·恤下二》）

永徽六年（655 年）三月，楚州大疫。（《新唐书·五行志三》）

麟德年间（664—665 年）其岁疫毒，黎雅尤甚，十丧三四，即唐麟德年也。（《太平广记·女仙·黄观福》）

开耀元年（681 年），（阿史那）伏念与曹怀舜等约和而还，比至金牙山，失其妻子辎重，士卒多疾疫，乃引兵北走保细沙，行俭又使副总管刘敬同、程

---

① 法雅只是说流行疫病的物候，裴寂认为不是妖言。说明长安一带可能发生了疫病。

②《续高僧传》卷一五《唐泽州清化寺释玄鉴传》中记载："又遇疫气，死亡非一，皆投心乞命，鉴为之忏悔令断酒肉，病者痊复。时大重之。"此次泽州疫病，或许在此年。

务挺等将单于府兵追蹑之。(《资治通鉴》卷二〇二《唐纪十八》)

永淳元年（682年）冬，大疫，两京死者相枕于路。占曰："国将有恤，则邪乱之气先被于民，故疫。"(《新唐书·五行志三》)国中大饥，蒲、同等州没徒家口并逐粮，饥馁相仍，加以疾疫，自陕至洛，死者不可胜数。(《旧唐书·五行志》)六月，关中初雨，麦苗涝损，后旱，京兆、岐、陇螟蝗食苗并尽，加以民多疫疠，死者枕藉于路，诏所在官司埋瘗。(《旧唐书》卷五《高宗纪》)

680—685年间，陈子昂认为："今军旅之弊，夫妻不得安，父子不相养，五六年矣。自剑南尽河、陇，山东由青、徐、曹、汴，河北举沧、瀛、赵、鄚，或困水旱，或顿兵疫，死亡流离略尽。尚赖陛下悯其失职，凡兵戌调发，一切罢之，使人得妻子相见，父兄相保，可谓能静其机也。"(《新唐书·陈子昂传》)(陈子昂上书武则天的时间为公元685年。)

696年冬至697年春，营州府君（今辽宁朝阳一带），今贼饥饿，灾衅日滋，天降其殃，尽灭已死，人厌其祸。万斩方诛，营州士人及城傍子弟，近送密款，准待官军。(《全唐文》卷二一四《陈子昂·为建安王与辽东书》)即日契丹逆丑，天降其灾，尽病水肿，命在旦夕；营州饥饿，人不聊生，唯待官军，即拟归顺。(《全唐文》卷二一四《陈子昂·为建安王与诸将书》)自孝杰发后，再有贼中信来，不谋同词，皆云尽灭病死，亲离众溃，匪朝即夕。(《全唐文》卷二〇九《陈子昂·奏白鼠表》)(从"尽病水肿"以及"皆云尽灭病死"等记载来看，营州城内发生了较严重的疫病。)

神龙元年（705年）夏，自京师至山东、河北疫，死者千数。(《新唐书·五行志三》)

神龙二年（706年），故赞普躬往南征，身殒寇庭，国中大乱，嫡庶竞立，将相争权，自相屠灭，兼以人畜疲疠，财力困穷，人事天时，俱未称惬。所以屈志，且共汉和，非是本心能忘情于十姓、四镇也。(《旧唐书·郭元振传》)[1]

神龙三年（707年）是春，自京师至山东疾疫，民死者众。……是夏，山

---

[1] 根据敦煌吐蕃文献记载，704年吐蕃赞普赤都松卒后，吐蕃境内出现分裂。(黄布凡：《敦煌藏文吐蕃史文献译注》，甘肃教育出版社2000年版，第45页)

东、河北二十余州旱，饥馑疾疫死者数千计，遣使赈恤之。①（《旧唐书·中宗纪》）

景云二年（711 年），况天象变见，疫疠相仍，厌兵助阴，是谓无益。（《新唐书·韩思复传附韩朝宗传》）

开元八年（720 年）之前，邕来守是邦，偶闻兹事，依僧依佛，何日忘之？在家出家，惟其常矣。顷者下檄湖海，申明捕杀。鳞羽咸若，灾疫以宁，救蚁虽尚于沙弥，涸鱼每忧于释种。（《全唐文》卷二六四《李邕·海州大云寺禅院碑》）

开元八年（720 年）五月，京师人多疫病，医王韦老师施药以救，无不瘥。师每存心发愿，人睹之者病为愈。上闻之，召见，礼为药王菩萨。（《佛祖统纪》卷四〇一《玄宗》）

开元十六年（728 年），洪州大疫，有狂道人跨驴从五童，施药于市中，病者立愈。（《历世真仙体道通鉴》卷四一《张氲传》）

天宝元年（742 年），如闻江左百姓之间，或家遭疾疫，因而致死，皆弃之中野，无复安葬。（《全唐文》卷三一《玄宗·令葬埋暴骨诏》）

天宝十载至天宝十二载（751—753 年），自仲通、李宓再举讨蛮之军，其征发皆中国利兵，然于土风不便，沮洳之所陷，瘴疫之所伤，馈饷之所乏，物故者十八九。凡举二十万众，弃之死地，只轮不还，人衔冤毒，无敢言者。（《旧唐书·杨国忠传》）

天宝十三载（754 年），侍御史、剑南留后李宓将兵七万击南诏。阁罗凤诱之深入，至太和城，闭壁不战。宓粮尽，士卒罹瘴疫及饥死什七八，乃引还；蛮追击之，宓被擒，全军皆没。（《资治通鉴》卷二一七《唐纪三十三》）

至德二载（757 年），夫人弃孝养于杭州富阳县之行次，时四方兵交，岁大疫，江东尤剧，未克归祔，此焉宁神？［《全唐文》卷五〇四《权德舆·王姚夫人宏农杨氏祔葬墓志铭（并序）》］

宝应元年（762 年），江东大疫，死者过半。（《新唐书·五行志三》）是

---

①《旧唐书》卷一〇一《王求礼传》记载，王求礼在唐睿宗时期奏说："于是人怨神怒，亲怨众离，水旱不调，疾疫屡起。远近殊论，公私罄然。五六年间，再三祸变，享国不永，受终于凶妇人。"可见在唐中宗统治时期，发生了多次的疫病。

岁，江东大疫，死者过半。(《旧唐书·代宗纪》) 浙江东西，去岁旱损，所出租赋，颇甚艰辛。今秋以来，复闻遭水，百姓重困，何以克堪。……又闻杭越间疾疫颇甚，户有死绝，未削版图。(《全唐文》卷四八《代宗·恤民赦》) 辛丑岁大旱，三吴饥甚，人相食。明年大疫，死者十七八，城郭邑居，为之空虚，而存者无食，亡者无棺殡悲哀之送。大抵虽其父母妻子，亦啖其肉而弃其骸于田野，由是道路积骨，相支撑枕藉者，弥二千里。(《全唐文》卷三九三《独孤及·吊道殣文并序》) 是岁也，三吴饥，人相食，厉鬼出行，札丧毒痛，淮河之境，骼骴成岳。[《全唐文》卷三九〇《独孤及·唐故洪州刺史张公遗爱碑（并序）》] 大历初 (766 年左右)，关东人疫死者如麻。荥阳人郑损，率有力者，每乡大为一墓，以葬弃尸，谓之"乡葬"，翕然有仁义之声。损则卢藏用外甥，不仕，乡里号曰"云居先生"。(《唐国史补》卷上)

大历四年 (769 年)，近有流落蕃中十数年者至阙庭，知犬戎恶稔，上疑下阻，日就残灭。加之疾疫，灾及羊马，山谷填委。天亡之时，及酋奴自速其祸，诸蕃连衡，以助进取，力屈气衰，亡逃于苦寒之地。(《全唐文》卷四一四《常衮·喻安西北庭诸将制》) (西藏) 雷击红山，人疫畜病。(《布顿佛教史》，第 117 页)

开元、天宝间，天下户千万，至德后残于大兵，饥疫相仍，十耗其九，至晏充使，户不二百万。(《新唐书·刘晏传》)

广德、建中间，吐蕃再饮马岷江，常以南诏为前锋，操倍寻之戟，且战且进，蜀兵折刃吞镞，不能毙一戎。戎兵日深，疫死日众，自度不能留，辄引去。(《新唐书·突厥传上》)

建中三年 (782 年) 六月，福建大旱，井泉竭，且疫死甚众。(《八闽通志·祥异志》)

建中四年 (783 年)，盗贼震骇，亲友逃散，独居东洛，遇谷贵大疫，皆保康宁，福佑之助也。[《全唐文补遗》第四辑《唐朝散大夫著作佐郎袭安平县男□□崔公夫人陇西县君李氏（金）墓志铭并序》]

兴元元年 (784 年) 前，以财力之有限，供求取之无涯，暴吏肆威，鞭笞督责。嗷嗷黔首，控告何依，怨气上腾，咎征斯应。疫疬荐至，水旱相乘，罪非朕躬，谁任其责？(《全唐文》卷四六三《陆贽·奉天遣使宣慰诸道诏》) 农耕废业，井邑成墟，积彼妖氛，发为灾疬，萧条千里，无复人烟。(《全唐文》卷四六三《陆贽·招谕淮西将吏诏》)

兴元元年（784 年），朱泚之乱，吐蕃请助讨贼，诏右散骑常侍于顾持节慰抚，太常少卿沈房为安西、北庭宣慰使以报之。浑瑊用论莽罗兵破泚将韩旻于武亭川。初，与房约，得长安，以泾、灵四州畀之。会大疫，房辄引去。（《新唐书》卷二一六《吐蕃传下》）浑瑊又奏："尚结赞屡遣人约刻日共取长安，既而不至。闻其众今春大疫，近已引兵去。"①（《资治通鉴》卷二三一《唐纪四十七》）

贞元二年（786 年），朕以宗庙社稷，悉在上都，但平寇戎，岂惜酬赏，遂许四镇之地，以答收京之功。旋属炎蒸，又多疾疫，大蕃兵马，便自抽归，既未至京，有乖始望，奉天盟约。岂合更论？（《全唐文》卷四六四《陆贽·赐吐蕃将书》）

贞元三年（787 年），吐蕃之戍盐、夏者，馈运不继，人多病疫思归，尚结赞遣三千骑逆之，悉焚其庐舍，毁其城，驱其民而去。（《资治通鉴》卷二三二《唐纪四十八》）

贞元六年（790 年）夏，淮南、浙西、福建道疫。（《新唐书·五行志三》）是夏，淮南、浙东西、福建等道旱，井泉多涸，人渴乏，疫死者众。（《旧唐书·德宗纪下》）濒江郡国，仍岁夭疠，而澜河之东，凶旱特甚。[《全唐文》卷四九八《权德舆·唐故江南西道都团练观察处置等使中……崔公神道碑铭（并序）》]

贞元十五年（799 年），时唐兵比岁屯京西、朔方，大峙粮，欲南北并攻取故地。然南方转饷稽期，兵不悉集。是夏，虏麦不熟，疫疠仍兴，赞普死，新君立。（《新唐书·南蛮传上》）

贞元十六年（800 年），天渐暑，士卒久屯沮洳之地，多病疫，全义不存抚，人有离心。五月，庚戌，与吴少诚将吴秀、吴少阳等战于溵南广利原，锋镝未交，诸军大溃。秀等乘之，全义退保五楼。（《资治通鉴》卷二三五《唐纪五十一》）

元和元年（806 年），顷因皇唐元和始载，江左允疠，民人歉绝之次，我叶侯而独怡然。（《全唐文》卷二六《张西岳·铜山湖记》）夏，浙东大疫，死者太半。（《新唐书·五行志三》）淮南、江南去年已来水旱疾疫，其税租

① 类似记载可见《全唐文》卷四七〇《陆贽·兴元贺吐蕃尚结赞抽军回归状》。

节级，蠲放天下两税。（《册府元龟·帝王部·赦宥》）

元和四年（809 年）左右，李太师吉甫在淮南，州境广疫。李公不饮酒，不听乐。……谓诸客曰："弊境疾厉，亡殁相踵，诸贤杰有何术可以见救？"（《太平广记》卷四八《神仙·李吉甫》）王偲家于晋州，性顽鄙。唐元和四年，其家疾疫，亡者十八九，唯偲偶免。（《太平广记》卷一〇七《报应·王偲》）

元和八年（813 年），服除，为婺州刺史。州疫旱，人徙死几空；居五年，里闾增完，就加金紫服。（《新唐书·王仲舒传》）

元和十三年（818 年），攻钦、横二州，邕管经略使韦悦破走之，取宾、峦二州。是岁，复屠岩州，桂管观察使裴行立轻其军弱，首请发兵尽诛叛者，徼幸有功，宪宗许之。行立兵出击，弥更二岁，妄奏斩获二万，罔天子为解。自是邕、容两道杀伤疾疫死者十八以上。（《新唐书·南蛮传下》）

长庆年间（821—824 年），浙东灾疠，拜观察使，诏赐米七万斛，使赈饥捐。（《新唐书·丁公著传》）

宝历元年（825 年），（李）翱性峭鲠，论议无所屈，仕不得显官，怫郁无所发，见宰相李逢吉，面斥其过失，逢吉诡不校，翱恚惧，即移病。满百日，有司白免官，逢吉更表为庐州刺史。时州旱，遂疫，逋捐系路，亡籍口四万，权豪贱市田屋牟厚利，而窭户仍输赋。翱下教使以田占租，无得隐，收豪室税万二千缗，贫弱以安。（《新唐书·李翱传》）

大和六年（832 年）春，自剑南至浙西大疫。（《新唐书·五行志三》）五月，壬子，浙西丁公著奏杭州八县灾疫，赈米七万石。……庚申，诏："如闻诸道水旱害人，疾疫相继，宵旰罪己，兴寝疚怀。今长吏奏申，札瘥犹甚。盖教化未感于蒸人，精诚未格于天地，法令或爽，官吏为非。有一于兹，皆伤和气。并委中外臣僚，一一具所见闻奏，朕当亲览，无惮直言。其遭灾疫之家，一门尽殁者，官给凶器。其余据其人口遭疫多少，与减税钱。疫疾未定处，官给医药。诸道既有赈赐，国费复虑不充，其供御所须及诸公用，量宜节减，以救凶荒。"（《旧唐书·文宗纪下》）

（文宗大和元年到大和六年之间，各地发生的疫病不止大和六年这一年。）大和七年（833 年）正月诏曰："朕承上天之眷佑，荷列圣之丕图，宵旰忧劳，不敢暇逸，思致康义，八年于兹。而水旱流行，疾疫作诊，兆庶艰食，札瘥相仍。盖德未动天，诚未感物，一夫失所，其过在予。载怀罪己之心，深轸纳惶之虑。"（《太平御览·帝王部·唐文宗昭献皇帝》《全唐文·文宗·赈恤诸道旱灾敕》《册府元龟·帝王部·弭灾》）（"札瘥"，主要指因疫病而死。）《左传·昭公十九年》："郑国不天，寡君之二三臣札瘥天昏，今又丧我先大夫偃。"杜预注："大死曰札，小疫曰瘥。"（"札瘥相仍"指大小疫病多次发生。）

大和八年（834年）九月，诏："淮南浙西等道，仍岁水潦。遣殿中侍御史任畹驰往慰劳。……"又诏："诸道有饥疫处，军粮积蓄之外，其属度支户部杂谷，并令减价以出粜济贫人。"（《册府元龟·帝王部·惠民》）

大和九年（835年），及山南东道、陈、许、郓、曹、濮、淮南、浙西等道，皆困于饥疫，虑乏粮饷。（《全唐文》卷七五《文宗·赈恤诸道百姓德音》）九年三月乙丑诏："如闻魏博六州阻饥尤甚，野无青草，道馑相望，及山南东道、陈、许、郓、曹、濮、淮南、浙西等道，皆困于饥疫，屡乏种饷。"[1]（《册府元龟·帝王部·惠民》）

开成四年（839年），其相掘罗勿作难，引沙陀共攻可汗，可汗自杀。……方岁饥，遂疫，又大雪，羊、马多死，未及命。（《新唐书·回鹘传下》）自是国中地震裂……鼠食稼，人饥疫，死者相枕藉。（《新唐书·吐蕃传下》）

开成五年（840年）夏，福、建、台、明四州疫。（《新唐书·五行志三》）

大中九年（855年），数道疾疫。（《全唐文》卷八一《宣宗·赈恤江淮淹百姓德音》）

咸通九年（868年）秋，余赴调上国，是岁黜于天官，困不克返。斯人与幼稚等寓居洛北，值岁饥疫死，家无免者。斯人独栖心释氏，用道以安，故骨肉获相保焉。[《全唐文补遗》第四辑《唐河南府河南县尉李公（琯）别室张氏（留客）墓志铭》]

咸通十年（869年），宣、歙、两浙疫。（《新唐书·五行志三》）（869

---

[1] 江淮地区系列疫病可能持续时间比较长，影响深远。《旧唐书》卷四九《食货志下》记载，大和九年，令狐楚上书说："伏以江淮间数年以来，水旱疾疫，凋伤颇甚，愁叹未平。今夏及秋，稍较丰稔。方须惠恤，各使安存。昨者忽奏榷茶，实为蠹政。盖是王涯破灭将至，怨怒合归。"

年前后）"女巫反抗，吐蕃全境遂之瘟疫流行"①。

　　曾于泾州卖药，时灵台蕃汉，疫疠俱甚，得药者入口即愈，皆谓之神圣。得钱则施之于人，而常醉于城市间。周宝于长安识之，寻为泾原节度，迎之礼重，慕其道术、还元之事。（《历世真仙体道通鉴》卷三八《殷文祥传》）（周宝任泾原节度为871年，故疫疠发生于860—870年间）

　　咸通十一年（870年），吴兴沈氏，洛阳青楼之美丽也。……咸通寅年，年多疠疫，里社比屋，人无吉全。[《全唐文补遗》第四辑《有唐吴兴沈氏（子柔）墓志铭并序》]

　　乾符五年（878年）夏，京师疠疫，子书之兄姊侄妹，危疹者相次。（《唐文拾遗》卷三二《杨检·唐故岭南节度使右常侍杨公女子书墓志》）

　　乾符六年（879年），（黄）巢陷桂管，进寇广州，诒节度使李迢书，求表为天平节度，又胁崔璆言于朝，宰相郑畋欲许之，卢携、田令孜执不可。巢又丐安南都护、广州节度使。……（王）铎屯江陵，表泰宁节度使李係为招讨副使、湖南观察使，以先锋屯潭州，两屯烽驿相望。会贼中大疫，众死什四，遂引北还。（《新唐书·逆臣传下·黄巢传》）黄巢在岭南，士卒罹瘴疫死者什三四，其徒劝之北还以图大事，巢从之。（《资治通鉴》卷二五三《唐纪六十九》）

　　广明元年（880年），全晸救至，贼遂转战江西，陷江西饶、信、杭、衢、宣、歙、池等十五州。全晸在江西。朝廷以王铎统众无功，乃授淮南节度使高骈为诸道兵马行营都统。骈令大将张璘渡江讨贼，屡捷。贼众疫疠，其将李罕之以一军投淮南，其众稍沮。（《旧唐书·僖宗纪下》）广明元年，淮南高骈遣将张潾度江败王重霸，降之。巢数却，乃保饶州，众多疫，别部常宏以众数万降，所在戮死。（《新唐书·逆臣传下·黄巢传》）黄巢屯信州，遇疾疫，卒徒多死。张璘急击之，巢以金啖璘，且致书请降于高骈，求骈保奏。（《资治通鉴》卷二五三《唐纪六十九》）

　　中和四年（884年），浙东饥疫，璋于温、台、明三郡收瘗遗骸数千。（《禅林僧宝传》卷一〇《瑞龙幼璋禅师》）

---

① 巴卧·祖拉陈哇著，黄颢译注：《〈贤者喜宴〉译注》（十六），《西藏民族学院学报》1985年第1期。

大顺元年（890年），（王）建稍击降诸州。邛州刺史毛湘本令孜孔目官……敬瑄战浣花，不胜，明日复战，将士皆为建俘。城中谋降者，令孜支解之以怖众。会大疫，死人相藉。（《新唐书·叛臣传下·田令孜传》）

大顺二年（891年）春，淮南疫，死者十三四。（《新唐书·五行志三》）是春，淮南大饥，军中疫疠死者十三四。（《旧唐书·昭宗纪上》）二年，乃搜练兵甲以攻行密，属江、淮疾疫，师人多死，儒亦卧病，为部下所执，送于行密，杀之。（《旧五代史·僭伪列传·杨行密传》）

景福元年（892年），杨行密屡败孙儒兵，破其广德营，张训屯安吉，断其粮道。儒食尽，士卒大疫，遣其将刘建锋、马殷分兵掠诸县。（《资治通鉴》卷二五九《唐纪七十五》）

景福二年（893年），朱瑾出兵救之，值大雪，粮尽而还。城中守陴者饥甚（此处城为徐州城，时溥时任徐州行营兵马都统），加之病疫。（《旧唐书·时溥传》）

天复元年（901年），及攻寿阳，辽州刺史张鄂以城降于汴，都人大恐。时霖雨积旬，汴军屯聚既众，刍粮不给，复多痢疟，师人多死。（《旧五代史·唐书·武皇纪下》）

天复二年（902年）三月壬戌，朱全忠还河中，遣朱友宁将兵西击李茂贞，军于兴平、武功之间。……会大疫，丁卯，叔琮引兵还。（《资治通鉴》卷二六三《唐纪七十九》）梁军乘胜破汾、慈、隰三州，遂围太原。克用大惧，谋出奔云州，又欲奔匈奴，未决，梁军大疫，解去。（《新五代史·唐纪四》）岐州天雨荞麦，人收食之，悉遭疫疠。（《鉴诫录》卷一《走车驾》）

后梁贞明四年（918年），虔州险固，吴军攻之，久不下，军中大疫，王祺病，吴以镇南节度使刘信为虔州行营招讨使，未几，祺卒。（《资治通鉴》卷二七〇《后梁纪五》）

后唐天成二年（927年），江陵卑湿，复值久雨，粮道不继，将士疾疫，刘训亦寝疾；癸卯，帝遣枢密使孔循往视之，且审攻战之宜。（《资治通鉴》卷二七五《后唐纪四》）

开运元年（944年），后出帝与契丹绝盟，召承福入朝，拜大同军节度使，待之甚厚。契丹与晋相距于河，承福以其兵从出帝御虏。是岁大热，吐浑多疾死，乃遣承福归太原，居之岚、石之间。（《新五代史·四夷传·吐浑传》）

广顺三年（953年），是年，人疾疫死者甚众。（《旧五代史·五行志》）

南唐保大十二年（954 年），大饥，民多疫死。（《新五代史·南唐世家》）至明年（954 年）三月，民大饥，疫死大半。下令郡县煮粥赈之。饥民食者皆死。城内外傍水际积，尸臭不堪行。（《江南野史·嗣主》）

五代四川又一军之人，苦于瘴疫，死伤枕藉，相望道途。兼小男昭允，疾恙所婴，性命悬迫，发丹诚而启愿，冀元圣之鉴临。（《全唐文》卷九三五《杜光庭·宣胜军使王谠为亡男昭允明真斋词》）

隋唐五代时期疫病的发生是阶段性的，624—648 年、754—840 年、868—902 年是疫病发生的高峰时期。就发生的地域而言，人口众多的地区如长安、洛阳以及浙东是主要疫病发生区域。此外，战争是导致疫病发生次数多的原因之一。

第三节　隋唐五代时期的旱灾

隋唐五代时期的旱灾比较频繁，文献记载发生的旱灾主要有以下这些。

开皇二年（582年）四月，己酉，旱，上亲省囚徒。其日大雨。（《隋书·高祖纪上》）去年亢阳，关右饥馁，陛下运山东之粟，置常平之官，开发仓廪，普加赈赐，大德鸿恩，可谓至矣。（《隋书·长孙平传》）

开皇三年（583年）四月，甲申，旱，上亲祈雨于国城之西南。癸巳，上亲雩。（《隋书·高祖纪上》）

开皇四年（584年），京师频旱。时迁都龙首，建立宫室，百姓劳敝，亢阳之应也。（《隋书·五行志上》）

开皇六年（586年）八月辛卯，关内七州旱，免其赋税。（《隋书·高祖纪上》）亢旱，诏昙延法师于正殿，升御座南面授法，帝及群臣咸席地受八关斋戒，俄而云兴大雨沾霈。（《佛祖统纪》卷四〇《文帝》）

开皇十四年（594年）正月，以岁旱祀泰山，以谢愆咎。（《册府元龟·帝王部·弭灾》）五月，关内诸州旱。八月辛未，关中大旱，人饥。（《隋书·高祖纪下》）

仁寿二年（602年），河南北诸州大旱。（《册府元龟·帝王部·惠民》）

大业四年（608年），燕、代缘边诸郡旱。时发卒百余万筑长城，帝亲巡塞表，百姓失业，道殣相望。（《隋书·五行志上》）

大业八年（612年），是岁，大旱，疫，人多死，山东尤甚。（《隋书·炀帝纪下》）

大业十三年（617年），天下大旱。时郡县乡邑，悉遣筑城，发男女，无少长，皆就役。（《隋书·五行志上》）

武德三年（620年）夏，旱，至于八月乃雨。（《新唐书·五行志二》）

武德四年（621年）三月，帝以旱故，亲录囚徒，俄而澍雨。（《册府元龟·帝王部·弭灾》）自春不雨，至于七月。（《新唐书·五行志二》）

武德七年（624年），关中、河东诸州旱。（《册府元龟·帝王部·惠民》）秋，关内、河东旱。（《新唐书·五行志二》）

贞观元年（627年），是夏，山东旱，免今岁租。（《新唐书·太宗纪》）夏，山东诸州大旱。（《册府元龟·帝王部·惠民》）

贞观二年（628年），三月庚午，以旱蝗责躬，大赦。（《新唐书·太宗纪》）去年关内六州及蒲、虞、陕、鼎等复遭亢旱，禾稼不登，粮储既少，遂令分房就食。（《旧唐书·良吏传上·陈君宾传》）春，旱。（《新唐书·五行志二》）

贞观三年（629年），正月丙午，以旱避正殿。六月戊寅，以旱虑囚。（《新唐书·太宗纪》）六辅之地及绵、始、利三州旱。（《册府元龟·帝王部·惠民》）春、夏，旱。（《新唐书·五行志二》）

贞观四年（630年），二月丁巳，以旱诏公卿言事。（《新唐书·太宗纪》）关辅之地，连年不稔，自春及夏，亢阳为虐。（《全唐文》卷五《唐太宗·祈雨求直言诏》）春，旱。（《新唐书·五行志二》）

贞观九年（635年），秋，关东、剑南之地二十四州旱。（《册府元龟·帝王部·惠民》）

贞观十二年（638年），吴、楚、巴、蜀州二十六，旱；冬，不雨，至于明年五月。（《新唐书·五行志二》）

贞观十三年（639年），五月甲寅，以旱避正殿，诏五品以上言事，减膳，罢役，理囚，赈乏，乃雨。（《新唐书·太宗纪》）自去冬不雨至于五月。甲寅，避正殿，令五品以上上封事，减膳罢役，分使赈恤，申理冤屈，乃雨。（《旧唐书·太宗纪下》）

贞观十七年（643年），三月甲子，以旱遣使覆囚决狱。六月甲午，以旱避正殿，减膳，诏京官五品以上言事。（《新唐书·太宗纪》）去冬之间，雪无盈尺；今春之内，雨不及时。（《全唐文》卷七《唐太宗·久旱简刑诏》）和气愆于阴阳，亢旱涉于春夏。（《全唐文》卷七《唐太宗·以旱减膳诏》）春、夏，旱。（《新唐书·五行志二》）

贞观二十一年（647年），十月绛、陕二州旱，十一月夔州旱，十二月蒲州旱。（《册府元龟·帝王部·惠民》）秋，陕、绛、蒲、夔等州旱。（《新唐书·五行志二》）

贞观二十二年（648年）秋，开、万等州旱；冬，不雨，至于明年三月。

（《新唐书·五行志二》）

贞观二十三年（649年），三月己未，自冬旱，至是雨。（《新唐书·太宗纪》）兼以去冬无雪，献岁愆阳，陈尊俎于四衢，免租田于百郡。昔成汤七载，始闻兢惕；朕今三月，实惧于怀。（《全唐文》卷八《唐太宗·甘雨降大赦诏》）是冬，无雪。（《新唐书·高宗纪》）

永徽元年（650年），七月辛酉，以旱虑囚。（《新唐书·高宗纪》）是岁，雍、绛、同等九州旱蝗。（《旧唐书·高宗纪上》）京畿雍、同、绛等州十，旱。（《新唐书·五行志二》）

永徽二年（651年），是冬，无雪。（《新唐书·高宗纪》）九月，不雨，至于明年二月。（《新唐书·五行志二》）

永徽三年（652年），正月甲子，以旱避正殿，减膳，降囚罪，徒以下原之。（《新唐书·高宗纪》）春正月癸亥，以去秋至于是月不雨，上避正殿，降天下死罪及流罪递减一等，徒以下咸宥之。（《旧唐书·高宗纪上》）

永徽四年（653年），四月壬寅，以旱虑囚，遣使决天下狱，减殿中、太仆马粟，诏文武官言事。甲辰，避正殿，减膳。（《新唐书·高宗纪》）四年，自三月不雨至于五月，复抗表请致仕。（《旧唐书·张行成传》）去秋少雨，冬来无雪。今阳和在辰，春作方始，膏泽未降，良畴废业。（《全唐文》卷一一《高宗·恩宥囚徒诏》）夏、秋，旱，光、婺、滁、颍等州尤甚。（《新唐书·五行志二》）

永徽五年（654年），正月丙寅，以旱诏文武官、朝集使言事。（《新唐书·高宗纪》）

显庆四年（659年），七月己丑，以旱避正殿。壬辰，虑囚。（《新唐书·高宗纪》）

显庆五年（660年）春，河北州二十二旱。（《新唐书·五行志二》）

麟德元年（664年），五月丙寅，以旱避正殿。是冬，无雪。（《新唐书·高宗纪》）

乾封二年（667年），正月丁丑，以旱避正殿，减膳，虑囚。七月己卯，以旱避正殿。减膳，遣使虑囚。（《新唐书·高宗纪》）春正月丁丑，以去冬至于是月无雨雪，避正殿，减膳，亲录囚徒。（《旧唐书·高宗纪上》）

总章元年（668年），京师及山东、江淮大旱。（《新唐书·五行志二》）

总章二年（669年），秋七月，剑南益、泸、巂、茂、陵、邛、雅、绵、翼、维、始、简、资、荣、隆、果、梓、普、遂等一十九州旱，百姓乏绝，总三十六万七千六百九十户，遣司珍大夫路励行存问赈贷。是冬无雪。（《旧唐书·高宗纪上》）七月，剑南州十九旱；冬，无雪。（《新唐书·五行志二》）

咸亨元年（670年），三月甲戌朔，以京师旱，大赦。（《册府元龟·帝王部·赦宥》）七月甲戌，以雍、华、蒲、同四州旱，遣使虑囚，减中御诸厩马。八月丙寅，以旱避正殿，减膳。（《新唐书·高宗纪》）二月戊申，以旱，亲录囚徒，祈祷名山大川。癸丑，日色出如赭。八月丙寅，以久旱，避正殿，尚食减膳。（《旧唐书·高宗纪上》）时天下旱，后伪表求避位，不许。（《新唐书·后妃传上·则天武皇后》）春，旱；秋，复大旱。（《新唐书·五行志二》）咸亨元年，自四月不雨至于九月，王畿之内，嘉谷不滋。君子小人惶惶如也。"积阳疅首夏，隆旱届徂秋。炎威振皇服，歊景暴神州。"（《李峤诗注》卷一《晚秋喜雨并序》）

咸亨二年（671年），六月癸巳，以旱虑囚。（《新唐书·高宗纪》）

上元二年（675年），四月丙戌，以旱避正殿，减膳，撤乐，诏百官言事。（《新唐书·高宗纪》）

仪凤二年（677年）冬，无雪。（《新唐书·高宗纪》）夏四月，以河南、河北旱，遣使赈给。是冬无雪。（《旧唐书·高宗纪下》）夏，河南、河北旱。（《新唐书·五行志二》）

仪凤三年（678年），四月丁亥，以旱避正殿，虑囚。（《新唐书·高宗纪》）四月，旱。（《新唐书·五行志二》）

永隆二年（681年），关中旱、霜，大饥。（《新唐书·五行志二》）

永淳元年（682年），是春，关内旱，日色如赭。六月，关中初雨，麦苗涝损，后旱，京兆、岐、陇螟蝗食苗并尽，加以民多疫疠，死者枕藉于路，诏所在官司埋瘗。（《旧唐书·高宗纪下》）

永淳二年（683年），夏，河南、河北旱。（《新唐书·五行志二》）

垂拱元年（685年），是夏大旱。（《旧唐书·则天武皇后纪》）五月壬戌，以旱虑囚。（《新唐书·则天武皇后纪》）

垂拱二年（686年），是冬，无雪。（《新唐书·则天武皇后纪》）先九姓中遭大旱，经今三年矣，野皆赤地，少有生草，以此羊马死耗，十至七八。今所来者，皆亦稍能胜致，始得度碛，碛路既长，又无好水草，羊马因此重以死尽矣。不掘野鼠食草根，或自相食，以活喉命，臣具委细问其碛北事，皆异口

同辞。又耆老云："自有九姓来，未曾见此饥饿之甚。"（《全唐文》卷二〇九《陈子昂·为乔补阙论突厥表》）

垂拱三年（687年），二月己亥，以旱避正殿，减膳。四月癸丑，以旱虑囚，命京官九品以上言事。（《新唐书·则天武皇后纪》）况当今山东饥，关、陇弊，历岁枯旱，人有流亡。（《全唐文》卷二一二《陈子昂·谏雅州讨生羌书》，陈子昂上书时间为688年四月，知此干旱发生在687年及此前）

永昌元年（689年），三月，旱。（《新唐书·五行志二》）

天授元年（690年），三月乙酉，以旱减膳。（《新唐书·则天武皇后纪》）

延载元年（694年），二月乙亥，以旱虑囚。（《新唐书·则天武皇后纪》）

神功元年（697年），黄、隋等州旱。（《新唐书·五行志二》）自涉隆冬，颇亏甘液。（《全唐文》卷二四三《李峤·为武攸暨贺雪表》）

久视元年（700年）夏，关内、河东旱。（《新唐书·五行志二》）

长安二年（702年）春，不雨，至于六月。（《新唐书·五行志二》）

长安三年（703年）四月乙巳，以旱避正殿。（《新唐书·则天武皇后纪》）冬，无雪，至于明年二月。（《新唐书·五行志二》）

神龙元年（705年），会武三思蒸韦庶人，复用事。于是大旱，祈陵辄雨。（《新唐书·后妃传上·则天武皇后》）

神龙二年（706年），十二月丙戌，以突厥犯边，京师亢旱，令减膳彻乐。（《旧唐书·中宗纪》）冬，不雨，至于明年五月，京师、山东、河北、河南旱，饥。（《新唐书·五行志二》）

神龙三年（707年），正月丙辰，以旱，亲录囚徒。己巳，遣武攸暨、武三思往乾陵祈雨于则天皇后，既而雨降，上大感悦。三月，河北、河南大旱。是夏，山东、河北二十余州旱，饥馑疾疫死者数千计，遣使赈恤之。（《旧唐书·中宗纪》）三年夏，山东、河北二十余州大旱，饥馑死者二千余人。（《旧唐书·五行志》）去岁（指707年）亢阳，天下不稔，利在保境，不可穷兵。（《全唐文》卷二六七《卢俌·论突厥疏》）

景龙三年（709年），六月壬寅，以旱，避正殿，减膳，亲录囚徒。（《旧唐书·中宗纪》）

景云二年（711年），顷自夏已来，霪雨不解，谷荒于陇，麦烂于场；入

秋已来，亢旱成灾，苗而不实，霜损虫暴，草莱枯黄。(《全唐文》卷二七二
《辛替否·谏造金仙玉真雨观疏》) 今自春及夏，时雨愆期，下人忧心。……
近日已来，雨虽不多，仅得下种，若不劝以农桑，恐弃本者多。(《全唐文》
卷二七九《裴漼·谏春旱造寺观疏》)

先天元年 (712 年)，是春，旱。七月丙戌，以旱减膳。(《新唐书·睿宗
纪》) 今自春及夏，时雨愆期，下人忧心，莫知所出。(《全唐文》卷二七九
《裴漼·谏春旱造寺观疏》)

开元二年 (714 年)，正月壬午，以关内旱，求直谏，停不急之务，宽系
囚，祠名山大川，葬暴骸。(《新唐书·玄宗纪》) 春正月，关中自去秋至于
是月不雨，人多饥乏，遣使赈给。(《旧唐书·玄宗纪上》)

开元三年 (715 年)，五月丁未，以旱录京师囚。戊申，避正殿，减膳。
(《新唐书·玄宗纪》) 是冬无雪。(《旧唐书·玄宗纪上》)

开元四年 (716 年)，二月，以关中旱，遣使祈雨于骊山，应时澍雨。(《旧
唐书·玄宗纪上》) 三春布和，万物资始，而去冬无雪，以迄于今，将何以敬
授人时，钦若天道? (《全唐文》卷二五四《苏颋·每日听政勉励百寮敕》)

开元六年 (718 年)，八月庚辰，以旱虑囚。(《新唐书·玄宗纪》)

开元七年 (719 年)，闰七月辛巳，以旱避正殿，彻乐，减膳。八年三月
甲子，免水旱州逋负，给复四镇行人家一年。(《新唐书·玄宗纪》)

开元九年 (721 年)，是冬，无雪。(《新唐书·玄宗纪》)

开元十二年 (724 年)，蒲、同两州自春偏旱。(《册府元龟·帝王部·惠
民》) 七月，河东、河北旱，帝亲祷雨宫中，设坛席，暴立三日。九月蒲、
同等州旱。(《新唐书·五行志二》)

开元十四年 (726 年)，上以旱、暴风雨，命中外群官上封事，指言时政
得失，无有所隐。是秋，十五州言旱及霜。(《旧唐书·玄宗纪上》) 自春以
来，亢阳不雨，乃六月戊午，大风拔树，坏居人庐舍。(《全唐文》卷二九八
《吴兢·大风陈得失疏》) 去冬以来，雨雪微少，窃恐春事，有害农功。(《全
唐文》卷三一〇《孙逖·令关内诸侯州长官祭名山大川敕》)

开元十五年 (727 年)，诸道州十七旱。(《新唐书·五行志二》)

开元十六年 (728 年)，河南道宋、亳、许、仙、徐、郓、濮、兖州奏旱
损。(《册府元龟·帝王部·惠民》) 东都、河南、宋亳等州旱。(《新唐书·
五行志二》)

开元二十一年（733 年），四月丁巳，以久旱，命太子少保陆象先、户部尚书杜暹等七人往诸道宣慰赈给，及令黜陟官吏，疏决囚徒。（《旧唐书》卷八《玄宗纪上》）江南、淮南有微遭旱。（《全唐文》卷二三《唐玄宗·遣使宣慰江南、淮南等州制》）

开元二十四年（736 年），是夏大热，道路有暍死者。（《旧唐书·玄宗纪上》）夏，旱。（《新唐书·五行志二》）

天宝元年（742 年），是冬，无冰。（《新唐书·玄宗纪》）

天宝二年（743 年），是冬，无雪。（《新唐书·玄宗纪》）

天宝六载（747 年），七月乙酉，以旱降死罪，流以下原之。（《新唐书·玄宗纪》）自五月不雨至秋七月乙酉，以旱，命宰相、台寺、府县录系囚，死罪决杖配流，徒已下特免。庚寅始雨。（《旧唐书·玄宗纪下》）

天宝九载（750 年），三月辛亥，华岳庙灾，关内旱，乃停封。（《新唐书·玄宗纪》）（三月）时久旱，制停封西岳。夏五月庚寅，以旱，录囚徒。（《旧唐书·玄宗纪下》）自春以来，颇愆时雨，登封告禅，情所未遑。（《全唐文》卷三二《玄宗·停封西岳诏》）其冬久无雪，至十二月十四日乃雪。（《安禄山事迹》卷上）

乾元二年（759 年），从春大旱，方始秋苗，田农之间，十已耗半，方且敛获，犹未收入。（《全唐文》卷三七三《苏源明·谏幸东京疏》）今兹夏季不雨，至于十月，江河耗，井涧涸。[《全唐文》卷九二五《吴筠·庐山云液泉赋（并序）》[1]]有唐乾元二年秋七月不雨，八月既望，缙云县令李阳冰躬祈于神。（《全唐文》卷四三七《李阳冰·缙云县城隍神记》）

宝应元年（762 年），八月……自七月不雨，至此月癸丑方雨。（《旧唐书·代宗纪》）小愆旬候，则失人时，乃命尹京载明祀典。饬三辅之属吏，修百县之大雩，陛下又于龙祠，躬自祈请。（《全唐文》卷四一五《常衮·中书门下贺雨第二表》）今蜀自十月（761 年）不雨，月旅建卯（762 年二月），非雩之时，奈久旱何？（《全唐文》卷三六〇《杜甫·说旱》）

永泰元年（765 年），是春大旱，京师米贵，斛至万钱。夏四月己巳，乃

---

[1] 吴筠在庐山一带活动的时间可见卢仁龙的《吴筠生平事迹著作考》（《中国道教》1990 年第 4 期）。

雨。七月……以久旱，遣近臣分录京城诸狱系囚。庚子，雨。时久旱，京师米斗一千四百，他谷食称是。(《旧唐书·代宗纪》) 四月己巳，自春不雨，至于是而雨。(《新唐书·代宗纪》) 春、夏，旱。(《新唐书·五行志二》)

永泰二年 (766 年)，六月……自春旱，此月庚子始雨。是冬无雪。(《旧唐书·代宗纪》) 关内大旱，自三月不雨，至于六月。(《新唐书·五行志二》)

大历四年 (769 年)，淮南数州，秋夏无雨。(《全唐文》卷四七《代宗·减来年夏税诏》)

大历六年 (771 年)，八月……夏旱，此月己未始雨。是岁春旱，米斛至万钱。(《旧唐书·代宗纪》) 其明年，吴楚大旱，饿夫聚于崔蒲者十七八。[《全唐文》卷五六六《梁肃·朝散大夫……独孤公 (及) 行状》] 六年春，旱，至于八月。(《新唐书·五行志二》) 顷缘亢阳不雨，稼盛将败，敢以人欲，乞灵于神。(《全唐文》卷三九三《独孤及·祭岳山文》)

大历七年 (772 年)，五月乙未，以旱大赦，减膳，彻乐。十月乙亥，以淮南旱，免租、庸三之二。(《新唐书·代宗纪》) 如闻天下诸州，自春以来，咸愆时雨，首种不入，宿麦未登，哀此矜人，何恃不恐？(《全唐文》卷四一五《常衮·大历七年大赦天下制》) 而淮南数州，独罹灾患，秋夏无雨，田莱卒荒。(《全唐文》卷四一四《常衮·减淮南租庸地税制》)

大历八年 (773 年)，是冬无雪。(《旧唐书·代宗纪》)

大历九年 (774 年)，七月，久旱，京兆尹黎幹历祷诸祠，未雨。又请祷文宣庙，上曰："丘之祷久矣。"(《旧唐书·代宗纪》)

大历十二年 (777 年)，正月，京师旱，分命祈祷。六月癸巳，时小旱，上斋居祈祷，圣体不康，是日不视朝。(《旧唐书·代宗纪》) 六月丁未，以旱降京师死罪，流以下原之。冬，无雪。(《新唐书·代宗纪》) 而逾夏涉秋，天则不雨。(《全唐文》卷四一七《常衮·久旱陈让相表》) 伏以宰辅之任，变和所关，自顷愆阳，向逾累月，近方降雨，今复周旬。致令水旱不时，阴阳失序，若令归责，臣亦何逃？(《全唐文》卷四一八《常衮·谢社日赐羊酒等表》)

建中元年 (780 年)，是冬，无雪。(《新唐书·德宗纪》)

建中二年 (781 年)，正月……自去年十月无雪，至甲申方雨雪。(《旧唐书·德宗纪上》) 比者盛夏无雨，农人瞻望，遂轸圣虑，迫乎孟秋，乃下明诏，并表群祀。神人协和，膏泽旋降，嘉谷无害，稼盛可期。(《全唐文》卷四二四《于邵·为杨相求退表》)

建中三年（782 年），七月……自五月不雨，甲辰始雨。（《旧唐书·德宗纪上》）自陛下登极以来（780—783 年），许京城两市置常平，官籴盐米，虽经频年少雨，米价不复腾贵，此乃即日明验，实要推而广之。（《全唐文》卷五二六《赵赞·常平仓议》）自五月不雨，至于七月。（《新唐书·五行志二》）

兴元元年（784 年），甲子岁秋大旱，蠡蝗生。（《全唐文》卷七八三《穆员·蝗旱诗序》）去秋（指 784 年）螟蝗，冬旱。（《旧唐书·德宗纪上》）冬，大旱。（《新唐书·五行志二》）去岁旱蝗，两河为甚，人流不息，师出靡居。……关辅之间，冬无积雪，土膏未发，宿麦不滋，详思咎征，有为而致。[《全唐文》卷四六一《陆贽·贞元改元大赦制（兴元二年正月一日）》]

贞元元年（785 年）正月，戊戌，大风雪，寒。去秋螟蝗……五月癸卯，分命朝臣祷群神以祈雨。蝗自海而至，飞蔽天，每下则草木及畜毛无复孑遗。谷价腾踊。七月……关中蝗食草木都尽，旱甚，灞水将竭，井多无水。有司计度支钱谷，才可支七旬。……丁丑，始雨。（《旧唐书·德宗纪上》）李怀光阻命于蒲，连兵未解，关中饥旱，经费不足。[《全唐文》卷四九九《权德舆·唐故中书侍郎同中书门下平章事太子宾客赠户部尚书齐成公神道碑铭（并序）》]春，旱，无麦苗，至于八月，旱甚，灞浐将竭，井皆无水。（《新唐书·五行志二》）

贞元六年（790 年），是夏，淮南、浙东西、福建等道旱，井泉多涸，人渴乏，疫死者众。冬十月己亥，文武百僚京城道俗抗表请徽号，上曰："朕以春夏亢旱，粟麦不登，朕精诚祈祷，获降甘雨，既致丰穰，告谢郊庙。朕倘因禋祀而受徽号，是有为为之。勿烦固请也。"（《旧唐书·德宗纪下》）春，旱。闰四月乙卯，诏常参官、畿县令言事。（《新唐书·德宗纪》）雨不戾止，距冬讫春……岁四月中，旱焱烛烛。飞土夺日，游氛溢空。（《全唐文》卷五三五《李观·说新雨》）自春三月，至于夏五月，或赫日杲杲，或密云溶溶，为燋灼，为霖霪，似不日而至。[《全唐文》卷五九五《欧阳詹·德胜颂二章（并序）》]春，关辅大旱，无麦苗；夏，淮南、浙西、福建等道大旱，井泉竭，人渴且疫，死者甚众。（《新唐书·五行志二》）

贞元七年（791 年），是冬无雪。（《旧唐书·德宗纪下》）扬、楚、滁、寿、澧等州旱。（《新唐书·五行志二》）

贞元十年（794 年）六月，自春不雨至于是月。辛未，雨，大风拔木。（《新唐书·德宗纪》）上天愆旸，旱魃为虐，草木黄落，如惔如焚。于时州伯太原王公高县宰昌黎韩公谨辉至诚恳请曰："如神降临，膏雨霶霈，即为刻石记事。"当时响应，云行雨施，年谷既登，仓廪充实。（《全唐文》卷七一三《潘滔·文公祠记》）

贞元十一年（795 年），夏四月，旱。（《旧唐书·德宗纪下》）

贞元十二年（796 年），冬十月壬戌，诏以京畿旱，放租税。（《旧唐书·德宗纪下》）贞元十二年，夏洎秋不雨。稼人焦劳，嘉谷用虞。皇帝使中谒者祷于终南，申命京兆尹韩府君，祗饬祀事，考视祠制。[《全唐文》卷五八七《柳宗元·终南山祠堂碑（并序）》]贞元十二年孟秋，旱甚。皇帝遇灾悼惧，分命祷祀，至于兹山。又诏京兆尹，宜饬祠庙，遂下令于甸邑。（《全唐文》卷五八七《柳宗元·太白山祠堂碑》）

贞元十三年（797 年）三月，河南府上言："当府旱损，请借含嘉仓粟五万石，赈贷百姓。"可之。（《册府元龟·帝王部·惠民二》）夏四月壬戌，上幸兴庆宫龙堂祈雨。（《旧唐书·德宗纪下》）四月辛酉，以旱虑囚。壬戌，雩于兴庆宫。（《新唐书·德宗纪》）顷以天久不雨，虑失其岁，职方于是斋心累辰，亲执牲帛，将至诚之德，告灵化之源。尝不朝而雨斯足，如是者数四。（《全唐文》卷六二〇《刘宇·河东盐池灵庆公神祠碑阴记》）

贞元十四年（798 年）六月乙巳，以旱俭，出太仓粟赈贷。是夏，热甚。（《旧唐书·德宗纪下》）是冬，无雪。（《新唐书·德宗纪》）贞元十四年戊寅夏五月，旱，徐州散将赵叔牙移入新宅。（《太平广记》卷三四二《鬼·赵叔牙》）赤地炎都寸草无，百川水沸煮虫鱼。定应燋烂无人救，泪落三篇古尚书。（《全唐诗》卷三六九《马异·贞元旱岁》）绿原青垄渐成尘，汲井开园日日新。四月带花移芍药，不知忧国是何人。（《全唐诗》卷三七一《吕温·贞元十四年旱甚，见权门移芍药花》）春，旱，无麦。（《新唐书·五行志二》）

贞元十五年（799 年），二月，以久旱岁凶，出太仓粟十八万石，于京畿诸县贱粜以救贫人。（《册府元龟·帝王部·惠民二》）四月丁丑，以久旱，令阴阳人法术祈雨。（《旧唐书·德宗纪下》）夏，旱。（《新唐书·五行志二》）

贞元十八年（802 年），以春初已来，雨雪犹少。虑妨农事，有轸睿慈。

（《全唐文》卷六〇〇《刘禹锡·为京兆韦尹贺春雪表》）秋七月庚辰，蔡、申、光三州春水夏旱，赐帛五万段，米十万石，盐三千石。（《旧唐书·德宗纪下》）夏，申、光、蔡州旱。（《新唐书·五行志二》）

　　贞元十九年（803年）五月……自正月至是未雨，分命祈祷山川……七月甲戌，雨。（《旧唐书·德宗纪下》）臣伏以今年以来，京畿诸县，夏逢亢旱，秋又早霜，田种所收，十不存一。（《全唐文》卷五四九《韩愈·御史台上论天旱人饥状》）畿甸之内，大率赤地而无所望，转徙之人，毙踣道路，虑种麦时种不得下。（《全唐文》卷四八六《权德舆·上陈阙政》）自春三月不雨，连夏涉秋，田里嗷嗷，农收无望。（《全唐文》卷四八八《权德舆·论旱灾表》）去夏迄秋（指804年），颇愆时雨，京畿诸县，稼穑不登。（《册府元龟·邦计部·蠲复》）正月，不雨，至七月甲戌乃雨。（《新唐书·五行志二》）

　　永贞元年（805年），九月丙子，敕申光蔡、陈许两道比遭亢旱，宜加赈恤，申、光、蔡赈米十万石，陈、许五万石。十月，润、池、扬、楚、湖、杭、睦、江等州旱。辛巳，宣、抚、和、郴、郓、袁、衢七州旱。甲申，鄂、岳、婺、衡等州旱。（《旧唐书·宪宗纪》）乞雨女郎魂，爰羞洁且繁。庙开鼯鼠叫，神降越巫言。旱气期销荡，阴官想骏奔。行看五马入，萧飒已随轩。（《全唐诗》卷三四三《韩愈·郴州祈雨》）去秋徂冬（指805年），旱既甚矣，分遣官吏，遍祷山川。爰及春旦，大降甘雨，草木滋茂，萌芽甲坼。（《全唐文》卷六二〇《姚绲·祭研射山神文》）[1] 江淮之表里天下耳……属顷者连郡五十，蒙被灾旱，长老闻见，未之曾有。涯脉川泽，坌为埃尘，草木发为烟火。斗粟之价，重于兼金。饿莩之家，十有七八。[《全唐文》卷五二五《罗让·对才识兼茂明于体用策（元和元年四月二十八日）》]

　　元和三年（808年）是岁，淮南、江南、江西、湖南、山南东道旱。（《旧唐书·宪宗纪上》）皇帝嗣宝历，元和三年冬。自冬及春暮，不雨旱燺燺。（《全唐诗》卷四二四《白居易·贺雨》）潭州大旱，祈祷不获，或请邀致先生。（《因话录》卷四《角部》）元和三年，岁在戊子，（邵阳）灾患荐

---

[1]《祭研射山神文》写作时间可见胡耀飞的《贡赐之间：唐代的茶与政治》（四川人民出版社2019年版，第39页）。

臻，旱又甚矣。(《全唐文》卷七一三《潘滔·文公祠记》) 况旱损州县至多，所放钱米至少，百姓未经丰熟，又纳今年租税，疲乏之中，重此征迫，人力困苦，莫甚于斯，却是今年。(《全唐文》卷六六七《白居易·奏请加德音中节目二件》)。(湖南) 明年云汉为厉，稼穑之土，敛为负租。三年旱弥深，郡牧遍走无诉，俗不可以终否，故良牧宇文公得以肆力焉。(《全唐文》卷六八四《董侹·修阳山庙碑》) 秋，江浙、淮南、荆南、湖南、鄂岳陈许等州二十六，旱。(《新唐书·五行志二》)

元和四年 (809 年) 十一月癸卯朔，浙西苏、润、常州旱俭，赈米二万石。(《旧唐书·宪宗纪上》) 闰月 (三月) 己酉，以旱降京师死罪非杀人者……己未，雨。(《新唐书·宪宗纪》) 食饱心自若，酒酣气益振。是岁江南旱，衢州人食人。(《全唐诗》卷四二五《白居易·秦中吟十首·轻肥》) 十一月诏：淮南扬、楚、滁三州，浙西润、苏、常三州，今年歉，旱尤甚，米价殊高。(《册府元龟·帝王部·惠民二》) 自去冬以来，时雪微降，及此春暮，积为愆阳。宿麦不滋，首种未入。(《全唐文》卷六二《唐宪宗·亢旱抚恤百姓德音》) 春、夏，大旱；秋，淮南、浙西、江西、江东旱。(《新唐书·五行志二》)

元和六年 (811 年)，是夏，淮南、浙东西、福建等道旱，井泉多涸，人渴乏，疫死者众。(《旧唐书·德宗纪下》) (元和七年) 二月庚寅朔。壬辰，诏以去秋旱歉，赈京畿粟三十万石……五月戊午朔。庚申，上谓宰臣曰："卿等累言吴越去年水旱，昨有御史自江淮回，言不至为灾，人非甚困。"李绛对曰："臣得两浙、淮南状，继言歉旱。"(《旧唐书·宪宗纪下》) 濒江郡国，仍岁夭疠，而浙河之东，凶旱特甚。[《全唐文》卷四九八《权德舆·唐故江南西道都团练观察处置等使中……崔公神道碑铭 (并序)》]

元和七年 (812 年) 夏，扬、润等州旱。(《新唐书·五行志二》)

元和八年 (813 年) 二月，辛未，上以久旱，亲于禁中求雨，是夜，澍雨沾足。(《旧唐书·宪宗纪下》) 夏，同、华二州旱。(《新唐书·五行志二》)

元和九年 (814 年) 五月……是月旱，谷贵，出太仓粟七十万石，开六场粜以惠饥民。乙丑，桂王纶薨。以旱，免京畿夏税十三万石、青苗钱五万贯。(《旧唐书·宪宗纪下》) 元和九年，旱不周畿。斗位直午，祝融权威。焦金烁石，火云奔驰。雄兽遁足，栖鸟不飞。(《全唐文》卷七三九《周墀·旱辞》) 太阴不离毕，太岁仍在午。旱日与炎风，枯焦我田亩。金石欲销铄，况兹禾与黍。嗷嗷万族中，唯农最辛苦。悯然望岁者，出门何所睹。但见棘与茨，罗生遍场圃。恶苗承浆气，欣然得其所。感此因问天，可能长不雨。（《全唐诗》卷四二四《白居易·夏旱》）去岁（指814年）冬间，雨雪颇少；今年春首，宿麦未滋。（《全唐文》卷五四七《韩愈·为宰相贺雪表》）

元和十年（815年）二月，自冬不雨至于是月。丙午，雪。（《新唐书·宪宗纪》）

元和十五年（820年）七月，自五月不雨，至此月壬子始雨。（《旧唐书》卷一六《穆宗纪》）夏，旱。（《新唐书·五行志二》）

长庆二年（822年）闰十月，甲寅，诏：“江淮诸州旱损颇多，所在米价不免踊贵，眷言疲困，须议优矜。宜委淮南、浙西东、宣歙、江西、福建等道观察使，各于当道有水旱处，取常平义仓斛斗，据时估减半价出粜，以惠贫民。”（《旧唐书·穆宗纪》）臣当州管田二千一百九十七顷，今已旱死一千九百顷有余。（《旧唐书·李渤传》）长庆二年夏六月，相天子无状，降居于同（指同州），愁惭焦劳，求念人隐，思有以报陛下莫大之恩。涉岁于兹，理用不效，冬不时雪，春不时雨，越二月，宿麦不滋，未耜不利。（《全唐文》卷六五五《元稹·祈雨九龙神文》）自冬以来，甚少雨雪，农耕方始，灾旱是虞。（《全唐文》卷六五《唐穆宗·清理庶狱诏》）

宝历元年（825年），是岁，淮南、浙西、宣、襄、鄂、潭、湖南等州旱灾伤稼。（《旧唐书·敬宗纪》）为郡已周岁，半岁罹旱饥。（《全唐诗》卷四四四《白居易·答刘禹锡白太守行》）宝历元年更复旱。（《全唐文》卷七三〇《王展·白郎岩记》）秋，荆南、淮南、浙西、江西、湖南及宣、襄、鄂等州旱。（《新唐书·五行志二》）

大和元年（827年）六月，乙卯，以旱降京畿死罪以下。（《新唐书》卷八《文宗纪》）夏，京畿、河中、同州旱。（《新唐书·五行志二》）

大和三年（829年）七月，辛酉，京畿、奉先等九县旱，损田。（《旧唐书·文宗纪上》）

大和四年（830年）五月甲戌朔。丁丑，以旱，命京城诸司疏理系囚。（《旧唐书·文宗纪下》）

大和五年（831年）正月，太原旱，赈粟十万石。（《旧唐书·文宗纪下》）

大和六年（832年），如闻关辅、河东，去年亢旱，秋稼不登，今春作之时，农务又切，若不赈救，惧至流亡。（《旧唐书·文宗纪下》）骄阳连毒暑，动植皆枯槁。旱日乾密云，炎烟焦茂草。(《全唐诗》卷四四四《白居易·赠韦处士，六年夏大热旱》) 雨不时降，夏阳骄愆，苗欲槁枯。(《全唐文》卷七一六《李中敏·大和六年大旱上言》) 河东、河南、关辅旱。(《新唐书·五行志二》)

大和七年 (833 年) 一月，户部侍郎庾敬休奏："伏以自冬涉春，久无雨雪，米价稍贵，人心未安。"(《唐会要》卷九二《内外官料钱下》) 七月，己酉，以旱，命京城诸司疏决系囚。甲寅，以旱徙市。……闰七月乙卯朔，诏曰："而阴阳失和，膏泽愆候，害我稼穑，灾于黔黎。有过在予，敢忘咎责。从今避正殿，减供膳，停教坊乐，厩马量减刍粟，百司厨馔亦宜权减。阴阳郁堙，有伤和气，宜出宫女千人。五坊鹰犬量须减放。内外修造事非急务者，并停。"时久无雨，上心忧劳。诏下数日，雨泽沾洽，人心大悦。(《旧唐书·文宗纪下》) 秋，大旱。(《新唐书·五行志二》)

大和八年 (834 年) 六月，甲午，以旱，诏诸司疏决系囚。八月，丙申，罢诸色选举，岁旱故也。九月，辛巳，陕州、江西旱，无稼。壬辰，河南府、邓州、同州、扬州并奏旱虫伤损秋稼。(《旧唐书·文宗纪下》) 夏，江淮及陕、华等州旱。(《新唐书·五行志二》)

大和九年 (835 年) 十月，京兆、河南两畿旱。(《旧唐书·文宗纪下》) 同州、河中、绛州，去年旱歉，赋敛不登，宜放开成元年夏青苗钱。(《全唐文》卷七五《文宗·开成改元赦文》) 秋，京兆、河南、河中、陕华同等州旱。(《新唐书·五行志二》)

开成元年 (836 年) 冬十月丁酉朔。己酉，扬州江都七县水旱，损田。(《旧唐书·文宗纪下》) 如闻自去年 (836 年) 以来，河东关辅，亢旱为患，秋稼不收，百姓之中，颇甚困穷。(《全唐文》卷七四《文宗·赈恤诸道旱灾敕》)

开成二年 (837 年) 秋七月壬戌朔。乙亥，以久旱徙市，闭坊门。乙酉，以蝗旱，诏诸司疏决系囚。己丑，遣使下诸道巡覆蝗虫。是日，京畿雨，群臣表贺。(《旧唐书·文宗纪下》) 四月乙卯，以旱避正殿。(《新唐书·文宗纪》) 春、夏，旱。(《新唐书·五行志二》)

开成三年 (838 年)，伏以近日当州人吏往来，及诸道宾客行过，皆传相公以淮海之地，灾旱累年，仁悯之心，忧念深切，广求人瘼，大革土风，恤养

疲赢，抑挫豪猾。（《全唐文》卷七五〇《杜牧·上淮南李相公状》①）

开成四年（839 年）六月，戊辰，以久旱，分命祠祷，每忧动于色。（《旧唐书·文宗纪下》）开成己未岁六月，江南大旱。（《全唐文拾遗》卷二九《吕述·马目山新庙记》）夏，旱，浙东尤甚。（《新唐书·五行志二》）

开成五年（840 年）六月，丙寅，以旱避正殿，理囚。……八月，甲寅，雨。（《新唐书·武宗纪》）河东兵戈之后，亢旱逾年。仓廪空虚，黎元困乏。（《全唐文》卷七二《文宗·借粟河东诏》）

会昌五年（845 年），郑州刺史李某，谨请茅山道士冯角，祷请于水府真官。伏以旱魃为虐，应龙不兴。（《全唐文》卷七八一《李商隐·为舍人绛郡公郑州祷雨文》）春，旱。（《新唐书·五行志二》）

会昌六年（846 年）二月，以旱，停上巳曲江赐宴。（《旧唐书·武宗纪》）维会昌六年岁，次丙寅，某月某日，某官敬告于木瓜山之神。惟神聪明格天，能降云雨，郡有灾旱，必能救之。前后刺史，祈无不应。（《全唐文》卷七五六《杜牧·祭木瓜山神文》）（河南府）六年夏不雨，尚书博陵崔公惧兹农事，凡明神灵迹有可以膏稼穑者，必命牺牲箫鼓以动之，卒无应。……六月辛未雨，乙亥始霁。自乙亥至秋七月壬子，以烈日下烛，南亩复燥。（《全唐文》卷七五七《裴处权·祷何侯庙记》）春，不雨；冬，又不雨，至明年二月。（《新唐书·五行志二》）

大中五年、六年（851 年、852 年），先是邑中（指今杭州临安区一带）大旱，县令命道士东方生起龙以祈雨……明年复旱，又召东方生起龙。（《吴越备史》卷一《武肃王上》）

大中八年（854 年）三月，敕以旱诏使疏决系囚。（《旧唐书·宣宗纪下》）

大中九年（855 年）七月，以旱遣使巡抚淮南，减上供馈运，蠲逋租，发粟赈民。（《新唐书·宣宗纪》）

大中十二年（858 年）闰月（二月），自十月不雨，至于是月雨。（《新唐书·宣宗纪》）

咸通二年（861 年）秋，淮南、河南不雨，至于明年六月。（《新唐书·五行志二》）

———————————

① 此时的淮南李相公为李德裕，此文写于 838 年，可知在此前几年淮南深受干旱之苦。

咸通三年（862年）夏，淮南、河南蝗旱，民饥。（《旧唐书·懿宗纪》）

咸通九年（868年），是岁，江、淮蝗食稼，大旱。（《旧唐书·懿宗纪》）江、淮旱。（《新唐书·五行志二》）

咸通十年（869年）六月，下诏："其京城未降雨间，宜令坊市权断屠宰。昨陕虢中使回，方知蝗旱有损处，诸道长史，分忧共理，宜各推公，共思济物。内有饥歉，切在慰安，哀此蒸人，毋俾艰食。"（《旧唐书·懿宗纪》）夏，旱。（《新唐书·五行志二》）869年前后，吐蕃境内，"天时反常，天空呈血红之色，日月同时并行，雨水不调，遂有旱灾"①。

咸通十一年（870年），今盛夏骄阳，时雨久旷，忧勤兆庶，旦夕焦劳。（《全唐文》卷八四《懿宗·罪己诏》）夏，旱。（《新唐书·五行志二》）

咸通十四年（873年）十二月癸卯，大赦，免水旱州县租赋，罢贡鹰鹞。（《新唐书·僖宗纪》）关东去年（指873年）旱灾，自虢至海，麦才半收，秋稼几无，冬菜至少，贫者砲蓬实为面，蓄槐叶为齑。或更衰羸，亦难采拾。（《资治通鉴》卷二五二《唐纪六十八》）

乾符元年（874年），四月辛卯，以旱理囚。（《新唐书·僖宗纪》）关东连年水、旱，州县不以实闻，上下相蒙，百姓流殍，无所控诉。相聚为盗，所在蜂起。（《资治通鉴》卷二五二《唐纪六十八》）

乾符三年（876年），二月丙子，以旱降死罪以下。五月庚子，以旱理囚，免浙东、西一岁税。是冬，无雪。（《新唐书·僖宗纪》）

乾符五年（878年），时连岁旱、蝗，寇盗充斥，耕桑半废，租赋不足，内藏虚竭。（《资治通鉴》卷二五三《唐纪六十九》）

乾符六年（879年），己亥岁，震泽之东曰吴兴，自三月不雨，至于七月。……农民转远流渐稻本，昼夜如乳赤子，欠欠然救渴不暇，仅得葩垆穗结，十无一二焉。（《全唐文》卷八〇一《陆龟蒙·记稻鼠》）

广明元年（880年）三月辛未，以旱避正殿，减膳。（《新唐书·僖宗纪》）春、夏，大旱。（《新唐书·五行志二》）

中和四年（884年），江南大旱，饥，人相食。（《新唐书·五行志二》）

───────────

① 巴卧·祖拉陈哇著，黄颢译注：《〈贤者喜宴〉译注》（十六），《西藏民族学院学报》1985年第1期。

光启二年（886 年），荆南、襄阳仍岁蝗旱，米斗三十千，人多相食。（《旧唐书·僖宗纪》）

乾宁二年（895 年）冬至乾宁三年（896 年）五月，自前年仲冬不雨，至是月（五月）乃雨，（董）昌暴虐如是，今平之乃雨。（《吴越备史·武肃王上》）

景福二年（893 年）秋，大旱。（《新唐书·五行志二》）

光化三年（900 年）冬，京师旱，至于四年春。（《新唐书·五行志二》）

天复元年（901 年）二月甲寅，以旱避正殿，减膳。（《新唐书·昭宗纪》）

天复四年（904 年），蜀城大旱，使俾守宰躬往灵迹求雨。（《太平广记》卷四二三《龙·临汉豕》引《北梦琐言》）唐天复甲子岁，自陇而西，迫于褒梁之境，数千里内亢阳，民多流散。自冬经春，饥民啖食草木，至有骨肉相食者甚多。（《太平广记》卷四一二《草木·竹实》引《玉堂闲话》）

天祐二年（905 年），四月乙未……敕曰：“以宿麦未登，时阳久亢，虑阙粢盛之备，轸予宵旰之怀。所宜避正位于宸居，减珍羞于常膳，谅惟眇质，深合罪躬。自今月八日已后，不御正殿，减常膳。付所司。”（《旧唐书·哀帝纪》）四月乙未，以旱避正殿，减膳。（《新唐书·哀帝纪》）

开平二年（908 年），二月，自去冬少雪，春深农事方兴，久无时雨。兼虑有灾疾，帝深轸下民。遂命庶官遍祀于群望，掩瘗暴露，令近镇案古法以禳祈，旬日乃雨。五月，己丑，令下诸州，去年有蝗虫下子处，盖前冬无雪，至今春亢阳，致为灾沴，实伤垄亩。必虑今秋重困稼穑，自知多在荒陂榛芜之内，所在长吏各须分配地界，精加翦扑，以绝根本。六月辛亥，以亢阳，虑时政之阙，乃诏曰：“迩者下民丧礼，法吏舞文，铨衡既失于选求，州镇又无其举刺，风俗未厚，狱讼实繁，职此之由，上遭天谴。”至是，决遣囚徒及戒励中外。（《旧五代史·梁书·太祖纪四》）

乾化元年（911 年），三月辛卯，以久旱，令宰臣分祷灵迹。翼日，大澍雨。十一月，壬辰，宣宰臣各赴望祠祷雨。十二月，诏以时雪稍愆，命丞相及三省官各诣望祠祈祷。（《旧五代史·梁书·太祖纪六》）时夏大旱，涤涤甫田，百谷如焚，人曰祈土龙，公曰非旱备。乃贬躬之食，勤人之瘼，靡神不寅，崇朝而雨。（《唐文拾遗》卷三三《张士宾·大唐义武军节都知兵马使……程公岩勋德碑颂》）

乾化二年（912 年），正月甲申，以时雪久愆，命丞相及三省官群望祈祷。……三月丙午，次济源县。诏曰：“淑律将迁，亢阳颇甚，宜令魏州差官祈祷龙潭。"戊申，诏曰："雨泽愆期，祈祷未应，宜令宰臣各于魏州灵祠精加祈祷。"……四月，丙辰，敕："近者星辰违度，式在修禳，宜令两京及宋州、魏州取此月至五月禁断屠宰。仍各于佛寺开建道场，以迎福应。"……六月辛卯，诏曰："亢阳滋甚，农事已伤，宜令宰臣于兢赴中岳，杜晓赴西岳，精切祈祷。其近京灵庙，宜委河南尹，五帝坛、风师雨师、九宫贵神，委中书各差官祈之。"（《旧五代史·梁书·太祖纪七》）

乾德四年（922 年），（蜀地）自五月不雨，至九月。林木皆枯，赤地千里，所在盗起。（《蜀梼杌》卷上）

同光二年（924 年）二月，自冬不雨，命祷百神。（《册府元龟·帝王部·弭灾》）十二月，乙酉，幸龙门佛寺祈雪。（《旧五代史·唐书·庄宗纪六》）

同光三年（925 年），四月辛巳，以旱甚，诏河南府徙市，造五方龙，集巫祷祭。……五月戊申，幸龙门广化寺祈雨。……己未，幸太清宫祷雨。六月壬申，京师雨足。（《旧五代史·唐书·庄宗纪六》）时大旱，帝自邺都迎诚惠至洛阳，使祈雨，士民朝夕瞻仰，数旬不雨。或谓诚惠："官以师祈雨无验，将焚之。"诚惠逃去，惭惧而卒。……自春夏大旱，六月，壬申，始雨。（《资治通鉴》卷二七三《后唐纪二》）顷以本州（指袁州）郭内，频遭灾火，人户不安，苗稼亢阳，泉源涸竭。（《全唐文》卷八六九《顿金·仰山加封记》）

天成三年（928 年），夏六月以来大旱，有蝗蔽日而飞，昼为之黑，庭户衣帐悉充塞之。王亲祀于都会堂，是夕大风，蝗堕浙江而死。（《吴越备史·武肃王下》）

长兴元年（930 年），正月丙子，帝谓宰臣曰："时雪未降，如何？"冯道曰："陛下恭行俭德，忧及烝民，上合天心，必有春泽。"是夜，降雪。（《旧五代史·唐书·明宗纪七》）

长兴二年（931 年），四月乙巳，帝幸龙门佛寺祈雨。（《旧五代史·唐书·明宗纪八》）

长兴三年（932 年），九月……爰自今秋，偶愆时雨。（《册府元龟·邦计部·蠲复》）是冬，无雪。（《旧五代史·唐书·明宗纪九》）

930—932 年，湖南马希声，嗣父位。连年亢旱，祈祷不应。乃封闭南岳司天王庙，及境内神祠。竟亦不雨。（《北梦琐言》卷三）

清泰元年（934 年），是月（六月），京师大旱，热甚，暍死者百余人。

……七月，甲辰，幸龙门佛寺祷雨。……十二月，庚寅，幸龙门祈雪，自九月至是无雨雪故也。（《旧五代史·唐书·末帝纪上》）

清泰三年（936年）六月，时雨稍愆，颇伤农稼，分命朝臣祈祷。（《旧五代史·唐书·末帝纪下》）晋天福元年（936年）十二月，时自秋不雨，经冬无雪，命群官遍加祈祷。（《旧五代史·晋书·高祖纪二》）

晋天福二年（937年）四月，庚子，北京、邺都、徐兖二州并奏旱。……十二月，甲辰，车驾幸相国寺祈雪。（《旧五代史·晋书·高祖纪二》）

晋天福三年（938年）八月，壬午，定州奏，境内旱，民多流散。己丑诏："河府、同州、绛州等三处灾旱，逃移人户下所欠累年残税，并今年夏税差科，及麦苗子沿征诸色钱物等并放。"（《旧五代史·晋书·高祖纪三》）

晋天福六年（941年），是岁，镇州大旱、蝗，重荣聚饥民数万，驱以向邺，声言入觐。（《新五代史·安重荣传》）

晋天福七年（942年），三月壬戌，分命朝臣诸寺观祷雨；丁丑，宰臣于寺观祷雨。……是春，邺都、凤翔、兖、陕、汝、恒、陈等州旱。（《旧五代史·晋书·高祖纪六》）九月，己卯，分命朝臣诣寺观祷雨。……十一月，戊戌，诏宰臣等分诣寺庙祈雪。（《旧五代史·晋书·少帝纪一》）

晋天福八年（943年）四月，是月，河南、河北、关西诸州旱蝗，分命使臣捕之。五月……乙巳，幸相国寺祈雨。六月，丙辰，遣供奉官卫延韬诣嵩山投龙祈雨。（《旧五代史·晋书·少帝纪一》）时天下旱、蝗，民饿死者岁十数万。（《新五代史·景延广传》）

开运二年（945年），六月壬午，遣刑部尚书窦贞固等分诣寺观祷雨。是月，两京及州郡十五并奏旱。（《旧五代史·晋书·少帝纪四》）乙巳岁，冬十二月，客钟陵，由章江入剑池，过临川。时天久愆雨，水泉将涸。风不便行，维舟于岸左。（《全唐文》卷八六八《沈颜·碎碑记》）

开运三年（946年），自冬徂春，少愆雨雪。（《全唐文》卷一一八《李重贵·令长吏掩埋暴骸诏》）二月壬戌，敕令，以渐及春农，久愆时雨，深虑囹圄，或有滞淹，宜恤刑。（《册府元龟·帝王部·弭灾》）四月，乙亥，宰臣诣寺观祷雨……戊寅，幸相国寺祷雨。（《旧五代史·晋书·少帝纪四》）

乾祐元年（948年）四月，丁亥，幸道宫、佛寺祷雨……六月，是月，河北旱，青州蝗。七月，丙辰，以久旱，幸道宫、佛寺祷雨，是日大澍。（《旧五代史·汉书·隐帝纪上》）

乾祐二年（949 年）四月，辛丑，幸道宫祷雨。六月，是月，邠、宁、泽、潞、泾、延、鄜、坊、晋、绛等州旱。（《旧五代史·汉书·隐帝纪中》）

广顺二年（952 年）四月戊子，以京师旱，分命群臣祷雨。是冬无雪。（《旧五代史·周书·太祖纪三》）保大十年，是岁，大旱。（陆游《南唐书》卷二《元宗本纪》）

广顺三年（953 年），境内大旱，边民有鬻男女者，命出粟帛赎之，归其父母，仍令所在开仓赈恤。（《吴越备史·大元帅吴越国王》）南唐保大十一年（953 年），境内大旱，自六月不雨。（《江南野史》卷二《嗣主》）（南唐）八月，不雨。（马令《南唐书》卷三《嗣主书》）夏六月，不雨，井泉竭涸，淮流可涉。（陆游《南唐书》卷二《元宗本纪》）

保大十二年（954 年），自前年（指 953 年）八月不雨，至于三月。（马令《南唐书》卷三《嗣主书》）

隋朝前旱灾发生的年份不多，608 年之前的旱灾，主要在关中地区，可以通过调配山东的粮食等来解决；612 年后两次全国性的大旱灾，加之隋炀帝应对失策，加速了隋朝的灭亡。

唐五代旱灾爆发频繁，发生旱灾的年份近 170 年，几乎平均每 2 年发生一次旱灾。唐中期，旱灾的记录主要在关中、河北、河南以及山东等地，江淮地区记载比较少，主要经济中心在北方，关中地区对南方粮食等依赖不大。江淮地区旱灾，比较早的是总章二年（669 年），自乾元二年（759 年）之后，江淮地区旱灾记载比较多，贞元六年（790 年）、永贞元年（805 年）、元和三年（808 年）、元和四年（809 年）、元和六年（811 年）、元和七年（812 年）、长庆二年（822 年）、宝历元年（825 年）、大和八年（834 年）、开成三年（838 年）、大中五年至六年（851—852 年）、大中九年（855 年）、咸通二年（861 年）、咸通三年（862 年）、咸通九年（868 年）、乾符六年（879 年）、中和四年（884 年）、乾宁二年（895 年）冬至乾宁三年（896 年）五月、天成三年（928 年）、广顺二年（952 年）、广顺三年（953 年）等年份，江淮地区都发生了比较严重的旱灾。江淮地区旱灾记载比较多，一方面是因为关中依赖江淮地区的粮食等物资，故而对其比较关注；另一方面也与气候变冷、降水减少有关。

隋唐五代时期，旱灾引起的蝗灾比较多见，加重了粮食短缺，引起了物价上涨。

第四节　隋唐五代时期的水灾

隋唐五代时期，水灾也比较常见，文献记载隋唐五代时期的水灾有以下这些。

开皇四年（584年）正月，壬午，齐州水。（《隋书·高祖纪上》）

开皇五年（585年）八月，甲辰，河南诸州水，遣民部尚书邳国公苏威赈给之。（《隋书·高祖纪上》）五年，授瀛州刺史。遇秋霖大水，其属县多漂没，民皆上高树，依大家。（《隋书·郭衍传》）

开皇六年（586年）二月乙酉，山南荆、浙七州水，遣前工部尚书长孙毗赈恤之。秋七月辛亥，河南诸州水。（《隋书·高祖纪上》）

开皇十八年（598年）秋七月壬申，诏以河南八州水，免其课役。（《隋书·高祖纪下》）时山东霖雨，自陈、汝至于沧海，皆苦水灾。（《隋书·循吏传·辛公义传》）山东频年霖雨，杞、宋、陈、亳、曹、戴、谯等诸州远于沧海皆困水。（《册府元龟·帝王部·惠民》）

仁寿二年（602年），河南、河北诸州大水。（《隋书·五行志上》）

仁寿三年（603年）十二月癸酉，河南诸州水，遣纳言杨达赈恤之。（《隋书·高祖纪下》）

大业三年（607年），河南大水，漂没三十余郡。（《隋书·五行志上》）

大业七年（611年）秋，大水，山东、河南漂没三十余郡，民相卖为奴婢。（《隋书·炀帝纪上》）今水潦为灾，民力刬散。（《新唐书·窦建德传》）

大业八年（612年），是岁山东、河南大水，漂没四十余郡，重以辽东覆败，死者数十万，因属疫疾，山东尤甚。（《隋书·食货志》）

去岁（指贞观元年，即627年），霖雨既损秋场。（《册府元龟·帝王部·赦宥》）

贞观二年（628年），天下诸州并遭霜涝。（《旧唐书·良吏传上·陈君宾传》）

贞观三年（629年）秋，贝、谯、郓、泗、沂、徐、濠、苏、陇等九州

水。(《册府元龟·帝王部·惠民》)

贞观五年（631年），七月以来，霖潦过度，河南、河北厥田洿下。(《册府元龟·宰辅部·谏诤》)

贞观七年（633年）六月甲子，滹沱决于洋州……是年，山东、河南之地四十余州水。(《册府元龟·帝王部·惠民》)

贞观八年（634年）七月，山东、河南、淮南大水，遣使赈恤。(《旧唐书·太宗纪下》)

贞观十年（636年），关东及淮海之地二十八州水。(《册府元龟·帝王部·惠民》)

贞观十一年（637年），七月癸未，大雨，水，谷、洛溢。九月丁亥，河溢，坏陕州河北县，毁河阳中潭，幸白司马坂观之，赐濒河遭水家粟帛。(《新唐书·太宗纪》)秋七月癸未，大霪雨。谷水溢入洛阳宫，深四尺，坏左掖门，毁宫寺十九所；洛水溢，漂六百家。……九月丁亥，河溢，坏陕州河北县，毁河阳中潭。幸白司马坂以观之，赐遭水之家粟帛有差。(《旧唐书·太宗纪下》)暴雨为灾，大水泛溢，静思厥咎，朕甚惧焉。(《全唐文》卷六《唐太宗·大水求直言诏》)贞观十一年七月一日，黄气竟天，大雨，谷水溢，入洛阳宫，深四尺，坏左掖门，毁宫寺一十九；洛水暴涨，漂六百余家。帝引咎，令群臣直言政之得失。……九月，黄河泛滥，坏陕州河北县及太原仓，毁河阳中潭，太宗幸白马坂以观之。(《旧唐书·五行志》)

贞观二十一年（647年），遂复频有兴造，恐致劳烦，兼闻河北数州，颇伤淹涝。(《全唐文》卷八《唐太宗·停封禅诏》)七月，易州水；八月，冀、易、幽、瀛、常、豫、邢、赵八州大水。(《册府元龟·帝王部·惠民》)

永徽元年（650年），是岁……齐、定等十六州水。(《旧唐书·高宗纪上》)新丰南大雨，零口山水暴出，漂庐舍，溺死者九十。……宣、歙、饶、常等州暴雨，水漂杀四百余人。(《册府元龟·帝王部·恤下二》)

永徽四年（653年），兖、夔、果、忠等州水。(《册府元龟》卷一〇五《帝王部·惠民》)

永徽五年（654年）六月丙寅，河北大水，遣使虑囚。(《新唐书·高宗纪》)闰五月丁丑夜，大雨，水涨暴溢，漂溺麟游县居人及当番卫士，死者三千余人。六月，恒州大雨，滹沱河泛溢，溺五千余家。癸丑，蒲州汾阴县暴雨，漂溺居人，浸坏庐舍。丙寅，河北诸州大水。(《旧唐书·高宗纪上》)

五年六月，恒州大雨，自二日至七日。滹沱河水泛溢，损五千三百家。（《旧唐书·五行志》）

永徽六年（655年）九月乙酉，洛水溢。十月，齐州黄河溢。（《新唐书·高宗纪》）八月，先是大雨，道路不通，京师米价暴贵，出仓粟粜之，京师东西二市置常平仓。九月乙酉，洛州大水，毁天津桥。（《旧唐书·高宗纪上》）朕临御天下，于今七年，每留心庶绩，轸虑农亩，而政道未凝，仁风犹缺，致令九年无备，四气有乖，遂使去秋霖滞，便即罄竭。（《全唐文》卷一二《唐高宗·减膳诏》）

麟德二年（665年）六月，鄜州大水，坏城邑。（《旧唐书·高宗纪上》）

总章二年（669年），冀州大水，漂坏居人庐舍数千家。并遣使赈给。七月癸巳，冀州大都督府奏，自六月十三日夜降雨，至二十日水深五尺，其夜暴水深一丈巳上，坏屋一万四千三百九十区，害田四千四百九十六顷。（《旧唐书·高宗纪下》）

咸亨元年（670年）五月十四日，连日澍雨，山水溢，溺死五千余人。（《旧唐书·五行志》）

咸亨四年（673年）七月辛巳，婺州暴雨，水泛溢，漂溺居民六百家，诏令赈给。（《旧唐书·高宗纪上》）

上元三年（676年），青、齐等州海泛溢，又大雨，漂溺居人五千家，遣使赈恤之。（《旧唐书·高宗纪下》）

永隆元年（680年）九月，河南、河北诸州大水，遣使赈恤，溺死者官给棺椁，其家赐物七段。（《旧唐书·高宗纪下》）八月丁卯朔，河南、河北大水，许遭水处往江、淮巳南就食。（《旧唐书·高宗纪下》）关中地狭，衣食难周；山东遭涝，粮储或少。……河北涝损户，常式蠲放之外，特免一年调。其有屋宇遭水破坏，及粮食乏绝者，令州县劝课助修，并加给贷。（《全唐文》卷一三《唐高宗·减贡献并蠲贷诸州诏》）

开耀元年（681年）八月丁卯，以河南、河北大水，遣使赈乏绝，室庐坏者给复一年，溺死者赠物，人三段。（《新唐书·高宗纪》）

永淳元年（682年）五月壬寅，置东都苑总监。自丙午连日澍雨，洛水溢，坏天津及中桥、立德、弘教、景行诸坊，溺居民千余家。六月，关中初雨，麦苗涝损……是秋，山东大水，民饥。（《旧唐书·高宗纪下》）

弘道元年（683年）八月丁卯，滹沱溢。巳巳，河溢，坏河阳城。（《新唐书·高宗纪》）七月，己巳，河水溢，坏河阳城，水面高于城内五尺，北至盐坎，居人庐舍漂没皆尽，南北并坏。（《旧唐书·高宗纪下》）

天授三年（692 年）秋七月，大雨，洛水泛溢，漂流居人五千余家，遣使巡问赈贷。（《旧唐书·则天武皇后纪》）五月，洛水溢。七月，又溢。八月甲戌，河溢，坏河阳县。（《新唐书·则天武皇后纪》）

圣历二年（699 年）七月丙辰，神都大雨，洛水溢。是秋，黄河溢。（《新唐书·则天武皇后纪》）

长安三年（703 年）六月，宁州雨，山水暴涨，漂流二千余家，溺死者千余人。（《旧唐书·则天武皇后纪》）

神龙元年（705 年），同官县大雨雹，燕雀多死，漂溺居人四百家，遣使赈给。六月丁巳，河北十七州大水，漂没人居。戊辰，洛水暴涨，坏庐舍二千余家，溺死者甚众。（《旧唐书·中宗纪》）

神龙二年（706 年）四月辛巳，洛水暴涨，坏天津桥。十二月，河北水，大饥，命侍中苏瑰存抚赈给。（《旧唐书·中宗纪》）下生朝野之蠹，上悖阴阳之和：水潦为灾，虑深于昏垫；黎氓失稔，忧在于沟壑。（《全唐文》卷二四六《李峤·为水潦灾异陈情表》）且顷年已来，河洛泛溢，东都西京，俱有水潦，盖以阴气太盛所致。（《全唐文》卷二六八《武平一·请抑损外戚权宠并乞佐外郡表》）

景龙三年（709 年）七月庚辰，澧水溢。（《新唐书·中宗纪》）

景云二年（711 年），顷自夏已来，霪雨不解，谷荒于陇，麦烂于场；入秋已来，亢旱成灾，苗而不实，霜损虫暴，草菜枯黄。（《全唐文》卷二七二《辛替否·谏造金仙玉真雨观疏》）

先天二年（713 年）六月辛丑，以雨霖避正殿，减膳。（《新唐书·睿宗纪》）

开元四年（716 年）七月丁酉，洛水溢。（《新唐书·玄宗纪》）

开元五年（717 年）六月壬午，巩县暴雨连月，山水泛滥，毁郭邑庐舍七百余家，人死者七十二。汜水同日漂坏近河百姓二百余家。（《旧唐书·玄宗纪上》）维大唐开元五年，荆州大都督府长史上柱国燕国公张说。……天有三光，地有五行，阴阳顺序，庶物以生。霖雨过旬，晦昧不晴，奈何以阴贼阳，以蒙蔽明？（《全唐文》卷二三三《张说·禜城门文》）岁维秋季，苗稼大熟，雨霖猥集，农夫未收，油油粳稻，垂生芽蘖。上则神威将废，下则人心何仰？公私忧窘，靡祷不周。诉尔明灵，撤此云雨，钦储牲币，俟答神休。

（《全唐文》卷二三三《张说·祭江祈晴文》）

开元六年（718年）六月甲申，瀍水溢。（《新唐书·玄宗纪》）六月甲申，瀍水暴涨，坏人庐舍，溺杀千余人。（《旧唐书·玄宗纪上》）

开元八年（720年），契丹叛。关中兵救营府，至渑池缺门，营于谷水侧。夜半水涨，漂二万余人。……村店并没尽，上阳宫中水溢，宫人死者十七八。（《朝野佥载》卷一）夏，契丹寇营州，发关中卒援之。军次渑池县之阙门，野营谷水上。夜半，山水暴至，二万余人皆溺死。……溺死死人漂入苑中如积。其年六月二十一日夜，暴雨，东都谷、洛溢，入西上阳宫，宫人死者十七八。畿内诸县，田稼庐舍荡尽。掌关兵士，凡溺死者一千一百四十八人。京城兴道坊一夜陷为池，一坊五百余家俱失。其年，邓州三鸦口大水塞谷。……俄而暴雷雨，漂溺数百家。（《旧唐书·五行志》）

开元八年（720年）六月庚寅，洛、瀍、谷水溢。（《新唐书·玄宗纪》）六月壬寅夜，东都暴雨，谷水泛涨。新安、渑池、河南、寿安、巩县等庐舍荡尽，共九百六十一户，溺死者八百一十五人。许、卫等州掌闲番兵溺者千一百四十八人。（《旧唐书·玄宗纪上》）

开元十年（722年）五月辛酉，伊、汝水溢。六月丁巳，河决博、棣二州。七月庚辰，给复遭水州。（《新唐书·玄宗纪》）丙申，博、棣等州黄河堤破，漂损田稼。（《旧唐书·玄宗纪上》）二月四日，伊水泛涨，毁都城南龙门天竺、奉先寺，坏罗郭东南角，平地水深六尺已上，入漕河，水次屋舍，树木荡尽。河南汝、许、仙、豫、唐、邓等州，各言大水害秋稼，漂没居人庐舍。（《旧唐书·五行志》）

开元十四年（726年）七月癸未，瀍水溢。八月丙午，河决魏州。（《新唐书·玄宗纪》）六月，上以旱、暴风雨，命中外群官上封事，指言时政得失，无有所隐。秋七月癸丑夜，瀍水暴涨入漕，漂没诸州租船数百艘，溺者甚众。是秋，十五州言旱及霜，五十州言水，河南、河北尤甚，苏、同、常、福四州漂坏庐舍，遣御史中丞宇文融检覆赈给之。（《旧唐书·玄宗纪上》）七月十四日，瀍水暴涨，流入洛漕，漂没诸州租船数百艘，溺死者甚众，漂失杨、寿、光、和、庐、杭、瀛、棣租米一十七万二千八百九十六石，并钱绢杂物等。七月甲子，怀、卫、郑、滑、汴、濮、许等州澍雨，河及支川皆溢，人皆巢舟以居，死者千计，资产苗稼无孑遗。（《旧唐书·五行志》）

开元十五年（727年）七月庚寅，洛水溢。八月，涧、谷溢，毁渑池县。

（《新唐书·玄宗纪》）七月庚寅，鄜州洛水泛涨，坏人庐舍。辛卯，又坏同州冯翊县廨宇，及溺死者甚众。（《旧唐书·玄宗纪上》）（七月）二十日，鄜州雨，洛水溢入州城，平地丈余，损居人庐舍，溺死者不知其数。二十一日，同州损郭邑及市，毁冯翊县。八月八日，渑池县夜有暴雨，洞水、谷水涨合，毁郭邑百余家及普门佛寺。是岁，天下六十三州大水损禾稼、居人庐舍，河北尤甚。（《旧唐书·五行志》）

开元十六年（728年）九月丙午，以久雨降囚罪，徒以下原之。（《新唐书·玄宗纪》）今秋京城连雨隔月。（《册府元龟·帝王部·赦宥四》）

开元十七年（729年）八月丙寅，越州大水，漂坏廨宇及居人庐舍。（《旧唐书·玄宗纪上》）

开元十八年（730年）二月丙寅，大雨，雷震左飞龙厩，灾。六月乙亥，瀍水溢。壬午，洛水溢。（《新唐书·玄宗纪》）二月丙寅，大雨雪，俄而雷震，左飞龙厩灾。六月壬午，东都瀍、洛泛涨，坏天津、永济二桥及提象门外仗舍，损居人庐舍千余家。（《旧唐书·玄宗纪上》）六月乙丑，东都瀍水暴涨，漂损扬、楚、淄、德等州租船。壬午，东都洛水泛涨，坏天津、永济二桥及漕渠斗门，漂损提象门外助铺及仗舍，又损居人庐舍千余家。（《旧唐书·五行志》）

开元二十年（732年）九月戊辰，以宋、滑、衮、郓四州水，免今岁税。（《新唐书·玄宗纪》）天灾自古有，昏垫弥今秋。霖霪溢川原，颎洞涵田畴。（《全唐诗》卷二一二《高适·东平路中遇大水》[①]）河南数州亦有水损。（《全唐文》卷二三《唐玄宗·遣使宣慰江南淮南等州制》）

开元二十一年（733年）是岁，关中久雨害稼，京师饥，诏出太仓米二百万石给之。（《旧唐书·玄宗纪上》）

开元二十三年（735年）八月戊子，制鳏寡惸独免今年地税之半，江淮已南有遭水处，本道使赈给之。（《旧唐书·玄宗纪上》）

开元二十八年（740年），河北十三州水。（《册府元龟·帝王部·惠民》）

开元二十九年（741年），七月乙亥，伊、洛溢。（《新唐书·玄宗纪》）

---

① 徐无闻：《高适诗文系年稿》，《西南师范大学学报》（人文社会科学版）1980年第2期。

七月乙卯，洛水泛涨，毁天津桥及上阳宫仗舍。洛、渭之间，庐舍坏，溺死者千余人。九月，大雨雪，稻禾偃折，又霖雨月余，道途阻滞。是秋，河北博、洺等二十四州言雨水害稼，命御史中丞张倚往东都及河北赈恤之。（《旧唐书·玄宗纪下》）二十九年，暴水，伊、洛及支川皆溢，损居人庐舍，秋稼无遗，坏东都天津桥及东西漕；河南北诸州，皆多漂溺。（《旧唐书·五行志》）

天宝元年（742年）夏六月庚寅，武功山水暴涨，坏人庐舍，溺死数百人。（《旧唐书·玄宗纪下》①）

天宝四载（745年）八月，是月，河南睢阳、淮阳、谯等八郡大水。（《旧唐书》卷九《玄宗纪下》）

天宝十载（751年），是秋，霖雨积旬，墙屋多坏，西京尤甚。（《旧唐书·玄宗纪下》）独坐见多雨，况兹兼索居。茫茫十月交，穷阴千里余。（《全唐诗》卷二一一《高适·苦雨寄房四昆季》）

天宝十二载（753年）八月，京城霖雨，米贵，令出太仓米十万石，减价粜与贫人。（《旧唐书·玄宗纪下》）

天宝十三载（754年），是秋，瀍、洛水溢。（《新唐书·玄宗纪》）秋八月丁亥，以久雨，左相、许国公陈希烈为太子太师，罢知政事。……是秋，霖雨积六十余日，京城垣屋颓坏殆尽，物价暴贵，人多乏食，令出太仓米一百万石，开十场贱粜以济贫民。东都瀍、洛暴涨，漂没一十九坊。（《旧唐书·玄宗纪下》）秋至冬积雨。（《全唐文》卷三八二《元结·异泉铭并序》）

至德二载（757年）三月癸亥，大雨，至癸酉不止，诏疏理刑狱，甲戌方止。（《旧唐书·肃宗纪》）

乾元二年（759年），雨淫孟冬，霖积季秋，道路且泥。（《全唐文》卷三七三《苏源明·谏幸东京疏》）

乾元三年（760年），自四月雨至闰月末不止。米价翔贵，人相食，饿死者委骸于路。（《旧唐书·肃宗纪》）

上元二年（761年）八月癸丑朔……自七月霖雨，至是方止，墙宇多坏，漉鱼道中。（《旧唐书·肃宗纪》）上元二年，京师自七月霖雨，八月尽方止。京城宫寺庐舍多坏，街市沟渠中漉得小鱼。（《旧唐书·五行志》）

---

①《新唐书·五行志》记载为天宝三载九月。

广德二年（764 年）九月……自七月大雨未止，京城米斗值一千文。（《旧唐书·代宗纪》）五月，洛水溢。（《新唐书·代宗纪》）

永泰元年（765 年）九月……自丙午至甲寅大雨，平地水流。（《旧唐书·代宗纪》）九月，大雨，平地水数尺，沟河涨溢。时吐蕃寇京畿，以水自溃而去。（《旧唐书·五行志》）

永泰二年（766 年）秋七月……自五月大雨，洛水泛溢，漂溺居人庐舍二十坊。河南诸州水。（《旧唐书·代宗纪》）夏，洛阳大雨，水坏二十余坊及寺观廨舍。河南数十州大水。（《旧唐书·五行志》）

大历二年（767 年）八月，辛卯，潭、衡水灾。是秋，河东、河南、淮南、浙江东西、福建等道五十五州奏水灾。（《旧唐书·代宗纪》）震泽之南，数州之地，顷以水涝暴至，沱潜溃溢。既败城郭，复潴原田，连岁大歉，元元重困。馁殍相望，流庸莫返，加之以师旅，烦之以赋役，哀我矜人，何以堪命？（《全唐文》卷四一四《常衮·宣慰湖南百姓制》）

大历四年（769 年）八月丙申朔。自夏四月连雨至此月，京城米斗八百文。（《旧唐书·代宗纪》）大历四年秋，大雨。是岁，自四月霖澍，至九月。京师米斗八百文，官出太仓米贱粜以救饥人。京城闭坊市北门，门置土台，台上置坛及黄幡以祈晴。秋末方止。（《旧唐书·五行志》）比属秋霖，颇伤苗稼，百姓种麦，其数非多。（《全唐文》卷四八《代宗·减次年麦税敕》）

大历五年（770 年）夏，复大雨，京城饥，出太仓米减价以救人。（《旧唐书·五行志》）

大历六年（771 年）九月壬辰夜，荧惑犯哭星。自八月连雨，害秋稼。（《旧唐书·代宗纪》）

大历七年（772 年）二月庚午，江水泛溢。（《新唐书·代宗纪》）

大历九年（774 年），是秋大雨。（《旧唐书·代宗纪》）

大历十年（775 年），江外唯湖州最卑下。今年诸州水，并凑此州入太湖，田苗非常没溺。（《唐文拾遗》卷一九《颜真卿·江外帖》）

大历十一年（776 年）秋七月戊子夜，暴澍雨，平地水深盈尺，沟渠涨溢，坏坊民千二百家。（《旧唐书·代宗纪》）

大历十二年（777 年）八月，乙巳，以久雨宥常参百僚，不许御史点班。是秋，宋、亳、陈、滑等州水。（《旧唐书·代宗纪》）是秋，河溢。（《新唐书·代宗纪》）十二年秋，大雨。是岁，春夏旱，至秋八月雨，河南尤甚，平地深五尺，河决，漂溺田稼。（《旧唐书·五行志》）顷大历丁巳，秋雨成灾，凡厥井疆，漫为涂潦。（《全唐文》卷四四六《张濯·唐宝应灵庆池神庙记》）

大历十三年（778年），戊午岁，天作霪雨，害于稼盛，人多道僅，邑无遗堵。（《唐文续拾》卷四《王璿·唐符阳郡王张孝忠再葺池亭记》）

建中元年（780年），黄河、滹沱、易水溢。（《新唐书》卷七《德宗纪》）熊执易赴举，行次潼关。秋霖月余，滞于逆旅。（《唐摭言》卷四《气义》）

贞元元年（785年），今夏江、淮水潦，漂损田苗，比于常时，米贵加倍。（《全唐文》卷四七三《陆贽·请减京东水运收脚价于缘边州镇储蓄军粮事宜状》）

贞元二年（786年）五月丙申，自癸巳大雨至于兹日，饥民俟夏麦将登，又此霖澍，人心甚恐，米斗复千钱。……辛酉，大风雨，街陌水深数尺，人有溺死者。（《旧唐书·德宗纪上》）贞元二年夏，京师通衢水深数尺。吏部侍郎崔纵，自崇义里西门为水漂浮行数十步，街铺卒救之获免；其日，溺死者甚众。东都、河南、荆南、淮南江河泛溢，坏人庐舍。（《旧唐书·五行志》）

贞元四年（788年）八月，灞水溢。（《新唐书·德宗纪》）四年八月，连雨，灞水暴溢，溺杀渡者百余人。（《旧唐书·五行志》）

贞元七年（791年）八月，河南、河北、山南、江淮，凡四十余州大水。（《册府元龟·帝王部·惠民》）臣伏见自去年（指791年）六月已来，关东多雨，淮南、浙西徐蔡襄鄂等道，霖潦为灾者，二十余州，皆浸没田畴，毁败庐舍。而濒淮之地，为害特甚，因风鼓涛，人多垫溺，其所存者，生业半空。（《全唐文》卷四八六《权德舆·论江淮水灾上疏》）

贞元八年（792年）七月，辛巳，大雨。八月乙丑，以天下水灾，分命朝臣宣抚赈贷。河南、河北、山南、江淮凡四十余州大水，漂溺死者二万余人。（《旧唐书·德宗纪下》）八年秋，大雨，河南、河北、山南、江淮凡四十余州大水，漂溺死者二万余人。时幽州七月大雨，平地水深二丈；郑、涿、蓟、檀、平五州，平地水深一丈五尺。又徐州奏：自五月二十五日雨，至七月八日方止，平地水深一丈二尺，郭邑庐里屋宇田稼皆尽，百姓皆登丘冢山原以避之。（《旧唐书·五行志》）伏以去秋水灾，诏令减税，今之国用，须有供备。（《全唐文》卷六一二《张滂·请税茶奏》）频得盐铁转运及州县申报：霖雨为灾，弥月不止。……今水潦为败，绵数十州，奔告于朝，日月相继。（《全唐文》卷四七三《陆贽·请遣使臣宣抚诸道遭水州县状》）皇唐贞元八年，岁在壬申夏六月，上帝作孽，罚兹东土，浩淼长澜，周亘千里，请究其本而言之。是时山泐桐柏，发硙喷涌，下注淮渎，平湍七丈，浮寿逾濠，下连沧波，东风驾海，潮上不落，两水相逆，溅涛倒流，蠹缩回薄，冲壅淮泗，积阴骤雨，河泻瓴建，不舍昼夜，至于旬时。（《全唐文》卷四八一《吕周任·泗州大水记》）

贞元十年（794年），是春霖雨，罕有晴日。（《旧唐书·德宗纪下》）

贞元十一年（795年）十月，朗、蜀二州江溢。（《新唐书·德宗纪》）

贞元十七年（801年），今月十七日，中使某奉宣圣旨，以霖雨未晴，诸有灵迹处，并令祈祷者。臣当时于兴圣等竹林神亲自祈祝，兼差官城外分路遍祠。伏以神祇效灵，景物澄霁。兆庶睹动天之德，大田俟多稼之期。（《全唐文》卷六〇〇《刘禹锡·为京兆韦尹贺祈晴获应表》）今月某日，中使吴文政奉宣圣旨，缘今年雨多，恐伤苗稼，诸有灵迹处，并宜祈祷者。臣谨检寻祀典，方议遍祠。惟德动天，倏已澄霁。伏以至教惠农，兆人务本。今岁宿麦，茂于常年。爰自季春，遂逢多雨。盖阴阳常数，有以推迁，而陇亩之间，未闻伤败。（《全唐文》卷六〇〇《刘禹锡·为京兆韦尹贺雨止表》）

贞元十八年（802年），秋七月庚辰，蔡、申、光三州春水夏旱，赐帛五万段，米十万石，盐三千石。（《旧唐书·德宗纪下》）

贞元十九年（803年）八月乙未，大雨霖。（《旧唐书》卷一三《德宗纪下》）

永贞元年（805年）八月丁酉朔，受内禅。乙巳，即皇帝位于宣政殿。先是，连月霖雨，上即位之日晴霁，人情欣悦。……十月，久雨，京师盐贵，出库盐二万石，粜以惠民。（《旧唐书·宪宗纪》）夏，朗州之熊、武五溪溢。秋，武陵、龙阳二县江水溢，漂万余家。京畿、长安等九县山水害稼。（《新唐书·五行志三》）贞元季年夏，大水，熊、武五溪斗决于沅，突旧防，毁民家，跻高望之，溟涬葩华，山腹为坻，林端如莎。（《全唐文》卷六〇七《刘禹锡·救沈志》）

元和二年（807年）六月，蔡州水，平地深七八尺。（《旧唐书·宪宗纪上》）

元和四年（809年）七月丁未，渭南暴水，坏庐舍二百余户，溺死六百人，命府司赈给。（《旧唐书·宪宗纪上》）

元和六年（811年），自秋霖澍，南亩亏播植之功。……今春所贷义仓粟，方属岁饥，容至丰熟岁送纳。……百官职田，其数甚广，今缘水潦，诸处道路不通，宜令所在贮纳，度支支用，令百官据数于太仓请受。（《旧唐书·宪宗纪上》）

元和七年（812年）正月癸酉，振武河溢，毁东受降城。（《新唐书·宪宗纪》）元和七年正月，振武界黄河溢，毁东受降城。……五月，饶、抚、虔、吉、信五州山水暴涨，坏庐舍，虔州尤甚，水深处四丈余。（《旧唐书·五行志》）

元和八年（813 年）六月辛巳朔。时积雨，延英不开十五日。（《旧唐书·宪宗纪下》）六月辛卯，渭水溢。（《新唐书·宪宗纪》）八年五月，许州奏：大雨摧大隗山，水流出，溺死者千余人。六月庚寅，京师大风雨，毁屋扬瓦，人多压死。水积城南，深处丈余，入明德门，犹渐车辐。辛卯，渭水暴涨，毁三渭桥，南北绝济者一月。时所在霖雨，百源皆发，川渎不由故道。（《旧唐书·五行志》）

元和九年（814 年）秋，淮南、宣州大水。（《旧唐书·五行志》）

元和十一年（816 年）九月丁卯，饶州奏浮梁、乐平二县，五月内暴雨水溢，失四千七百户，溺死者一百七十人。十二月……京畿水害田，润、常、湖、衢、陈、许大水。（《旧唐书·宪宗纪下》）五月，京畿大雨，害田四万顷，昭应尤甚，漂溺居人。衢州山水涌，深三丈，坏州城，民多溺死。浮梁、乐平溺死者一百七十人，为水漂流不知所在者四千七百户。润、常、湖、陈、许等州各损田万顷。（《旧唐书·五行志》）

元和十二年（817 年）六月乙酉，京师大雨，含元殿一柱倾，市中水深三尺，坏坊民二千家。七月，河北水灾，邢、洺尤甚，平地或深二丈。是岁，河南、河北水。（《旧唐书·宪宗纪下》）恒雨为灾，至今远近，或有垫溺，浸败庐舍，漂浸田苗。……其诸道应遭水州府，河南、泽潞、河东、幽州、江陵府等管内，及郑、滑、沧、景、易、定、陈、许、晋、隰、苏、襄、复、台、越、唐、随、邓等州人户，宜令本州，厚加优恤。（《册府元龟·帝王部·惠民》）十二年秋，大雨，河南北水，害稼。其年六月，京师大雨，街市水深三尺，坏庐舍二千家，含元殿一柱陷。（《旧唐书·五行志》）

元和十三年（818 年）二月，以镇、冀水灾，赐王承宗绫绢万匹。（《旧唐书·宪宗纪下》）六月，辛未，淮水溢。（《新唐书·宪宗纪》）夏，泗水大灾，淮溢坏城，邑民人逃水西岗，夜多掠夺，更相惊恐号呼。（《全唐文》卷七三六《沈亚之·淮南都梁山仓记》）九月戊子，自八月壬申雨，至是暂霁，翼日复降。（《册府元龟·帝王部·勤政》）

元和十五年（820 年）九月，宋州大水，损田六千顷。沧、景水，损田。（《旧唐书·穆宗纪》）十五年九月十一日至十四日，大雨兼雪，街衢禁苑树无风而摧折、连根而拔者不知其数。仍令闭坊市北门以禳之。沧州大水。

（《旧唐书·五行志》）

元和末年（820 年左右），东土艰勤，调发征求，曷尝底宁。阴沴继灾，蒸人重困。田亩弃未耕，里门空杼轴。邑有疮瘠，路有馁殍。[《全唐文》卷七二四《崔郾·唐义成军节度……高公德政碑（并序）》]

长庆二年（822 年）六月，好畤县山水漂溺居人三百家。陈、许、蔡等州水。陈、许水灾，赈粟五万石。八月，浙东处州大水，溺居民。（《旧唐书·穆宗纪》）

长庆四年（824 年）六月，己巳，浙西水坏太湖堤，水入州郭，漂民庐舍。七月，乙丑，郓、曹、濮暴雨水溢，坏城郭庐舍。襄、均、复等州汉江溢，漂民庐舍。八月，陈、许、蔡、郓、曹、濮等州水害稼。十一月，苏、常、湖、岳、吉、潭、郴等七州水伤稼。（《旧唐书·敬宗纪》）

宝历元年（825 年）七月，乙酉，鄜坊水坏庐舍。九月丁酉，华州暴水伤稼。（《旧唐书·敬宗纪》）

大和二年（828 年）六月，陈州水，害秋稼。八月，壬戌，京畿奉先等十七县水。（《旧唐书·文宗纪上》）是夏，河溢，坏隶州城。（《新唐书·文宗纪》）七月，山东降灾，淫雨泛滥。（《册府元龟·帝王部·惠民》）

大和三年（829 年）七月，宋、亳水害稼。（《旧唐书·文宗纪上》）

大和四年（830 年）八月壬寅朔。丙辰，鄜州水，溺居民三百余家。九月，戊寅，舒州太湖、宿松、望江三县水，溺民户六百八十，诏以义仓赈贷。己丑，淮南、天长等七县水，害稼。十一月，淮南大水及虫霜，并伤稼。闰十二月，是岁，京畿、河南、江南、荆襄、鄂岳、湖南等道大水，害稼，出官米赈给。（《旧唐书·文宗纪下》）四年夏，郓、曹、濮雨，坏城郭田庐向尽。苏、湖二州水，坏六堤，水入郡郭，溺庐井。许州自五月大雨，水深八尺，坏郡郭居民大半。（《旧唐书·五行志》）

大和五年（831 年）六月丁卯朔。戊寅，以霖雨涉旬，诏疏理诸司系囚。辛卯，苏、杭、湖南水害稼。七月，剑南东、西两川水，遣使宣抚赈给。是岁，淮南、浙江东西道、荆襄、鄂岳、剑南东川并水，害稼，请蠲秋租。（《旧唐书·文宗纪下》）

大和六年（832 年）二月戊寅，苏、湖二州水，赈米二十二万石。以本州常平义仓斛斗给。（《旧唐书·文宗纪下》）浙西诸州皆有水灾，苏、湖两州漂没尤甚，须有赈恤，以救疲人。（《册府元龟·帝王部·惠民》）徐州自六

月九日大雨至十一日，坏民舍九百家。（《旧唐书·五行志》）

　　大和七年（833 年）冬十月癸未朔，扬州江都等七县水，害稼。辛酉，润、常、苏、湖四州水，害稼。（八年）正月癸酉，扬、楚、舒、庐、寿、滁、和七州去年水，损田四万余顷。（《旧唐书·文宗纪下》）

　　大和八年（834 年）七月，戊午，奉先、美原、栎阳等县雨，损夏麦。辛酉，定陵台大雨，震东廊，廊下地裂一百三十尺，诏宗正卿李仍叔启告修塞。九月，淮南、两浙、黔中水为灾，民户流亡，京师物价暴贵。十一月，襄州水，损田。壬子，滁州奏清流等三县四月雨至六月，诸山发洪水，漂溺户万三千八百。（《旧唐书·文宗纪下》）

　　开成元年（836 年）冬十月丁酉朔。己酉，扬州江都七县水旱，损田。（《旧唐书·文宗纪下》）七月，滹沱溢。（《新唐书·文宗纪》）

　　开成二年（837 年），自去十月来，霖雨数度。（《入唐求法巡礼行记》）

　　开成三年（838 年）八月丙戌朔。甲午，山南东道诸州大水，田稼漂尽。丁酉，诏："大河而南，幅员千里，楚泽之北，连亘数州。以水潦暴至，堤防溃溢，既坏庐舍，复损田苗。言念黎元，罹此灾沴，或生业荡尽，农功索然，困馁雕残，岂能自济。"（《旧唐书·文宗纪下》）夏，汉水溢。（《新唐书·文宗纪》）

　　开成四年（839 年）秋七月庚辰朔，西蜀水，害稼。沧景、淄青大水。（《旧唐书·文宗纪下》）

　　会昌元年（841 年）六月，襄、郢、江左大水。（《旧唐书·武宗纪》）会昌元年七月，襄州汉水暴溢，坏州郭。均州亦然。（《旧唐书·五行志》）会昌元年秋七月，汉水溢堤入郭，自汉阳王张柬之一百五十岁后，水为最大。[《全唐文》卷七五五《杜牧·唐故太子少师奇章郡开国公赠太尉牛公墓志铭（并序）》]

　　会昌三年（843 年）九月丁未，以雨霖，理囚。（《新唐书·武宗纪》）

　　唐大中初，京师尝淫雨涉月，将害粢盛。分命祷告，百无一应。……旋踵而急雨止，翌日而凝阴开，比秋而大有年。（《太平广记》卷一六二《感应·唐宣宗》引《真陵十七史》）

　　大中三年（849 年），此郡虽自夏无雨，江边多稽（一作"稼"），油然可观。秋八月，天清日朗，汉水泛滥，人实为灾。轸念疲羸，因赋四韵。（《全唐诗》卷五三五《许浑·汉水伤稼并序》）

大中四年（850 年）四月壬申，以雨霖，诏京师、关辅理囚，蠲度支、盐铁、户部逋负。（《新唐书·宣宗纪》）

咸通二年（861 年）二月，郑滑节度使、检校工部尚书李福奏："属郡颍州去年夏大雨，沈丘、汝阴、颍上等县平地水深一丈，田稼、屋宇淹没皆尽，乞蠲租赋。"（《旧唐书·懿宗纪》）

咸通四年（863 年）三月，是月，东都、许、汝、徐、泗等州大水，伤稼。（《旧唐书·懿宗纪》）

咸通十一年（870 年），至咸通辛卯岁，知微以山中炼丹须西土药者，乃使玄真来京师，寓于玉芝观之上清院。……去岁中秋，自朔霖霪，至于望夕。（《三水小牍》卷上《赵知微雨夕登天柱峰玩月》）咸通十一年夏，洪潦大淹，堂宇流浪。（《全唐文拾遗》卷三二《朱洪·古山索靖庙碑》）

咸通十四年（873 年）十二月癸卯，大赦，免水旱州县租赋，罢贡鹰鹘。（《新唐书·僖宗纪》）

乾符元年（874 年）八月，皇帝释服。册圣母王氏为皇太后。河南大水，自七月雨不止，至释服后方霁。（《旧唐书·僖宗纪》）关东连年水、旱，州县不以实闻，上下相蒙，百姓流殍，无所控诉。相聚为盗，所在蜂起。（《资治通鉴》卷二五二《唐纪六十八》）

中和四年（884 年）五月，戊辰，大雨，平地水深三尺，沟河涨溢。甲戌……雷雨骤作，平地水深尺余，克用逾垣仅免。（《旧唐书·僖宗纪》）

龙纪元年（889 年）冬，大雨，水，不能军而旋。（《新五代史·梁本纪一》）

大顺二年（891 年）二月……时张浚、韩建兵败后，为太原将李存信等所追，至是方自含山逾王屋，出河清，达于河阳。属河溢，无舟楫，建坏人卢舍，为木罂数百，方获渡，人多覆溺，休其徒于司徒庙。（《旧唐书·昭宗纪》）

景福元年（892 年），朱全忠连年攻时溥，涂、泗、濠三州民不得耕获，兖、郓、河东兵救之，皆无功，复值水灾，人死者什六七。（《资治通鉴》卷二五九《唐纪七十五》）自光启至大顺，六七年间，汴军四集，徐、泗三郡，民无耕稼，频岁水灾，人丧十六七。（《旧五代史·梁书·时溥传》）

乾宁元年（894 年）七月，以雨霖避正殿，减膳。（《新唐书·昭宗纪》）

乾宁三年（896 年）四月辛酉，河东泛涨，将坏滑城。帝令决堤岸以分其势为二河，夹滑城而东，为害滋甚。（《旧五代史·梁书·太祖纪一》）

光化三年（900 年），镕遣使和解幽、汴，会久雨，朱全忠召从周还。

（《资治通鉴》卷二六二《唐纪七十八》）

天复元年（901 年）四月，时霖雨积旬，汴军屯聚既众，刍粮不给，复多痢疟，师人多死。（《旧五代史·唐书·武皇纪下》）

天祐二年（905 年）五月乙亥……司天奏："旬朔已前，星文变见，仰观垂象，特轸圣慈。自今月八日夜巳后，连遇阴雨，测候不得。至十三日夜一更三点，天色暂晴，景纬分明，妖星不见于碧虚，灾沴潜消于天汉者。"（《旧唐书·哀帝纪》）

天祐三年（906 年）九月辛亥朔。丁卯，全忠大军至沧州，军于长芦。是月积阴霖雨不止，差官禜都门。（《旧唐书·哀帝纪》）

开平二年（908 年）秋七月甲戌，大霖雨，陂泽泛溢，颇伤稼穑，帝幸右天武军河亭观水；幸高僧台阅禁卫六军。（《旧五代史·梁书·太祖纪四》）夏四月辛丑，宣歙睦雨，周一甲子。平地水丈余，四日而后止。新安郡之新城，继为暴水所汩。（《全唐文》卷八六七《杨夔·歙州重筑新城记》）

开平三年（909 年）八月甲午，以秋稼将登，霖雨特甚，命宰臣以下祷于社稷诸祠。（《旧五代史·梁书·太祖纪四》）九月，癸卯，诏曰："秋冬之际，阴雨相仍，所司择日拜郊，或虑临时妨事，宜令别更择日奏闻。"（《旧五代史·梁书·太祖纪五》）六月己亥，以久雨，命官祈祷于神祠灵迹。八月甲午，以秋稼将登，霖雨特甚，命宰臣已下祷于社稷诸祠。（《册府元龟·闰位部·弭灾》）

开平四年（910 年）五月己丑朔，以连雨不止，至壬辰，御文明殿，命宰臣分拜祠庙。……（九月）辛丑，以久雨，命宰臣薛贻矩禜定鼎门，赵光逢祠嵩岳。（《旧五代史·梁书·太祖纪五》）十二月己巳，诏曰："滑、宋、辉、亳等州，水涝败伤，人户愁叹，朕为民父母，良用痛心。其令本州分等级赈贷，所在长吏监临周给，务令存济。"壬辰，赈贷东都畿内，如宋、滑制。（《旧五代史·梁书·太祖纪六》）梁开平四年十月，梁、宋、辉、亳水，诏令本州开仓赈贷。（《旧五代史·五行志》）

天祐七年（910 年）夏，成都大雨，岷江涨，将坏京口江灌堰上。夜闻呼噪之声，若千百人，列炬无数，大风暴雨而火影不灭。及明，大堰移数百丈，堰水入新津江。李阳冰祠中所立旗帜皆湿。是时，新津、嘉眉水害尤多，而京江不加溢焉。（《太平广记》卷三一三《神·李冰祠》引《录异记》）

贞明元年（915 年）六月，鄂潜师由黄泽西趋太原……军至乐平，会霖雨

积旬，师不克进，郭即整众而旋。（《旧五代史·梁书·刘郭传》）

通正元年（916年）十二月，御大安门，受秦、凤、阶、成之俘。大赦，改元通正。时大霖雨，祷于奇相之祠。（《蜀梼杌》卷上）

天祐十四年（917年），此年为辽神册二年，夏四月壬午，围幽州，不克。六月乙巳，望城中有气如烟火状，上曰："未可攻也。"以大暑霖潦，班师。留曷鲁、卢国用守之。（《辽史·太祖纪》）

同光二年（924年）八月，汴州奏，大水损稼。癸未，租庸使孔谦进封会稽县男，仍赐丰财赡国功臣。淮南杨溥遣使贡方物。宋州大水，郓、曹等州大风雨，损稼。十月，己卯，汴、郓二州奏，大水。（《旧五代史·唐书·庄宗纪六》）七月，汴州雍丘县大雨风，拔树伤稼。曹州大水，平地三尺。八月，大雨，河水溢漫流入郓州界。（《旧五代史·五行志》）

同光三年（925年）六月壬申，京师雨足。自是大雨，至于九月，昼夜阴晦，未尝澄霁，江河漂溢，堤防坏决，天下皆诉水灾。（《旧五代史·唐书·庄宗纪六》）同光三年秋七月丁酉，以久雨，诏河南府依法祈晴。滑州上言，黄河决。丁未，洛水泛涨，坏天津桥，以舟济渡，日有覆溺者。壬子，河阳、陕州上言，河溢岸。陕州上言，河涨二丈二尺，坏浮桥，入城门，居人有溺死者。乙卯，汴州上言，汴水泛涨，恐漂没城池，于州城东西权开壕口，引水入古河。泽潞上言，自今月一日雨，至十九日未止。许州、滑州奏，大水。八月，邺都大水，御河泛溢。凤翔奏，大水。青州大水、蝗。九月辛卯朔，河阳奏，黄河涨一丈五尺。镇州、卫州奏，水入城，坏庐舍。庚子，襄州奏，汉江涨溢，漂溺庐舍。九月，司天上言："自七月三日大雨，至九月十八日后方晴，三辰行度不见。"（《旧五代史·唐书·庄宗纪七》）三年六月至九月，大雨，江河崩决，坏民田。七月，洛水泛涨，坏天津桥，漂近河庐舍，舣舟为渡，覆没者日有之。邺都奏，御河涨于石灰窑口，开故河道以分水势。巩县河堤破，坏仓廪。（《旧五代史·五行志》）

天成元年（926年）八月，壬辰，以久雨，放百僚朝参，诏天下疏理系囚。（《旧五代史·唐书·明宗纪三》）是岁大水，苏州尤甚，水中生米大如豆，民取食之。（《吴越备史·武肃王下》）

天成二年（927年）八月，华州上言，渭河泛溢害稼。（《旧五代史·唐书·明宗纪四》）

天成三年（928年）三月丁未朔，以久雨，诏文武百辟极言时政得失。闰八月，是月二十七，大水，河水溢。十一月丁卯，洛州水暴涨，坏居人垣舍。（《旧五代史·唐书·明宗纪六》）今乃川渎决溢，水旱愆违。必恐是调燮有乖，祭祀未洁。（《册府元龟·台省部·奏议》）

天成四年（929 年），正月，滑州上言，准，诏赈贷贫民，以去年水灾故也。（《册府元龟·帝王部·惠民》）

长兴元年（930 年）夏，郾州上言，大水入城，居人溺死。（《旧五代史·五行志》）

长兴二年（931 年）四月，棣州上言，水坏其城。是月己巳，郓州上言，黄河水溢岸，阔三十里，东流。五月丁亥，申州大水，平地深七尺。是月戊申，襄州上言，汉水溢入城，坏民庐舍，又坏均州郭郭，水深三丈，居民登山避水，仍画图以进。是月甲子，洛水溢，坏民庐舍。六月壬戌，汴州上言，大雨，雷震文宣王庙讲堂。十一月壬子，郓州上言，黄河暴涨，漂溺四千余户。（《旧五代史·五行志》）

长兴三年（932 年）三月，癸卯，帝顾谓宰臣曰："春雨稍多，久未晴霁，何也？"五月戊申，襄州奏，汉江大涨，水入州城，坏民庐舍。六月丁巳，卫州奏，河水坏堤，东北流入御河。诏以霖雨积旬，久未晴霁，京城诸司系囚，并宜释放。甲子，以大雨未止，放朝参两日。洛水涨泛二丈，庐舍居民有溺死者。以前濮州刺史武延翰为右领军上将军，前阶州刺史王宏贽为左千牛上将军。金、徐、安、颍等州大水，镇州旱。诏应水旱州郡，各遣使人存问。七月，秦、凤、兖、宋、亳、颍、邓大水，漂邑屋，损苗稼。诏诸州府遭水人户各支借麦种及等第赈贷。十月，襄州奏，汉水溢，坏民庐舍。（《旧五代史·唐书·明宗纪九》）七月，诸州大水，宋、亳、颍尤甚。是月，秦州大水，溺死窑谷内居民三十六人。夔州赤甲山崩，大水漂溺居人。（《旧五代史·五行志》）

清泰元年（934 年）九月己亥，以久雨，分命朝臣禜都城门，告宗庙社稷。甲辰，以霖霪甚，诏都下诸狱委御史台宪录问，诸州县差判官令录亲自录问，画时疏理。（《旧五代史·唐书·末帝纪上》）九月，连雨害稼。诏曰："久雨不止，礼有所禳，禜都城门，三日不止，乃祈山川，告宗庙社稷。宜令太子宾客李延范等禜诸城门，太常卿李悆等告宗庙社稷。"（《旧五代史·五行志》）

清泰二年（935 年），今春已来，稍愆雨泽。（《册府元龟·帝王部·崇祭祀》）

天福二年（937 年）六月乙未……襄州奏，江水涨一丈二尺。八月，庚子，华州奏渭河泛溢，害稼。九月，甲戌，贝、卫两州奏，河溢害稼。（《旧

五代史·晋书·高祖纪》)

天福三年（938 年）八月，甲申，襄州奏，汉江水涨一丈一尺。九月，襄州奏，汉江水涨三丈，出岸害稼。东都奏，洛阳水涨一丈五尺，坏下浮桥。（《旧五代史·晋书·高祖纪三》）

天福四年（939 年）七月，西京大水，伊、洛、瀍、涧皆溢，坏天津桥。八月，河决博平，甘陵大水。（《旧五代史·五行志》）

天福五年（940 年），是岁，姑苏、吴兴、嘉禾三郡大水。（《吴越备史·文穆王》）

天福六年（941 年）九月，河决于滑州，一概东流。居民登丘冢，为水所隔。诏所在发舟楫以救之。兖州又奏，河水东流，阔七十里。（《旧五代史·五行志》）五月，庚午，泾州奏，雨雹，川水大溢，坏州郡镇戍二十四城。（《旧五代史·晋书·高祖纪五》）九月辛酉，滑州河决，一溉东流，乡村户民携老幼登丘冢，为水所隔，饿死者甚众。丙戌，兖州上言，水自西来，漂没秋稼。冬十月丁亥朔，遣鸿胪少卿魏玭等四人，分往滑、濮、郓、澶视水害苗稼。五月，是月，州郡五奏大水，十八奏旱蝗。（《旧五代史·晋书·高祖纪六》）

天福七年（942 年），是月（五月），州郡五奏大水。（《旧五代史·晋书·高祖纪六》）七月，安州奏，水平地深七尺。（《旧五代史·晋书·少帝纪一》）

开运元年（944 年）六月，丙辰，滑州河决，漂注曹、单、濮、郓等州之境，环梁山合于汶、济。（《旧五代史·晋书·少帝纪二》）

开运三年（946 年）七月……杨刘口河决西岸，水阔四十里。……辛亥，宋州谷熟县河水雨水一概东流，漂没秋稼。自夏初至是……霖雨不止，川泽泛涨，损害秋稼。……八月，是月，秦州雨，两旬不止，邺都雨水一丈，洛京、郑州、贝州大水……九月，是月，河南、河北、关西诸州奏，大水霖雨不止，沟河泛滥，水入城郭及损害秋稼。（《旧五代史·晋书·少帝纪四》）是秋，天下大水，霖雨六十余日，饥殍盈路，居民拆木以供爨，铡藁席以秣马牛。（《新五代史·杜重威传》）

乾祐元年（948 年），是月（四月），河决原武县。五月，乙亥，河决滑州鱼池。（《旧五代史·汉书·隐帝纪上》）

乾祐二年（949 年）二月，戊戌，大雨霖。（《旧五代史·汉书·隐帝纪中》）

乾祐三年（950 年）闰月（五月）癸巳，京师大风雨，坏营舍，吹郑门扉起，十数步而堕，拔大木数十，震死者六七人，水平地尺余，池隍皆溢。秋七月庚午，河阳奏，河涨三丈五尺。乙亥，沧州奏，积雨约一丈二尺。安州奏，沟河泛溢，州城内水深七尺。（《旧五代史·汉书·隐帝纪下》）

广顺元年（951年）六月，邢州大雨霖。邺都、洺、沧、贝等州大雨霖。（《旧五代史·周书·太祖纪二》）八月，契丹、瀛莫、幽州界大水，饥馑流散，襁负而归者不可胜计。（《册府元龟·帝王部·恤下二》）

广顺二年（952年）六月朔宴，教坊俳优作《灌口神队》二龙战斗之象。须臾天地昏暗，大雨雹。明日，灌口奏："岷江大涨，锁塞龙处，铁柱频撼。"其夕，大水漂城，坏延秋门，深丈余，溺数千家，摧司天监及太庙。令宰相范仁恕祷青羊观，又遣使往灌州，下诏罪己。（《蜀梼杌》卷下）七月，襄州大水。（《旧五代史·周书·太祖纪三》）七月，暴风雨，京师水深二尺，坏墙屋不可胜计。诸州皆奏大雨，所在河渠泛溢害稼。（《旧五代史·五行志》）

广顺三年（953年），是月（六月），河南、河北诸州大水，霖雨不止，川陂涨溢。襄州汉水溢入城，深一丈五尺，居民皆乘筏登树。八月，丁卯，河决河阴，京师霖雨不止。是月，所在州郡奏，霖雨连绵，漂没田稼，损坏城郭庐舍。（《旧五代史·周书·太祖纪四》）六月，诸州大水，襄州汉江涨溢入城，城内水深一丈五尺，仓库漂尽，居人溺者甚众。（《旧五代史·五行志》）

辽应历三年（953年），是冬，驻跸奉圣州。以南京（今北京市一带）水，诏免今岁租。（《辽史·穆宗纪上》）

南唐保大十四年（956年）夏，大雨，周师在扬、滁、和者皆却，诸将请要其险隘击之。（《新五代史·南唐世家》）

显德五年（958年）闰七月壬戌，河决河阴县，溺死者四十二人。八月庚辰，延州奏，滗溪水涨，坏州城，溺死者百余人。（《旧五代史·周书·世宗纪五》）

显德六年（959年）六月，戊寅，郑州奏，河决原武，诏宣徽南院使吴延祚发近县丁夫二万人以塞之。（《旧五代史·周书·世宗纪六》）是月（六月），州郡十六奏大雨连旬不止。是月（七月），诸道相继奏，大雨，所在川渠涨溢，漂溺庐舍，损害苗稼。是月（九月），京师及诸州郡霖雨逾旬，所在水潦为患，川渠泛溢。十二月，乙未，大霖，昼昏，凡四日而止，分命使臣赈给诸州遭水人户。（《旧五代史·周书·恭帝纪》）

隋唐五代时期，水灾发生的主要区域是河南、山东、河北等黄河中下游地区。其原因主要是黄河从三门峡流出后，下游落差较小，地势比较平缓，在来水比较大的时期，容易决堤发生水灾。与此同时，黄河流域降水主要集中在夏秋两季，雨量集中，也易导致水灾。

东汉王景修建的河堤，到了唐代中后期，已经不堪重负，但中央政府没有大规模修建河堤，只是在晚唐时期由薛平等人修建部分河堤。到了五代时期，军阀混战，多次出现以水为兵的现象，挖开黄河河堤成为对付地方的重要手段，导致黄河多次人为决口。

安史之乱后，汉水发生水灾也比较多见，841 年、938 年以及 953 年汉水在襄阳附近都发生大的水灾，主要是襄阳在中唐后成为重要交通枢纽，人口增长，土地开垦较快，云梦泽等沼泽的缩小乃至消失，导致蓄洪蓄水功能不足。云梦泽面积在隋唐五代时期，进一步被分割。《元和郡县图志·山南道二》记载，沔阳县，"马骨湖，在县东南一百六十里。夏秋泛涨，淼漫若海；春冬水涸，即为平田。周回一十五里"。马骨湖水域被分割成几个小湖。随着人口的增长，云梦泽逐渐被开发，《全唐诗》卷五七〇《李群玉·洞庭干二首》记载："借问蓬莱水，谁逢清浅年。伤心云梦泽，岁岁作桑田。朱宫紫贝阙，一旦作沙洲。八月还平在，鱼虾不用愁。"表明到晚唐时，云梦泽逐渐变为耕地。云梦泽的消失，也导致汉水一带水灾逐渐增多。

安史之乱后，江南水灾也比较多。主要原因是太湖入海口淤塞，排水不畅。太湖在隋唐五代，逐渐发生了变化。太湖水源来自苕溪和荆溪。苕溪发源于天目山，分东西两支，在湖州交汇后流入太湖。荆溪在宜兴注入太湖。太湖上游来水古今变化不大，但太湖排水在唐代中期发生了大的变化。唐代中期之前，太湖通过东江、娄江、淞江等三条河流排水。《尚书·禹贡》记载："淮、海惟扬州。彭蠡既潴，阳鸟攸居。三江既入，震泽底定。"由于三江排水通畅，太湖历史时期发生水灾比较少。到了唐朝中期后，娄江、东江的先后淤塞，加之附近海塘的修建，太湖水面面积再度扩张。① 《全唐诗》卷六一〇《皮日休·太湖诗·初入太湖（自胥口入，去州五十里）》中写有："一舍行胥塘，尽日到震泽。三万六千顷，千顷颇黎色。"可见当时水体面积扩大。

---

① 张修桂：《太湖演变的历史过程》，《中国历史地理论丛》2009 年第 1 期。

唐朝中叶后，太湖泄水能力大减，水灾时常发生。[①] 在吴越时期还设置了专门治理太湖的军队，"是时，置都水营使以主水事，募卒为都，号曰'撩浅军'，亦谓之'撩清'。命于太湖旁置'撩清卒'四部，凡七八千人。常为田事，治河筑堤，一路径下吴淞江，一路自急水港下淀山湖入海。居民旱则运水种田，涝则引水出田。又开东府南湖，立法甚备"[②]。这在一定程度上减轻了水灾的发生。

① 汪家伦：《历史上太湖地区的洪涝问题及治理方略》，《江苏水利》1984 年第 4 期。

②《十国春秋·武肃王世家下》。

第五节　隋唐五代时期的冻灾

隋唐五代时期，虽然有不少寒冷的年份，但若以灾害为视角，则隋唐五代时期的冻灾，主要体现在早霜导致收成受损以及异常寒冷导致贫困之人死亡。文献记载隋唐五代时期主要的冻灾有以下这些。

贞观元年（627 年），是月（八月），关东及河南、陇右沿边诸州霜害秋稼。（《旧唐书·太宗纪上》）八月，河南、陇右边州霜。（《新唐书·太宗纪》）

贞观二年（628 年），是月（八月），河南、河北大霜，人饥。（《旧唐书·太宗纪上》）二年，天下诸州并遭霜涝，君宾一境独免，当年多有储积，蒲、虞等州户口，尽入其境逐食。（《旧唐书·良吏传上·陈君宾传》）颉利国中盛夏降霜，五日并出，三月连明。赤气满野，鬼哭于路而不修德，暴虐滋甚。此所谓不畏天时也。迁徙无常，六畜多死，所谓不爱地利也。（《册府元龟·帝王部·料敌》）

贞观三年（629 年），北边霜杀稼。（《新唐书·五行志三》）边诸州霜。（《册府元龟·帝王部·惠民》）

贞观九年（635 年），突厥内大雪，人饥，羊马并死。（《贞观政要》卷八《辩兴亡》）

贞观十八年（644 年），比严霜早降，秋实不登，静言寡薄，无忘惭惕。（《全唐文》卷九《唐太宗·令诸州寺观转经行道诏》）

永徽二年（651 年）十一月甲申，雨木冰。（《新唐书·高宗纪》）十一月甲申，阴雾凝冻，封树木，数日不解。（《新唐书·五行志一》）绥、延等州霜杀稼。（《新唐书·五行志三》）

显庆元年（656 年），自八月霜且雨至于是月（十一月）。（《新唐书·高宗纪》）

麟德元年（664 年）十二月癸酉，氛雾终日不解。甲戌，雨木冰。（《新唐书·五行志一》）麟德元年游终南山石壁而止。时所居原谷之间，早霜伤

苗稼，安居处独无。（《宋高僧传·唐嵩岳少林寺慧安传》）

咸亨元年（670年）十月癸酉，大雪，平地三尺，人多冻死。（《新唐书·五行志三》）冬十月癸酉，大雪，平地三尺余，行人冻死者赠帛给棺木。是岁，天下四十余州旱及霜虫，百姓饥乏，关中尤甚。（《旧唐书·高宗纪上》）

调露元年（679年）八月，邠、泾、宁、庆、原五州霜。（《新唐书·五行志三》）

永隆二年（681年），关中旱，霜，大饥。开耀元年（681年）冬，大寒。（《新唐书·五行志三》）

长安三年（703年）九月，京师大雨雹，人畜有冻死者。（《旧唐书·则天武皇后纪》）

长安四年（704年），九月后，霖雨并雪，凡阴一百五十余日，至神龙元年正月五日，诛二张，孝和反正，方晴霁。（《旧唐书·五行志》）四年，自九月至十月，昼夜阴晦，大雨雪。都中人畜，有饿冻死者。令开仓赈恤。（《旧唐书·五行志》）自九月至于是月（十一月），日夜阴晦，大雨雪，都中人有饥冻死者，令官司开仓赈给。（《旧唐书·则天武皇后纪》）唐长安四年十月，阴雨雪，一百余日不见星。（《朝野佥载》卷一）

景云二年（711年），顷自夏已来，霪雨不解，谷荒于陇，麦烂于场；入秋已来，亢旱成灾，苗而不实，霜损虫暴，草菜枯黄。（《全唐文》卷二七二《辛替否·谏造金仙玉真雨观疏》）

开元三年（715年）之前，比及乡里，时迫严寒，属数年失稔，百姓逃散，亲族馁馑，未辩情理。（《全唐文》卷九二三《叶法善·乞归乡修祖茔表》）

开元十二年（724年）八月，潞、绥等州霜杀稼。（《文献通考·物异考一一·恒寒》）

开元十四年（726年），是秋，十五州言旱及霜。（《旧唐书·玄宗纪上》）

开元十五年（727年），是秋，十七州霜旱；河北饥，转江淮之南租米百万石以赈给之。（《旧唐书·玄宗纪上》）天下州十七霜杀稼。（《文献通考·物异考一一·恒寒》）迢递秦京道，苍茫岁暮天。穷阴连晦朔，积雪满山川。落雁迷沙渚，饥乌集野田。客愁空伫立，不见有人烟。（《全唐诗》卷一六〇《孟浩然·赴京途中遇雪》）

开元二十八年（740年）十月，戊辰，诏曰："如闻徐、泗之间丝蚕不熟。"（《册府元龟·邦计部·蠲复》）

贞元元年（785年）正月，戊戌，大风雪，寒。去秋螟蝗，冬旱，至是雪，寒甚，民饥冻死者踣于路。（《旧唐书·德宗纪上》）十二月，雨木冰。（《新唐书·五行志一》）是秋，雨木冰。（《新唐书·德宗纪》）

贞元十二年（796年）十二月己未，大雪平地二尺，竹柏多死。环王国所献犀牛，甚珍爱之，是冬亦死。（《旧唐书·德宗纪下》）十二月，大雪甚寒，竹柏柿树多死。（《新唐书·五行志三》）

贞元十七年（801年）二月己亥，雨霜。（《旧唐书·德宗纪下》）二月丁酉，大雨雹。己亥，霜。庚戌，大雪，雨雹。七月，陨霜杀菽。（《新唐书·德宗纪》）

贞元十九年（803年）三月，大雪。（《新唐书·五行志三》）四时各平分，一气不可兼。隆寒夺春序，颛顼固不廉。（《全唐诗》卷三三九《韩愈·苦寒》）臣伏以今年以来，京畿诸县，夏逢亢旱，秋又早霜，田种所收，十不存一。（《全唐文》卷五四九《韩愈·御史台上论天旱人饥状》）

元和四年（809年），杜陵叟，杜陵居，岁种薄田一顷余。三月无雨旱风起，麦苗不秀多黄死。九月降霜秋早寒，禾穗未熟皆青干。（《全唐诗》卷四二七《白居易·杜陵叟》）

元和六年（811年），时宰相百吏，愿条帝功德，撰号上献，公独再疏曰："今蜀之东川川溢杀万家，京师雪积五尺，老幼多冻死，岂崇虚名报上帝时耶？帝乃止。"［《全唐文》卷七五五《杜牧·唐故宣州观察使御史大夫韦公（温）墓志铭（并序）》］①

元和八年（813年）十月，东都大寒，霜厚数寸，雀鼠多死。（《新唐书·五行志三》）十一月……京畿水、旱、霜，损田三万八千顷。（《旧唐书·宪宗纪下》）八年十二月，五日雪纷纷。竹柏皆冻死，况彼无衣民。回观村闾间，十室八九贫。北风利如剑，布絮不蔽身。唯烧蒿棘火，愁坐夜待晨。乃知大寒岁，农者尤苦辛。顾我当此日，草堂深掩门。褐裘覆纸被，坐卧有余温。幸免饥冻苦，又无垄亩勤。念彼深可愧，自问是何人。（《全唐诗》卷四二四《白居易·村居苦寒》）麦死春不雨，禾损秋早霜。岁晏无口食，田中采地黄。（《全唐诗》卷四二四《白居易·采地黄者》）蓝田十月雪塞关，

---

① 《资治通鉴》卷二四四《唐纪六十》记载韦温上奏时间为元和六年。

我兴南望愁群山。攒天嵬嵬冻相映，君乃寄命于其间。[《全唐诗》卷三四二《韩愈·雪后寄崔二十六丞公（斯立）》] 京城数尺雪，寒气倍常年。泯泯都无地，茫茫岂是天？（《全唐诗》卷三四五《韩愈·酬蓝田崔丞立之咏雪见寄》）

　　元和九年（814年）三月丁卯，陨霜，杀桑。（《文献通考·物异考一一·恒寒》）季冬极寒，伏惟仆射尊体动止万福。（《全唐文》卷五五四《韩愈·答魏博田仆射书》）

　　元和十三年（818年）九月乙丑，雨雪深数尺，人有冻死者。①（《册府元龟·帝王部·勤政》）

　　元和十五年（820年）八月己卯，同州雨雪，害稼。（《新唐书·五行志三》）八月，己卯，月掩牵牛。同州雨雪，害秋稼。九月己酉，大雨三日，至是雨雪，树木无风而摧仆者十五六。（《旧唐书·穆宗纪》）

　　大和三年（829年）秋，京畿奉先等八县早霜，杀稼。（《文献通考·物异考一一·恒寒》）

　　大和四年（830年）十一月，淮南大水及虫霜，并伤稼。（《旧唐书·文宗纪下》）

　　大和五年（831年）正月庚子朔，以积阴浃旬，罢元会。……十二月，京师大雨雪。（《旧唐书·文宗纪下》）京师雪积五尺，老稚冻仆。（《新唐书·韦贯之传附韦温传》）

　　会昌三年（843年）春，寒，大雪，江左尤甚，民有冻死者。（《新唐书·五行志三》）月沉高岫宿云开，万里归心独上来。河畔雪飞扬子宅，海边花盛越王台。泷分桂岭鱼难过，瘴近衡峰雁却回。乡信渐稀人渐老，只应频看一枝梅。（《全唐诗》卷五三三《许浑·冬日登越王台怀归》）②

　　大中三年（849年）春，陨霜，杀桑。（《文献通考·物异考一一·恒

---

① 《册府元龟·帝王部·勤政》所记为元和十三年。《全唐诗》卷四四〇《白居易·十二年冬江西温暖，喜元八寄金石棱到，因题此诗》中写有："今冬腊候不严凝，暖雾温风气上腾。山脚崦中才有雪，江流慢处亦无冰。欲将何药防春瘴，只有元家金石棱。"根据白居易诗，应该为元和十三年。

② 时许浑在广州，河畔指今珠江南岸一带。

寒》)

中和元年（881年）春，霜。秋，河东早霜，杀稼。(《文献通考·物异考——·恒寒》)

光启二年（886年），是冬苦寒，九衢积雪，兵入之夜，寒冽尤剧，民吏剽剥之后，僵冻而死蔽地。(《旧唐书·僖宗纪》)（扬州）自二年十一月雨雪阴晦，至三年二月不解。比岁不稔，食物踊贵，道殣相望，饥骸蔽地。(《旧唐书·高骈传》)

天福四年（939年）十二月丁酉朔，百官不入阁，大雪故也。(《旧五代史·晋书·高祖纪四》) 十二月，帝以雨雪弥月，出金粟薪炭与犬羊皮以赈穷乏。(《册府元龟·帝王部·惠民二》) 十二月丁巳，帝御便殿，谓冯道曰："大雪害民，五旬不止。"(《册府元龟·帝王部·弭灾》) 辽会同二年（939年）六月丁丑，雨雪。(《辽史·太宗纪下》)

隋唐五代时期冻灾主要是由八九月间的早霜造成的，会对北方庄稼收成不利。三月左右的晚霜对桑树的生长不利。隋唐五代时期，冻灾主要发生在唐太宗初年；此外，在796—820年间，冻灾也比较多见，这期间也比较寒冷。829—831年间，连续发生冻灾，影响比较大。

第六节　隋唐五代时期的地震

隋唐五代时期，地震频繁发生。文献记载隋唐五代时期的地震主要有以下这些。

开皇十四年（594 年）五月辛酉，京师地震。（《隋书·高祖纪下》）

开皇二十年（600 年）十一月戊子，天下地震。（《隋书·高祖纪下》）

仁寿二年（602 年）四月，岐、雍地震。（《隋书·五行志下》）

贞观十二年（638 年）正月乙未，丛州地震。癸卯，松州地震。（《新唐书·太宗纪》）

贞观二十年（646 年）九月辛亥，灵州地震。（《新唐书·太宗纪》）

贞观二十三年（649 年）八月癸酉，河东地震。乙亥，又震。庚辰，遣使存问河东，给复二年，赐压死者人绢三匹。……十一月乙丑，晋州地震。（《新唐书·高宗纪》）八月癸酉朔，河东地震，晋州尤甚，坏庐舍，压死者五千余人。三日又震。诏遣使存问，给复二年，压死者赐绢三匹。冬十一月乙丑，晋州地又震。（《旧唐书·高宗纪上》）

永徽元年（650 年）夏四月己巳朔，晋州地又震。五月丁未，上谓群臣曰："朕谬膺大位，政教不明，遂使晋州之地屡有震动。良由赏罚失中，政道乖方。卿等宜各进封事，极言得失，以匡不逮。"六月庚辰，晋州地震。（《旧唐书·高宗纪上》）

永徽二年（651 年）十月辛卯，晋州地震。十一月戊寅，忻州地震。（《新唐书·高宗纪》）冬十月辛卯，晋州地震。十一月戊辰，定、襄地震。（《旧唐书·高宗纪上》）

咸亨二年（671 年）九月，地震。（《新唐书·高宗纪》）

仪凤二年（677 年）正月庚辰，京师地震。（《新唐书·高宗纪》）

永淳元年（682 年）十月甲子，京师地震。（《新唐书·高宗纪》）

垂拱三年（687 年）七月乙亥，京师地震。（《新唐书·则天武皇后纪》）

垂拱四年（688 年）七月戊午，京师地震。八月戊戌，神都地震。（《新唐书·则天武皇后纪》）

延载元年（694 年）四月壬戌，常州地震。（《新唐书·则天武皇后纪》）

长安元年（701 年）七月乙亥，扬、楚、常、润、苏五州地震。（《新唐书·则天武皇后纪》）

景龙二年（708 年）秋七月辛卯，台州地震。（《旧唐书·中宗纪》）

景龙四年（710 年）五月丁丑，剡县地震。（《新唐书·中宗纪》）

太极元年（712 年）正月甲戌，并、汾、绛三州地震，坏人庐舍。（《旧唐书·睿宗纪》）

开元十七年（729 年）四月乙亥，大风，震，蓝田山崩。（《新唐书·玄宗纪》）

开元二十二年（734 年）二月壬寅，秦州地震，给复压死者家一年，三人者三年。（《新唐书·玄宗纪》）二月壬寅，秦州地震，廨宇及居人庐舍崩坏殆尽，压死官吏以下四十余人，殷殷有声，仍连震不止。命尚书右丞相萧嵩往祭山川，并遣使存问赈恤之，压死之家给复一年，一家三人已上死者给复二年。（《旧唐书·玄宗纪上》）

开元二十四年（736 年）十月戊申，京师地震。十一月辛丑，东都地震。（《新唐书·玄宗纪》）

开元二十六年（738 年）三月癸巳，京师地震。（《新唐书·玄宗纪》）

至德元载（756 年）十一月辛亥，河西地震有声，圮裂庐舍，张掖、酒泉尤甚。（《旧唐书·肃宗纪》）

至德二载（757 年）三月癸亥，河西自去冬地震，至是方止。（《旧唐书·肃宗纪》）

大历二年（767 年）十一月，壬申，京师地震，自东北来，其声如雷。（《旧唐书·代宗纪》）

大历三年（768 年）五月癸酉，是日地震。（《旧唐书·代宗纪》）五月癸亥，地震。（《旧唐书·代宗纪》）

大历四年（769 年）二月，丙辰夜，地震，有声如雷者三。五月丙戌，京师地震。（《旧唐书·代宗纪》）

大历十二年（777 年）正是岁，恒、定、赵三州地震。（《新唐书·代宗纪》）

建中元年（780 年）四月，己亥，地震。（《旧唐书·德宗纪上》）

建中三年（782 年）六月，甲子，京师地震。（《旧唐书·德宗纪上》）

建中四年（783 年）四月，甲子，京师地震，生黄白毛，长尺余。（《旧唐书·德宗纪上》）

贞元二年（786 年）五月己酉，地震。（《新唐书·德宗纪》）

贞元三年（787 年）十一月丁丑，是夜，京师地震者三，鸟巢散落。（《旧唐书·德宗纪上》）十一月己卯，京师、东都、河中地震。（《新唐书·德宗纪》）

贞元四年（788 年）正月丁卯，京师地震，戊辰又震，庚午又震。癸酉，京师地震。乙亥，地震，金、房尤甚，江溢山裂，庐舍多坏，居人露处。壬午，地震，甲申又震，乙酉又震，丙申又震。甲寅，地震。己未，地震。庚午，地震。辛未，地震。丙寅，地震。丁卯，又震。八月甲午，京师地震，其声如雷。（《旧唐书·德宗纪下》）四年正月庚戌朔，京师地震。是月，金、房二州地震，江溢山裂。是岁，京师地震二十。（《新唐书·德宗纪》）

贞元九年（793 年）夏四月辛酉，地震，有声如雷，河中、关辅尤甚，坏城壁庐舍，地裂水涌。（《旧唐书·德宗纪下》）

贞元十年（794 年）夏四月戊辰，地震。癸丑复震。（《旧唐书·德宗纪下》）

贞元十三年（797 年）七月，乙未，地震。（《旧唐书·德宗纪下》）

元和七年（812 年）九月，京师地震。（《新唐书·宪宗纪》）

元和九年（814 年）三月己酉朔。丙辰，嶲州地震，昼夜八十震，压死者百余人。（《旧唐书·宪宗纪下》）

元和十年（815 年）十月，地震。（《新唐书·宪宗纪》）

元和十一年（816 年）二月乙丑，地震。（《新唐书·宪宗纪》）

大和二年（828 年）正月壬申，地震。（《新唐书·文宗纪》）

大和六年（832 年）二月，苏州地震，生白毛。（《新唐书·文宗纪》）

大和七年（833 年）六月甲戌，地震。（《新唐书·文宗纪》）

大和九年（835 年）二月，癸卯，京师地震。（《旧唐书·文宗纪下》）九年夏四月，天诫若言语。烈风驾地震，狞雷驱猛雨。夜于正殿阶，拔去千年树。（《全唐诗》卷五二〇《杜牧·李甘诗》）

开成元年（836 年）二月，乙亥夜四更，京师地震，屋瓦皆坠。（《旧唐书·文宗纪下》）

开成二年（837 年）十一月，乙丑，京师地震。（《旧唐书·文宗纪下》）

开成四年（839 年），自是国中地震裂，水泉涌，岷山崩；洮水逆流三日。（《新唐书·吐蕃传下》）十月甲戌，地震。（《新唐书·文宗纪》）

会昌二年（842 年），（西藏）当时，大地发生了大地震，四面八方燃烧起来，天空呈现出血红色，流星陨石相互撞击，纷纷坠落。在汉番交界的西哈久拉塘中央，作为番所管辖的界山拉日山倾倒了，因之堵塞了碌曲，于是河水回漩，并向上游倒流，复自水中发出巨大声响和亮光，同时尚有雷击。（《贤者喜宴》）① 正月，宋、亳二州地震。十二月癸未，京师地震。（《新唐书·文宗纪》）

大中三年（849 年）十月辛巳，京师地震，河西、天德、灵夏尤甚，戍卒压死者数千人。（《旧唐书·宣宗纪下》）

大中十二年（858 年）八月丁巳，太原地震。（《新唐书·宣宗纪》）

咸通元年（860 年）五月，京师地震。（《新唐书·懿宗纪》）

咸通八年（867 年）春正月丁未，河中、晋、绛地大震，庐舍压仆伤人，有死者。（《旧唐书·懿宗纪》）

咸通十三年（872 年）四月庚子，浙江东西道地震。（《新唐书·懿宗纪》）

乾符三年（876 年），雅州自六月地震至七月末止，压伤人颇众。（《旧唐书·僖宗纪》）七月辛巳，雄州地震。十二月，京师地震。（《新唐书·僖宗纪》）

乾符四年（877 年）六月庚寅，雄州地震。（《新唐书·僖宗纪》）

乾符六年（879 年）二月，京师地震，蓝田山裂，出水。（《新唐书·僖宗纪》）

中和三年（883 年），是秋，晋州地震。（《新唐书·僖宗纪》）

光启二年（886 年），是春，成都地震。十二月，魏州地震。（《新唐书·僖宗纪》）

乾宁二年（895 年）三月庚午，河东地震。（《新唐书·昭宗纪》）

---

① 此次地震发生在会昌二年十二月，按照阳历是公元 843 年 1 月，此次地震级别为 7 级。（袁道阳等：《公元 842 年甘肃碌曲地震考证与发震构造分析》，《地震地质》2014 年第 3 期）

开平二年（908 年）四月甲寅，地震。（《新五代史·司天考》）

同光二年（924 年）十一月丁巳，地震。（《新五代史·司天考》）

同光三年（925 年），徐州、邺都上言，十月二十五日夜，地大震。是年……四方地震，天象乖越。帝深忧之，问所司济赡之术。（《旧五代史·唐书·庄宗纪七》）

天成二年（927 年）十月，凤翔奏，地震。十二月，许州地震。（《旧五代史·唐书·明宗纪四》）十月壬午，月犯五诸侯。癸未，地震。十一月乙卯，月入羽林。辛未，地震。壬申，地震。十二月癸未，地震。（《新五代史·司天考》）

天成三年（928 年）闰八月，绛州地震。（《旧五代史·唐书·明宗纪五》）

天成四年（929 年），是岁，所在（杭州一带）地震，居人有坏庐舍者。（《吴越备史·武肃王下》）

长兴二年（931 年）十月辛酉，左补阙李详上疏："以北京地震多日，请遣使臣往彼慰抚，察问疾苦，祭祀山川。"从之。十二月，秦州地震。（《旧五代史·唐书·明宗纪八》）

长兴四年（933 年），闽地震。（《八闽通志·祥异志》）

辽天显十二年（937 年）夏四月甲申，地震。五月壬申，震开皇殿。（《辽史·太宗纪上》）

广政元年（938 年）十月，地震，屋柱皆摇，三日而后止。（《蜀梼杌》卷下）

广政二年（939 年）六月，地震，凶凶有声。（《蜀梼杌》卷下）

广政三年（940 年），五月，地震。昶问大臣："顷年地频震，此何祥也。"对曰："地道静而屡动，此必强臣阴谋之事，愿以为虑。"十月，地震从西北来，声如暴风急雨之状。（《蜀梼杌》卷下）

广政五年（942 年）正月，地震。十月，地震，摧民居者百数。（《蜀梼杌》卷下）

乾祐二年（949 年）四月，是月，幽、定、沧、贝、深、冀等州地震。（《旧五代史·汉书·隐帝纪中》）

广政十五年（952 年）十一月，地震。（《蜀梼杌》卷下）

辽应历二年（952 年）十一月己巳，地震。（《辽史·穆宗纪上》）

广顺三年（953 年）三月，地震。（《蜀梼杌》卷下）十月，壬申，邺都、

邢、洺等州皆上言地震，邺都尤甚。(《旧五代史·周书·太祖纪四》)

隋唐五代时期，汾渭地震带地震活跃。其中贞观二十三年（649 年）、永徽元年（650 年）、永徽二年（651 年）以及太极元年（712 年）、开元二十二年（734 年）、贞元九年（793 年）地震震级比较大。汾渭地震带在隋唐五代时期比较活跃。

青藏高原地震带在今重庆、四川、云南、新疆、甘肃、青海、西藏、宁夏等地区，在隋唐五代时期也活动频繁。贞元四年（788 年）、元和五年（810 年）、元和九年（814 年）、开成四年（839 年）、会昌二年（842 年）、广政元年（938 年）发生了震级比较大的地震。青藏高原地震带发生的地震灾害危害比较大，主要因为地震时产生的堰塞湖的破坏性比较大。

银川—河套平原地震带在至德元载（756 年）发生了大的地震。

华北平原地震带发生的地震也比较多，但震级并不大。

第八章

隋唐五代时期的环境保护

隋唐五代时期，环境保护继承了传统环境保护的思想，也出现了一些新的内容。随着佛道逐渐深入民间，佛道环境保护思想也逐渐渗透到老百姓的日常生活之中。

第一节　取之以时

隋唐五代时期，顺时施政的月令思想依然在政治舞台上发挥重要作用。东汉后，朝廷常颁宣时令，以表明自己要按照时令来办事。[①] 隋唐五代依然继承了这一传统。《隋书·百官志中》载："三公、掌五时读时令，诸曹囚帐、断罪、赦日建金鸡等事。"《旧唐书·太宗纪下》记载："（贞观）十四年春正月庚子，初命有司读时令。"《旧唐书·玄宗纪下》记载："（开元二十五年）冬十月，制自今年每年立春日迎春于东郊，其夏及秋冬如常。以十二月朔日于正殿受朝，读时令。……（二十六年）夏四月己亥朔，始令太常卿韦縚读时令于宣政殿，百僚于殿上列坐而听之。……（天宝五载）《礼记月令》改为《时令》。"《旧唐书·礼仪志四》也记载，开元二十六年，"玄宗命太常卿韦縚每月进《月令》一篇"。读月令的目的就是顺时施政，即使在安史之乱时期，唐肃宗即位后，在政局不稳时依然要读时令。《旧唐书·肃宗纪》记载："至德二载十二月丙寅，立春，上御宣政殿，读时令，常参官五品已上升殿序坐而听之。"唐后期，虽然局势不稳定，但时令依然在政事上发挥重要作用。《旧唐书·文宗纪下》记载，大和八年，"六月戊戌，宰臣王涯、路随奏请依旧制读时令"。

在政治生活中，统治者往往强调遵守时令。《旧唐书·于志宁传》记载："时洛阳人李弘泰坐诬告太尉长孙无忌，诏令不待时而斩决。"于志宁给唐太宗的建议是："今时属阳和，万物生育，而特行刑罚。此谓伤春。……欲使举

---

① 王利华：《〈月令〉中的自然节律与社会节奏》，《中国社会科学》2014 年第 2 期。

动顺于天时，刑罚依于律令，阴阳为之式序，景宿于是靡差，风雨不愆，雰雺辍祀。方今太蔟统律，青阳应期，当生长之辰，施肃杀之令。伏愿暂回圣虑，察古人言，倘蒙垂纳，则生灵幸甚。"唐太宗听取了于志宁的意见，没有立即斩杀李弘泰。

《旧唐书·王方庆传》记载："圣历二年一月，则天欲季冬讲武，有司稽缓，延入孟春。方庆上疏曰：'谨按《礼记·月令》："孟冬之月，天子命将帅讲武，习射御角力。"此乃三时务农，一时讲武，以习射御，角校才力，盖王者常事，安不忘危之道也。……孟春讲武，是行冬令，以阴政犯阳气，害发生之德。臣恐水潦败物，霜雪损稼，夏麦不登，无所收入也。伏望天恩不违时令，至孟冬教习，以顺天道。'"武则天认为："循览所陈，深合典礼，若违此请，乃月令虚行。伫启直言，用依来表。"

《旧五代史·刑法志》记载："汉乾祐二年四月敕：'月戒正阳，候当小暑，乃挺重出轻之日，是恤刑议狱之辰，有罪者速就勘穷，薄罚者画时疏决，用符时令，勿纵滞淹。三京、邺都、诸道州府在狱见系罪人，宜令所司疾速断遣，无致淹滞枉滥。'……周广顺三年四月乙亥，敕：'循典法之成规，顺长嬴之时令，俾无淹滞，以致治平。'"这也是顺时施政的体现。

顺时施政还体现在获取自然生物要符合"时令"的标准，即要求取之以时。《隋书·音乐志下》记载，牛弘等人建议："古者人君食，皆用当月之调，以取时律之声。使不失五常之性，调畅四体，令得时气之和。故鲍邺上言，天子食饮，必顺四时，有食举乐，所以顺天地，养神明，可作十二月均，感天和气。此则殿庭月调之义也。祭祀既已分乐，临轩朝会，并用当月之律。正月悬太蔟之均，乃至十二月悬大吕之均，欲感君人情性，允协阴阳之序也。"表明天子饮食要顺时。此外，又说："武舞辞：御历膺期，乘乾表则。成功戡乱，顺时经国。……赤帝歌辞，奏徵音：顺时立祭，事昭福举。……食举歌辞八首……礼以安国，仁为政。具物必陈，饔牢盛。置罘斤斧，顺时令。怀生熙熙，皆得性。于兹宴喜，流嘉庆。"即要按照时间的节奏来获取各种自然物质。

《旧唐书·职官志三》记载："尚食局……若进御，必辨其时禁。春肝，夏心，秋肺，冬肾，四季之月脾王，皆不可食。"《新唐书·百官志三》记载："中尚署……凡金木齿革羽毛，任土以时而供。河渠署……掌河渠、陂池、堤堰、鱼醢之事。凡沟渠开塞，渔捕时禁，皆颛之。飨宗庙，则供鱼鲅；祀昊天上帝，有司摄事，则供腥鱼。日供尚食及给中书、门下，岁供诸司及东宫之冬藏。渭河三百里内渔钓者，五坊捕治之。供祠祀，则自便桥至东渭桥禁民渔。三元日，非供祠不采鱼。"

另外，《唐六典·尚书工部》中记载："虞部郎中、员外郎掌天下虞衡、山泽之事，而辨其时禁。凡采捕、畋猎，必以其时。冬春之交，水虫孕育，捕鱼之器，不施川泽；春夏之交，陆禽孕育，喂兽之药，不入原野；夏苗之盛，不得蹂藉；秋实之登，不得焚燎。若虎豹豺狼之害，则不拘其时，听为槛阱，获则赏之，大小有差。凡京兆、河南二都，其近为四郊，三百里皆不得弋猎、采捕。每年五月、正月、九月皆禁屠杀、采捕。"

时令要求在动物的生长与繁育季节要对其进行保护，故而隋唐五代时期，有诸多禁止春夏狩猎捕鱼的诏令。《册府元龟·帝王部·仁慈》中记载："贞观十七年三月，帝观渔于西宫，见鱼跃焉。问其故，渔者曰：'此当乳也。'于是中网而止。"春季是鱼类产卵的季节，这一时期捕鱼，是不符合时令的，故而唐太宗命令停止了此时的捕鱼活动。

《新唐书·高宗纪》记载："（咸亨四年）闰五月丁卯，禁作簺捕鱼、营圈取兽者。"夏季是动物生长的季节，故而要禁止捕鱼取兽的行为。

《全唐文》卷二七八《崔莅·谏为金仙玉真二公主造观疏》中记载："且季夏者，土德正王之月，炎阳方暑之月，草木茂盛之月，昆虫繁育之月，天地郁蒸之月，黍稷锄耨之月。夫土德正王之月，不可发泄地气，恐犯时禁，则必有天殃；有天殃则人心不附，祸乱作矣。"崔莅从时令的角度劝说唐中宗停止修建道观，反映了时令在政治生活中依然发挥一定作用。

《全唐文》卷二九七《裴耀卿·请减宁王圹内食味奏》中说："尚食所料水陆等味一千余种，每色瓶盛，安于藏内，皆是非时瓜果。……又非时之物马驴犊等，并野味鱼雁鹅鸭之属，所用铢两，动皆宰杀，盛夏胎养，圣情所禁。"表明时令在丧礼中也发挥作用。

唐玄宗时期，"天宝元年正月，改元，诏曰：'禁伤麛卵，以遂生成。自今已后每年春，天下宜禁弋猎采捕。'……五载正月，诏曰：'永言亭育，仁慈为本，况乎春令，义叶发生。其天下弋猎采捕，宜明举旧章，严加禁断。宜布中外，令知朕意。'六载正月，诏曰：'今属阳和布气，蠢物怀生，在于含养，必期遂生。如闻荥阳仆射陂、陈留郡蓬池等，采捕极多，伤害甚广，因循既久，深谓不然。自今已后，特宜禁断，各委所由长官，严加捉搦。辄有违犯者，白身，决六十，仍罚重役。官人具名录奏，当别处分。'……十四载正月，下诏曰：'阳和布气，庶类滋长。助天育物，须顺发生。宜令诸府郡，至春末已后，无得苟猎采捕。严力禁断，必资杜绝。"

《旧唐书·良吏传下·倪若水传》记载："（开元）四年，玄宗令宦官往江南采鸂鷘等诸鸟，路由汴州。"倪若水知道此事后，上谏说："方今九夏时忙，三农作苦，田夫拥耒，蚕妇持桑。而以此时采捕奇禽异鸟，供园池之玩，远自江、岭，达于京师，水备舟船，陆倦担负，饭之以鱼肉，间之以稻粱。道路观者，岂不以陛下贱人贵鸟也！陛下方当以凤皇为凡鸟，麒麟为凡兽，即鸂鷘、鸂鷘，曷足贵也？陛下昔潜龙藩邸，备历艰虞。今氛祲廓清，高居九五，玉帛子女，充于后庭，职贡珍奇，盈于内府，过此之外，复何求哉？"唐玄宗不承认自己违背了时令，但仍然接受了倪若水的建议："朕先使人取少杂鸟，其使不识朕意，采鸟稍多。卿具奏其事，辞诚忠恳，深称朕意。卿达识周材，义方敬直，故辍纲辖之重，委以方面之权。果能闲邪存诚，守节弥固，骨鲠忠烈，遇事无隐。言念忠谠，深用嘉慰。使人朕已量事决罚，禽鸟并令放讫。今赐卿物四十段，用答至言。"

《旧唐书·代宗纪》记载："（大历九年）三月丙午，禁畿内渔猎采捕，自正月至五月晦，永为常式。"正月至五月也是动物繁育与生长季节，按照时令要求应禁止渔猎。

唐文宗大和四年四月诏曰："春夏之交，稼穑方茂，永念东作，其勤如伤。况时属阳和，令禁麛卵，所以保兹怀生，仁遂物性。如闻京畿之内，及关辅近地，或有豪家，特务弋猎，放纵鹰犬，颇伤田苗。宜令长吏，切加禁察。有敢违令者，捕系以闻。"

大和八年三月壬辰诏曰："韶阳御辰，生气方盛，思全物类，以顺天时。内外五坊，凡有笼养鹰鹘及鸡鸭狐兔等，悉宜放之。起今月一日至五月三十日，禁京师畿内采捕禽兽，罗网水虫，以遂生成，永为定制，委台府及本军本司切加禁止。"

后唐明宗长兴三年五月癸未敕："春夏之交，长育是务，眷彼含灵之类，方资亭育之功。先有条流，解放弹鹰隼。自此凡罗网射生，并诸弋猎之具，比至春初，并宜止绝。如有违犯，仰随处官吏，便科违诏之罪。起今后，每年至于二月初，便依此敕，晓示中外，盖循旧制，重布新规，宣谕万邦，永为常式。"①

与此同时，捕获动物以及砍伐森林等活动要求顺时。《大唐新语》卷二《极谏》中提到："武德初，万年县法曹孙伏伽上表，以三事谏。其一曰：'陛下贵为天子，富有天下，凡曰搜狩，须顺四时。'"《全唐文》卷二一九《崔融·断屠议》中说："议曰：春生秋杀，天之常道；冬狩夏苗，国之大事。豺祭兽，獭祭鱼，自然之理也；一乾豆，二宾客，不易之义也。上自天子，下至庶人，莫不挥其鸾刀，烹之鹤鼎，所以充庖厨。故能幽明感通，人祇辑睦，万王千帝，殊涂同归。今若禁屠宰，断弋猎，三驱莫行，一切不许，便恐违圣人之达训，紊明王之善经，一不可也。且如江南诸州，乃以鱼为命，河西诸国，以肉为斋，一朝禁止，百姓劳弊，富者未革，贫者难堪，二不可也。加有贫贱之流，刲割为事，家业倘失，性命不全。虽复日戮一人，终虑未能总绝，但益恐吓，惟长奸欺。外有断屠之名，内诚鼓刀者众，势利依倚，请托纷纷，三不可也。虽好生恶杀，是君子之小心，而考古会今，非国家之大体。但使顺月令，奉天经。造次合礼仪，从容中刑典，自然人得其性，物遂其生，何必改革，方为尽善？"崔融认为断屠不利于老百姓的生计，在屠宰动物时顺应时令，符合礼仪，一方面可以保证老百姓的生计，另一方面也有利于动物繁衍。

隋唐五代时期，对违背时禁的处罚也比较严。《全唐文》卷九七六《阙名·对畋猎三品判》记载了一个案件："景畋猎三品，自称有功，所统断为强暴天物，且违时禁。景诣三司，诉持法不平。"景氏因为违背时禁田猎被处罚，他提出了上诉。上诉后的司法官员坚持说："断暴天物，几于深文；张皇己功，何道自汰。且因贰而济，刑可小惩；欲一以穷，理云奚获，徒为薄诉，岂不多惭！"景氏还是因为违反时禁而受到处罚。

《全唐文》卷九七六《阙名·对仲夏百姓弋猎判》中也记载了一个判例，"得郑州刺史廉范，以仲夏月令百姓弋猎。观察使纠其违令。云：'为苗除害。'"仲夏是动物的生长繁殖季节，按照月令传统，是不能狩猎的，但因为是为百姓庄稼除去有害动物，所以有关部门的判罚是："当仲夏之月，畋以为苗；居专城之尊，德惟除害，不麛不卵，合取则于《礼经》；以畋以渔，盖规

①《全唐文》卷一一一《后唐明宗·每年二月初禁止弋猎敕》。

承于《易象》。且兽之暴物,人何以堪?"

此外,《对金吾不供畋矢判》中也提到:"顺时出游,因隙校猎,俾虞人以入泽,阅车徒而展事。昆虫未蛰,无以火田,麛卵不伤,动必讨叛。"

可见,在隋唐五代时期,按照月令顺序获得自然物质是得到了遵守的。在京城周边地区,对其执行是比较严格的。

第二节　佛道戒杀思想

隋唐五代时期，佛教和道教逐渐渗透到人们的日常生活中，佛教和道教都有戒杀思想，有利于对野生动植物的保护。

隋唐五代时期，佛教和道教都认为万物有性。《大乘玄论》卷三中说："不但草木无佛性，众生亦无佛性也。若欲明有佛性者，不但众生有佛性，草木亦有佛性。此是对理外无佛性，以辨理内有佛性也。问：众生无佛性，草木有佛性，昔来未曾闻，为有经文？为当自作？若众生无佛性，众生不成佛；若草木有佛性，草木乃成佛。此是大事，不可轻言，令人惊怪也。"《摩诃止观辅行传弘决》卷一中也说："是身无知，如草木瓦砾；若论有情，何独众生？一切唯心，是则一尘具足一切众生佛性，亦具十方诸佛佛性。"由于草木有性，故而要爱众生。《摩诃止观辅行传弘决》卷三中提到："优婆塞戒有十种发……九谓愍念故，十爱众生故。"

道教典籍《道教义枢》卷三《道性义》中也说："一切含识，乃至畜生、果木、石者，皆有道性也。"《道门经法相承次序》卷上之中也认为："一切有形，皆含道性。"

唐朝李元礼在《戒杀生文》中明确提出，动物的秉性与人类一样，要戒杀。"麟甲羽毛诸□类，秉性与我元无二，只为前生作用愚，致使今生头角异。或水中游，或林里戏，争忍伤残供品味，磨刀着火欲烹时，口不能言眼还视。我闻天地之大德曰生，莫把群生当容易，残双贼命伤太和，□子劝妻夸便利。只知合眼恣无明，不悟幽冥毫发记。命将终，冤对至，面睹阴官争许讳。人□为兽兽为人，物里轮周深可畏。不杀名为大放生，免落阿毗无间地。"①

万物有性要求戒杀。《法苑珠林》卷六四《渔猎篇·述意》中说："如来

---

① 周勋初等主编：《全唐五代诗》，陕西人民出版社 2014 年版，第 582 页。

设教，深尚仁慈。禁戒之科，杀害为重。众生贪浊，爱恋己身。刑害他命，保养自躯，由着滋味，渔捕百端。贪彼甘肥，罝罗万种。或擎鹰放犬，冒涉山丘，拥剑提戈，穿窬林薮；或垂纶河海，布纲江湖，香饵钓鱼，金丸弹鸟。遂使轻鳞殒命，弱羽摧年。穴罢新胎，巢无旧卵。既穷草泽，命侣游归。于是脂消鼎镬，肉碎枯形；识附羹中，魂依鲙里。何期己身可重，彼命为轻，遂丧彼身形，养己躯命。……慈悲之道，救拔为先。菩萨之怀，愍济为用。常应遍游地狱，代其受苦；广度众生，施以安乐也。"此外，"有十六恶律仪"，其中有约十条是关于杀害动物的恶行，"一者为利喂养羔羊，肥已转卖。二者为利买已屠杀。三者为利喂养猪豚，肥已转卖。四者为利买已屠杀。五者为利喂养牛犊，肥已转卖。六者为利买已屠杀。七者为利养鸡令肥，肥已转卖。八者为利买已屠杀。九者钓鱼。十者猎师。……十三者网捕飞鸟"。

另外，"有十二种住不律仪"，大部分也是与杀害动物有关，"一屠羊。二养鸡。三养猪。四捕鸟。五捕鱼。六猎师。……十一屠犬。十二伺猎"。当然，养动物给他人屠杀的行为也可以算杀害动物，"屠羊者谓杀羊，以杀心若养、若卖、若杀，悉名屠羊。养鸡养猪亦复如是。捕鸟者，若杀鸟自活。捕鱼猎师亦皆如是"。屠夫、猎人、渔夫等行业，都属于"恶业"。

《化书》卷四《畋渔》中说："且夫焚其巢穴，非仁也；夺其亲爱，非义也；以斯为享，非礼也；教民残暴，非智也；使万物怀疑，非信也。"从仁的角度，要求去保护动物，不要破坏它们的栖息地。

《道门经法相承次序》卷上中说："就身业之中，复有三过：一者杀生过，二偷盗过，三邪淫过。言一切众生，回手动足，常行杀害。一切蠢动含血之类，不起慈心，或乘暗夜，行公然劫剥，或经过观舍，取三宝物。命过之后，堕落三涂，恶鸟啄睛，铁犁耕舌，镕铜万沸，灌口烧身，累劫冥冥，无由解脱，以报前业之罪。"指出杀生是过错，有过错就会有报应，

唐朝时期出现的《十戒功过格》中明确提出："一戒杀。念念慈爱，在在生机。为杀戒圆成，杀戒圆成者得长寿报；得多男报；得富贵福享报；得生天报。若慈悲普护，并能超越三界，证菩萨乘，深浅不同，随人自证。"《十戒功过格》把"命"分为"微命""小命""大命"等。"微命"指一切生物之最蠢者，比如蝼蚁等微型动物。"小命"指鸡鸭等小型动物，"大命"指虎狼等大型动物。对于杀害这些动物的，上天都会记载过错，积累到一定程度，就会减少寿命，甚至危害到后代。比如："恶其害人妨事而杀者曰憎杀（如蚊蝇

蚤虱之类），一次为一过；至百命外加一过；千命作十过。贪其滋味或利其毛骨而杀者，曰爱杀（如虾螺为馔、牡蛎为药、蚌珠为饰之类），一次为二过；至百命外加二过；千命为作二十过。无心而杀者，曰误杀，如焚野犀田、水火误伤之类，至千命为一过。牢养调弄曰戏杀，如斗蟋蟀、拍蝴蝶之类，一命为一过，虽不伤命而调弄不放，亦为一过。"对于豢养野生动物，违背动物天性，要受到处罚，"戏杀者，如养八哥、画眉，斗鹌鹑之类，一次为二过，虽不伤命而调弄不放，亦为一过"。"戏杀者，如弄猢猴之类，一命二十过，虽不伤命而或开圈辟围系猿养鹿者，一事亦为十过。卑幼有调弄者可禁不禁，亦作五过。"对于虎狼等"大命"来说，如果因为其威胁到人类的生存而将其杀害，属于"憎杀"。"憎杀者，虎狼之类已伤人者，其罪宜死，杀之反为功。"杀害此类动物，属于"有功"的行为。同样，因为祭祀需要而杀害此类动物，属于"无过"行为，"为祀典戎政孝养杀者非过"。如果贪图动物带来的收益而将其杀害，属于"大过"的行为。"贪其利而杀者为十过，爱杀者，家畜猪羊、野畜獐鹿之类，一命为十过。纵杀者，一命为二十过。"

隋唐五代时期，佛教和道教深入到百姓的日常生活中，戒杀思想的影响也很深。

第三节　禁屠思想

隋唐五代时期，社会上出现了禁屠思想，除了受到佛教和道教影响之外，还受到儒家仁爱思想以及某种禁忌影响，有时也因为经济发展的需要禁止屠杀某些动物。

在三长斋月要禁屠。三长斋月是佛教的术语，《释氏要览·三长月》中记载其来源："不空骨索经云，诸佛神通之月。智论云：天帝释以大宝镜，从正月照南剡部洲，二月照西洲，至五九月，皆照南洲，察人善恶故。南洲人多于此月，素食修善。故经云，年三长斋也。又一说，北方毗沙门天王，巡察四洲善恶，正月至南洲，亦如镜照至五九月，皆察南洲故。"即佛教徒在正月、五月、九月三个月要长期持斋，不杀生。

此外，还有十斋日也要禁屠，十斋日即每个月的初一、初八、十四、十五、十八、二十三、二十四、二十八、二十九、三十等十日。在佛教中，有六斋日；道教在此基础上发展成十斋日，后来佛教又借鉴了道教的十斋日概念，将其变成了佛教的斋日。[①] 到了唐朝时期，佛教和道教徒都有十斋日，在这一天均要持斋。隋唐五代时期，又以诏令形式要全体民众禁屠。

杨坚在开皇三年下诏说："好生恶杀，王政之本。佛道垂教，善业可凭。禀气含灵，唯命为重。宜劝励天下，同心救护。其京城及诸州官立寺之所，每年正月、五月、九月，恒起八日至十五日，当寺行道。其行道之日，远近民庶，凡是有生之类，悉不得杀。"[②]

唐朝皇帝也要求在三长月以及十斋日禁屠。《全唐文》卷一《高祖·禁行刑屠杀诏》中说："释典微妙，净业始于慈悲；道教冲虚，至德去其残杀。四

---

① 刘淑芬：《中古的佛教与社会》，上海古籍出版社 2008 年版，第 90—92 页。

②《全隋文》卷三《杨坚·敕佛寺行道日断杀》。

时之禁，无伐麛卵；三驱之化，不取前禽。盖欲敦崇仁惠，蕃衍庶物，立政经邦，咸率兹道。朕祇膺灵命，抚遂群生，言念亭育，无忘鉴寐。殷帝去网，庶踵前修；齐王舍牛，实符本志。自今以后，每年正月、五月、九月，及每月十斋日，并不得行刑，所在公私。宜断屠杀。"

　　武则天因为深受佛教文化的影响，在其统治时期，也多次禁屠。载初元年，"四月，大赦天下，改元为如意，禁断天下屠杀"。万岁登封二年，"夏五月，禁天下屠杀"①。

　　《唐会要》卷四一《断屠钓》记载："（天宝）七载五月十三日敕文，自今以后，天下每月十斋日，不得辄有宰杀。""至德二载十二月二十九日敕，三长斋月并十斋日，并宜断屠钓，永为例程。""乾元元年四月二十二日敕，每月十斋日及忌日，并不得采捕屠宰，仍永为式。""建中元年五月敕，自今以后，每年五月，宜令天下州县禁断采捕弋猎。仍令所在断屠宰，永为例程。并委州府长吏，严加捉搦。其应合供陵庙，并依例程。"《全唐文》卷二《中宗皇帝·禁擒捕鸟雀敕》中要求，"鸟雀昆虫之属，不得擒捕，以求赎生，犯者先决三十。宜令金吾及县市司严加禁断"。这条命令是九月发布的，也是与九月禁屠有关。

　　唐朝崇尚道教，道教节日也禁屠。《唐会要》卷四一《断屠钓》记载："（开元）二十二年十月十三日敕，每年正月、七月、十月三元日，起十三日至十五日，并宜禁断宰杀渔猎。"《全唐文》卷三五《玄宗·禁屠宰敕》中明确说："道家三元，诚有科诫，朕尝精意，祷亦久矣，而初未蒙福，念不在兹。今月十四日十五日是下元斋日，都内人应有屠宰。令河南尹李适之勾当，总与赎取。其百司诸厨，日有肉料，变责数奏来。并百姓间。是日并停宰杀渔猎等兼肉料食。自今已后，两都及天下诸州，每年正月、七月、十月元日，起十三至十五，兼宜禁断。"三元日，《太上洞玄灵宝三元玉京玄都大献经》中说："言一切众生，生死命籍，善恶簿录，普皆系在三元九府，天地水三官，考校功过，毫分无失。所言三元者，正月十五日为上元，即天官检勾。七月十五日为中元，即地官检勾。十月十五日为下元，即水官检勾。一切众生，皆是天地水三官之所统摄。"三元节这天，上天要考核世人善恶，故而在三元节前

————————

① 《旧唐书·则天武皇后纪》。

后要禁屠。

　　皇帝生日这一天，也要禁屠。《隋书·高祖纪下》记载，仁寿三年，夏五月癸卯，隋文帝下诏说："哀哀父母，生我劬劳，欲报之德，昊天罔极。但风树不静，严敬莫追，霜露既降，感思空切。六月十三日，是朕生日，宜令海内为武元皇帝、元明皇后断屠。"生日这一天追思父母，想起父母养育自己的不易，在这一天禁屠，表明对父母的追思。隋文帝在生日禁屠后，到了唐朝演变为生日与忌日都要禁屠。《全唐文》卷二四《玄宗·春郊礼成推恩制》中说："先断捕猎，令式有文，所繇州县，宜严加禁止。其每年千秋节日，仍不得辄有屠宰。道释二门，皆为圣教，义归宠济，理在尊崇。"《唐会要》卷四一《断屠钓》记载："贞元六年正月二十八日敕，每年中和节，及九月九日，自今以后，逼节放三日开屠。开成二年八月敕，庆成节，宜令内外司及天下州府，但以素食，不用屠杀，永为例程。"大中五年，"五月敕，寿昌节，天下不得屠杀"。天祐元年九月敕："乾和节，文武百寮，诸道进奏官，准故事于寺观设斋，不得宰杀，许设酒果脯醢。"千秋节、中和节、庆成节、寿昌节、乾和节分别是当朝皇帝的生日。

　　另外，先皇或皇太后去世的日子为忌日，这一天也要禁止屠杀。《旧唐书·职官志二》记载："祠部……凡国忌日，两京大寺各二，以散斋僧尼。文武五品已上，清官七品已上皆集，行香而退。天下州府亦然。凡远忌日，虽不废务，然非军务急切，亦不举事。余如常式。"《全唐文》卷三四《玄宗·进蔬食并断都城屠宰敕》记载："今在遏密，又逼忌辰。起今日后至来年正月上旬以来，并进蔬食，所司准式。此限内仍令都城禁屠杀。"又《禁屠敕》中说："五月是斋，旧有常式。六月缘忌，特令断屠。宜令所司进蔬食，府县捉搦，勿令屠宰。"《全唐文》卷七七《武宗·除斋月断屠敕》也重申："列圣忌断一日。"可见忌日是要禁屠的。唐朝的忌日，《唐六典·尚书礼部》记载："高祖神尧皇帝（五月六日），文穆皇后（五月一日）。太宗文武圣皇帝（五月二十六日），文德圣皇后（六月二十一日）。高宗天皇大帝（十二月四日），大圣天后（十一月二十六日）。中宗孝和皇帝（六月二日），和思皇后（四月七日）。睿宗大圣真皇帝（六月十日），昭成皇后（正月二日），皆废务。凡废务之忌，若中宗已上，京城七日行道，外州三日行道；睿宗及昭成皇后之忌，京城二七日行道，外州七日行道。八代祖献祖宣皇帝（十二月二十三日），宣庄皇后（六月三日）。七代祖懿祖光皇帝（九月八日），光懿皇后（八月九日）。

皆不废务。六代祖太祖景皇帝（九月十八日），景烈皇后（五月六日）。五代祖代祖元皇帝（四月二十四日），元真皇后（三月六日）。孝敬皇帝（四月二十五日），哀皇后（十二月二十日）。皆不废务，京城一日设斋。"《唐六典》只是记载到了睿宗及其皇后的忌日，若加上此后玄宗等皇帝的忌日，则唐朝忌日更多。忌日禁屠的习俗一直持续到五代，《五代会要》卷四《忌日》记载："后唐天成三年又八月九日敕……帝忌后忌之辰，旧制皆有斋会，盖申追远，以表奉先。多难已来，此事久废。今后每遇大忌，宜设僧道斋。……天下州府至国忌日并令不举乐，止刑罚，断屠宰，余且依旧。"由于国忌和皇帝生日比较多，禁屠时间比较长。

鲤鱼被认为是唐朝兴起的祥物。《太平广记》卷九三六《鳞介部》引杜宝《大业拾遗录》记载："四年，梁郡有清冷渊水，面阔二里大许，即卫平得大龟之处。清冷水南有横渎，东南至宕山县，西北入通济渠。是时大雨，沟渠皆满。忽有大鱼，似鲤，而头一角，长尺余，鳞正赤，从清冷水出，头长三尺许，入横渎，逆流西北十余里，不没，入通济渠。于时，夹两岸随看者数百人，皆谓赤龙大鲤从渊而出。此亦唐斐搏兴之兆。"又引《广五行记》记载："隋炀帝大业初，为诗，令宫人唱之，曰：'三月三日向江头，正见鲤鱼江上游。意欲垂钓往撩取，恐是蛟龙还复休。'鲤鱼即唐之国姓。俄而唐有天下，故歌辞曰：'客从远方来，赠我怂沭鱼。呼儿烹鲤鱼，中有尺素书。'"唐朝皇帝姓李，李、鲤同音，故而禁止食鲤鱼。《酉阳杂俎·广动植之二》记载："鲤，脊中鳞一道，每鳞有小黑点，大小皆三十六鳞。国朝律：取得鲤鱼即宜放，仍不得吃，号赤鲩公。卖者杖六十，言'鲤'为'李'也。"《旧唐书·玄宗纪上》记载："（开元三年）二月，禁断天下采捕鲤鱼。……（开元十九年）正月，己卯，禁采捕鲤鱼。"

经济因素禁屠，主要是禁止屠杀耕牛。《唐会要》卷四一《断屠钓》记载："大中二年二月制，爱念农耕，是资牛力，绝其屠宰。……如有牛主自杀牛，并盗窃杀者，宜准乾元元年二月五日敕，先决六十，然后准法科罪。其本界官吏不钤辖，即委所在长吏，节级重加科责，庶令止绝。……五年正月敕，畿甸及天下州，应屠宰牛犊，宜起大中五年正月一日后，三年内不得屠宰，仍切加禁断。如郊庙飨祀，合用牛犊者，即以诸畜代之。"后唐同光元年十二月，"己卯，禁屠牛马"①。第二年二月，"大赦天下，应同光二年二月一日昧爽已前，所犯罪无轻重常赦所不原者，咸赦除之。十恶五逆、屠牛铸钱、故意杀人、合造毒药、持杖行劫、官典犯赃，不在此限"②。对屠杀耕牛的人大赦时不免罪，类似的规定在后唐、后晋的大赦中经常出现，反映了对耕牛的重视。

长时间干旱祈雨过程中也要禁屠，按照天人感应思想，干旱可能是因为杀伐太重，宽宥罪犯措施未见效后，禁屠也是减轻杀伐最后的措施之一。《隋书·礼仪志二》记载："初请后二旬不雨者，即徙市禁屠。"《旧唐书·礼仪志四》也记载："初祈后一旬不雨，即徙市，禁屠杀，断伞扇，造土龙。"《唐会要》卷四一《断屠钓》记载了咸通年间因为长时间干旱而禁屠的诏令："咸通十一年六月赦文：其京城久旱。未降雨间。宜权断屠宰。"后唐时期，同光三年四月，"辛巳，以旱甚，诏河南府徙市，造五方龙，集巫祷祭"③。后唐庄宗因为长期干旱，只要求洛阳一带徙市，但也应该包括传统的禁屠。

隋唐五代时期，禁屠期间，也有可以屠宰动物的机会。《太平广记》卷二六三《无赖一·张德》记载："周长寿中，断屠极切。左拾遗张德，妻诞一男。秘宰一口羊宴客。其日，命诸遗补。杜肃私囊一馔肉，进状告之。至明日，在朝前，则天谓张德曰：'郎妻诞一男，大欢喜。'德拜谢。则天又谓曰：'然何处得肉？'德叩头称死罪。则天曰：'朕断屠，吉凶不预。卿命客，亦须择交。无赖之人，不须共聚集。'出肃状以示之。肃流汗浃背。举朝唾其面。"可见断屠比较严格，但在喜事或丧事时是不禁屠的。

有时，政敌之间也拿违背禁屠令说事。《太平广记》卷二六三《无赖一·彭先觉》记载："周御史彭先觉，无面目。如意年中，断屠极急，先觉知巡事，定鼎门草车翻，得两控羊。门家告御史，先觉进状奏请：'合宫尉刘缅专当屠，不觉察，决一顿杖。肉付南衙官人食。'缅惶恐，缝新裤待罪。明日，则天批曰：'御史彭先觉，奏决刘缅，不须，其肉乞缅吃却。'举朝称快。先觉于是乎惭。"

---

①《旧五代史·唐书·庄宗纪四》。

②《旧五代史·唐书·庄宗纪五》。

③《旧五代史·唐书·庄宗纪六》。

　　长时间禁屠对大部分人的生活不利，有时也会暂时开放屠禁，圣历三年，"十二月，开屠禁，诸祠祭令依旧用牲牢"①。禁屠的时间有时也会缩短，贞元十四年七月，"己巳，自今中和、重阳二节，每节只禁屠一日"②。

　　禁屠对经济条件较好或者社会地位比较高的人来说是比较严苛的，他们想办法钻空子吃肉。《太平广记》卷四九三《杂录一·娄师德》记载："则天禁屠杀颇切，吏人弊于蔬菜。师德为御史大夫，因使至于陕。厨人进肉，师德曰：'敕禁屠杀，何为有此。'厨人曰：'豺咬杀羊。'师德曰：'大解事豺。'乃食之。又进鲙，复问何为有此。厨人复曰：'豺咬杀鱼。'师德因大叱之：'智短汉，何不道是獭？'厨人即云是獭。师德亦为荐之。"

　　不过，禁屠令基本上得以遵守。《资治通鉴》卷二〇五《唐纪二十一》记载："（长寿元年）五月，丙寅，禁天下屠杀及捕鱼虾。江淮旱，饥，民不得采鱼虾，饿死者甚众。"可见禁屠得到比较严格的执行。

　　三长斋月与十斋日也在很大程度上得到遵守。《唐律疏议》卷三〇《断狱》中要求："其大祭祀及致斋、朔望、上下弦、二十四气、雨未晴、夜未明、断屠月日及假日，并不得奏决死刑。其所犯虽不待时，'若于断屠月'，谓正月、五月、九月，'及禁杀日'，谓每月十直日，月一日、八日、十四日、十五日、十八日、二十三日、二十四日、二十八日、二十九日、三十日，虽不待时，于此月日，亦不得决死刑，违而决者，各杖六十。'待时而违者'，谓秋分以前、立春以后，正月、五月、九月及十直日，不得行刑，故违时日者，加二等，合杖八十。其正月、五月、九月有闰者，令文但云正月、五月、九月断屠，即有闰者各同正月，亦不得奏决死刑。"

　　白居易写了大量有关三长斋月和十斋日的诗，反映了大臣们对朝廷的禁屠规定是遵守的。《全唐诗》卷四四九《白居易·斋月静居》："荤腥每断斋居月，香火常亲宴坐时。"卷四五一《斋居》："香火多相对，荤腥久不尝。黄耆数匙粥，赤箭一瓯汤。"卷四五五《五月斋戒罢宴彻乐闻韦宾客皇甫郎中饮会亦稀……长句呈谢》："散斋香火今朝散，开素盘筵后日开。"卷四五六《长斋月满携酒先与梦得对酌醉中同赴令公之宴戏赠梦得》："斋宫前日满三旬，酒

---

①《旧唐书·则天武皇后纪》。

②《旧唐书·德宗纪下》。

槛今朝一拂尘。"《长斋月满寄思黯》："明朝斋满相寻去，挈榼抱衾同醉眠。"
卷四五七《酬梦得以予五月长斋延僧徒绝宾友见戏十韵》："禅后心弥寂，斋
来体更轻。不唯忘肉味，兼拟灭风情。"卷四五八《斋戒》："每因斋戒断荤
腥，渐觉尘劳染爱轻。六贼定知无气色，三尸应恨少恩情。"卷四五九《春日
闲居三首》："今日非十斋，庖童馈鱼肉。"白居易深受佛教文化的影响，故而
严格遵守了相关屠禁。

此外，朝廷中大部分官员对其他屠禁是严格遵守的，《唐会要》卷四一
《断屠钓》中也说："会昌四年四月，中书门下奏，正月、五月、九月断屠。
伏以斋月断屠，出于释氏。缘国初风俗，犹近梁陈。卿相大臣，颇遵此教。又
弛禁不一，只断屠羊，宰杀驴牛，其数不少。鼓刀者坐获厚利，纠察者皆受贿
财，比来人情，共知此弊。"

对于普通百姓来说，比较严格地执行了禁屠。《全唐文》卷九八三《阙
名·对断屠月杀燕判》记载："甲以蒺藜饲虭子致死。邻人告，断屠月杀燕
子。"相关官员断定："丁家葦泥，载闻于头秃；黄氏把火，旋见于眼伤。甲
之无良，情则非善。以蒺藜而充饲，三子俱亡；无桃李之垂阴，一朝被告。迹
符周氏，罪挂汤罗，循情合科，准状难舍。"用蒺藜充当饲料导致燕子死亡，
也是违背屠月禁令的。

《对断屠判》中记载："京兆府申奏敕断屠，百姓造罧不止，未知合不？"
罧，就是把柴堆放在河里以捞鱼。老百姓为了逃避断屠的禁令，采取了打擦边
球的办法，但当时官员判断："圣上德合乾坤，情深恻隐，将广厚生之道，爰
崇去杀之文，受缓礼于前经，惩噬乾于成象。三廊鼓刃，有禁班行；百姓造
罧，无令止息。京兆以人多结网，即谓临河，以皇上之仁深，见寰中之信及。
论设网之子，即云尽欲求鱼；得铸剑之夫，何必皆缘断马？事烦言上，夫复奚
疑。"可见即使是用罧获取鱼类也是违背禁令的。

与禁屠相关的还有放生文化。先秦时期放生文化在中国已经出现萌芽，魏
晋南北朝时期，随着佛教传入中国并逐渐中国化，放生文化逐渐形成。[①]

《法苑珠林》卷二八记载："隋沙门释普安……安居处虽隐，每行慈救，
年常二社，血祀者多。周行救赎，劝修法义，不杀生邑，其数不少。尝于龛侧

[①] 圣凯：《佛教放生习俗的形成及其流行》，《中国宗教》2013 年第 12 期。

村社，缚猪三头，将加烹宰。安闻往赎，社人恐不得杀，增价索钱十千。……社人闻见，一时同放。猪既得脱，绕安三匝，以鼻啄触，若有爱敬。故使郊之南西五十里内鸡猪绝祠，乃至于今。其感发慈善，皆此类也。"普安行为还停留在不杀生阶段。

唐代高僧智晞建立了放生池，利用自然湖泊为放生场所。《续高僧传》卷一九《唐台州国清寺释智晞传》记载："劝化百姓，从天台渚次，讫于海际。所有江溪，并舍为放生之池，永断采捕，隋世亦尔，事并经敕。隋国既亡，后生百姓为恶者多，竞立梁簄满于江溪，夭伤水族告诉无所。……因尔梁簄皆不得鱼，互相报示改恶从善，仍停采捕。"

隋唐之际的玄览，是比较早建立放生池的僧人："览尝以悯物慈济为己任，遂议寺前平湖之通川为放生池。时太守袁从礼因兹劝勉，深入慈门以禁六里。司马杨敏言感梦，又广至十里。"①

此后，太平公主在京师建立了人工放生池。《隋唐嘉话》卷三记载："太平公主于京西市掘池，赎水族之生者置其中，谓之'放生池'。墓铭云：'龟言水，蓍言市。'"太平公主的政治影响力很大，故而放生文化影响到很多人。

到唐肃宗时期，在全国各地建立了八十一处皇家放生池。"乾元二年太岁己亥春三月己丑，端命左骁卫右郎将史元琮、中使张庭玉，奉明诏，布德音，始于洋州之兴道，洎山南、剑南、黔中、荆南、岭南、江西、浙江西诸道，讫于升州之江宁秦淮太平桥，临江带郭，上下五里，各置放生池。凡八十一所，盖所以宣皇明而广慈爱也。"②

五代时期，据《江表志》卷下记载："后主奉竺乾之教，多不茹荤，常买禽鱼为之放生。"

随着皇帝的提倡，放生文化逐渐普及。《全唐文》卷二六六《李乂·谏遣使江南以官物充直赎生疏》中写有："江南水乡，采捕为业，鱼鳖之利，黎元所资，土地数匦，有自来矣。伏以圣慈含育，恩周动植，布天下之大德，及鳞介之微品。……未若回救赎之钱物，减困贫之徭赋，活国爱人，其福胜彼。"

---

① 《宋高僧传》卷二六《唐杭州华严寺玄览传》。

② 《全唐文》卷三三九《颜真卿·天下放生池碑铭》。

表明赎物放生是一种官方行为，故而影响极大。《全唐诗》卷二七一《窦巩·放鱼（武昌作）》中写有："金钱赎得免刀痕，闻道禽鱼亦感恩。好去长江千万里，不须辛苦上龙门。"在官方的倡导下，放生行为对此后的慈善文化产生了深远的影响。

第四节 仁及鸟兽与用之以节

隋唐五代时期，人们逐渐认识到人与动物都源于自然，人与动物有相同的禀气。《旧唐书》卷三《太宗纪下》记载，贞观十一年二月丁巳，下诏说："夫生者天地之大德，寿者修短之一期。生有七尺之形，寿以百龄为限，含灵禀气，莫不同焉，皆得之于自然，不可以分外企也。"人和动物都是自然界的一部分，都是有生命的物体，因此对其他生物要实行保护措施。《全唐文》卷三七《玄宗·营兴庆宫德音》中说："含生之类，不敢辄有屠杀，天下捕猎，亦宜禁断，仍严加捉搦。"

隋唐五代时期，仁及鸟兽被认为是仁政的重要部分。《全唐文》卷二六《玄宗·禁屠杀鸡犬诏》中记载："犬以守御，鸡以司晨，有用于人，不同常畜。好生之德，遍宜令及，自今并不得屠杀。"狗和鸡是对人类有益的动物，从好生的角度，不要杀害这些动物。

《全唐文》卷三九《玄宗·加应道尊号大赦文》记载："况于宰杀，尤加恻隐。自今已后，每月十斋日，不得辄有宰杀。又间阎之间，例有私社，皆杀生命，以资宴集。仁者之心，有所不忍，永宜禁断。"从仁的角度，也不要屠杀动物。

《全唐诗》卷四三〇《白居易·赎鸡》："常慕古人道，仁信及鱼豚。见兹生恻隐，赎放双林园。开笼解索时，鸡鸡听我言。与尔镪三百，小惠何足论！"白居易指出古代人讲仁政，讲恻隐之心，也体现在对动物上。

《全唐文》卷四五六《独孤授·放驯象赋（以"珍异禽兽，无育家国"为韵）》中写有："彼炎荒兮，王国是宾。比驯象兮，越俗所珍。化之式乎，则必受其来献；物或违性，所用感于至仁。"指出贡献出生活在炎热的南方的大象将会违背动物生长的习性。

《全唐文》卷六四一《王起·弋不射宿赋》中认为夜间射鸟的行为不符合仁的标准："岂以窥城上之乌栖，殒月中之鹊绕。至道在兹，怀仁有归。恩同于解网，戒比于合围。且以顺行而搜，宁恨于风毛雨血；当夕而殒，奚思于不鸣不飞。谅身翦而知惧，实羽族之有依。我思古人，聿求夫子。蓄矍相之艺，不发于非时；当山梁之求，必资乎顺理。从禽之礼斯得，夜猎之夫多耻。物既全诸真，艺亦藏诸身。则知率是道也，在博施于仁。"

《全唐文》卷一一一《后唐明宗·放鹰隼敕》记载："驰骋畋猎，圣人每抑其心；奇兽珍禽，明王不畜于国。朕猥将寡薄，虔奉宗祧，览前代之兴亡，思昔人之取舍，所以寻颁明诏，遍谕遐方，推好生恶杀之仁，罢雕鹗鹰鹞之贡，一则杜盘游之渐，一则遂飞走之情。近日诸色人，不禀诏条，频献鹰隼，既不能守兹近敕，则何以示彼后人？颇为逾违，须行止绝。其五坊见在鹰隼之类，并宜就山林解放。此后诸色人等，并不得辄将进献。仰合门使，凡有此色贡奉表章，不得引进。"捕获老鹰驯养后从事捕猎活动，违背了老鹰的天性，故而唐明宗要将老鹰放回自然。

除了仁及鸟兽之外，隋唐五代时期，还提倡尊重动植物的生长习性。《全唐诗》卷四五二《白居易·咏所乐》中说："兽乐在山谷，鱼乐在陂池。虫乐在深草，鸟乐在高枝。所乐虽不同，同归适其宜。不以彼易此，况论是与非。"各种动物生长的环境不同，要尊重其生长环境。

《全唐诗》卷四二五《白居易·和答诗十首·答桐花》写道："诚是君子心，恐非草木情。胡为爱其华，而反伤其生。……况此好颜色，花紫叶青青。宜遂天地性，忍加刀斧刑。"桐花生长具有一定的环境限制，如果因为爱桐花而去移栽，也会违背其生长习性，开花不一定好看。

《全唐文》卷五九二《柳宗元·种树郭橐驼传》中提及种树也要尊重其习性："橐驼非能使木之寿且孳也，以能顺木之天，以致其性焉尔。凡植木之性，其本欲舒，其培欲平，其土欲故，其筑欲密。既然已，勿动勿虑，去不复顾。其莳也若子，其置也若弃，则其天者全而其性得矣。故吾不害其长而已，非有能硕而茂之也；不抑耗其实而已，非有能蚤而蕃之也。他植者则不然，根拳而土易，其培之也，若不过焉则不及。苟有能反是者，则又爱之太恩，忧之太勤，旦视而暮抚，已去而复顾。甚者爪其肤以验其生枯，摇其本以观其疏密，而木之性日以离矣。虽曰爱之，其实害之；虽曰忧之，其实仇之，故不我若也。吾又何能为矣哉？"

又《全唐文》卷八六七《杨夔·蓄狸说》中也说："然其野心，常思逸于外，罔以子育为怀。一旦怠其绁，逾垣越宇，倏不知其所逝。叟惋且惜，涉旬不弭。宏农子闻之曰：'野性匪驯，育而靡恩，非惟狸然，人亦有旃。梁武于侯景，宠非不深矣；刘琨于匹磾，情非不至矣；既负其诚，复近厥噬。'呜呼！非所蓄而蓄，孰有不叛哉？"老农养狸失败的原因，是限制了动物的自然本性，最后狸还是逃跑了。

《资治通鉴》卷二二五《唐纪四一》记载，大历十四年，"先是，诸国屡献驯象，凡四十有二，上曰：'象费豢养而违物性，将安用之！'命纵于荆山之阳，及豹、貀、斗鸡、猎犬之类，悉纵之；又出宫女数百人"。唐德宗将豢养的大象等动物放回山林，认为豢养这些动物违背了动物的天然习性。

用之以节，是中国传统生态思想的重要组成部分。用之以节要求不能涸泽而渔，狩猎时要网开一面，这种思想在隋唐五代也得以遵守。《隋书·礼仪志三》记载隋炀帝狩猎时："布围，围阙南面，方行而前……群兽相从，不得尽杀。已伤之兽，不得重射。又逆向人者，不射其面。出表者不逐之。"

《旧唐书·代宗纪》记载："（大历四年）十一月辛未，禁畿内弋猎。"按照月令要求，十一月是可以渔猎的，唐代宗颁发此条诏令，可能是考虑到以前过度猎取京城周边的野生动物，导致生态环境失衡，故而颁发此诏令。

唐朝实行的禁屠令，若推广到全国，必然会给老百姓带来不便，如何处理这方面的矛盾呢？崔融认为："议曰：春生秋杀，天之常道；冬狩夏苗，国之大事。豺祭兽，獭祭鱼，自然之理也；一乾豆，二宾客，不易之义也。上自天子，下至庶人，莫不挥其鸾刀，烹之鹤鼎，所以充庖厨。故能幽明感通，人祇辑睦，万王千帝，殊涂同归。今若禁屠宰，断弋猎，三驱莫行，一切不许，便恐违圣人之达训，紊明王之善经，一不可也。且如江南诸州，乃以鱼为命，河西诸国，以肉为斋，一朝禁止，百姓劳弊，富者未革，贫者难堪，二不可也。加有贫贱之流，刲割为事，家业倘失，性命不全。虽复日戮一人，终虑未能总绝，但益恐哧，惟长奸欺。外有断屠之名，内诚鼓刀者众，势利依倚，请托纷纷，三不可也。虽好生恶杀，是君子之小心，而考古会今，非国家之大体。但使顺月令，奉天经。造次合礼仪，从容中刑典，自然人得其性，物遂其生，何必改革，方为尽善？伏惟圣主采择。谨议。"[1] 崔融指出，断屠不能持续时间长，应该顺月令办事，宰杀动物要符合一定的标准即可，即用之以节。

---

[1]《全唐文》卷二一九《崔融·断屠议》。

唐朝时期，放生文化逐渐流行，朝廷派人到南方去购买渔民捕获的鱼类放生。李乂以为："江南水乡，采捕为业，鱼鳖之利，黎元所资，土地数匮，有自来矣。伏以圣慈含育，恩周动植，布天下之大德，及鳞介之微品。虽云雨之私，有沾于末类，而生成之惠，未洽于平人。何则，江湖之饶，生育无限；府库之用，供支易殚。费之若少，则所济何成？用之傥多，则常支有阙。在于拯物，岂若忧人？且鬻生之徒，惟利斯视，钱刀日至，网罟年滋，施之一朝，营之百倍。未若回救赎之钱物，减困贫之徭赋，活国爱人，其福胜彼。"① 李乂认为，若是购买鱼类放生，会刺激当地人捕鱼，反而不利于保护这些动物，将购买鱼类的钱用来减税，老百姓负担减轻，也自然会减少捕鱼作为生计的补充，也能更好地保护鱼类。

隋唐五代时期，野生动物比较丰富，一些老百姓对捕获野生动物并没有考虑到可持续发展问题。《全唐诗》卷二三一《杜甫·白小》记载："白小群分命，天然二寸鱼。细微沾水族，风俗当园蔬。入肆银花乱，倾箱雪片虚。生成犹拾卵，尽取义何如？"《全唐诗》卷二二三《杜甫·过津口》："白鱼困密网，黄鸟喧嘉音。物微限通塞，恻隐仁者心。"《朱凤行》中也说："君不见潇湘之山衡山高，山巅朱凤声嗷嗷。侧身长顾求其群，翅垂口噤心甚劳。下愍百鸟在罗网，黄雀最小犹难逃。愿分竹实及蝼蚁，尽使鸱枭相怒号。"《全唐文》卷六一一《皮日休·奉和鲁望渔具十五咏·药鱼》："吾无竭泽心，何用药鱼药。见说放溪上，点点波光恶。食时竞夷犹，死者争纷泊。何必重伤鱼，毒泾犹可作。"《全唐诗》卷六二〇《陆龟蒙·渔具诗·药鱼》："香饵缀金钩，日中悬者几。盈川是毒流，细大同时死。不唯空饲犬，便可将贻蚁。苟负竭泽心，其他尽如此。"可见当时部分老百姓还是采取涸泽而渔的方式捕获野生动物。

不过，也有老百姓注意到可持续发展问题。《全唐诗》卷六一九《陆龟蒙·南泾渔父》记载："南泾有渔父，往往携稚造。问其所以渔，对我真道蹈。我初籍鱼鳖，童丱至于耄。窟穴与生成，自然通壶奥。孜孜戒吾属，天物不可暴。大小参去留，候其孳养报。终朝获鱼利，鱼亦未常耗。同覆天地中，违仁辜覆焘。"

所以，《全唐文》卷六七〇《白居易·养动植之物，以丰财用以致麟凤龟

---

①《全唐文》卷二六六《李乂·谏遣使江南以官物充直赎生疏》。

龙》指出要实行可持续发展："臣闻天育物有时，地生财有限，而人之欲无极。以有时有限，奉无极之欲，而法制不生其间，则必物暴殄而财乏用矣。先王恶其及此，故川泽有禁，山野有官，养之以时，取之以道。是以豺獭未祭，罝网不布于野泽；鹰隼未击，矰弋不施于山林；昆虫未蛰，不以火田；草木未落，不加斧斤；渔不竭泽，畋不合围；至于麛卵蚳蝝，五谷百果，不中杀者，皆有常禁。夫然，则禽兽鱼鳖，不可胜食矣；财货器用，不可胜用矣。臣又观之，岂直若此而已哉，盖古之圣王，使信及豚鱼，仁及草木，鸟兽不狨，胎卵可窥，麟凤效灵，龟龙为畜者，亦由此涂而致也。"

第五节　山川崇拜与洞天福地思想

隋唐五代时期山川崇拜依然比较盛行，并且出现了等级化的趋势。隋文帝继位后，就下诏说："佛法深妙，道教虚融，咸降大慈，济度群品，凡在含识，皆蒙覆护。所以雕铸灵相，图写真形，率土瞻仰，用申诚敬。其五岳四镇，节宣云雨，江、河、淮、海，浸润区域，并生养万物，利益兆人，故建庙立祀，以时恭敬。敢有毁坏偷盗佛及天尊像、岳镇海渎神形者，以不道论。沙门坏佛像，道士坏天尊者，以恶逆论。"①《隋书·礼仪志二》记载："开皇十四年闰十月，诏东镇沂山，南镇会稽山，北镇医无闾山，冀州镇霍山，并就山立祠；东海于会稽县界，南海于南海镇南，并近海立祠。及四渎、吴山，并取侧近巫一人，主知洒扫，并命多莳松柏。其霍山，雩祀日遣使就焉。十六年正月，又诏北镇于营州龙山立祠。东镇晋州霍山镇，若修造，并准西镇吴山造神庙。"可见，官方祭祀的山岳，除了建庙之外，还要多种松柏等树，用以保持当地的环境。

隋朝在旱灾时还继续沿用祈祷山川的传统。《隋书·礼仪志二》记载："七日，乃祈岳镇海渎及诸山川能兴云雨者；又七日，乃祈社稷及古来百辟卿士有益于人者；又七日，乃祈宗庙及古帝王有神祠者；又七日，乃修雩，祈神州；又七日，仍不雨，复从岳渎已下祈如初典。秋分已后不雩，但祷而已。皆用酒脯。初请后二旬不雨者，即徙市禁屠。皇帝御素服，避正殿，减膳撤乐，或露坐听政。百官断伞扇。令人家造土龙。雨澍，则命有司报。州郡尉祈雨，则理冤狱，存鳏寡孤独，掩骼埋胔，洁斋祈于社。七日，乃祈界内山川能兴雨者，徙市断屠如京师。祈而澍，亦各有报。霖雨则禜京城诸门，三禜不止，则祈山川岳镇海渎社稷。又不止，则祈宗庙神州。报以太牢。州郡县苦雨，亦各

---

① 《隋书·文帝纪下》。

縈其城门，不止则祈界内山川。及祈报，用羊豕。"

唐代的山岳崇拜中环境保护的内容更加明显。《唐六典·尚书工部·虞部》记载："凡五岳及名山能蕴灵产异，兴云致雨，有利于人者，皆禁其樵采，时祷祭焉。"《新唐书·百官志一》记载："虞部……凡郊祠神坛、五岳名山，樵采、刍牧皆有禁，距壝三十步外得耕种，春夏不伐木。"《新唐书·则天武皇后纪》记载，垂拱四年，"七月丁巳，大赦，改'宝图'为'天授圣图'，洛水为永昌洛水，封其神为显圣侯，加特进，禁渔钓"。《旧唐书·玄宗纪上》记载，开元四年二月，"以关中旱，遣使祈雨于骊山，应时澍雨。令以少牢致祭，仍禁断樵采"。开元十三年，"封泰山神为天齐王，礼秩加三公一等，近山十里，禁其樵采"。

《旧唐书·代宗纪》记载，大历十二年十二月，"己亥，天下仙洞灵迹禁樵捕"。《旧五代史·晋书·高祖纪五》记载，后晋天福六年，"又诏：岳镇海渎等庙宇，并令崇饰，仍禁樵采"。由于山川崇拜过程中，要禁止樵采，客观上有利于当地环境的保护。

从魏晋南北朝开始，道教洞天福地思想逐渐形成，到唐代完全成型。洞天福地思想主要是要求自然环境优美，司马承祯《洞天福地·天地宫府图·序》中说："夫道本虚无，因恍忽而有物；气元冲始，乘运化而分形。精象玄著，列宫阙于清景；幽质潜凝，开洞府于名山。元皇先乎象帝，独化卓然；真宰湛尔冥寂，感而通焉。故得琼简紫文，方传代学；琅函丹诀，下济浮生。诚志攸勤，则神仙应而可接；修炼克著，则龙鹤升而有期。至于天洞区畛，高卑乃异，真灵班级，上下不同。又日月星斗，各有诸帝，并悬景位，式辨奔翔。"洞天福地要求在"清景""幽质"之处建立庙宇以供修炼。

《全唐文》卷一九《睿宗·赐岱岳观敕》中记载："皇帝敬凭太清观道士杨太希，于名山斫烧香供养，惟灵蕴秘凝真，含幽综妙，类高旻之亭育，同厚载之陶钧。蓄泄烟云，蔽亏日月，五芝标秀，八桂流芳，翠岭万寻，青溪千仞。蜺裳庑止，恒为碧落之庭；鹤驾来游，即是玉京之城。百祥覃于远迩，五福被于黎元。"当时泰山一带的庙宇环境优美，是理想的修炼场所。

《全唐文》卷七二九《裴通·金庭观晋右军书楼墨池记》中记载："越中山水之奇丽者，剡为之最。剡中山水之奇丽者，金庭洞天为之最。其洞在县之东南。循山趾而右去，凡七十里，得小香炉峰，其峰即洞天之北门也。谷抱山斗，云重烟峦，回互万变，清和一气。花光照夜而常昼，水色含空而无底。"

金庭洞天在周边水质清澈，空气清新，云雾缭绕。《全唐文》卷七三一《贾悚·大唐宝历崇元圣祖院碑铭（并序）》描写了当时的洞天福地景色："况三茅精气……而缭垣之内，有流泉嘉木，滋饰幽润。地灵境秀，触类益增。懋此成绩，与山无穷。"洞天福地有流泉嘉木，是地灵境秀。

《全唐诗》卷六一〇《皮日休·太湖诗·晓次神景宫》中指出："夜半幽梦中，扁舟似凫跃。晓来到何许，俄倚包山脚。三百六十丈，攒空利如削。退瞻但徙倚，欲上先矍铄。浓露湿莎裳，浅泉渐草屦。行行未一里，节境转寂寞。静径侵沈寥，仙扉傍岩崿。松声正清绝，海日方照灼。欻临幽虚天，万想皆摆落。坛灵有芝菌，殿圣无鸟雀。琼帏自回旋，锦旌空粲错。鼎气为龙虎，香烟混丹腾。凝看出次云，默听语时鹤。绿书不可注，云笈应无钥。晴来鸟思喜，崦里花光弱。天籁如击琴，泉声似拟铎。清斋洞前院，敢负玄科约。空中悉羽章，地上皆灵药。金醴可酣畅，玉豉堪咀嚼。存心服燕胎，叩齿读龙跷。福地七十二，兹焉永堪托。"

杜光庭《洞天福地岳渎名山记·序》认为洞天福地的场所为："乾坤既辟，清浊肇分，融为江河，结为山岳。或上配辰宿，或下藏洞天，皆大圣上真主宰其事，则有灵宫秘府，玉宇金台，或结气所成，凝云虚构。或瑶池翠沼，流注于四隅。或珠树琼林，扶疏于其土。神凤飞虬之所产，天骥泽马之所栖。或日驭所经，或星躔所属，含藏风雨，蕴畜云雷，为天地之关枢，为阴阳之机轴。乍标华于海上，或回疏于天中，或弱水之所萦，或洪涛之所隔！或日景所不照，人迹所不及，皆真经秘册，叙而载焉。"可见洞天福地的场所基本上都是在"瑶池翠沼""珠树琼林"等环境优美的地方。

除了环境优美外，洞天福地生态具有多样性。《全唐文》卷一九《睿宗·复建桐柏观敕》中说："敕：台州始丰县界天台山废桐柏观一所，自吴赤乌二年葛仙翁已来，至于国初，学道坛宇，连接者十余所。闻始丰县人，毁坏坛场，砍伐松竹，耕种及作坟墓。于此触犯，家口死亡。不敢居住，于是出卖。宜令州县准地数亩酬价，仍置一小观，还其旧额。更于当州取道士三五人，选择精进行业者，并听将侍者供养。仍令州县与司马炼师相知，于天台山中辟封内四十里，为禽兽草木长生之福庭，禁断采捕者。"

《全唐文》卷三六《玄宗·禁茅山采捕渔猎敕》记载："敕：江南东道采访处置使晋陵郡太守赛董琬，山岳上疏分野，下镇方隅，降福祐于人，施云雨之惠。且茅山神秀，华阳洞天，法教之所源，群仙之所宅。固望秩之礼，虽有典常；而崇敬之心，宜增精洁。自今已后，茅山中令断采捕及渔猎。四远百姓有吃荤血者，不须令入。如有事式申祈祷，当以香药珍羞，亦不得以牲牢等物。卿与所由，存心检校。渐寒，卿得平安好。"茅山洞天福地，不能在周边地区渔猎，主要是要维系生态平衡。《全唐诗》卷六九一《杜荀鹤·游茅山》中写有："步步入山门，仙家鸟径分。渔樵不到处，麋鹿自成群。石面迸出水，松头穿破云。道人星月下，相次礼茅君。"可见当地生态环境良好。

《全唐文》卷九二八《孙智清·请重赐敕禁止樵苏状》中记载："伏以华阳洞天，众真灵宅。先奉恩旨，禁断弋猎樵苏，秋冬放火。四时祭祀，咸绝牲牢。自经艰难，失去元敕，百姓不遵旧命，侵占转深。采伐山林，妄称久业。伏请重赐禁断，准法护持。差置所由，切加检察，庶得真场严整，宫观获安，具元禁疆界如前。"指出华阳洞天福地禁止渔猎以及砍伐树木，是一个生物群体和谐共生的地方。

第六节　隋唐五代时期的环境法律

隋唐五代时期，朝廷对生态环境的保护，除了有一系列遵守时令、禁屠的诏令之外，还有一系列的法律和制度。

隋唐五代时期，国家重视桑、枣等树的种植。《隋书·食货志》中记载："自诸王已下，至于都督，皆给永业田，各有差。多者至一百顷，少者至四十亩。其丁男、中男永业露田，皆遵后齐之制。并课树以桑榆及枣。其园宅，率三口给一亩，奴婢则五口给一亩。丁男一床，租粟三石，桑土调以绢绝，麻土以布，绢绝以匹，加绵三两。"而北齐规定："又每丁给永业二十亩，为桑田。其中种桑五十根，榆三根，枣五根，不在还受之限。"桑、枣、榆等的种植具有强制性，并且可以继承，对老百姓来说有一定的收益，一般老百姓都会按照要求去种植。

隋炀帝时期开凿了大运河。为了保护运河两边河堤安全，隋炀帝要求在河堤种植柳树。《隋书·食货志》记载："又自板渚引河，达于淮海，谓之御河。河畔筑御道，树以柳。"《大业杂记》中也记载："入江三百余里，水面阔四十步，通龙舟，两岸为大道，种榆柳，自东都至江都二千余里，树荫相交。"此外，《炀帝开河记》还记载："时恐盛暑，翰林学士虞世基献计，请用垂柳栽于汴渠两堤上。一则树根四散，鞠护河堤。二则牵舟之人，护其阴凉。三则牵舟之羊食其叶。上大喜，诏民间有柳一株，赏一缣。百姓竞献之。又令亲种，帝自种一株，群臣次第种，方及百姓。时有谣言曰：'天子先栽，然后百姓栽。'栽毕，帝御笔写赐垂杨柳姓杨，曰杨柳也。"这表明当时人们已经认识到柳树有利于巩固河堤。

在大运河两岸种植柳树的行为，持续到晚唐时期。《全唐诗》卷四二七《白居易·隋堤柳—悯亡国也》中写有："隋堤柳，岁久年深尽衰朽。风飘飘兮雨萧萧，三株两株汴河口。老枝病叶愁杀人，曾经大业年中春。大业年中炀天子，种柳成行夹流水。西自黄河东至淮，绿阴一千三百里。大业末年春暮月，柳色如烟絮如雪。"《全唐诗》卷五一六《王彦威·宣武军镇作》中写有：
"汴水波澜喧鼓角，隋堤杨柳拂旌旗。"《全唐诗》卷五二二《杜牧·隋堤柳》：
"夹岸垂杨三百里，只应图画最相宜。自嫌流落西归疾，不见东风二月时。"
《全唐诗》卷六五七《罗隐·隋堤柳》记载："夹路依依千里遥，路人回首认
隋朝。春风未借宣华意，犹费工夫长绿条。"《全唐诗》卷七四一《江为·隋
堤柳》记载："锦缆龙舟万里来，醉乡繁盛忽尘埃。空余两岸千株柳，雨叶风
花作恨媒。"从白居易的诗歌中看到，隋朝种植的柳树已经衰老，需要更替。
罗隐、江为是晚唐五代时期人，他们的诗歌表明大运河河堤两岸柳树依然长势
良好，应该是后期补栽的结果。《全唐诗》卷五五九《薛能·下第后夷门乘舟
至永城驿题》中写有："连浦一城兼汴宋，夹堤千柳杂唐隋。"表明大运河河
堤柳树在唐朝又进行了补栽。

　　隋唐五代还有负责绿化的官职。《旧唐书·职官志二》："虞部郎中一员，
从五品上。龙朔为司虞大夫。员外郎一员，从六品上。主事二人，从九品上。
令史四人，书令史九人，掌固四人。郎中、员外郎之职，掌京城街巷种植，山
泽苑囿，草木薪炭，供顿田猎之事。凡采捕渔猎，必以其时。凡京兆、河南二
都，其近为四郊，三百里皆不得弋猎采捕。殿中、太仆所管闲厩马，两都皆五
百里内供其刍藁。其关内、陇右、西使、南使诸牧监马牛驼羊，皆贮藁及茭
草。其柴炭木橦进内及供百官蕃客，并于农隙纳之。"

　　唐朝也要求老百姓种植桑、枣、榆等树。《新唐书》卷五一《食货志一》
记载："唐之始时，授人以口分、世业田，而取之以租、庸、调之法，其用之
也有节。……永业之田，树以榆、枣、桑及所宜之木，皆有数。"玄宗时期，
再次重申在永业田种植榆、枣、桑等树。《通典》卷二《食货下》记载玄宗开
元二十五年："每亩课种桑五十根以上，榆、枣各十根以上，三年种毕。"唐
玄宗之后，由于均田制已经破坏，以法令形式要求老百姓种植桑、枣、榆等树
木已经失去了其基础，但唐德宗时期，依然采取劝老百姓种桑、枣等树。"顷
属多难艰食，必资树艺，以利于人，庶俾播种之功，用申牧养之化。天下百
姓，宜劝课种桑棘，仍每丁每年种桑三十树。其寄住寄庄官荫官家，每一顷
地，准一丁例。仍委节度观察州县长吏躬亲勉率，不得扰人，务令及时，各使

知劝。——勉谕讫，具数奏闻。"① 《全唐文》卷六〇《宪宗·劝种桑诏》中要求："诸道州府有田户无桑处，每检一亩，令种桑两根，勒县令专勾当。每至年终，委所在长吏检察，量其功具殿最奏闻，兼令两税使同访察。其桑仍切禁采伐，犯者委长吏重加责科。"直到五代，政府还劝老百姓种植桑、枣，《全唐文》卷一二二《周太祖·令三京及诸道劝课农桑诏》中说："宜令三京及诸道州府，委长吏指挥管内人户，勉勤耕稼，广辟田畴。勿使蒿莱，有废膏腴之地；务添桑、枣，用资种养之方，仍令常切抚绥，不得辄加科役。所贵野无旷土，庐有环桑，致谷帛以丰盈，遂蒸黎之苏息。"

《全唐诗》卷三一一《郑审·奉使巡检两京路种果树事毕入秦因咏》中写有："圣德周天壤，韶华满帝畿。九重承涣汗，千里树芳菲。陕塞余阴薄，关河旧色微。发生和气动，封植众心归。春露条应弱，秋霜果定肥。影移行子盖，香扑使臣衣。入径迷驰道，分行接禁闱。何当扈仙跸，攀折奉恩辉。"表明对两京路种植果树等有比较严格的检查，以确保朝廷诏令的执行。

除了课种桑、枣、榆树之外，唐朝还非常重视两京地区的绿化。《册府元龟·帝王部·都邑》记载："（永泰）二年正月，京兆尹黎幹大发夫役，种城内六街树。"《唐会要》卷八六《道路》记载："开元二十八年正月十三日，令两京道路，并种果树，令殿中侍御史郑审充使。……大历八年七月敕，诸道官路不得令有耕种及斫伐树木，其有官处，勾当填补。"又《街巷》记载："（贞元）十二年，官街树缺，所司植榆以补之。京兆尹吴凑曰，榆非九衢之玩，亟命易之以槐。（大和）九年八月敕，诸街添补树，并委左右街使栽种，价折领于京兆府，仍限八月栽毕，其分析闻奏。"

其他地方的官道上，也有种树。《全唐诗》卷三八《郑世翼·登北邙还望京洛》中写有："青槐夹驰道，迢迢修且旷。"表明官道上种有槐树。《全唐诗》卷六八七《吴融·题湖城县西道中槐树》中记载："零落欹斜此路中，盛时曾识太平风。晓迷天仗归春苑，暮送銮旗指洛宫。一自烟尘生蓟北，更无消息幸关东。而今只有孤根在，鸟啄虫穿没乱蓬。"湖城县在今河南灵宝一带，这里的官道上种树，与处于洛阳至长安路线有关，唐时天子常到东都洛阳，故而官道种植槐树。

---

①《全唐文》卷四一〇《常衮·劝天下种桑枣制》。

　　唐朝也有不少官员提倡种树，《旧唐书·范希朝传》记载："单于城中旧少树，希朝于他处市柳子，命军人种之，俄遂成林，居人赖之。"《旧唐书·外戚传·吴凑传》记载："官街树缺，所司植榆以补之，凑曰：'榆非九衢之玩。'亟命易之以槐。及槐阴成而凑卒，人指树而怀之。"

　　对于故意损坏林木的行为，唐朝法律有明确的处罚条文。《唐律疏议·杂律》记载："诸于山陵兆域内失火者，徒二年；延烧林木者，流二千里。""诸失火及非时烧田野者，笞五十；非时，谓二月一日以后、十月三十日以前。若乡土异宜者，依乡法。延烧人舍宅及财物者，杖八十。""诸弃毁官私器物及毁伐树木、稼穑者，准盗论。即亡失及误毁官物者，各减三等。"对于毁坏林木的，处以流刑或者杖刑。

　　不过，唐朝后期，出现了破坏桑树的行为。《旧唐书·食货志下》记载："建中四年六月，户部侍郎赵赞请置大田：天下田计其顷亩，官收十分之一。择其上腴，树桑环之，曰公桑。自王公至于匹庶，差借其力，得谷丝以给国用。诏从其说。赞熟计之，自以为非便，皆寝不下。"这表明，在唐德宗时期，劝老百姓种桑树已经没有多大效果。《唐会要》卷八六《市》记载："会昌二年四月敕：旧课种桑，比有敕命。如能增数，每岁申闻，近知并不遵行，恣加翦伐，列于廛市，卖作薪蒸，自今委所由严切禁断。"说明北方老百姓已经开始伐桑为薪，不愿意种桑养蚕。这种情况一直持续到五代，《全唐文》卷一一九《晋少帝·答陶谷请禁伐桑枣敕》中提及："陶谷方思丰国，切欲劝农，以贸易于柴薪，多砍伐于桑枣，请行禁绝，宜举科条。仍付所司。"

主要参考文献

一、古籍类

（唐）王焘：《外台秘要》，人民卫生出版社 1955 年版。

（唐）孙思邈：《千金翼方》，人民卫生出版社 1955 年版。

（唐）孙思邈：《备急千金方》，人民卫生出版社 1955 年版。

（唐）皇甫枚：《三水小牍》，中华书局 1958 年版。

（唐）陈子昂著，徐鹏校：《徐子昂集》，中华书局 1960 年版。

（唐）元结：《元次山集》，中华书局 1960 年版。

（唐）樊绰著，向达校注：《蛮书校注》，中华书局 1962 年版。

（唐）徐坚：《初学记》，中华书局 1962 年版。

（唐）魏徵等：《隋书》，中华书局 1973 年版。

（唐）白居易著，顾古颉校点：《白居易集》，中华书局 1979 年版。

（唐）刘𫗧：《隋唐嘉话》，中华书局 1979 年版。

（唐）张鹭：《朝野佥载》，中华书局 1979 年版。

（唐）李肇：《唐国史补》，上海古籍出版社 1979 年版。

（唐）赵璘：《因话录》，上海古籍出版社 1979 年版。

（唐）李白著，朱金城等校注：《李白集校注》，上海古籍出版社 1980 年版。

（唐）韩鄂著，缪启愉校：《〈四时纂要〉校释》，农业出版社 1981 年版。

（唐）苏敬等：《新修本草》，安徽科技出版社 1981 年版。

（唐）段成式：《酉阳杂俎》，中华书局 1981 年版。

（唐）长孙无忌等著，刘俊文点校：《唐律疏议》，中华书局 1983 年版。

（唐）李吉甫撰，贺次君点校：《元和郡县图志》，中华书局 1983 年版。

（唐）刘肃著，许德楠等校：《大唐新语》，中华书局 1984 年版。

（唐）刘恂：《岭表录异》，中华书局 1985 年版。

（唐）玄奘、辩机著，季羡林等注：《大唐西域记校注》，中华书局 1985 年版。

（唐）王谠著，周勋初校证：《唐语林校证》，中华书局 1987 年版。

（唐）韩愈著，马其昶校注，马茂元整理：《韩昌黎文集校注》，上海古籍出版社 1987 年版。

（唐）杜佑：《通典》，中华书局 1988 年版。

（唐）刘禹锡著，卞孝萱校订：《刘禹锡集》，中华书局 1990 年版。

（唐）王梵志著，项楚校注：《王梵志诗校注》，上海古籍出版社 1991 年版。

（唐）李林甫等著，陈仲夫点教：《唐六典》，中华书局 1992 年版。

（唐）李华：《李遐叔文集》，上海古籍出版社 1993 年版。

（唐）萧颖士：《萧茂挺文集》，上海古籍出版社 1993 年版。

（唐）郑处诲撰，田廷柱点校：《明皇杂录》，中华书局 1994 年版。

（唐）裴庭裕撰，田廷柱点校：《东观奏记》，中华书局 1994 年版。

（唐）韦应物著，陶敏等校注：《韦应物集校注》，上海古籍出版社 1998 年版。

（唐）李商隐：《李商隐全集》，上海古籍出版社 1999 年版。

（唐）慧立、彦悰：《大慈恩寺三藏法师传》，中华书局 2000 年版。

（唐）吴兢著，谢保成集校：《贞观政要集校》，中华书局 2009 年版。

（唐）封演撰，赵贞信校注：《封氏闻见记校注》，中华书局 2005 年版。

（唐）陆贽著，王素点校：《陆贽集》，中华书局 2006 年版。

（唐）陆龟蒙著，何锡光校注：《陆龟蒙全集校注》，凤凰出版社 2015 年版。

（唐）元稹著，吴伟斌辑佚编年笺注：《新编元稹集》，三秦出版社 2015 年版。

（五代）王定保：《唐摭言》，中华书局 1959 年版。

（五代）刘昫：《旧唐书》，中华书局 1975 年版。

（五代）王仁裕：《玉堂闲话》，杭州出版社 2004 年版。

（五代）何广远：《鉴戒录》，杭州出版社 2004 年版。

（宋）王溥：《唐会要》，中华书局 1955 年版。

（宋）司马光等：《资治通鉴》，中华书局 1956 年版。

（宋）宋敏求编：《唐大诏令集》，商务印书馆 1959 年版。

（宋）王钦若等：《册府元龟》，中华书局 1960 年版。

（宋）李昉等：《太平御览》，中华书局 1960 年版。

（宋）欧阳询：《艺文类聚》，中华书局 1965 年版。

（宋）李昉等：《文苑英华》，中华书局 1966 年版。

（宋）欧阳修：《新唐书》，中华书局 1975 年版。

（宋）王溥：《五代会要》，上海古籍出版社 1978 年版。

（宋）赞宁著，范祥雍点校：《宋高僧传》，中华书局 1987 年版。

（宋）郑文宝：《江表志》，杭州出版社 2004 年版。

（宋）陈彭年：《江南别录》，杭州出版社 2004 年版。

（宋）周羽翀：《三楚新录》，杭州出版社 2004 年版。

（宋）王禹偁：《五代史阙文》，杭州出版社 2004 年版。

（宋）张唐英：《蜀梼杌》，杭州出版社 2004 年版。

（宋）耿焕：《野人闲话》，杭州出版社 2004 年版。

（宋）路振：《九国志》，杭州出版社 2004 年版。

（宋）龙衮：《江南野史》，杭州出版社 2004 年版。

（宋）马令：《南唐书》，杭州出版社 2004 年版。

（宋）陆游：《南唐书》，杭州出版社 2004 年版。

（宋）志磐著，释道法校注：《佛祖统纪校注》，上海古籍出版社 2012
年版。

（元）布顿著，蒲文成译：《布顿佛教史》，青海人民出版社 2017 年版。

（明）毛先舒：《南唐拾遗记》，杭州出版社 2004 年版。

（明）巴卧·祖拉陈瓦著，黄颢、周润年译注：《贤者喜宴·吐蕃史》，青
海人民出版社 2017 年版。

（清）吴兰修：《南汉纪》，杭州出版社 2004 年版。

（清）徐松：《唐两京城坊考》，中华书局 2019 年版。

（清）彭定求等：《全唐诗》，中华书局 1960 年版。

（清）吴任臣：《十国春秋》，中华书局 1983 年版。

（清）董诰等：《全唐文》，中华书局 1983 年版。

［日］真人元开著，汪向荣校注：《唐大和上东征传》，中华书局 1979 年版。

［日］圆仁：《入唐求法巡礼行记》，上海古籍出版社 1986 年版。

二、著作类

夏湘蓉等：《中国古代矿业开发史》，地质出版社 1980 年版。

朱金城：《白居易年谱》，上海古籍出版社 1982 年版。

穆根来等译：《中国印度见闻录》，中华书局 1983 年版。

詹瑛：《李白诗文系年》，人民文学出版社 1984 年版。

郑炳林：《敦煌地理文书汇辑校注》，甘肃教育出版社 1989 年版。

牟发松：《唐代长江中游的经济与社会》，武汉大学出版社 1989 年版。

翁俊雄：《唐初政区与人口》，北京师范学院出版社 1990 年版。

盛和林等：《中国鹿类动物》，华东师范大学出版社 1992 年版。

蓝勇：《历史时期西南经济开发与生态变迁》，云南教育出版社 1992 年版。

郭声波：《四川历史农业地理》，四川人民出版社 1993 年版。

翁俊雄：《唐代鼎盛时期政区与人口》，首都师范大学出版社 1995 年版。

赵冈：《中国历史上生态环境之变迁》，中国环境出版社 1996 年版。

郑学檬：《中国古代经济重心南移和唐宋江南经济研究》，岳麓书社 1996 年版。

张丕远主编：《中国历史气候变化》，山东科学技术出版社 1996 年版。

吴松弟：《中国移民史》（第三卷），福建人民出版社 1997 年版。

邹逸麟主编：《黄淮海平原历史地理》，安徽教育出版社 1997 年版。

中国唐史学会等主编：《古代长江中游的经济开发》，武汉出版社 1988 年版。

史念海：《唐代历史地理研究》，中国社会科学出版社 1998 年版。

陈克明：《韩愈年谱及诗文系年》，巴蜀书社 1999 年版。

翁俊雄：《唐后期政区与人口》，首都师范大学出版社 1999 年版。

华觉明：《中国古代金属技术——铜和铁造就的文明》，大象出版社 1999 年版。

周绍良主编：《全唐文新编》（第五部），吉林文史出版社 2000 年版。

史念海：《黄土高原历史地理研究》，黄河水利出版社 2001 年版。

罗时进：《唐诗演进论》，江苏古籍出版社 2001 年版。

冻国栋：《中国人口史》（第二卷），复旦大学出版社 2002 年版。

程遂营：《唐宋开封生态环境研究》，中国社会科学出版社 2002 年版。

刘元春：《共生共荣：佛教生态观》，宗教出版社 2002 年版。

康兰英主编：《榆林碑石》，三秦出版社 2003 年版。

张泽咸：《汉晋唐时期农业》，中国社会科学出版社 2003 年版。

孙继民：《河北经济史》（第一卷），人民出版社 2003 年版。

孙淑云、李延祥：《中国古代冶金技术史专论》，中国科学文化出版社
2003 年版。

李并成：《河西走廊历史时期沙漠化研究》，科学出版社 2003 年版。

魏明孔：《中国手工业经济通史》（魏晋南北朝隋唐五代卷），福建人民出
版社 2004 年版。

程民生：《中国北方经济史》，人民出版社 2004 年版。

邹逸麟：《椿庐史地论稿》，天津古籍出版社 2005 年版。

顾建国：《张九龄年谱》，中国社会科学出版社 2005 年版。

乐爱国：《道教生态学》，社会科学文献出版社 2005 年版。

陈勇：《唐代长江下游经济发展研究》，上海人民出版社 2006 年版。

乜小红：《唐五代畜牧经济研究》，中华书局 2006 年版。

天一阁博物馆等校证：《天一阁藏明钞本天圣令校证附唐令复原研究》，
中华书局 2006 年版。

王仲荦著，郑宜秀整理：《敦煌石室地志残卷考释》，中华书局 2007
年版。

闵祥鹏：《中国灾害通史》（隋唐五代卷），郑州大学出版社 2008 年版。

朱关田：《颜真卿年谱》，西泠印社出版社 2008 年版。

阎守诚主编：《危机与应对：自然灾害与唐代社会》，人民出版社 2008
年版。

李伯重：《唐代江南农业的发展》，北京大学出版社 2009 年版。

满志敏：《中国历史时期气候变化研究》，山东教育出版社 2009 年版。

文榕生：《中国珍稀野生动物分布变迁》，山东科学技术出版社 2009 年版。

马强：《唐宋时期中国西部地理认识研究》，人民出版社 2009 年版。

高风林：《山东通史》（隋唐五代卷），人民出版社 2009 年版。

于赓哲：《唐代疾病、医疗史初探》，中国社会科学出版社 2011 年版。

陈红兵：《佛教生态哲学研究》，宗教出版社 2011 年版。

杜文玉：《五代十国经济史》，学苑出版社 2011 年版。

雷志松：《浙江林业史》，江西人民出版社 2011 年版。

葛全胜等：《中国历朝气候变化》，科学出版社 2011 年版。

艾冲：《公元 7—9 世纪鄂尔多斯高原人类经济活动与自然环境演变互动关系研究》，中国社会科学出版社 2012 年版。

陈业新：《儒家生态意识与中国古代环境保护研究》，上海交通大学出版社 2012 年版。

黄楼：《唐宣宗大中政局研究》，天津古籍出版社 2012 年版。

钱克金：《湖州环境史》，浙江古籍出版社 2013 年版。

张德二：《中国三千年气象记录总集》，江苏教育出版社 2013 年版。

文榕生：《中国古代野生动物地理分布》，山东科学技术出版社 2013 年版。

张文华：《汉唐时期淮河流域历史地理研究》，三联书店 2013 年版。

么振华：《唐代自然灾害及其社会应对》，上海古籍出版社 2014 年版。

艾冲：《河套历史地理新探》，科学出版社 2015 年版。

孟万忠：《汾河流域人水关系的变迁》，科学出版社 2015 年版。

刘固盛：《道家道教与生态文明》，华中师范大学出版社 2015 年版。

华觉明：《华觉明自选集》，大象出版社 2016 年版。

王建革：《江南环境史研究》，科学出版社 2016 年版。

黄伟：《西安新获墓志集萃》，文物出版社 2016 年版。

胡戟：《珍稀墓志百品》，陕西师范大学出版社 2016 年版。

吴海涛：《淮河流域环境变迁史》，黄山书社 2017 年版。

郝二旭：《唐五代敦煌农业专题研究》，甘肃文化出版社 2017 年版。

齐运通、杨建锋编：《洛阳新获墓志二〇一五》，中华书局 2017 年版。

吴在庆主编：《唐五代文编年史》，黄山书社 2018 年版。

赵海莉、李并成：《西北出土文献中的民众生态环境意识研究》，科学出版社 2018 年版。

刘文：《陕西新见隋朝墓志》，三秦出版社 2018 年版。

费杰：《历史时期火山喷发与中国气候研究》，复旦大学出版社 2019 年版。

胡耀飞：《贡赐之间：唐代的茶与政治》，四川人民出版社 2019 年版。

于赓哲：《从疾病到人心——中古医疗社会史再探》，中华书局 2020 年版。

三、论文类

史念海：《论泾渭清浊的变迁》，《陕西师范大学学报》（哲学社会科学版）1977 年第 1 期。

翁俊雄：《唐代植树造林述略》，《北京师院学报》（社会科学版）1984 年第 3 期。

董咸明：《唐代的自然生产力与经济重心南移——试论森林对唐代农业、手工业生产的影响》，《云南社会科学》1985 年第 6 期。

王北辰：《公元九世纪初鄂尔多斯沙漠图图说——唐夏州、丰州境内沙漠》，《中国沙漠》1986 年第 4 期。

史念海：《隋唐时期黄河上中游的农牧业地区》，《唐史论丛》1987 年（第一辑）。

史念海：《唐代河北道北部农牧地区的分布》，《唐史论丛》1987 年（第二辑）。

韩茂莉：《唐宋牧马业地理分布论析》，《中国历史地理论丛》1987 年第 2 期。

李献奇、赵会军：《有关贾谊世系及洛阳饥疫的几方墓志》，《文博》1987 年第 5 期。

史念海：《隋唐时期自然环境的变迁及与人为作用的关系》，《历史研究》1990 年第 1 期。

史念海：《隋唐时期重要的自然环境的变迁及其与人为作用的关系》，《唐史论丛》1990 年（第五辑）。

蓝勇：《历史上中国西南华南虎分布变迁考证》，《贵州师范大学学报》（自然科学版）1991 年第 2 期。

龚胜生：《唐长安城薪炭供销的初步研究》，《中国历史地理论丛》1991年第 3 期。

张芳：《夏商至唐代北方的农田水利和水稻种植》，《中国农史》1991 年第 3 期。

郑学檬、陈衍德：《略论唐宋时期自然环境的变化对经济重心南移的影响》，《厦门大学学报》（哲学社会科学版）1991 年第 4 期。

王北辰：《库布齐沙漠历史地理研究》，《中国沙漠》1991 年第 4 期。

史念海：《隋唐时期农牧地区的变迁及其对王朝盛衰的影响》，《中国历史地理论丛》1991 年第 4 期。

蓝勇：《野生印度犀牛在中国西南的灭绝》，《四川师范学院学报》（自然科学版）1992 年第 2 期。

史念海：《黄土高原主要河流流量的变迁》，《中国历史地理论丛》1992 年第 2 期。

王北辰：《唐代河曲的"六胡州"》，《内蒙古社会科学》（文史哲版）1992 年第 5 期。

史念海：《隋唐时期农牧地区的演变及其影响（上）》，《中国历史地理论丛》1995 年第 2 期。

陆巍等：《唐九成宫夏季气温的重建》，《考古》1998 年第 1 期。

史念海：《隋唐时期农牧地区的演变及其影响（下）》，《中国历史地理论丛》1995 年第 3 期。

蓝勇：《近 2000 年来长江上游荔枝分布北界的推移与气温波动》，《第四纪研究》1998 年第 1 期。

史念海：《汉唐长安城与生态环境》，《中国历史地理论丛》1998 年第 1 期。

马雪芹：《历史时期黄河中游地区森林与草原的变迁》，《宁夏社会科学》1999 年第 6 期。

蓝勇：《唐代气候变化与唐代历史兴衰》，《中国历史地理论丛》2001 年第 1 期。

马雪芹：《隋唐时期黄河中下游地区水资源的开发利用》，《宁夏社会科学》2001 年第 6 期。

徐庭云：《隋唐五代时期的生态环境》，《国学研究》（第八卷），北京大学出版社 2001 年版。

费杰等：《基于黄土高原南部地区历史文献记录的唐代气候冷暖波动特征研究》，《中国历史地理论丛》2001 年第 4 期。

左鹏：《汉唐时期的瘴与瘴意象》，《唐研究》（第 8 卷）。

李健超：《秦岭地区古代兽类与环境变迁》，《中国历史地理论丛》2002 年第 4 期。

艾冲：《论唐代前期"河曲"地域各民族人口的数量与分布》，《民族研究》2003 年第 2 期。

费杰等：《~934AD 冰岛 Eldgjá 火山喷发气候效应的中国历史文献记录》，《世界地质》2003 年第 3 期。

费杰等：《历史文献记录的唐五代时期（618—959AD）气候冷暖变化》，《海洋地质与第四纪地质》2004 年第 2 期。

艾冲：《论唐代前期陕甘宁黄土高原牧业用地的分布》，《陕西师范大学继续教育学报》2004 年第 3 期。

艾冲：《论毛乌素沙漠形成与唐代六胡州土地利用的关系》，《陕西师范大学学报》（哲学社会科学版）2004 年第 3 期。

夏雷鸣：《阴牙角与速霍角》，《西域研究》2004 年第 4 期。

于赓哲：《疾病与唐蕃战争》，《历史研究》2004 年第 5 期。

龚胜生：《隋唐五代时期疫灾地理研究》，《暨南史学》2004 年第 1 期。

于赓哲：《中国古代对高原（山）反应的认识及相关史事研究——以南北朝、隋唐为中心》，《西藏研究》2005 年第 1 期。

乜小红：《唐五代对野生动物的保护与对生态平衡的认识》，《魏晋南北朝隋唐史资料》2005 年。

艾冲：《唐代"河曲"地域农牧经济活动影响环境的力度及原因探析》，《陕西师大学报》（哲学社会科学版）2006 年第 1 期。

于赓哲：《〈新菩萨经〉、〈劝善经〉背后的疾病恐慌——试论唐五代主要疾病种类》，《南开学报》2006 年第 5 期。

刘锡涛：《从森林分布看唐代环境质量状况》，《人文杂志》2006 年第 6 期。

刘锡涛：《浅谈唐人的用林活动》，《唐史论丛》2006 年（第八辑）。

李并成：《石羊河下游绿洲早在唐代中期就已演变成了"第二个楼兰"》，

《开发研究》2007 年第 2 期。

李并成、许文芳：《从敦煌资料看古代民众对于动植物资源的保护》，《敦煌研究》2007 年第 6 期。

李并成：《西北干旱地区今天河流的水量较古代河流水量大大减少了吗？——以敦煌地区为中心的探讨》，《陕西师范大学学报》（哲学社会科学版）2007 年第 5 期。

马强：《唐宋西南、岭南瘴病地理与知识阶层的认识应对》，《中国历史地理论丛》2007 年第 3 期。

张德二：《由中国历史气候记录对季风导致唐朝灭亡说的质疑》，《气候变化研究进展》2008 年第 2 期。

张德二：《关于唐代季风、夏季雨量和唐朝衰亡的一场争论 由中国历史气候记录对 Nature 论文提出的质疑》，《科学文化评论》2008 年第 1 期。

张家诚：《Nature 上有关中国唐朝历史气候的讨论及其启示》，《科学文化评论》2008 年第 1 期。

李增高：《隋唐时期华北地区的农田水利与稻作》，《农业考古》2008 年第 4 期。

钱克金：《从珍稀动物渐次灭绝看长三角地区环境的演变——以虎、麋鹿、鹤为例》，《社会科学战线》2008 年第 8 期。

费杰：《公元 627 年前后气候变冷与东突厥汗国的突然覆灭》，《干旱区资源与环境》2008 年第 9 期。

杜文玉：《五代时期畜牧业发展状况初探》，《唐史论丛》2009 年（第十一辑）。

乜小红：《略论唐代统治者的畋猎》，《武汉大学学报》（人文社会科学版）2009 年第 3 期。

闵祥鹏：《钛含量曲线与唐朝年代对应之误》，《中国历史地理论丛》2010 年第 2 期。

于赓哲：《疾病、卑湿与中古族群边界》，《民族研究》2010 年第 1 期。

王建革：《唐末江南农田景观的形成》，《史林》2010 年第 4 期。

周晴：《唐宋时期太湖南岸平原区农田水利格局的形成》，《中国历史地理论丛》2010 年第 4 辑。

左鹏：《"瘴气"之名与实商榷》，《南开学报》（哲学社会科学版）2011

年第 5 期。

聂顺新：《再论唐代长江上游地区的荔枝分布北界及其与气温波动的关系》，《中国历史地理论丛》2011 年第 1 期。

钱克金：《唐五代太湖流域水环境的优化》，《史林》2011 年第 4 期。

蓝勇：《采用物候学研究历史气候方法问题的讨论——答〈再论唐代长江上游地区的荔枝分布北界及其与气温波动的关系〉一文》，《中国历史地理论丛》2011 年第 2 期。

于赓哲：《恶名之辨：对中古南方风土史研究的回顾与展望》，《南京大学学报》（哲学·人文科学·社会科学版）2012 年第 5 期。

廖美玉：《韩、白对中唐寒燠异常的不同感知与书写》，《西北师大学报》（社会科学版）2013 年第 5 期。

贾志刚：《唐代长安木材供给模式刍议》，《陕西师范大学学报》（哲学社会科学版）2013 年第 1 期。

马强：《新出土唐人墓志与唐代历史地理研究的新拓展》，《中国历史地理论丛》2013 年第 4 期。

夏炎：《唐代薪炭消费与日常生活》，《天津师范大学学报》（社会科学版）2013 年第 4 期。

李并成：《敦煌文献中蕴涵的生态哲学思想探析》，《甘肃社会科学》2014 年第 4 期。

尹君等：《西汉至五代中国盛世及朝代更替的气候变化和农业丰歉背景》，《地理环境学报》2014 年第 6 期。

苏筠等：《气候变化对中国西汉至五代（206BC～960AD）粮食丰歉的影响》，《中国科学：地球科学》2014 年第 1 期。

李军：《灾害对古代中原王朝与游牧民族关系的影响——以唐代为中心》，《山西大学学报》（哲学社会科学版）2014 年第 4 期。

汲晓辉：《唐宋时期湖州东部平原地区农业环境的形成和发展》，《农业考古》2014 年第 6 期。

李并成：《塔里木盆地尼雅古绿洲沙漠化考》，《中国边疆史地研究》2015 第 2 期。

张天虹：《唐长安的林木种植经济——从"窦乂种榆"说起》，《河北学刊》2016 年第 1 期。

王建革：《芦苇群落与古代江南湿地生态景观的变化》，《中国历史地理论丛》2016 年第 2 期。

王昊：《环境与作物选择：唐宋时期河北平原的水稻种植》，《中国农史》2016 年第 3 期。

于赓哲：《弥漫之气：中国古代关于瘟疫"致"与"治"的思维模式》，《文史哲》2016 年第 5 期。

蓝勇、刘静：《历史时期资源开发的技术"干涉限度差异"研究——基于唐宋以来长江流域渔业经济方式变化过程的反思》，《江汉论坛》2016 年第 5 期。

张维慎：《〈新唐书〉"青他鹿角"新解——兼谈"青虫"之名实》，《中国历史地理论丛》2016 年第 3 期。

耿金：《9—13 世纪山会平原水环境与水利系统演变》，《中国历史地理论丛》2016 年第 3 期。

赵志强：《秦汉以来中国亚洲象的分布与变迁》，《中国历史地理论丛》2017 年第 1 期。

梁陈：《岐山周公庙润德泉的历史变迁》，《渭南师范学院学报》2017 年第 15 期。

唐尚书、郑炳林：《隋唐之际的气候变化与边境战争——兼论突厥社会生态韧性》，《青海民族研究》2017 年第 4 期。

叶凯：《北宋"瀚海"新考——兼论唐宋时期灵州地理环境的变迁》，《中国边疆史研究》2018 年第 1 期。

聂传平：《唐宋时期岭南地区野象分布与变迁探析》，《中国历史地理论丛》2018 年第 2 期。

王天航：《隋唐长安城营建的木材消耗量研究》，《唐都学刊》2019 年第 3 期。

王晓晴等：《唐代治乱分期与气候变化的关系》，《古地理学报》2020 年第 1 期。

李并成：《敦煌资料中所见讲究卫生爱护环境的习俗》，《中国历史地理论丛》2020 年第 2 期。

四、未刊硕博论文

王军：《古代都城建设与自然的变迁——长安、洛阳的兴衰》，西安建筑科技大学 2000 年博士论文。

王天航：《建筑与环境：唐长安木构建筑用材定量分析》，陕西师范大学 2007 年硕士论文。

周晴：《河网、湿地与蚕桑——嘉湖平原生态史研究（9—17 世纪）》复旦大学 2011 年博士论文。

钱克金：《中唐以来长三角地区经济发展与环境变迁关系研究（755—1840）——以人类"应对"自然环境为中心》，南京师范大学 2011 年博士论文。

赵仁龙：《唐代宦游文士之南方生态意象研究》，南开大学 2012 年博士论文。

朱宇强：《汉唐时期洛阳的生态与社会》，南开大学 2012 年博士论文。

赵九洲：《古代华北燃料问题研究》，南开大学 2012 年博士论文。

王天航：《关于隋唐长安城木构建筑耗材量的研究》，西安建筑科技大学 2013 博士论文。

曹顺仙：《中国传统环境政治研究》，南京林业大学 2013 年博士论文。

吕岩：《唐朝政府购买物资研究》，山东大学 2014 年博士论文。

文媛媛：《唐代土贡研究》，陕西师范大学 2014 年博士论文。

徐臣攀：《汉唐时期农耕区拓展研究》，陕西师范大学 2016 年博士论文。

吴家洲：《唐代洛阳地区森林变迁研究》，福建师范大学 2018 年硕士论文。

李辰元：《渤海国铜铁矿冶技术研究》，北京科技大学 2019 年博士论文。

唐尚书：《汉唐间罗布泊地区的环境演变研究》，兰州大学 2019 年博士论文。